工业和信息化部"十四五"规划教材

Kalman 滤波理论及其在导航系统中的应用
（第三版）

付梦印　邓志红　闫莉萍　沈　凯　编著

U0197604

科学出版社

北　京

内 容 简 介

本书紧密结合 Kalman 滤波理论在导航、制导与控制领域的应用，系统介绍了 Kalman 滤波基础理论及其最新发展。主要内容包括 Kalman 滤波理论基础、随机线性系统 Kalman 滤波基本方程、Kalman 滤波的稳定性及误差分析、实用 Kalman 滤波技术、鲁棒自适应滤波技术、联邦 Kalman 滤波、基于小波变换的多尺度 Kalman 滤波、扩展 Kalman 滤波、无迹 Kalman 滤波及粒子滤波等。本书注重理论与工程实际相结合，在介绍理论基础上，还融入了作者及其他研究者的实际应用成果，理论与实践并重。

本书可作为控制科学与工程学科领域的研究生教材，也可作为相关专业研究人员的参考书。

图书在版编目（CIP）数据

Kalman 滤波理论及其在导航系统中的应用 / 付梦印等编著. —3 版. —北京：科学出版社，2024.5

工业和信息化部“十四五”规划教材

ISBN 978-7-03-078000-3

Ⅰ. ①K⋯　Ⅱ. ①付⋯　Ⅲ. ①卡尔曼滤波器－滤波理论－高等学校－教材 ②卡尔曼滤波－应用－导航－高等学校－教材　Ⅳ. ①O211.64

中国国家版本馆 CIP 数据核字（2024）第 016386 号

责任编辑：于海云　张丽花 / 责任校对：王　瑞
责任印制：师艳茹 / 封面设计：迷底书装

科 学 出 版 社 出版
北京东黄城根北街 16 号
邮政编码：100717
http://www.sciencep.com

北京九州迅驰传媒文化有限公司印刷
科学出版社发行　各地新华书店经销
*

2003 年 10 月第 一 版　　开本：787×1092　1/16
2024 年 5 月第 三 版　　印张：18 3/4
2024 年 5 月第六次印刷　字数：465 000

定价：128.00 元

（如有印装质量问题，我社负责调换）

前　言

党的二十大报告指出："基础研究和原始创新不断加强，一些关键核心技术实现突破，战略性新兴产业发展壮大，载人航天、探月探火、深海深地探测、超级计算机、卫星导航、量子信息、核电技术、新能源技术、大飞机制造、生物医药等取得重大成果，进入创新型国家行列。"Kalman 滤波作为一种最优估计理论与方法，它具有实时递推、简单易行的特点，在工程实际中得到广泛应用，特别是在导航、制导、信号处理、故障诊断、目标跟踪、机器人及生物医学等领域。

本书第一版于 2003 年 10 月出版，由付梦印、邓志红和张继伟共同编写，中国科学院数学与系统科学研究院韩京清研究员和北京理工大学孙常胜教授详细审阅书稿，提出了许多宝贵意见。本书自出版以来，一直作为北京理工大学的研究生教材，并被多所高校选用。

2010 年，付梦印、邓志红和闫莉萍对本书进行了再版，除修订了部分章节外，还增加了强跟踪滤波、基于小波变换的多尺度 Kalman 滤波、Sigma 点 Kalman 滤波和粒子滤波等内容。

Kalman 滤波理论经过多年的发展，应用日益广泛。作者在无人平台自主导航、目标跟踪识别及陆用导航等领域积累了新的研究成果；在本书使用过程中，作者也发现有些实例不利于理论方法的理解，所以进行了再次修订。考虑到实际中系统的非线性、噪声的非高斯等特点，在第二版的基础上，重点丰富了实用 Kalman 滤波、非线性滤波技术等内容，并补充了大量实例。

本书入选工业和信息化部"十四五"规划教材。本书编写过程中，参考了国内外相关文献，在此对所有参考文献的作者表示感谢！

由于作者水平有限，书中不妥之处在所难免，恳请广大读者批评指正。

作　者
2023 年 9 月

目　　录

第1章 绪 论

随着科学技术的飞速发展，网络、计算、数据、知识共同驱动着社会经济各领域持续创新发展。尤其是随着新一代信息技术的蓬勃崛起，我国相继提出了"互联网+"和"智能+"行动计划，使得信号与信息处理、计算机和自动控制等领域的重要性日益突出。陆海空天及工业过程的实际环境复杂多变，信息在传播过程中不可避免地混杂随机噪声或其他干扰信号。因此，对信号噪声进行处理的滤波理论及其技术的研究成为现代信息学科领域一个重要的研究方向。

滤波也称为状态估计。滤波就是从混杂在一起的信号中提取有用信息的技术，它是控制理论、计算机技术和概率论与数理统计的交叉产物。以现代控制理论为基础，基于线性系统模型和白噪声假设、基于最小均方误差准则的滤波算法及其优化算法在目标跟踪、信息融合、图像处理，以及导航与制导等诸多领域获得广泛应用。然而，在实际应用中，需要通过通信网络进行信息的接收和发送。在这个过程中，网络可能会受到系统本身和外界环境中的诸多不确定性因素的影响，如非高斯噪声(混合高斯噪声、散射噪声等)、非完整信息(异常值、数据缺失)等。基于最小均方误差准则的滤波算法及其优化算法对上述不确定因素的影响比较敏感，使得滤波算法在稳定性、鲁棒性等方面遇到挑战，导致滤波算法性能降低，甚至发散。因此，开展针对实际工程中含有诸多不确定因素的滤波问题研究，具有重要的理论意义和实际应用价值。

在现实世界中，不存在真正意义上的线性系统。实际系统都是非线性系统，而且大多数系统具有强非线性特性。因此这类系统很难利用线性微分方程或差分方程来描述，如惯导系统、卫星姿态控制等。非高斯噪声、非完整信息等复杂情况下的非线性系统的状态估计问题也是当前研究的热点和难点。

本书以导航系统的应用需求为背景，分别从线性系统与非线性系统、高斯噪声与非高斯噪声两个角度来进行滤波方法介绍。

1.1 Kalman 滤波理论基础

信号是传递和运载信息的时间或空间函数。信号有两类，即确定性信号和随机信号。确定性信号的变化规律是既定的，可以表示为一确定的时间函数或空间函数，具有确定的频谱特性，如阶跃信号、脉宽固定的矩形脉冲信号、正余弦函数等，它们对于指定的某一时刻，可确定一相应的函数值。随机信号没有既定的变化规律，不能给出确定的时间或空间函数，在相同的初始条件和环境条件下，信号每次实现都不一样，如陀螺随机漂移、随机海浪等。随机信号没有确定的频谱特性，但是具有确定的功率谱，可以通过统计特性来描述其特征。

信号在检测与传输过程中不可避免地要受到外来干扰与设备内部噪声的影响，为获取所需信号，排除干扰，就要对信号进行滤波。信号的性质不同，获取有用信号的方法就不同，即滤波的手段不同。对于可用频谱特性描述的确定性信号，可根据信号所处频带的不同，设置具有相应频率特性的滤波器，如低通滤波器、高通滤波器、带通滤波器及带阻滤波器等，使有用信号尽可能无衰减地通过，而干扰信号受到抑制。这类滤波器可用物理的方法实现，即模拟滤波器，也可用计算机通过特定的算法实现，即数字滤波器。对确定性信号的滤波处理通常称为常规滤波。

随机信号具有确定的功率谱特性，可根据有用信号和干扰信号的功率谱设计滤波器。美国学者维纳(N. Wiener)等提出了 Wiener 滤波，他们通过功率谱分解设计滤波器，在对信号进行抑制和选通这一点上同常规滤波是相似的。由于在频域进行 Wiener 滤波器设计，要求解维纳-霍普方程，计算量较大。

Kalman 滤波是匈牙利裔美国数学家鲁道夫·埃米尔·卡尔曼(Rudolf Emil Kalman，1930—2016)于 1960 年提出的，是一种从与被提取信号有关的观测量中通过算法估计出所需信号的滤波方法。他把状态空间的概念引入随机估计理论中，把信号视为白噪声作用下的一个线性系统的输出，用状态方程来描述这种输入-输出关系，估计过程中利用系统状态方程、观测方程和白噪声激励(系统噪声和观测噪声)的统计特性构成滤波算法，由于所利用的信息都是时域内的变量，所以不但可以对平稳的、一维的随机过程进行估计，也可以对非平稳的、多维随机过程进行估计。这就避免了 Wiener 滤波在频域内设计时遇到的困难，适用范围比较广泛。

实际上，Kalman 滤波是一套由计算机实现的实时递推算法，它所处理的对象是随机信号，利用系统噪声和观测噪声的统计特性，将系统的观测量作为滤波器的输入、所要估计值(系统的状态或参数)作为滤波器的输出，滤波器的输入与输出由时间更新和观测更新算法联系在一起，根据系统状态方程和观测方程估计出所有需要处理的信号。因此，此处所谈的 Kalman 滤波与常规滤波的含义与方法完全不同，实质上是一种最优估计方法。下面对 Kalman 滤波的基础理论——估计理论进行详细阐述。

1.1.1　滤波与估计

在随机控制和信息处理过程中，通常观测信息中不仅包含所需信号，而且还包含随机观测噪声和干扰信号。通过对一系列带有观测噪声和干扰信号的实际观测数据进行处理，从中得到所需要的各种参量的估计值，这就是估计问题。在工程实践中，经常遇到的估计问题有两类：①系统的结构参数部分或全部未知，有待确定；②实施最优控制需要随时了解系统的状态，而由于种种限制，系统中的一部分或全部状态变量不能直接测得。也就是这两类估计问题——参数估计和状态估计。

一般估计问题都是由估计验前信息、估计约束条件和估计准则三部分构成的。若设：

(1) X 为 n 维未知状态或参数，$\hat{X}$ 为其估计值。

(2) Z 为与 X 有关的 m 维观测向量，它与 X 的关系可表示为

$$Z = f(X,V) \tag{1.1}$$

(3) V 为 m 维观测噪声，它的统计规律部分或全部已知。

则一般地，估计问题可叙述为：给定观测向量 Z 和观测噪声向量 V 的全部或部分统计规律，根据选定的准则和约束条件(1.1)，确定一个函数 $H(Z)$，使得它成为(在选定准则下)X 的最优估计，即

$$\hat{X} = H(Z) \tag{1.2}$$

在应用中，总是希望估计出来的参数或状态越接近实际值越好，即得到状态或参数的最优估计。为了衡量估计的好坏，必须要有一个估计准则。估计准则以某种方式度量了估计的精确性，它体现了估计是否最优的含义。很显然，估计准则可能是各式各样的，最优估计不是唯一的，它随着准则不同而不同。因此，在估计时，要恰当地选择衡量估计效果的准则。估计准则一般用函数来表达，在估计问题中称这个函数为指标函数或损失函数。

一般来说，损失函数是根据验前信息选定的，而估计式是通过损失函数的极小化或极大化导出的。不同的损失函数，导致不同的估计方法。原则上，任何具有一定性质的函数都可用作损失函数。从估计理论的应用实践看，可行的损失函数只有少数几种。目前估计中常用的三类准则是直接误差准则、误差函数矩准则和直接概率准则。

直接误差准则：以某种形式的误差为自变量的函数作为损失函数的准则，如估计误差 $\tilde{X} = X - \hat{X}$ 或对 Z 的拟合误差 $\tilde{Z} = Z - \hat{Z}$（$\hat{Z}$ 是 $\hat{X}$ 的函数）。在这类准则中，损失函数是误差的凸函数，估计式是通过损失函数的极小化导出的，而与观测噪声的统计特性无关。因此，这类准则特别适用于观测噪声统计规律未知的情况。最小二乘估计及其各种推广形式都是以误差的平方和最小作为估计准则。

误差函数矩准则：以直接误差函数矩作为损失函数的准则。特别地，可把损失函数 $\tilde{X}$ 选作直接误差函数，以其均值为零和方差最小为准则。在这类准则中，要求观测噪声的有关矩是已知的，显然它比直接误差准则要求更多的信息，因而可望具有更高的精度。最小方差估计、线性最小方差估计等都是属于这类准则的估计。

直接概率准则：这类准则的损失函数是以某种形式误差的概率密度函数构成的，有时也用熵函数构成。估计式由损失函数的极值条件导出。由于这类准则与概率密度有关，这就要求有关的概率密度函数存在，而且要知道它的形式。极大似然估计和极大验后估计就是这类准则的直接应用。

选取不同的估计准则，就有不同的估计方法，估计方法与估计准则是紧密相关的。相应于上述三类估计准则，常用的估计方法有最小二乘估计、线性最小方差估计、最小方差估计、极大似然估计及极大验后估计等。

在估计问题中，常考虑如下随机线性离散系统模型：

$$X_k = \Phi_{k,k-1}X_{k-1} + \Gamma_{k,k-1}W_{k-1}, \quad \forall k \geqslant 0 \tag{1.3a}$$

$$Z_k = H_k X_k + V_k, \quad \forall k \geqslant 0 \tag{1.3b}$$

式中，下标 k 为采样时间；X_k 是系统的 n 维状态序列；Z_k 是系统的 m 维观测序列；W_{k-1} 是系统的 p 维随机干扰序列；V_k 是系统的 m 维观测噪声序列；$\Phi_{k,k-1}$ 是系统的 $n \times n$ 状态转移矩阵；$\Gamma_{k,k-1}$ 是 $n \times p$ 干扰输入矩阵；H_k 是 $m \times n$ 观测矩阵。在以后的讨论中，省略条件 $\forall k \geqslant 0$。

根据状态向量和观测向量在时间上存在的不同对应关系，可以把估计问题分为滤波、预测和平滑，以式(1.3)所描述的随机线性离散系统为例，设 $\hat{X}_{k,j}$ 表示根据 j 时刻和 j 以前时刻的观测值，对 k 时刻状态 X_k 做出的某种估计，则按照 k 和 j 的不同对应关系，分别叙述如下。

(1) 当 $k = j$ 时，对 $\hat{X}_{k,j}$ 的估计称为滤波，即依据过去直至现在的观测值来估计现在的状态。相应地，称 $\hat{X}_{k,k}$ 为 X_k 的最优滤波估计值，简记为 $\hat{X}_k$。这类估计主要用于随机系统的实时控制。

(2) 当 $k > j$ 时，对 $\hat{X}_{k,j}$ 的估计称为预测或外推，即依据过去直至现在的观测值来预测未来的状态，并把 $\hat{X}_{k,j}$ 称为 X_k 的最优预测估计值。这类估计主要用于对系统未来状态的预测和实时控制。

(3)当 $k < j$ 时，对 $\hat{X}_{k,j}$ 的估计称为平滑或内插，即依据过去直至现在的观测值来估计过去的历史状态，并称 $\hat{X}_{k,j}$ 为 X_k 的最优平滑估计值。这类估计广泛应用于通过分析实验或实验数据，对系统进行评估。

若把 X_k 换成 $X(t)$，$\hat{X}_{k,j}$ 换成 $\hat{X}(t,t_1)$，则上述分类对于连续时间系统同样适用。换句话说，线性系统的状态估计都可分成以上三类。

在预测、滤波和平滑三类状态估计问题中，预测是滤波的基础，滤波是平滑的基础。本书主要讨论滤波问题。

1.1.2　线性最小方差估计

线性最小方差估计，就是在已知被估计量 X 和观测量 Z 的一阶矩、二阶矩，即均值 $E[X]$、$E[Z]$，方差 $\mathrm{Var}[X]$、$\mathrm{Var}[Z]$ 和协方差 $\mathrm{Cov}[X,Z]$ 的情况下，假定所求的估计量是观测量的线性函数，以估计误差方差阵达到最小作为最优估计的性能指标(损失函数)的估计方法。

假定估计 $\hat{X}$ 是观测量 Z 的线性函数，即设

$$\hat{X}(Z) = a + BZ \tag{1.4}$$

式中，a 为与 X 同维的非随机向量；B 为具有相应维数的非随机矩阵。

记估计误差为

$$\tilde{X} = X - \hat{X}(Z)$$

则选择向量 a 和矩阵 B，使得下列平均二次性能指标

$$\begin{aligned}\bar{J}(\tilde{X}) &= \mathrm{tr}\{E[(X-a-BZ)(X-a-BZ)^{\mathrm{T}}]\} \\ &= E[(X-a-BZ)^{\mathrm{T}}(X-a-BZ)]\end{aligned} \tag{1.5}$$

达到极小，此时得到 X 的最优估计就称为线性最小方差估计，并记为 $\hat{X}_{\mathrm{LMV}}(Z)$。

将使 $\bar{J}(\tilde{X})$ 达到极小的 a 和 B 记为 a_L 和 B_L，则有

$$\hat{X}_{\mathrm{LMV}}(Z) = a_L + B_L Z \tag{1.6}$$

因此，只要求解 a_L 和 B_L，就可以由式(1.6)得到 $\hat{X}_{\mathrm{LMV}}(Z)$。

为了求 a_L 和 B_L，将 $\bar{J}(\tilde{X})$ 对 a 和 B 求偏导。由于 $\bar{J}(\tilde{X})$ 是向量 a 和矩阵 B 的标量函数，考虑到微分运算和期望运算是可交换的，可得

$$\begin{aligned}\frac{\partial}{\partial a}E[(X-a-BZ)^{\mathrm{T}}(X-a-BZ)] &= E\left[\frac{\partial}{\partial a}[(X-a-BZ)^{\mathrm{T}}(X-a-BZ)]\right] \\ &= -2E[X-a-BZ] = 2\{a+BE[Z]-E[X]\}\end{aligned} \tag{1.7}$$

$$\begin{aligned}\frac{\partial}{\partial B}E[(X-a-BZ)^{\mathrm{T}}(X-a-BZ)] &= E\left[\frac{\partial}{\partial B}[(X-a-BZ)^{\mathrm{T}}(X-a-BZ)]\right] \\ &= E\left[\frac{\partial}{\partial B}\{\mathrm{tr}[(X-a-BZ)(X-a-BZ)^{\mathrm{T}}]\}\right] \\ &= -2E[(X-a-BZ)Z^{\mathrm{T}}] = 2\{aE[Z^{\mathrm{T}}]+BE[ZZ^{\mathrm{T}}]-E[XZ^{\mathrm{T}}]\}\end{aligned} \tag{1.8}$$

令式(1.7)和式(1.8)等于零，即可求得 a_L 和 B_L。令式(1.7)等于零，得

$$a_L = E[X] - B_L E[Z] \tag{1.9}$$

将式(1.9)代入式(1.8)，并令式(1.8)等于零，可得

$$B_L\{E[ZZ^\mathrm{T}] - E[Z]E[Z^\mathrm{T}]\} - \{E[XZ^\mathrm{T}] - E[X]E[Z^\mathrm{T}]\} = 0$$

即

$$B_L \mathrm{Var}[Z] - \mathrm{Cov}[X, Z] = 0$$

所以

$$B_L = \mathrm{Cov}[X, Z](\mathrm{Var}[Z])^{-1} \tag{1.10}$$

将式(1.10)代入式(1.9)得

$$a_L = E[X] - \mathrm{Cov}[X, Z](\mathrm{Var}[Z])^{-1}E[Z] \tag{1.11}$$

将式(1.10)和式(1.11)代入式(1.6)得

$$\hat{X}_{\mathrm{LMV}}(Z) = E[X] + \mathrm{Cov}[X, Z](\mathrm{Var}[Z])^{-1}(Z - E[Z]) \tag{1.12}$$

式(1.12)就是由观测值 Z 求 X 的线性最小方差估计的表达式。

线性最小方差估计 $\hat{X}_{\mathrm{LMV}}(Z)$ 具有如下性质：

(1) 线性最小方差估计 $\hat{X}_{\mathrm{LMV}}(Z)$ 是无偏估计，即

$$E[\hat{X}_{\mathrm{LMV}}(Z)] = E[X] \tag{1.13}$$

(2) 估计误差的方差阵为

$$\begin{aligned}
\mathrm{Var}[\tilde{X}_{\mathrm{LMV}}(Z)] &= E[(X - \hat{X}_{\mathrm{LMV}}(Z))(X - \hat{X}_{\mathrm{LMV}}(Z))^\mathrm{T}] \\
&= E[(X - E[X] - \mathrm{Cov}[X, Z](\mathrm{Var}[Z])^{-1}(Z - E[Z])) \\
&\quad \cdot (X - E[X] - \mathrm{Cov}[X, Z](\mathrm{Var}[Z])^{-1}(Z - E[Z]))^\mathrm{T}] \\
&= \mathrm{Var}[X] - \mathrm{Cov}[X, Z](\mathrm{Var}[Z])^{-1}\mathrm{Cov}[Z, X]
\end{aligned} \tag{1.14}$$

(3) 任何一种线性估计的误差方差阵都将大于或等于线性最小方差估计的误差方差阵。

该性质的说明如下：设 X 的任一线性估计可表示为 $X_L = a + BZ$，则此估计的误差方差阵为

$$E[\tilde{X}_L \tilde{X}_L^\mathrm{T}] = E[(X - a - BZ)(X - a - BZ)^\mathrm{T}]$$

如果令

$$b = a - E[X] + BE[Z]$$

则可得

$$\begin{aligned}
E[\tilde{X}_L \tilde{X}_L^\mathrm{T}] &= E[[X - E[X] - b - B(Z - E[Z])][X - E[X] - b - B(Z - E[Z])]^\mathrm{T}] \\
&= \mathrm{Var}[X] + bb^\mathrm{T} + B\mathrm{Var}[Z]B^\mathrm{T} - \mathrm{Cov}[X, Z]B^\mathrm{T} - B\mathrm{Cov}[Z, X] \\
&= bb^\mathrm{T} + \{B - \mathrm{Cov}[X, Z](\mathrm{Var}[Z])^{-1}\}\mathrm{Var}[Z]\{B - \mathrm{Cov}[X, Z](\mathrm{Var}[Z])^{-1}\}^\mathrm{T} \\
&\quad + \{\mathrm{Var}[X] - \mathrm{Cov}[X, Z](\mathrm{Var}[Z])^{-1}\mathrm{Cov}[Z, X]\}
\end{aligned} \tag{1.15}$$

显然，任一线性估计的误差方差阵与 a 和 B 的选择有关。由于式(1.15)等号右边的第一项和第二项都是非负定的，因此

$$E[\tilde{X}_L\tilde{X}_L^T] = E[(X-a-BZ)(X-a-BZ)^T]$$
$$\geqslant \mathrm{Var}[X] - \mathrm{Cov}[X,Z](\mathrm{Var}[Z])^{-1}\mathrm{Cov}[Z,X] \tag{1.16}$$

式(1.16)说明，任何一种线性估计的误差方差阵都将大于或等于线性最小方差估计的误差方差阵。由此可见，线性最小方差估计 $\hat{X}_{\mathrm{LMV}}(Z)$ 具有最小的方差阵。

(4)随机向量 $X-\hat{X}_{\mathrm{LMV}}(Z)$ 与 Z 正交。

由 $E[X-\hat{X}_{\mathrm{LMV}}(Z)]=0$ 可得

$$\begin{aligned}
E[(X-\hat{X}_{\mathrm{LMV}}(Z))Z^T] &= \mathrm{Cov}[(X-\hat{X}_{\mathrm{LMV}}(Z)),Z]\\
&= E[(X-\hat{X}_{\mathrm{LMV}}(Z))(X-\hat{X}_{\mathrm{LMV}}(Z))^T]\\
&= E[(X-E[X]-\mathrm{Cov}[X,Z](\mathrm{Var}[Z])^{-1}(Z-E[Z]))(Z-E[Z])^T]\\
&= \mathrm{Cov}[X,Z]-\mathrm{Cov}[X,Z](\mathrm{Var}[Z])^{-1}\mathrm{Var}[Z]=0
\end{aligned} \tag{1.17}$$

由式(1.17)可知，随机向量 $X-\hat{X}_{\mathrm{LMV}}(Z)$ 与 Z 不相关，其几何意义就是随机向量 $X-\hat{X}_{\mathrm{LMV}}(Z)$ 与 Z 正交。随机向量 X 本来不与 Z 正交，但是从 X 中减去一个由 Z 的线性函数所构成的随机向量 $\hat{X}_{\mathrm{LMV}}(Z)$ 之后，就与 Z 正交了。也可以说，$\hat{X}_{\mathrm{LMV}}(Z)$ 是 X 在 Z 上的正交投影，并记为 $\hat{X}_{\mathrm{LMV}}(Z)=\hat{E}[X/Z]$。从几何角度，把线性最小方差估计 $\hat{X}_{\mathrm{LMV}}(Z)$ 看作被估计向量 X 在观测向量(空间)上的正交投影，在以后讨论 Kalman 滤波基本方程时将利用这一结论。

1.1.3　正交投影定理

定义 1.1(正交投影)　设 X 和 Z 分别为具有二阶矩的 n 维和 m 维随机向量，如果存在一个与 X 同维的随机向量 $\hat{X}$，满足下列三个条件：

(1) $\hat{X}$ 可以由 Z 线性表示，即存在非随机的 n 维向量 a 和 $n\times m$ 维矩阵 B，使得

$$\hat{X}=a+BZ$$

(2)无偏性，即 $E[\hat{X}]=E[X]$。

(3) $X-\hat{X}$ 与 Z 正交，即 $E[(X-\hat{X})Z^T]=0$。

则称 $\hat{X}$ 是 X 在 Z 上的正交投影，记为 $\hat{X}=\hat{E}[X/Z]$，此处均值 $\hat{E}$ 表示投影的意思。

从线性最小方差估计的讨论可知，基于观测量 Z 的 X 的线性最小方差估计 $\hat{X}_L$ 恰好是 X 在 Z 上的正交投影。下面不加证明地给出关于向量正交投影的结论。

结论 1.1　设 X 和 Z 为具有二阶矩的随机向量，则 X 在 Z 上的正交投影 $\hat{X}$ 唯一等于基于 Z 的线性最小方差估计，即

$$\hat{E}[X/Z]=E[X]+\mathrm{Cov}[X,Z](\mathrm{Var}[Z])^{-1}(Z-E[Z]) \tag{1.18}$$

结论 1.2　设 X 和 Z 为具有二阶矩的随机向量，A 为非随机矩阵，则

$$\hat{E}[AX/Z]=A\hat{E}[X/Z] \tag{1.19}$$

结论 1.3　设 X、Y 和 Z 为具有二阶矩的随机向量，A 和 B 为具有相应维数的非随机矩

阵，则有

$$\hat{E}[(AX + BY) / Z] = A\hat{E}[X / Z] + B\hat{E}[Y / Z] \tag{1.20}$$

结论 1.4　设 X、Z_1 和 Z_2 为三个具有二阶矩的随机向量，且 $Z = \begin{bmatrix} Z_1 \\ Z_2 \end{bmatrix}$，则有

$$\begin{aligned} \hat{E}[X / Z] &= \hat{E}[X / Z_1] + \hat{E}[\tilde{X} / \tilde{Z}_2] \\ &= \hat{E}[X / Z_1] + E[\tilde{X}\tilde{Z}_2^{\mathrm{T}}](E[\tilde{Z}_2\tilde{Z}_2^{\mathrm{T}}])^{-1}\tilde{Z}_2 \end{aligned} \tag{1.21}$$

式中

$$\tilde{X} = X - \hat{E}[X / Z_1], \qquad \tilde{Z}_2 = Z_2 - \hat{E}[Z_2 / Z_1] \tag{1.22}$$

1.1.4　白噪声与有色噪声

若随机过程 $W(t)$ 满足

$$\begin{cases} E[W(t)] = 0 \\ E[W(t)W^{\mathrm{T}}(\tau)] = q\delta(t - \tau) \end{cases} \tag{1.23}$$

则称 $W(t)$ 为白噪声过程。式中，q 为 $W(t)$ 的方差强度。

式 (1.23) 的第二式即为 $W(t)$ 的自相关函数，即

$$R_W(t - \tau) = q\delta(t - \tau) \tag{1.24}$$

从式 (1.24) 可以看出，$W(t)$ 的自相关函数与时间间隔 $\mu(\mu = t - \tau)$ 有关，而与时间点 t 无关，所以 $W(t)$ 是平稳过程。无论时间 t 和 τ 靠得多么近，只要 $t \neq \tau$，$W(t)$ 与 $W(\tau)$ 不相关，两者没有任何依赖关系，这一特性在时间过程中的体现是信号做直上直下的跳变。

式 (1.24) 可进一步写成：

$$R_W(\mu) = q\delta(\mu)$$

因此 $W(t)$ 的功率谱为

$$S_W(\omega) = \int_{-\infty}^{+\infty} q\delta(\mu)\mathrm{e}^{-\mathrm{j}\omega\mu}\mathrm{d}\mu = q \tag{1.25}$$

式中，ω 为频率。

式 (1.25) 说明，白噪声 $W(t)$ 的功率谱在整个频率区间内都为常值 q，这与白色光的频谱分布在整个频率范围内的现象是类似的，所以 $W(t)$ 称为白噪声过程，且功率谱与方差强度相等。

若随机序列 W_k 满足

$$\begin{cases} E[W_k] = 0 \\ E[W_kW_j^{\mathrm{T}}] = Q_k\delta_{kj} \end{cases} \tag{1.26}$$

则 W_k 称为白噪声序列，在时间上，白噪声序列是出现在离散时间点上的杂乱无章的上下跳动。

凡是不满足式 (1.23) 的噪声过程都称为有色噪声过程。有色噪声的功率谱随频率而变，这与有色光的光谱分布在某一频段内的现象是类似的，"有色"一词也因此而得名。

有色噪声可看作某一线性系统在白噪声驱动下的响应。对有色噪声建模就是确定出这一线性系统，常用的建模方法一般有两种：相关函数法和时间序列分析法。

对随机过程做建模处理时，一般都假设其满足各态历经性，即用在一个样本时间过程中

采集到的数据计算相关函数，再由相关函数求出功率谱，然后由功率谱求出成型滤波器，所以这种方法称为相关函数法。

设有一单位强度白噪声过程 $W(t)$，输入到传递函数为 $\Phi(s)$ 的线性系统中。根据线性系统理论，对应的输出信号 $Y(t)$ 的功率谱密度为

$$S_Y(\omega) = |\Phi(\mathrm{j}\omega)|^2 \cdot 1 = \Phi(\mathrm{j}\omega)\Phi(-\mathrm{j}\omega) \tag{1.27}$$

因此，如果有色噪声 $Y(t)$ 的功率谱密度可写成 $\Phi(\mathrm{j}\omega)\Phi(-\mathrm{j}\omega)$ 的形式，则 $Y(t)$ 可看作传递函数为 $\Phi(s)$ 的线性系统对单位强度白噪声 $W(t)$ 的响应，即 $Y(t)$ 可以用 $W(t)$ 来表示，这就实现了对有色噪声 $Y(t)$ 的白化。$\Phi(s)$ 是实现白化的关键，称为成型滤波器。

时间序列分析法把平稳的有色噪声序列看作由各时刻相关的序列和各时刻出现的白噪声所组成，即 k 时刻的有色噪声 Y_k 为

$$Y_k = \varphi_1 Y_{k-1} + \varphi_2 Y_{k-2} + \cdots + \varphi_p Y_{k-p} + W_k - \theta_1 W_{k-1} - \theta_2 W_{k-2} - \cdots - \theta_q W_{k-q} \tag{1.28}$$

式中，$|\varphi_i| < 1(i = 1, 2, \cdots, p)$ 为自回归参数；$|\theta_i| < 1(i = 1, 2, \cdots, q)$ 为滑动平均参数；$\{W_k\}$ 为白噪声序列。上述表示有色噪声的递推方程称为 (p, q) 阶的自回归滑动平均模型 ARMA(p, q)。相应于模型中 $\varphi_i = 0(i = 1, 2, \cdots, p)$ 和 $\theta_i = 0(i = 1, 2, \cdots, q)$，模型 (1.28) 可分别简化为自回归模型 AR(p) 和滑动平均模型 MA(q)。

对于有色噪声，建模的任务是确定模型中的各项参数值 (φ_i, θ_i) 和白噪声序列 $\{W_k\}$ 的方差值。建模过程一般分成两步，首先利用噪声的相关函数和功率谱密度特性确定出模型的形式（ARMA(p, q)，AR(p)，MA(q)）；其次利用参数估计的方法估计出模型中的各参数值。由于实际的有色噪声模型中 p 和 q 的阶数一般都不大于 2，因此也可以直接从简单的模型开始拟合，然后根据拟合后残差的大小确定最后的模型。模型确定后，还须根据滤波的要求，将模型方程改写成一阶差分方程组或一阶微分方程组。

在掌握白噪声和有色噪声概念的基础上，就可以建立随机线性系统的数学模型。一般先建立随机线性连续系统的数学模型，再对其离散化得到随机线性离散系统的数学模型。

1.2　Kalman 滤波理论的发展及其应用

19 世纪初，为了解决测定行星轨道问题，德国数学家高斯(C. F. Gauss)在其著作《天体运动理论》中提出了一种参数估计方法：未知量的最有可能的估计是使实际观测值和计算的理论值之差乘以一个表示测量精度系数的积的平方和最小。这种方法称为最小二乘估计方法。该方法被认为是处理噪声测量误差的首个正规算法，普遍适用于线性估计问题。1795 年，高斯首次将该方法应用在天文学的行星轨道估计问题中。该方法没有考虑到被估计量和量测量之间的相关统计特性，只要求测量误差方差最小，一般情况下，其估计性能并不是很理想，但因其为无偏估计，算法简单，所以已广泛应用到许多实际问题中，不足之处在于该方法收敛速度慢，难以平衡收敛速度和稳态失调的关系。该方法在科学史上产生的深远影响足以起到里程碑的作用，打通了之前实验科学和理论科学之间各自独立发展的壁垒，从而建立了两者关系的重要桥梁，同时，也提供了一种行之有效的模型未知参数辨识方法。

1912 年，费舍尔(R. A. Fisher)从概率密度角度出发，重新研究了行星轨道的状态估计问

题，提出了著名的极大似然估计方法，并建立了经典估计理论，对估计理论的发展做出了重大贡献。

对于随机过程的估计，到 20 世纪 30 年代才开展起来。1940 年，美国科学家维纳在频域上利用数理统计和线性系统理论完成了对连续时间预测器的推导，利用信号和噪声的自相关函数，创造性地提出了一种线性最小方差滤波算法，称为维纳滤波，其主要功能是利用线性不变的滤波器从噪声中提取信号。该技术也是二战期间美国重大的研究成果，现如今在信号处理和通信理论中仍发挥着应用。1942 年，维纳运用数理统计和线性系统理论进一步推导出连续时间滤波理论，并成功应用到了火力控制系统中的精确跟踪问题。1941 年，苏联科学家科尔莫戈罗夫（A. H. Колмого́ров）已经研究了一般性的离散时间系统的最优线性滤波器的预测问题，当时他的著作由于俄文出版的原因，并不为西方学术界所熟知。值得一提的是，维纳滤波在估计理论历史上有着重要作用，该算法能够将有用信号和干扰信号均表示为有理谱密度，能够使实际输出和期望输出的均方误差达到最小，即滤波器性能最佳，从而得到最优滤波器。维纳滤波的不足之处在于：其设计必须要求对信号进行复杂的功率谱分解，而且信号必须为零均值的平稳随机过程。进一步，利用伯特-香农法求其传递函数，还需要满足功率谱为有理分式。否则，维纳滤波的设计就会比较困难。再者，维纳滤波是一种频域非递推算法，运行时需要大量储存空间，求解维纳-霍普方程复杂等原因，使得该算法在适用范围和设计方法方面都有诸多严格的限制，难以得到广泛应用。

1960 年，基于递推贝叶斯理论的线性隐马尔可夫状态模型，卡尔曼在时域上提出了一种线性最优状态估计算法。该算法是以状态空间法为数学基础，以最小均方误差为代价函数，以递推形式实现动力系统状态轨迹估计的一套递推滤波算法，称为卡尔曼滤波（Kalman Filter）。该算法利用状态方程和量测方程描述系统模型，根据测量值和扰动噪声，使线性系统估计误差的二次函数最小化。同时，在处理随机系统的实时最优估计问题时，Kalman 滤波算法也是唯一获得实际应用的一种有限维解决方案。与最小二乘估计方法和维纳滤波相比，Kalman 滤波算法具有如下优势：①在时域内，采用状态空间法设计滤波器。利用状态方程描述任何复杂多维信号的动力学特性，避免了在频域内对信号功率谱分解的困难。②能适用于白噪声激励的任何平稳或非平稳随机过程的估计。③结构简单、迭代运算、计算量小、存储空间小及算法容易实现等。因此，Kalman 滤波算法适合在计算机上执行。在 Kalman 滤波算法提出的早期，其已成功应用到阿波罗登月计划的导航系统和 C-5A 飞机的多模式导航系统设计等领域。换言之，Kalman 滤波算法最成功的工程应用是运载体的高精度组合导航系统的轨迹估计和跟踪问题。与此同时，Kalman 滤波算法的提出标志着现代滤波理论的建立，是数学工程的伟大发现之一，并且在估计理论历史上具有里程碑式的意义。

近年来，信息技术和计算机网络迅猛发展，大大提升了 Kalman 滤波算法的性能和效率，并极大地推动了 Kalman 滤波算法的发展和应用。对于系统模型和噪声统计特性准确的线性高斯系统而言，Kalman 滤波算法是具有线性无偏和最小方差的最优估计器，且能够为系统提供精确的解析解。迄今为止，Kalman 滤波算法已经被广泛应用于诸多领域，成为解决现实工程应用中估计问题的标准框架。然而，由于工作环境和使用条件变化的影响，系统的噪声统计特性往往具有不确定性，直接导致 Kalman 滤波算法性能下降，严重时会导致滤波发散。

针对 Kalman 滤波算法在实际工程应用中遇到的具体情况，提出与之相对应的解决方案。例如，20 世纪 60 年代，Kalman 滤波算法在美国太空计划中得到了许多实际应用，但是，由于当时计算机技术处于初级阶段，字长较短，经常导致误差协方差阵出现无穷大或非正定现象，这使得 Kalman 滤波算法经常遇到数值计算问题。于是人们提出了平方根滤波算法，该算法能够有效地提高 Kalman 滤波算法的精度，增强滤波稳定性，解决了硬件精度受限的问题，不足的是增加了计算量。后来，为了进一步提高滤波稳定性，许多平方根 Kalman 滤波算法被提出，例如，误差方差平方根 Kalman 滤波算法、信息平方根滤波、奇异值分解滤波、序列平方根滤波和 UD 分解滤波等。这些优化算法都在不同程度上改进和提升了 Kalman 滤波算法的稳定性能和运行效率，同样也增大了计算量。而后，针对具体应用需求，人们将其他的优良算法与 Kalman 滤波算法相结合，得到性能更好的滤波算法，如基于混合误差范数的最小均值混合范数自适应滤波、利用 Sage 窗和随机权重的自适应滤波、利用新息序列信息保持正交性质提出的强跟踪滤波、衰减记忆滤波、鲁棒滤波等算法。在工程应用上，Kalman 滤波算法的最大优势是采用递推形式，能够在线实时得到滤波结果。这样，方便利用计算机或可编程芯片实现，便于大规模量产和推广，大幅降低成本，这为 Kalman 滤波算法实用化提供了有力保障。目前，国内外许多学者致力于 Kalman 滤波算法的理论研究和实际应用，并且已广泛应用到如导航与制导、数据融合、图像计算与处理、机器人控制等方面。此外，随着序列数据和数据流的激增，在机器学习方面，Kalman 滤波算法也有非常好的前景，如自然语言处理、深度学习等。

目前，Kalman 滤波算法及其各种优化算法的出现为解决状态估计问题提供了强有力的处理工具，但是，非线性系统滤波问题在理论上很难找到严格的匹配模型，在很多实际情况下，利用近似方法来处理非线性滤波问题也是一种有效方式。对于非线性系统滤波问题，如今主流思想是利用高斯加权的多维非线性函数的积分对离散 Kalman 滤波算法进行近似。从贝叶斯滤波理论出发，目前有两大类近似算法，包括非线性函数近似和高斯概率密度函数近似。①非线性函数近似，通常采取高阶项逼近或忽略高阶项策略，主要包括扩展卡尔曼滤波（Extended Kalman Filter，EKF）、差分滤波和各种多项式卡尔曼滤波；②高斯概率密度函数近似，主要包括无迹卡尔曼滤波（Unscented Kalman Filter，UKF）、容积卡尔曼滤波（Cubature Kalman Filter，CKF）和粒子滤波（Particle Filter，PF）等。下面将针对具体滤波形式的特点和性能进行概述和分析。

扩展卡尔曼滤波（EKF）：其基本思想是利用泰勒级数展开将非线性系统模型的非线性部分进行局部线性化，舍弃了二阶以上的高阶项，仅保留线性项。这样可将系统非线性部分近似为线性形式，再利用线性 Kalman 滤波算法进行状态估计，进而解决非线性系统状态估计问题。在该算法中，系统的状态分布和所有相关噪声的密度都是利用高斯随机过程来近似的，其均值和方差通过非线性系统一阶线性化方程来传播。EKF 算法能够对弱非线性系统的状态进行有效估计，是一种具有普遍意义的非线性状态估计方法，其精确性高度依赖于已知的系统模型及雅可比矩阵的计算复杂程度。1961 年，Schmidt 首先利用数值微分方法对非线性问题进行线性化。1968 年，该算法首次应用在阿波罗计划的制导系统中，取得了巨大成功，这使人们意识到 EKF 算法的重要价值。对于高维强非线性系统，EKF 算法存在雅可比矩阵计算烦琐、线性化误差大等问题，这导致在应用中出现不能做到黑盒封装、难以模块化、实时性较差等问题。因此，有关文献针对实际系统设计了许多优化算法，如二阶截断 EKF 算法、迭代 EKF 算法、有限差分 EKF 算法、鲁棒 EKF 算法和降阶 EKF 算法等。

无迹卡尔曼滤波（UKF）：对于强非线性系统而言，EKF 算法在状态空间单点处进行局部线性化，导致其在更新区间的线性化误差增大，致使滤波算法初期估计协方差下降太快而导致滤波器不稳定，甚至发散。在许多实际系统中，难以掌握非线性函数的具体形式，因而非线性函数的雅可比矩阵不易求出。为了解决强非线性系统的问题，减小线性化误差，减少计算量，于是采用无迹变换，利用随机变量的概率分布进行确定性采样，提出了 UKF 算法。从原理上看，UKF 算法弥补了 Kalman 滤波算法在非线性系统上的不足；从形式上分析，UKF 算法同样采用 Kalman 滤波算法的迭代递推思想，与 EKF 算法相比，计算量相当，UKF 算法避免了雅可比矩阵的烦琐计算和线性化误差，实时性和精度都优于 EKF 算法。有文献通过理论证明：UKF 算法的状态估计均值和协方差的准确性可以达到三阶泰勒级数展开的精度，而 EKF 算法只能达到一阶泰勒级数展开的精度。因而，UKF 算法能够有效地解决强非线性系统问题。有文献在高斯噪声假设情况下建立一个通用的平台对现有的几种滤波算法进行了分析和比较，同时详细地给出了 UKF 算法规则的理论说明。对于处理非线性系统状态估计问题，UKF 算法在参数和状态估计方面均有独特的优势，在许多领域得到了成功的应用，如航天器姿态估计、多目标跟踪、导航与定位、通信与信号处理、机器学习等。

容积卡尔曼滤波（CKF）：该算法由 Arasaratnam 等提出，依据高斯滤波框架，核心思想是利用球面-径向积分准则选取一组确定的采样点来逼近状态后验分布。从数值积分角度讲，该算法更近似高斯积分。该算法首先根据状态的先验均值和协方差选取容积规则，利用容积规则选取容积点，然后将选取的容积点经过非线性函数传递，再利用传递后的容积点加权处理来近似状态后验均值和协方差。

粒子滤波（PF）：该算法是基于贝叶斯估计理论的一种针对非线性、非高斯系统的非线性滤波算法。其主要思想为：在状态空间产生一组随机样本(也称为粒子)来表示系统随机变量的经验条件分布，在测量数据的基础上对各样本权值进行调节，以带权重的随机样本集代替积分运算，获得状态量最小的方差分布。然后，通过调整后的粒子信息修正最初的经验条件分布。它对系统的过程噪声和观测噪声的统计特性没有束缚，摆脱了系统随机量必须为高斯分布的束缚。理论上，当粒子数增至无穷大时，其可以处理任意的非线性、非高斯系统的滤波问题，具有明显的优势，而且滤波估计过程中采用的粒子数越多，滤波估计的精度越高。但是，其由于算法复杂、计算量太大、效率较低、实时性较差，仍存在一些亟待解决的问题，如重要性函数的选择、重采样的样本枯竭、算法实时性和硬件实现、拓展新的应用领域等。

滤波技术的发展历程表明，非线性滤波算法在理论研究和工程应用中的作用日益凸显。对于实际非线性系统问题的初值敏感性、多样性以及复杂性等问题，目前的研究还不完善、系统化，结果远没有线性滤波那样丰富，仍存在许多亟须解决的难题，还需要进行深层次研究。在内容和创新方面，非线性滤波比线性滤波更有潜力，估计精度和效果上也会有提升空间，且应用领域更广泛。

以上介绍了 Kalman 滤波的发展过程及其应用领域，随着科技的不断发展进步，其理论将不断完善，应用领域将更加广泛。

思　考　题

1. 常见的非线性滤波方法都有哪些?
2. 扩展卡尔曼滤波与无迹卡尔曼滤波有什么区别和联系?
3. 什么是粒子滤波? 其主要滤波思想是什么?
4. 什么是白噪声? 什么是有色噪声?

第2章 随机线性系统 Kalman 滤波基本方程

Kalman 滤波是一种线性最小方差估计算法，具有递推性，采用状态空间方法在时域内设计滤波器，适用于对多维(平稳、非平稳)随机过程进行估计，具有连续和离散两类算法。随着计算机技术的飞速发展，Kalman 滤波理论作为一种重要的估计理论被广泛应用于各个领域，组合导航系统的设计是其应用较成功的一个方面。本章首先给出随机线性系统的数学模型，然后详细推导随机线性离散系统的 Kalman 滤波基本方程，并给出随机线性连续系统的 Kalman 滤波基本方程及随机线性离散系统的最优预测和平滑方程。

2.1 随机线性系统的数学模型

2.1.1 随机线性离散系统的数学模型

随机线性离散系统的运动可用带有随机初始状态、系统过程噪声及观测噪声的差分方程和离散型观测方程来描述，这些方程可通过对连续随机线性系统的状态方程和观测方程离散化来得到。本节主要介绍随机线性离散系统的数学模型及其相关假设，2.1.3 节将给出具体的连续系统离散化方法。

设随机线性离散系统的状态方程和观测方程为

$$X_k = \Phi_{k,k-1} X_{k-1} + \Gamma_{k,k-1} W_{k-1} \tag{2.1a}$$

$$Z_k = H_k X_k + V_k \tag{2.1b}$$

式中，下标 k 为采样时间；X_k 是系统的 n 维状态序列；Z_k 是系统的 m 维观测序列；W_{k-1} 是系统的 p 维随机干扰序列；V_k 是系统的 m 维观测噪声序列；$\Phi_{k,k-1}$ 是系统的 $n \times n$ 状态转移矩阵；$\Gamma_{k,k-1}$ 是 $n \times p$ 干扰输入矩阵；H_k 是 $m \times n$ 观测矩阵。

对于随机线性定常离散系统，式(2.1)可以进一步写成：

$$X_k = \Phi X_{k-1} + \Gamma W_{k-1} \tag{2.2a}$$

$$Z_k = H X_k + V_k \tag{2.2b}$$

关于随机线性离散系统噪声的假设与性质如下：

(1)系统的过程噪声序列 W_k 和观测噪声序列 V_k 为零均值(或非零均值)的白噪声(或高斯白噪声)序列，即

$$\begin{cases} E[W_k] = 0 \quad \text{或} \quad E[W_k] = \mu_W \\ E[W_k W_j^{\mathrm{T}}] = Q_k \delta_{kj} \quad \text{或} \quad E[(W_k - \mu_W)(W_j - \mu_W)^{\mathrm{T}}] = Q_k \delta_{kj} \end{cases} \tag{2.3}$$

$$\begin{cases} E[V_k] = 0 \quad \text{或} \quad E[V_k] = \mu_V \\ E[V_k V_j^{\mathrm{T}}] = R_k \delta_{kj} \quad \text{或} \quad E[(V_k - \mu_V)(V_j - \mu_V)^{\mathrm{T}}] = R_k \delta_{kj} \end{cases} \tag{2.4}$$

式中，Q_k 是系统的过程噪声序列 W_k 的方差阵，为对称非负定矩阵；R_k 是系统的观测噪声序列 V_k 的方差阵，为对称正定矩阵；δ_{kj} 是克罗内克(Kronecker) δ 函数，其定义为

$$\delta_{kj} = \begin{cases} 0, & k \neq j \\ 1, & k = j \end{cases}$$

(2) 系统的过程噪声序列 W_k 和观测噪声序列 V_k 不相关或 δ 相关，即

$$E\left[(W_k - \mu_W)(V_j - \mu_V)^{\mathrm{T}}\right] = 0 \tag{2.5}$$

或

$$E\left[(W_k - \mu_W)(V_j - \mu_V)^{\mathrm{T}}\right] = S_k \delta_{kj} \tag{2.6}$$

式中，S_k 是 W_k 和 V_k 的协方差阵。

(3) 系统的初始状态 X_0 是某种已知分布的随机向量，其均值向量和方差阵分别为

$$\begin{cases} \hat{X}_0 = E[X_0] \\ P_0 = E[(X_0 - \hat{X}_0)(X_0 - \hat{X}_0)^{\mathrm{T}}] \end{cases} \tag{2.7}$$

(4) 系统的过程噪声序列 W_k 和观测噪声序列 V_k 都与初始状态 X_0 不相关，即

$$\begin{cases} E[(X_0 - \hat{X}_0)(W_k - \mu_W)^{\mathrm{T}}] = 0 \\ E[(X_0 - \hat{X}_0)(V_k - \mu_V)^{\mathrm{T}}] = 0 \end{cases} \tag{2.8}$$

2.1.2 随机线性连续系统的数学模型

一个连续时间系统，同时具有确定性输入和随机噪声，其动态过程一般可用下列状态方程和观测方程描述：

$$\dot{X}(t) = f(X(t), U(t), W(t), t) \tag{2.9a}$$

$$Z(t) = h(X(t), U(t), V(t), t) \tag{2.9b}$$

式中，$X(t)$ 为系统 n 维状态向量，系统的初始状态 $X(t_0) = X_0$ 是一个具有确定概率分布的 n 维随机向量；$Z(t)$ 为系统 m 维观测向量；$f(\cdot)$ 和 $h(\cdot)$ 分别为已知的 n 维和 m 维线性或非线性向量函数；$U(t)$ 为 r 维控制向量；$W(t)$ 为 p 维系统随机过程噪声向量；$V(t)$ 为 m 维系统随机观测噪声向量。

若式(2.9)中向量函数 $f(\cdot)$ 和 $h(\cdot)$ 对于 $X(t)$、$U(t)$、$W(t)$ 及 $V(t)$ 都是线性的，则有线性的系统状态方程和观测方程如下：

$$\dot{X}(t) = A(t)X(t) + B(t)U(t) + F(t)W(t) \tag{2.10a}$$

$$Z(t) = H(t)X(t) + D(t)U(t) + V(t) \tag{2.10b}$$

式中，$A(t)$ 是 $n \times n$ 矩阵；$B(t)$ 是 $n \times r$ 矩阵；$D(t)$ 是 $m \times r$ 矩阵；$H(t)$ 是 $m \times n$ 矩阵；$F(t)$ 是 $n \times p$ 矩阵。

如果 $A(t)$、$B(t)$、$D(t)$、$H(t)$ 和 $F(t)$ 都是与时间无关的常值矩阵，且 $W(t)$ 与 $V(t)$ 都是平稳随机过程，则式(2.10)可写成如下的随机线性定常系统数学模型：

$$\dot{X}(t) = AX(t) + BU(t) + FW(t) \tag{2.11a}$$

$$Z(t) = HX(t) + DU(t) + V(t) \tag{2.11b}$$

在研究和分析随机线性系统的状态估计时，可以暂时不考虑系统的确定性输入，即认为 $B(t) = 0$，$D(t) = 0$，则式 (2.10) 和式 (2.11) 可分别写成：

$$\dot{X}(t) = A(t)X(t) + F(t)W(t) \tag{2.12a}$$

$$Z(t) = H(t)X(t) + V(t) \tag{2.12b}$$

和

$$\dot{X}(t) = AX(t) + FW(t) \tag{2.13a}$$

$$Z(t) = HX(t) + V(t) \tag{2.13b}$$

关于随机线性连续系统噪声的假设与性质如下：

(1) 系统的过程噪声向量 $W(t)$ 和观测噪声向量 $V(t)$ 为零均值 (或非零均值) 的白噪声 (或高斯白噪声) 随机过程，即

$$\begin{cases} E[W(t)] = 0 \quad \text{或} \quad E[W(t)] = \mu_W \\ E[W(t)W^{\mathrm{T}}(\tau)] = Q(t)\delta(t-\tau) \quad \text{或} \quad E[(W(t) - \mu_W)(W^{\mathrm{T}}(\tau) - \mu_W)^{\mathrm{T}}] = Q(t)\delta(t-\tau) \end{cases} \tag{2.14}$$

$$\begin{cases} E[V(t)] = 0 \quad \text{或} \quad E[V(t)] = \mu_V \\ E[V(t)V^{\mathrm{T}}(\tau)] = R(t)\delta(t-\tau) \quad \text{或} \quad E[(V(t) - \mu_V)(V(\tau) - \mu_V)^{\mathrm{T}}] = R(t)\delta(t-\tau) \end{cases} \tag{2.15}$$

式中，$Q(t)$ 是系统的过程噪声 $W(t)$ 的方差强度阵，为对称非负定矩阵；$R(t)$ 是系统的观测噪声 $V(t)$ 的方差强度阵，为对称正定矩阵；$\delta(t-\tau)$ 是狄拉克 (Dirac) δ 函数，它满足：

$$\delta(t-\tau) = \begin{cases} 0, & t \neq \tau \\ \infty, & t = \tau \end{cases}$$

$$\int_{-\infty}^{\infty} \delta(\tau)\mathrm{d}\tau = 1$$

(2) 系统的过程噪声 $W(t)$ 和观测噪声 $V(t)$ 不相关或 δ 相关，即

$$E[(W(t) - \mu_W)(V(\tau) - \mu_V)^{\mathrm{T}}] = 0 \tag{2.16}$$

或

$$E[(W(t) - \mu_W)(V(\tau) - \mu_V)^{\mathrm{T}}] = S(t)\delta(t-\tau) \tag{2.17}$$

式中，$S(t)$ 是 $W(t)$ 和 $V(t)$ 的协方差强度阵。

(3) 系统的初始状态 $X(t_0)$ 是某种已知分布的随机向量，其均值向量和方差阵分别为

$$\begin{cases} \hat{X}_0 = E[X(t_0)] \\ P_0 = E[(X(t_0) - \hat{X}_0)(X(t_0) - \hat{X}_0)^{\mathrm{T}}] \end{cases} \tag{2.18}$$

(4) 系统的过程噪声 $W(t)$ 和观测噪声 $V(t)$ 都与初始状态 $X(t_0)$ 不相关，即

$$\begin{cases} E[(X(t_0) - \hat{X}_0)(W(t) - \mu_W)^{\mathrm{T}}] = 0 \\ E[(X(t_0) - \hat{X}_0)(V(t) - \mu_V)^{\mathrm{T}}] = 0 \end{cases} \tag{2.19}$$

在多数情况下，假设系统的过程噪声和观测噪声与系统的初始状态不相关是有实际意义

的。首先,观测设备属于系统的外围设备,它的观测误差不应与系统的初始状态有关;其次,系统的过程噪声与系统初始状态往往也是无关的。例如,对于一个惯导系统来说,其系统过程噪声如陀螺漂移和加速度计误差等一般与系统初始状态(如经度、纬度和高度等)是无关的或者关系不大。

2.1.3　随机线性连续系统的离散化

将随机线性连续系统的状态方程离散化,可得到随机线性离散系统的状态方程。对于式(2.10)所示的随机线性连续系统

$$\dot{X}(t) = A(t)X(t) + B(t)U(t) + F(t)W(t) \tag{2.20a}$$

$$Z(t) = H(t)X(t) + D(t)U(t) + V(t) \tag{2.20b}$$

式中,初始状态 $X(t_0) = X_0$。

随机线性连续系统状态方程(2.20a)的解为

$$X(t) = \Phi(t,t_0)X(t_0) + \int_{t_0}^{t} \Phi(t,\tau)B(\tau)U(\tau)\mathrm{d}\tau + \int_{t_0}^{t} \Phi(t,\tau)F(\tau)W(\tau)\mathrm{d}\tau \tag{2.21}$$

式中, $\Phi(t,t_0)$ 是系统的 $n \times n$ 状态转移矩阵,它是下列矩阵方程的解:

$$\begin{cases} \dot{\Phi}(t,t_0) = A(t)\Phi(t,t_0) \\ \Phi(t_0,t_0) = I_n \end{cases} \tag{2.22}$$

且 $\Phi(t,t_0)$ 具备如下的性质:

$$\begin{cases} \Phi(t,\tau)\Phi(\tau,t_0) = \Phi(t,t_0) \\ \left[\Phi(t,\tau)\right]^{-1} = \Phi(\tau,t) \end{cases} \tag{2.23}$$

由于系统初始状态 $X(t_0) = X_0$ 是随机向量,系统过程噪声 $W(t)$ 和观测噪声 $V(t)$ 是随机向量,故系统的状态向量也将是一个随机向量。

假定等时间间隔采样,采样间隔 $\Delta t = t_{k+1} - t_k (k = 0,1,2,\cdots)$ 为常值。在采样时刻 $t_k < t < t_{k+1} (k = 0,1,2,\cdots)$,从 t_k 到 t_{k+1},由式(2.21)可得

$$X(t_{k+1}) = \Phi(t_{k+1},t_k)X(t_k) + \int_{t_k}^{t_{k+1}} \Phi(t_{k+1},\tau)B(\tau)U(\tau)\mathrm{d}\tau + \int_{t_k}^{t_{k+1}} \Phi(t_{k+1},\tau)F(\tau)W(\tau)\mathrm{d}\tau \tag{2.24}$$

在采样间隔 t_k 与 t_{k+1} 之间,认为 $U(\tau)$ 和 $W(\tau)$ 保持常值,记为 $U(t_k)$ 和 $W(t_k)$,由式(2.24)可得

$$X(t_{k+1}) = \Phi(t_{k+1},t_k)X(t_k) + \left[\int_{t_k}^{t_{k+1}} \Phi(t_{k+1},\tau)B(\tau)\mathrm{d}\tau\right]U(t_k) + \left[\int_{t_k}^{t_{k+1}} \Phi(t_{k+1},\tau)F(\tau)\mathrm{d}\tau\right]W(t_k) \tag{2.25}$$

若令

$$\int_{t_k}^{t_{k+1}} \Phi(t_{k+1},\tau)B(\tau)\mathrm{d}\tau = G(t_{k+1},t_k), \quad \int_{t_k}^{t_{k+1}} \Phi(t_{k+1},\tau)F(\tau)\mathrm{d}\tau = \Gamma(t_{k+1},t_k) \tag{2.26}$$

式中, $G(t_{k+1},t_k)$ 为 $n \times r$ 矩阵; $\Gamma(t_{k+1},t_k)$ 为 $n \times p$ 矩阵。

进一步,可得方程(2.20a)的差分方程为

$$X(t_{k+1}) = \Phi(t_{k+1},t_k)X(t_k) + G(t_{k+1},t_k)U(t_k) + \Gamma(t_{k+1},t_k)W(t_k) \tag{2.27a}$$

如果 $W(t)$ 为 p 维白噪声向量，则 $W(t_k)$ 为 p 维白噪声序列。

与观测方程(2.20b)对应的离散观测方程为

$$Z(t_{k+1}) = H(t_{k+1})X(t_{k+1}) + D(t_{k+1})U(t_{k+1}) + V(t_{k+1}) \tag{2.27b}$$

若令

$$X_{k+1} \overset{\text{def}}{=} X(t_{k+1}), \quad X_k \overset{\text{def}}{=} X(t_k), \quad W_k \overset{\text{def}}{=} W(t_k), \quad V_k \overset{\text{def}}{=} V(t_k), \quad Z_k \overset{\text{def}}{=} Z(t_k)$$

$$\Phi_{k+1,k} \overset{\text{def}}{=} \Phi(t_{k+1}, t_k), \quad \Gamma_{k+1,k} \overset{\text{def}}{=} \int_{t_k}^{t_{k+1}} \Phi(t_{k+1}, \tau)F(\tau)\mathrm{d}\tau, \quad G_{k+1,k} \overset{\text{def}}{=} \int_{t_k}^{t_{k+1}} \Phi(t_{k+1}, \tau)B(\tau)\mathrm{d}\tau$$

则差分方程(2.27a)和离散观测方程(2.27b)可简写成：

$$X_{k+1} = \Phi_{k+1,k}X_k + G_{k+1,k}U_k + \Gamma_{k+1,k}W_k \tag{2.28a}$$

$$Z_{k+1} = H_{k+1}X_{k+1} + D_{k+1}U_{k+1} + V_{k+1} \tag{2.28b}$$

式中，W_k 和 V_k 都是零均值的白噪声序列，W_k 和 V_k 互相独立，在采样间隔内 W_k 和 V_k 都为常值，其统计特性如下：

$$\begin{cases} E[W_k] = 0, \quad E[V_k] = 0 \\ E[W_k W_j^{\mathrm{T}}] = Q_k \delta_{kj} \\ E[V_k V_j^{\mathrm{T}}] = R_k \delta_{kj} \\ E[W_k V_j^{\mathrm{T}}] = 0 \end{cases} \tag{2.29}$$

式中，δ_{kj} 是克罗内克 δ 函数。

下面讨论 Q_k、R_k 与 $Q(t)$、$R(t)$ 的关系。比较式(2.24)和式(2.27a)可得

$$\int_{t_k}^{t_{k+1}} \Phi(t_{k+1}, \tau)F(\tau)W(\tau)\mathrm{d}\tau = \Gamma(t_{k+1}, t_k)W(t_k)$$

则有

$$E\left\{ \left[\int_{t_k}^{t_{k+1}} \Phi(t_{k+1}, \tau)F(\tau)W(\tau)\mathrm{d}\tau \right] \left[\int_{t_k}^{t_{k+1}} \Phi(t_{k+1}, \tau')F(\tau')W(\tau')\mathrm{d}\tau' \right]^{\mathrm{T}} \right\} \tag{2.30}$$

$$= E\left\{ [\Gamma(t_{k+1}, t_k)W(t_k)][\Gamma(t_{k+1}, t_k)W(t_k)]^{\mathrm{T}} \right\}$$

式(2.30)的等号左边整理有

$$\int_{t_k}^{t_{k+1}} \int_{t_k}^{t_{k+1}} \Phi(t_{k+1}, \tau)F(\tau)E[W(\tau)W^{\mathrm{T}}(\tau')]F^{\mathrm{T}}(\tau')\Phi^{\mathrm{T}}(t_{k+1}, \tau')\mathrm{d}\tau\mathrm{d}\tau'$$

$$= \int_{t_k}^{t_{k+1}} \int_{t_k}^{t_{k+1}} \Phi(t_{k+1}, \tau)F(\tau)Q(\tau)\delta(\tau - \tau')F^{\mathrm{T}}(\tau')\Phi^{\mathrm{T}}(t_{k+1}, \tau')\mathrm{d}\tau\mathrm{d}\tau'$$

$$= \int_{t_k}^{t_{k+1}} \Phi(t_{k+1}, \tau)F(\tau)Q(\tau)F^{\mathrm{T}}(\tau)\Phi^{\mathrm{T}}(t_{k+1}, \tau)\mathrm{d}\tau$$

式(2.30)的等号右边整理有

$$\Gamma(t_{k+1}, t_k)E[W(t_k)W^{\mathrm{T}}(t_k)]\Gamma^{\mathrm{T}}(t_{k+1}, t_k) = \Gamma(t_{k+1}, t_k)Q_k\Gamma^{\mathrm{T}}(t_{k+1}, t_k)$$

则 Q_k 与 $Q(\tau)$ 满足下列关系式：

$$\Gamma(t_{k+1},t_k)Q_k\Gamma^{\mathrm{T}}(t_{k+1},t_k)=\int_{t_k}^{t_{k+1}}\Phi(t_{k+1},\tau)F(\tau)Q(\tau)F^{\mathrm{T}}(\tau)\Phi^{\mathrm{T}}(t_{k+1},\tau)\mathrm{d}\tau \tag{2.31}$$

当 $t_{k+1}-t_k\to 0$ 时，由式 (2.26) 得

$$\Gamma(t_{k+1},t_k)=[I+A(t)\Delta t+\cdots]\Delta t F(t),\quad t_k<t<t_{k+1}$$

则式 (2.31) 的等号左边为

$$\Gamma(t_{k+1},t_k)Q_k\Gamma^{\mathrm{T}}(t_{k+1},t_k)=[I+A(t)\Delta t+\cdots]F(t)Q_kF^{\mathrm{T}}(t)[I+A^{\mathrm{T}}(t)\Delta t+\cdots]\Delta t^2$$
$$\approx F(t)Q_kF^{\mathrm{T}}(t)\Delta t^2$$

式 (2.31) 的等号右边为

$$\int_{t_k}^{t_{k+1}}\Phi(t_{k+1},\tau)F(\tau)Q(\tau)F^{\mathrm{T}}(\tau)\Phi^{\mathrm{T}}(t_{k+1},\tau)\mathrm{d}\tau$$
$$=[I+A(t)\Delta t+\cdots]F(t)Q(t)F^{\mathrm{T}}(t)[I+A^{\mathrm{T}}(t)\Delta t+\cdots]\Delta t\approx F(t)Q(t)F^{\mathrm{T}}(t)\Delta t$$

综合上述两式，可得

$$Q_k\cdot\Delta t^2=Q(t)\Delta t$$

即

$$Q_k=\frac{Q(t)}{\Delta t} \tag{2.32}$$

当 $\Delta t\to 0$ 时，有

$$\lim_{\Delta t\to 0}Q_k=\infty$$

即在 $\Delta t\to 0$ 的极限条件下，离散噪声序列 W_k 趋向于持续时间为零、幅值为无穷大的脉冲序列。而"脉冲"自相关函数与横轴所围的面积 $Q_k\cdot\Delta t$ 等于连续白噪声脉冲自相关函数与横轴所围的面积 $Q(t)$。

类似地，有

$$R_k=\frac{R(t)}{\Delta t} \tag{2.33}$$

当 $\Delta t\to 0$ 时，有

$$\lim_{\Delta t\to 0}R_k=\infty$$

即在 $\Delta t\to 0$ 的极限条件下，离散噪声序列 V_k 趋向于持续时间为零、幅值为无穷大的脉冲序列。"脉冲"自相关函数与横轴所围的面积 $R_k\cdot\Delta t$ 等于连续白噪声脉冲自相关函数与横轴所围的面积 $R(t)$。

由此可见，随机线性连续系统是随机线性离散系统在采样周期 $T=\Delta t\to 0$ 时的极限情况。显然，下列关系式

$$\begin{cases}\Phi(t+\Delta t,t)=I+A(t)\cdot\Delta t+o(\Delta t)\\\Gamma(t+\Delta t,t)=F(t)\cdot\Delta t+o(\Delta t)\\Q_k=Q(t)/\Delta t\\R_k=R(t)/\Delta t\end{cases} \tag{2.34}$$

将随机线性连续系统和随机线性离散系统联系起来，其中，$o(\Delta t)$ 代表 Δt 的高阶无穷小。

2.2 随机线性离散系统 Kalman 滤波方程

本节主要介绍随机线性离散系统的 Kalman 滤波方程及其特点，并给出方程的推导过程。

2.2.1 随机线性离散系统 Kalman 滤波基本方程

不考虑控制作用，设随机线性离散系统方程为

$$X_k = \Phi_{k,k-1} X_{k-1} + \Gamma_{k,k-1} W_{k-1} \tag{2.35a}$$

$$Z_k = H_k X_k + V_k \tag{2.35b}$$

式中，下标 k 为采样时间；X_k 是系统的 n 维状态序列；Z_k 是系统的 m 维观测序列；W_{k-1} 是系统的 p 维随机干扰序列；V_k 是系统的 m 维观测噪声序列；$\Phi_{k,k-1}$ 是系统的 $n \times n$ 状态转移矩阵；$\Gamma_{k,k-1}$ 是 $n \times p$ 干扰输入矩阵；H_k 是 $m \times n$ 观测矩阵。

关于系统过程噪声和观测噪声的统计特性，假定如下：

$$\begin{cases} E[W_k] = 0, & E[W_k W_j^{\mathrm{T}}] = Q_k \delta_{kj} \\ E[V_k] = 0, & E[V_k V_j^{\mathrm{T}}] = R_k \delta_{kj} \\ E[W_k V_j^{\mathrm{T}}] = 0 \end{cases} \tag{2.36}$$

式中，Q_k 是系统过程噪声 W_k 的 $p \times p$ 对称非负定方差阵；R_k 是系统观测噪声序列 V_k 的 $m \times m$ 对称正定方差阵；δ_{kj} 是 Kronecker δ 函数。

下面直接给出随机线性离散系统的基本 Kalman 滤波方程。

如果被估计状态 X_k 和对 X_k 的观测序列 Z_k 满足式 (2.35) 的约束，系统过程噪声序列 W_k 和观测噪声序列 V_k 满足式 (2.36) 的假设，系统过程噪声方差阵 Q_k 非负定，系统观测噪声方差阵 R_k 正定，k 时刻的观测序列为 Z_k，且已获得 $k-1$ 时刻 X_{k-1} 的最优状态估计 $\hat{X}_{k-1}$，则 X_k 的估计 $\hat{X}_k$ 可按下述滤波方程求解。

状态一步预测：

$$\hat{X}_{k,k-1} = \Phi_{k,k-1} \hat{X}_{k-1} \tag{2.37a}$$

状态估计：

$$\hat{X}_k = \hat{X}_{k,k-1} + K_k(Z_k - H_k \hat{X}_{k,k-1}) \tag{2.37b}$$

滤波增益矩阵：

$$K_k = P_{k,k-1} H_k^{\mathrm{T}} (H_k P_{k,k-1} H_k^{\mathrm{T}} + R_k)^{-1} \tag{2.37c}$$

一步预测误差方差阵：

$$P_{k,k-1} = \Phi_{k,k-1} P_{k-1} \Phi_{k,k-1}^{\mathrm{T}} + \Gamma_{k-1} Q_{k-1} \Gamma_{k,k-1}^{\mathrm{T}} \tag{2.37d}$$

估计误差方差阵：

$$P_k = (I - K_k H_k) P_{k,k-1} (I - K_k H_k)^{\mathrm{T}} + K_k R_k K_k^{\mathrm{T}} \tag{2.37e}$$

式 (2.37c) 可以进一步写成：

$$K_k = P_k H_k^{\mathrm{T}} R_k^{-1} \tag{2.37f}$$

则式 (2.37e) 可以进一步写成：

$$P_k = (I - K_k H_k) P_{k,k-1} \tag{2.37g}$$

或

$$P_k^{-1} = P_{k,k-1}^{-1} + H_k^{\mathrm{T}} R_k^{-1} H_k \tag{2.37h}$$

　　式 (2.37) 即为随机线性离散系统 Kalman 滤波基本方程。只要给定初值 $\hat{X}_0$ 和 P_0，根据 k 时刻的观测值 Z_k 就可以递推计算得到 k 时刻的状态估计 $\hat{X}_k$（$k = 1, 2, \cdots$）。

　　式 (2.37a) 和式 (2.37b) 又称为 Kalman 滤波器方程，由这两式可得到 Kalman 滤波器的结构框图，如图 2.1 所示，该滤波器的输入是系统状态的观测值，输出是系统状态的估计值。

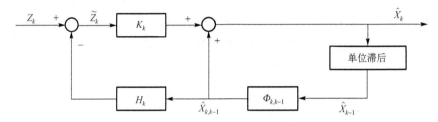

图 2.1　随机线性离散系统 Kalman 滤波器结构框图

　　式 (2.37) 的滤波算法可用方框图表示，如图 2.2 所示。从图中可以明显看出，Kalman 滤波具有两个计算回路：增益计算回路和滤波计算回路。其中，增益计算回路可以独立计算，滤波计算回路依赖于增益计算回路。

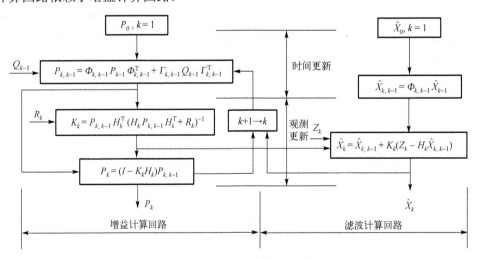

图 2.2　Kalman 滤波算法方框图

　　从 Kalman 滤波使用系统状态信息和观测信息的先后次序来看，在一个滤波周期内，可以把 Kalman 滤波分成时间更新和观测更新两个过程：式 (2.37a) 说明根据 $k-1$ 时刻的状态估计来预测 k 时刻状态的方法，式 (2.37d) 对这种预测的质量优劣做出了定量描述。这两式的计算仅使用了与系统的动态特性有关的信息，如状态一步转移矩阵、噪声输入阵、过程噪声方差阵等；从时间的推移过程来看，这两式将时间从 $k-1$ 时刻推进至 k 时刻，描述了 Kalman 滤波的时间更新过程。式 (2.37) 的其余诸式用来计算对时间更新值的修正量，该修正量由时间更新的质量优劣（$P_{k,k-1}$）、观测信息的质量优劣（R_k）、观测与状态的关系（H_k）以及 k 时刻的观测信息 Z_k 所确定，所有这些方程围绕一个目的，即正确、合理地利用观测信息 Z_k，所以这一过程描述了 Kalman 滤波的观测更新过程。

2.2.2　随机线性离散系统 Kalman 滤波方程的直观推导

假设在 k 时刻得到了 k 次观测信息 $Z_1,Z_2,\cdots,Z_{k-1},Z_k$，且找到了 X_{k-1} 的一个最优线性估计 $\hat{X}_{k-1}$，即 $\hat{X}_{k-1}$ 是 $Z_1,Z_2,\cdots,Z_{k-1}$ 的线性函数，根据状态方程 (2.35a)，W_{k-1} 为白噪声，一个简单而直观的想法是用

$$\hat{X}_{k,k-1} = \Phi_{k,k-1}\hat{X}_{k-1} \tag{2.38}$$

作为 X_k 的预测估计。由于 V_k 为白噪声序列，考虑到 $E[V_k]=0$，所以 k 时刻系统观测值 Z_k 的预测估计为

$$\hat{Z}_{k,k-1} = H_k\hat{X}_{k,k-1} \tag{2.39}$$

当在 k 时刻获得观测值 Z_k 时，它与预测估计 $\hat{Z}_{k,k-1}$ 存在误差，常称为"新息"，即

$$\tilde{Z}_{k,k-1} = Z_k - \hat{Z}_{k,k-1} = Z_k - H_k\hat{X}_{k,k-1} \tag{2.40}$$

造成这一误差的原因是预测估计 $\hat{X}_{k,k-1}$ 与观测信息 Z_k 都可能有误差。为了得到 k 时刻 X_k 的滤波值，自然会想到利用预测误差 $\tilde{Z}_{k,k-1}$ 来修正原来的状态预测估计 $\hat{X}_{k,k-1}$，于是有

$$\hat{X}_k = \hat{X}_{k,k-1} + K_k(Z_k - H_k\hat{X}_{k,k-1}) \tag{2.41}$$

式中，K_k 为待定的滤波增益矩阵。

记

$$\tilde{X}_{k,k-1} \overset{\text{def}}{=} X_k - \hat{X}_{k,k-1} \tag{2.42}$$

$$\tilde{X}_k \overset{\text{def}}{=} X_k - \hat{X}_k \tag{2.43}$$

它们的含义分别为获得观测值 Z_k 前后对 X_k 的估计误差。

现在的问题是如何按照目标函数

$$J = E[\tilde{X}_k\tilde{X}_k^{\text{T}}] \tag{2.44}$$

最小的要求来确定最优滤波增益矩阵 K_k。

根据式 (2.43)、式 (2.38)、式 (2.35b) 和式 (2.41) 有

$$\begin{aligned}\tilde{X}_k &= X_k - \hat{X}_k \\ &= X_k - \hat{X}_{k,k-1} - K_k(Z_k - H_k\hat{X}_{k,k-1}) \\ &= \tilde{X}_{k,k-1} - K_k(H_kX_k + V_k - H_k\hat{X}_{k,k-1}) \\ &= \tilde{X}_{k,k-1} - K_k(H_k\tilde{X}_{k,k-1} + V_k) \\ &= (I - K_kH_k)\tilde{X}_{k,k-1} - K_kV_k\end{aligned} \tag{2.45}$$

而

$$\tilde{X}_k \tilde{X}_k^{\mathrm{T}} = \left[(I - K_k H_k) \tilde{X}_{k,k-1} - K_k V_k \right] \cdot \left[(I - K_k H_k) \tilde{X}_{k,k-1} - K_k V_k \right]^{\mathrm{T}}$$

$$= (I - K_k H_k) \tilde{X}_{k,k-1} \tilde{X}_{k,k-1}^{\mathrm{T}} (I - K_k H_k)^{\mathrm{T}} - K_k V_k \tilde{X}_{k,k-1}^{\mathrm{T}} (I - K_k H_k)^{\mathrm{T}} \tag{2.46}$$

$$- (I - K_k H_k) \tilde{X}_{k,k-1} V_k^{\mathrm{T}} K_k^{\mathrm{T}} + K_k V_k V_k^{\mathrm{T}} K_k^{\mathrm{T}}$$

由于 $\tilde{X}_{k,k-1}$ 是 $Z_1, Z_2, \cdots, Z_{k-1}$ 的线性函数，故有

$$E[\tilde{X}_{k,k-1} V_k^{\mathrm{T}}] = 0 , \qquad E[V_k \tilde{X}_{k,k-1}^{\mathrm{T}}] = 0 \tag{2.47}$$

于是，根据式(2.46)、式(2.47)，滤波误差方差阵为

$$P_k = E[\tilde{X}_k \tilde{X}_k^{\mathrm{T}}] \tag{2.48}$$

$$= (I - K_k H_k) P_{k,k-1} (I - K_k H_k)^{\mathrm{T}} + K_k R_k K_k^{\mathrm{T}}$$

将式(2.48)展开，并同时加上和减去

$$P_{k,k-1} H_k^{\mathrm{T}} (H_k P_{k,k-1} H_k^{\mathrm{T}} + R_k)^{-1} H_k P_{k,k-1}$$

再把有关 K_k 的项合并到一起，有

$$P_k = P_{k,k-1} - P_{k,k-1} H_k^{\mathrm{T}} (H_k P_{k,k-1} H_k^{\mathrm{T}} + R_k)^{-1} H_k P_{k,k-1}$$

$$+ [K_k - P_{k,k-1} H_k^{\mathrm{T}} (H_k P_{k,k-1} H_k^{\mathrm{T}} + R_k)^{-1}] \tag{2.49}$$

$$\cdot (H_k P_{k,k-1} H_k^{\mathrm{T}} + R_k)[K_k - P_{k,k-1} H_k^{\mathrm{T}} (H_k P_{k,k-1} H_k^{\mathrm{T}} + R_k)^{-1}]^{\mathrm{T}}$$

为使滤波误差方差阵 P_k 极小，只要选择

$$K_k - P_{k,k-1} H_k^{\mathrm{T}} (H_k P_{k,k-1} H_k^{\mathrm{T}} + R_k)^{-1} = 0 \tag{2.50}$$

于是得到

$$K_k = P_{k,k-1} H_k^{\mathrm{T}} (H_k P_{k,k-1} H_k^{\mathrm{T}} + R_k)^{-1} \tag{2.51}$$

而此时误差方差阵 P_k 为

$$P_k = P_{k,k-1} - P_{k,k-1} H_k^{\mathrm{T}} (H_k P_{k,k-1} H_k^{\mathrm{T}} + R_k)^{-1} H_k P_{k,k-1} \tag{2.52}$$

$$= (I - K_k H_k) P_{k,k-1}$$

式中，$P_{k,k-1}$ 为一步预测误差方差阵，即

$$P_{k,k-1} = E[\tilde{X}_{k,k-1} \tilde{X}_{k,k-1}^{\mathrm{T}}] \tag{2.53}$$

由式(2.42)，有

$$\tilde{X}_{k,k-1} = X_k - \hat{X}_{k,k-1}$$

$$= \Phi_{k,k-1} X_{k-1} + \Gamma_{k,k-1} W_{k-1} - \Phi_{k,k-1} \hat{X}_{k-1} \tag{2.54}$$

$$= \Phi_{k,k-1} \tilde{X}_{k-1} + \Gamma_{k,k-1} W_{k-1}$$

进一步有

$$\tilde{X}_{k,k-1} \tilde{X}_{k,k-1}^{\mathrm{T}} = (\Phi_{k,k-1} \tilde{X}_{k-1} + \Gamma_{k,k-1} W_{k-1})(\Phi_{k,k-1} \tilde{X}_{k-1} + \Gamma_{k,k-1} W_{k-1})^{\mathrm{T}}$$

$$= \Phi_{k,k-1} \tilde{X}_{k-1} \tilde{X}_{k-1}^{\mathrm{T}} \Phi_{k,k-1}^{\mathrm{T}} + \Gamma_{k,k-1} W_{k-1} W_{k-1}^{\mathrm{T}} \Gamma_{k,k-1}^{\mathrm{T}} \tag{2.55}$$

$$+ \Gamma_{k,k-1} W_{k-1} \tilde{X}_{k-1}^{\mathrm{T}} \Phi_{k,k-1}^{\mathrm{T}} + \Phi_{k,k-1} \tilde{X}_{k-1} W_{k-1}^{\mathrm{T}} \Gamma_{k,k-1}^{\mathrm{T}}$$

因为

$$E[\tilde{X}_{k-1}W_{k-1}^{\mathrm{T}}] = 0 , \qquad E[W_{k-1}\tilde{X}_{k-1}^{\mathrm{T}}] = 0 \qquad (2.56)$$

于是，有

$$P_{k,k-1} = E[\tilde{X}_{k,k-1}\tilde{X}_{k,k-1}^{\mathrm{T}}] = \Phi_{k,k-1}P_{k-1}\Phi_{k,k-1}^{\mathrm{T}} + \Gamma_{k,k-1}Q_{k-1}\Gamma_{k,k-1}^{\mathrm{T}} \qquad (2.57)$$

至此，得到了随机线性离散系统 Kalman 滤波基本方程。分析 Kalman 滤波基本方程，可以发现其具有如下特点：

（1）Kalman 滤波将被估计的信号看作白噪声作用下一个随机线性系统的输出，并且其输入-输出关系是由状态方程和观测方程在时域内给出的，因此这种滤波方法不仅适用于平稳序列的滤波，也适用于马尔可夫序列或高斯-马尔可夫序列的滤波，应用十分广泛。

（2）Kalman 滤波的基本方程是时域内的递推形式，其计算过程是一个不断地"预测-修正"的过程，在求解时不要求存储大量数据，并且一旦观测到新的数据，随时可以计算得到新的滤波值，因此这种滤波方法非常便于实时处理，易于计算机实现。

（3）滤波增益矩阵 K_k 与观测无关，可预先离线算出，从而减少实时在线计算量；在求 K_k 时，需要计算 $(H_k P_{k,k-1} H_k^{\mathrm{T}} + R_k)^{-1}$，它的阶数只取决于观测方程的维数 m，而 m 通常是很小的，求逆运算较易实现；此外，在求解滤波器增益的过程中，随时可以计算滤波器的精度指标 P_k，其主对角线上的元就是滤波误差向量各分量的方差，代表了滤波估计的精度。

（4）增益矩阵 K_k 与初始误差方差阵 P_0、系统过程噪声方差阵 Q_{k-1} 以及观测噪声方差阵 R_k 之间具有如下关系：

①由 Kalman 滤波的基本方程(2.37c)和方程(2.37d)可以看出，P_0、Q_{k-1} 和 R_k $(k=1,2,\cdots)$ 同乘一个相同的标量时，K_k 值不变。

②由滤波的基本方程(2.37c)可见，当 R_k 增大时，K_k 将变小，这在直观上很容易理解，当观测噪声增大时，新息比较大，滤波增益 K_k 就应取得小一些，以减弱观测噪声对滤波值的影响。

③当 P_0 和（或）Q_{k-1} 变小时，由滤波基本方程(2.37d)可以看出，$P_{k,k-1}$ 将变小，而从滤波基本方程(2.37e)可以看出，这时的 P_k 也变小，从而 K_k 变小。若 P_0 变小，表示初始估计较好，Q_{k-1} 变小，表示系统过程噪声变小，于是增益矩阵也应小些以便给予较小的修正。

可以简单地说，增益矩阵 K_k 与系统过程噪声方差阵 Q_{k-1} 成正比，而与系统观测噪声方差阵 R_k 成反比。

2.2.3　随机线性离散系统 Kalman 滤波方程的投影法推导

2.2.2 节用直观推导的方法得出了 Kalman 滤波器基本方程，尽管有些地方在数学上不够严密，但却反映了滤波的物理过程。考虑到投影法在数学上的严密性，并且也是 Kalman 在其发表的 Kalman 滤波论文中使用的方法，因此，有必要介绍用投影法推导 Kalman 滤波方程的过程。设系统数学模型及条件同式(2.35)和式(2.36)。

1. 寻找一步最优线性预测估计

根据向量正交投影的结论 1.1，设基于 $k-1$ 次观测向量集合 $Z_1^{k-1} = \{Z_1, Z_2, \cdots, Z_{k-1}\}$ 得到的线性最小方差估计为

$$\hat{X}_{k-1} = \hat{E}[X_{k-1} / Z_1^{k-1}] \tag{2.58}$$

那么，基于 Z_1^{k-1} 估计 X_k 的一步最优线性预测为

$$\hat{X}_{k,k-1} = \hat{E}[X_k / Z_1^{k-1}] \tag{2.59}$$

而由式(2.59)和向量正交投影的结论1.2，得

$$\hat{X}_{k,k-1} = \hat{E}[(\Phi_{k,k-1}X_{k-1} + \Gamma_{k,k-1}W_{k-1}) / Z_1^{k-1}]$$
$$= \Phi_{k,k-1}\hat{X}_{k-1} + \Gamma_{k,k-1}\hat{E}[W_{k-1} / Z_1^{k-1}] \tag{2.60}$$

由于假设 W_{k-1} 与 $Z_1, Z_2, \cdots, Z_{k-1}$ 不相关，即 W_{k-1} 与 Z_1^{k-1} 正交(因为 Z_1^{k-1} 可由与 W_{k-1} 不相关的 X_0、$W_0, W_1, W_2, \cdots, W_{k-2}$、$V_1, V_2, \cdots, V_{k-1}$ 线性表示)，且有 $E[W_{k-1}] = 0$，故由向量正交投影的结论1.1可知，$\hat{E}[W_{k-1} / Z_1^{k-1}] = 0$，则式(2.60)变成：

$$\hat{X}_{k,k-1} = \Phi_{k,k-1}\hat{X}_{k-1} \tag{2.61}$$

记 $\tilde{X}_{k,k-1} = X_k - \hat{X}_{k,k-1}$，则 $\tilde{X}_{k,k-1}$ 与 Z_1^{k-1} 正交。

2. 寻找一步最优线性预测观测值

基于 Z_1^{k-1} 对 Z_k 所做的一步最优线性预测为

$$\hat{Z}_{k,k-1} = \hat{E}[Z_k / Z_1^{k-1}] = \hat{E}[(H_k X_k + V_k) / Z_1^{k-1}]$$
$$= H_k \hat{E}[X_k / Z_1^{k-1}] + \hat{E}[V_k / Z_1^{k-1}]$$

由于 V_k 与 X_0、$W_0, W_1, W_2, \cdots, W_{k-2}$、$V_1, V_2, \cdots, V_{k-1}$ 不相关，即 V_k 与 Z_1^{k-1} 正交，且有 $E[V_k] = 0$，则有 $\hat{E}[V_k / Z_1^{k-1}] = 0$，于是

$$\hat{Z}_{k,k-1} = H_k \hat{X}_{k,k-1} = H_k \Phi_{k,k-1} \hat{X}_{k-1} \tag{2.62}$$

3. 寻找 Z_k 与 Z_1^{k-1} 的正交分量新息

由于 $\hat{Z}_{k,k-1}$ 为 Z_k 在 Z_1^{k-1} 上的正交投影，因此

$$\tilde{Z}_{k,k-1} = Z_k - \hat{Z}_{k,k-1} = Z_k - H_k \Phi_{k,k-1} \hat{X}_{k-1} \tag{2.63}$$

与 Z_1^{k-1} 正交，$\tilde{Z}_{k,k-1}$ 为第 k 次观测量 Z_k 的预测误差，也称为新息。"新息"是一个很重要的概念，它表示从第 k 次观测量 Z_k 中减去前 $k-1$ 次观测量中所得到的 Z_k 的预测值 $\hat{Z}_{k,k-1}$。

4. 寻找 $\hat{X}_k$ 的递推公式

根据正交投影的结论1.4，得

$$\hat{X}_k = \hat{E}[X_k / Z_1^k] = \hat{E}[X_k / Z_1^{k-1}] + \hat{E}[\tilde{X}_{k,k-1} / \tilde{Z}_{k,k-1}]$$
$$= \hat{E}[X_k / Z_1^{k-1}] + E[\tilde{X}_{k,k-1}\tilde{Z}_{k,k-1}^T]\{E[\tilde{Z}_{k,k-1}\tilde{Z}_{k,k-1}^T]\}^{-1}\tilde{Z}_{k,k-1} \tag{2.64}$$

考虑到 V_k 与 Z_1^{k-1} 正交，故 V_k 与 $\tilde{X}_{k,k-1}$ 不相关，于是有

$$E[\tilde{Z}_{k,k-1}\tilde{Z}_{k,k-1}^T] = E[(Z_k - H_k\hat{X}_{k,k-1})(Z_k - H_k\hat{X}_{k,k-1})^T]$$
$$= E[(H_k\tilde{X}_{k,k-1} + V_k)(H_k\tilde{X}_{k,k-1} + V_k)^T]$$
$$= H_k P_{k,k-1} H_k^T + R_k \tag{2.65}$$

$$E[\tilde{X}_{k,k-1}\tilde{Z}_{k,k-1}^{\mathrm{T}}] = E[\tilde{X}_{k,k-1}(H_k\tilde{X}_{k,k-1} + V_k)^{\mathrm{T}}] = P_{k,k-1}H_k^{\mathrm{T}} \tag{2.66}$$

将式 (2.59)、式 (2.61)、式 (2.63)、式 (2.65) 和式 (2.66) 代入式 (2.64)，得

$$\hat{X}_k = \Phi_{k,k-1}\hat{X}_{k-1} + P_{k,k-1}H_k^{\mathrm{T}}(H_kP_{k,k-1}H_k^{\mathrm{T}} + R_k)^{-1}(Z_k - H_k\Phi_{k,k-1}\hat{X}_{k-1}) \tag{2.67}$$

若令

$$K_k = P_{k,k-1}H_k^{\mathrm{T}}(H_kP_{k,k-1}H_k^{\mathrm{T}} + R_k)^{-1} \tag{2.68}$$

则得到滤波的递推公式为

$$\hat{X}_k = \Phi_{k,k-1}\hat{X}_{k-1} + K_k(Z_k - H_k\Phi_{k,k-1}\hat{X}_{k-1}) \tag{2.69}$$

5. 滤波误差方差阵递推公式

由

$$\begin{aligned}
\tilde{X}_{k,k-1} &= X_k - \hat{X}_{k,k-1} \\
&= \Phi_{k,k-1}X_{k-1} + \Gamma_{k,k-1}W_{k-1} - \Phi_{k,k-1}\hat{X}_{k-1} \\
&= \Phi_{k,k-1}\tilde{X}_{k-1} + \Gamma_{k,k-1}W_{k-1}
\end{aligned} \tag{2.70}$$

故得

$$\begin{aligned}
P_{k,k-1} &= E[\tilde{X}_{k,k-1}\tilde{X}_{k,k-1}^{\mathrm{T}}] \\
&= E[(\Phi_{k,k-1}\tilde{X}_{k-1} + \Gamma_{k,k-1}W_{k-1})(\Phi_{k,k-1}\tilde{X}_{k-1} + \Gamma_{k,k-1}W_{k-1})^{\mathrm{T}}]
\end{aligned}$$

考虑到 X_{k-1} 与 W_{k-1} 不相关，且 $E[W_{k-1}W_{k-1}^{\mathrm{T}}] = Q_{k-1}$，于是

$$P_{k,k-1} = \Phi_{k,k-1}P_{k-1}\Phi_{k,k-1}^{\mathrm{T}} + \Gamma_{k,k-1}Q_{k-1}\Gamma_{k,k-1}^{\mathrm{T}} \tag{2.71}$$

$$\begin{aligned}
\tilde{X}_k &= X_k - \hat{X}_k \\
&= X_k - \hat{X}_{k,k-1} - K_k(Z_k - H_k\hat{X}_{k,k-1}) \\
&= \tilde{X}_{k,k-1} - K_k(H_kX_k + V_k - H_k\hat{X}_{k,k-1}) \\
&= \tilde{X}_{k,k-1} - K_k(H_k\tilde{X}_{k,k-1} + V_k) \\
&= (I - K_kH_k)\tilde{X}_{k,k-1} - K_kV_k
\end{aligned} \tag{2.72}$$

进而可得

$$\begin{aligned}
P_k &= E[\tilde{X}_k\tilde{X}_k^{\mathrm{T}}] \\
&= E[[(I - K_kH_k)\tilde{X}_{k,k-1} - K_kV_k][(I - K_kH_k)\tilde{X}_{k,k-1} - K_kV_k]^{\mathrm{T}}] \\
&= (I - K_kH_k)P_{k,k-1}(I - K_kH_k)^{\mathrm{T}} + K_kR_kK_k^{\mathrm{T}}
\end{aligned} \tag{2.73}$$

例 2.1　设有随机线性定常系统：

$$X_k = \Phi X_{k-1} + W_{k-1}$$

$$Z_k = X_k + V_k$$

式中，状态变量 X_k 与观测 Z_k 均为标量；Φ 为常数；W_k 和 V_k 为零均值白噪声序列，方差分别为 Q 和 R，且 W_k 和 V_k 及 X_0 三者互不相关，试求 $\hat{X}_k$ 的递推方程。

解：根据式 (2.37) 可得如下递推关系式：

$$\hat{X}_{k,k-1} = \Phi\hat{X}_{k-1} \tag{2.74}$$

$$\hat{X}_k = \hat{X}_{k,k-1} + K_k(Z_k - \hat{X}_{k,k-1}) = (I - K_k\Phi)\hat{X}_{k-1} + K_k Z_k \tag{2.75}$$

$$K_k = P_{k,k-1}(P_{k,k-1} + R)^{-1} = \frac{P_{k,k-1}}{P_{k,k-1} + R} \tag{2.76}$$

$$P_{k,k-1} = \Phi^2 P_{k-1} + Q \tag{2.77}$$

$$P_k = (I - K_k)P_{k,k-1} = \left(I - \frac{P_{k,k-1}}{P_{k,k-1} + R}\right)P_{k,k-1} = RK_k \tag{2.78}$$

观察以上各式，由式 (2.75) 可知，K_k 实际上决定了对观测值 Z_k 和上一步的估计值 $\hat{X}_{k-1}$ 利用的比例程度。若 K_k 增加，则对 Z_k 的利用权重增加，而对 $\hat{X}_{k-1}$ 的利用权重相对降低。由式 (2.76) 和式 (2.77) 可知，K_k 由观测噪声方差和上一步估计的误差方差 P_{k-1} 决定。假设 Q 一定，若观测精度很低，即 R 很大，则 K_k 很小，结果是对 Z_k 的利用权重减小，而对 $\hat{X}_{k-1}$ 的利用权重相对增加。若 $\hat{X}_{k-1}$ 的精度很低，即 P_{k-1} 很大，而观测精度很高，即 R 很小，则 K_k 变大，计算 $\hat{X}_k$ 时对 Z_k 的利用权重增加，而对 $\hat{X}_{k-1}$ 的利用权重相对降低。由此可见，Kalman 滤波能定量识别各种信息的质量，自动确定对这些信息的利用程度。

例 2.2　α-β-γ 滤波。

设运动体沿某一直线运动，t_k 时刻的位移、速度、加速度和加加速度分别为 s_k、v_k、a_k、j_k，只对运动体的位置做观测，观测值为

$$Z_k = s_k + V_k$$

若

$$E[j_k] = 0, \qquad E[j_k j_l^T] = q\delta_{kl}$$

$$E[V_k] = 0, \qquad E[V_k V_l^T] = r\delta_{kl}$$

观测的采样周期为 T，求对 s_k、v_k、a_k 的估计。

解：由于

$$\begin{cases} s_k = s_{k-1} + v_{k-1}T + \dfrac{a_{k-1}T^2}{2} \\ v_k = v_{k-1} + a_{k-1}T \\ a_k = a_{k-1} + j_{k-1}T \end{cases}$$

式中，j_k 为加加速度，对运动体的跟踪者来说，j_k 是随机量，此处取为白噪声。取状态向量

$$X_k = \begin{bmatrix} s_k \\ v_k \\ a_k \end{bmatrix}$$

则状态方程为

$$X_k = \Phi X_{k-1} + \Gamma j_{k-1}$$

式中

$$\Phi = \begin{bmatrix} 1 & T & \dfrac{T^2}{2} \\ 0 & 1 & T \\ 0 & 0 & 1 \end{bmatrix}, \qquad \Gamma = \begin{bmatrix} 0 \\ 0 \\ T \end{bmatrix}$$

观测方程为

$$Z_k = s_k + V_k = H X_k + V_k$$

式中，$H = [1 \quad 0 \quad 0]$。

应用 Kalman 滤波基本方程式(2.37)，有

$$\hat{X}_k = \Phi \hat{X}_{k-1} + K_k(Z_k - H\hat{X}_{k-1}) \tag{2.79}$$

$$P_{k,k-1} = \Phi P_{k-1}\Phi^{\mathrm{T}} + q\Gamma\Gamma^{\mathrm{T}} \tag{2.80}$$

$$P_k = (I - K_k H)P_{k,k-1} \tag{2.81}$$

$$K_k = P_k H^{\mathrm{T}} r^{-1} \tag{2.82}$$

当滤波达到稳态时，$P_k = P$ 为定值，由式(2.80)、式(2.81)和式(2.82)，得

$$P = (I - PH^{\mathrm{T}}r^{-1}H)(\Phi P\Phi^{\mathrm{T}} + q\Gamma\Gamma^{\mathrm{T}}) \tag{2.83}$$

为关于 P 的矩阵代数方程，可以从中解出 P。假设解得 P 为

$$P = \begin{bmatrix} P_{11} & P_{12} & P_{13} \\ P_{21} & P_{22} & P_{23} \\ P_{31} & P_{32} & P_{33} \end{bmatrix}$$

代入式(2.82)，得

$$K_k = PH^{\mathrm{T}}r^{-1} = \frac{1}{r}\begin{bmatrix} P_{11} & P_{12} & P_{13} \\ P_{21} & P_{22} & P_{23} \\ P_{31} & P_{32} & P_{33} \end{bmatrix}\begin{bmatrix} 1 \\ 0 \\ 0 \end{bmatrix} = \begin{bmatrix} \dfrac{P_{11}}{r} \\ \dfrac{P_{21}}{r} \\ \dfrac{P_{31}}{r} \end{bmatrix} \overset{\mathrm{def}}{=} \begin{bmatrix} \alpha \\ \beta \\ \gamma \end{bmatrix}$$

$$\hat{X}_k = \Phi \hat{X}_{k-1} + K_k(Z_k - H\Phi\hat{X}_{k-1}) = \Phi\hat{X}_{k-1} + \begin{bmatrix} \alpha \\ \beta \\ \gamma \end{bmatrix}(Z_k - H\Phi\hat{X}_{k-1})$$

此即为 s_k、v_k、a_k 的估计 $\hat{s}_k$、$\hat{v}_k$、$\hat{a}_k$。

在该例中，被估计量为 s_k、v_k、a_k，相应的稳态增益为 α、β、γ，习惯上称这种滤波为 α-β-γ 滤波。

2.3　随机线性连续系统 Kalman 滤波基本方程

算法的递推性是离散 Kalman 滤波的最大优点，由于其递推性，该滤波算法可以由计算机执行，而不必存储大量观测数据，因此，离散 Kalman 滤波在工程上得到了广泛的应用。尽管许多实际的物理系统是连续系统，但只要进行离散化，就可以使用离散 Kalman 滤波方程。

连续 Kalman 滤波是根据连续时间过程中的观测值，采用求解矩阵微分方程的方法估计系统状态变量的时间连续值。连续 Kalman 滤波是最优估计理论的一部分，因此在此给出连续 Kalman 滤波算法。

在推导随机线性连续系统 Kalman 滤波基本方程时，先不考虑控制信号的作用，这样系统的状态方程为

$$\dot{X}(t) = A(t)X(t) + F(t)W(t) \tag{2.84}$$

式中，$X(t)$ 是系统的 n 维状态向量；$W(t)$ 是 p 维零均值白噪声；$A(t)$ 是 $n \times n$ 系统矩阵；$F(t)$ 是 $n \times p$ 干扰输入矩阵。

观测方程为

$$Z(t) = H(t)X(t) + V(t) \tag{2.85}$$

式中，$Z(t)$ 是 m 维观测向量；$H(t)$ 是 $m \times n$ 观测矩阵；$V(t)$ 是 m 维零均值白噪声。

$W(t)$ 和 $V(t)$ 互相独立，它们的协方差阵分别为

$$\begin{cases} E[W(t)W^{\mathrm{T}}(\tau)] = Q(t)\delta(t-\tau) \\ E[V(t)V^{\mathrm{T}}(\tau)] = R(t)\delta(t-\tau) \\ E[W(t)V^{\mathrm{T}}(\tau)] = 0 \end{cases} \tag{2.86}$$

式中，$\delta(t-\tau)$ 是狄拉克 δ 函数；$Q(t)$ 为非负定对称矩阵；$R(t)$ 为对称正定矩阵；$Q(t)$ 和 $R(t)$ 都对 t 连续。

$X(t)$ 的初始状态 $X(t_0)$ 是一个随机变量，假定 $X(t)$ 的统计特性如数学期望 $E[X(t_0)] = m_0$ 和方差阵 $P(t_0) = E\left[[X(t_0) - m_0][X(t_0) - m_0]^{\mathrm{T}}\right]$ 都已知。

从时间 $t = t_0$ 开始得到观测值 $Z(t)$，在区间 $t_0 \leqslant \sigma \leqslant t$ 内已给出观测值 $Z(\sigma)$，要求找出 $X(t_1)$ 的最优线性估计，使得：

(1) 估计值 $\hat{X}(t_1, t)$ 是 $Z(\sigma)$ $(t_0 \leqslant \sigma \leqslant t)$ 的线性函数。

(2) 估计值是无偏的，即 $E[\hat{X}(t_1, t)] = E[X(t_1)]$。

(3) 要求估计误差 $\tilde{X}(t_1, t) = X(t_1) - \hat{X}(t_1, t)$ 的方差最小，即要求

$$E\left[[X(t_1) - \hat{X}(t_1, t)][X(t_1) - \hat{X}(t_1, t)]^{\mathrm{T}}\right] = \min$$

连续系统 Kalman 滤波公式有很多推导方法。这里采用 Kalman 在 1962 年提出的方法。令离散系统的采样间隔 $\Delta t \to 0$，取离散 Kalman 滤波的极限得到连续 Kalman 滤波方程。

在以前的讨论中，已知当 $\Delta t \to 0$ 时，有

$$\begin{cases} \Phi(t + \Delta t, t) = I + A(t) \cdot \Delta t + o(\Delta t) \\ \Gamma(t + \Delta t, t) = F(t) \cdot \Delta t + o(\Delta t) \\ Q(k) = Q(t) / \Delta t \\ R(k) = R(t) / \Delta t \end{cases}$$

在离散 Kalman 滤波方程(2.37)中，令采样间隔为 Δt，$t_k = t$，$t_{k-1} = t - \Delta t$，$t_{k+1} = t + \Delta t$，$K(t_k) = K_k$，则得到随机线性离散系统的 Kalman 滤波基本方程如下：

$$\hat{X}(t + \Delta t) = \Phi(t + \Delta t, t)\hat{X}(t) + K(t + \Delta t)[Z(t + \Delta t) - H(t + \Delta t)\Phi(t + \Delta t, t)\hat{X}(t)] \tag{2.87}$$

$$K(t + \Delta t) = P(t + \Delta t, t)H^{\mathrm{T}}(t + \Delta t)\left[H(t + \Delta t)P(t + \Delta t, t)H^{\mathrm{T}}(t + \Delta t) + \frac{R(t + \Delta t)}{\Delta t} \right]^{-1} \tag{2.88}$$

$$P(t + \Delta t, t) = \Phi(t + \Delta t, t)P(t)\Phi^{\mathrm{T}}(t + \Delta t, t) + \Gamma(t + \Delta t, t)\frac{Q(t)}{\Delta t}\Gamma^{\mathrm{T}}(t + \Delta t, t) \tag{2.89}$$

$$P(t + \Delta t) = [I - K(t + \Delta t)H(t + \Delta t)]P(t + \Delta t, t) \tag{2.90}$$

当 $\Delta t \to 0$ 时，分别求以上各式的极限，就可得到连续 Kalman 滤波方程如下：

$$\dot{\hat{X}}(t) = A(t)\hat{X}(t) + K(t)[Z(t) - H(t)\hat{X}(t)] \tag{2.91}$$

$$K(t) = P(t)H^{\mathrm{T}}(t)R^{-1}(t) \tag{2.92}$$

$$\dot{P}(t) = A(t)P(t) + P(t)A^{\mathrm{T}}(t) + F(t)Q(t)F^{\mathrm{T}}(t) - P(t)H^{\mathrm{T}}(t)R^{-1}(t)H(t)P(t) \tag{2.93}$$

式中，$t \geq t_0$，并且初始条件为

$$\begin{cases} \hat{X}(t_0) = E[X(t_0)] \\ P(t_0) = \mathrm{Var}[X(t_0)] \end{cases} \tag{2.94}$$

对以上结果进行说明：

(1) 基本滤波方程(2.91)是连续 Kalman 滤波方程，其中 $n \times m$ 矩阵 $K(t)$ 称为滤波器增益矩阵。如果把 $\hat{Z}(t) = H(t)\hat{X}(t)$ 称为观测值 $Z(t)$ 的预测，则在 t 时刻观测 $Z(t)$ 所提供的"新息"为

$$\tilde{Z}(t) = Z(t) - \hat{Z}(t) = Z(t) - H(t)\hat{X}(t) \tag{2.95}$$

这样，就可以把连续 Kalman 滤波器看作在反馈校正信号 $K(t)\tilde{Z}(t)$ 作用下的一个随机线性系统，如图 2.3 所示。

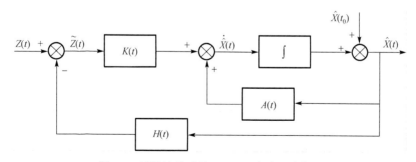

图 2.3　线性连续系统 Kalman 滤波器结构图

(2) $X(t)$ 的误差方差阵 $P(t)$ 完全由基本方程(2.93)决定，此方程称为矩阵里卡蒂(Riccati)方程，该方程可以单独离线算出。

(3) 由基本滤波方程(2.92)和方程(2.93)可见，矩阵 $R(t)$ 必须是正定阵。在物理上，这表示观测向量 $Z(t)$ 的每个分量都存在某种误差。

(4) 基本滤波方程(2.91)可以改写成：

$$\dot{\hat{X}}(t) = [A(t) - K(t)H(t)]\hat{X}(t) + K(t)Z(t) \tag{2.96}$$

设方程(2.96)的解为

$$\hat{X}(t) = \Psi(t,t_0)\hat{X}(t_0) + \int_{t_0}^{t} \Psi(t,\tau)K(\tau)Z(\tau)\mathrm{d}\tau \tag{2.97}$$

式中，$\Psi(t,\tau)$ 是方程(2.96)的状态转移矩阵。因此，当 $\hat{X}(t_0) = 0$ 时，有

$$\hat{X}(t) = \int_{t_0}^{t} \Psi(t,\tau)K(\tau)Z(\tau)\mathrm{d}\tau$$

如果令 $\Psi(t,\tau)K(\tau) = \Psi_K(t,\tau)$，则上式就可简化为

$$\hat{X}(t) = \int_{t_0}^{t} \Psi_K(t,\tau)Z(\tau)\mathrm{d}\tau \tag{2.98}$$

由此可见，当初始状态的均值为零时，连续 Kalman 滤波估计 $\hat{X}(t)$ 可以表示成观测值 $Z(t)$ 的一个特殊线性变换。

例 2.3　二阶系统的状态方程为

$$\dot{X}(t) = \begin{bmatrix} 0 & 1 \\ 0 & 0 \end{bmatrix} X(t) + \begin{bmatrix} 0 \\ 1 \end{bmatrix} W(t)$$

观测方程为

$$Z(t) = [1 \quad 0] X(t) + V(t)$$

已知 $W(t)$、$V(t)$ 为一维的零均值白噪声，且其方差分别为

$$E[W(t)W^{\mathrm{T}}(\tau)] = 4\delta(t-\tau)，\qquad E[V(t)V^{\mathrm{T}}(\tau)] = 2\delta(t-\tau)$$

$$E[X(0)] = 0，\qquad P(0) = \mathrm{Var}[X(0)] = \begin{bmatrix} 1 & 0 \\ 0 & 0 \end{bmatrix}$$

$W(t)$、$V(t)$ 和 $X(0)$ 三者不相关，试求 Kalman 滤波方程及增益、方差阵方程。

解：在此例中

$$A(t) = \begin{bmatrix} 0 & 1 \\ 0 & 0 \end{bmatrix}，\qquad F(t) = \begin{bmatrix} 0 \\ 1 \end{bmatrix}，\qquad H(t) = [1 \quad 0]，\qquad P(0) = \begin{bmatrix} 1 & 0 \\ 0 & 0 \end{bmatrix}$$

$$Q(t) = 4，\qquad R(t) = 2，\qquad X(0) = 0$$

根据连续系统的 Kalman 滤波基本方程(2.91)～方程(2.93)，可得 Kalman 滤波方程及增益、方差阵方程分别为

$$\dot{\hat{X}}(t) = \begin{bmatrix} 0 & 1 \\ 0 & 0 \end{bmatrix} \hat{X}(t) + K(t)(Z(t) - [1 \quad 0]\hat{X}(t))$$

$$K(t) = \frac{1}{2}P(t)\begin{bmatrix} 1 \\ 0 \end{bmatrix}$$

$$\dot{P}(t) = \begin{bmatrix} 0 & 1 \\ 0 & 0 \end{bmatrix}P(t) + P(t)\begin{bmatrix} 0 & 0 \\ 1 & 0 \end{bmatrix} + 4\begin{bmatrix} 0 \\ 1 \end{bmatrix}\begin{bmatrix} 0 & 1 \end{bmatrix} - \frac{1}{2}P(t)\begin{bmatrix} 1 \\ 0 \end{bmatrix}\begin{bmatrix} 1 & 0 \end{bmatrix}P(t)$$

若设

$$P(t) = \begin{bmatrix} P_{11}(t) & P_{12}(t) \\ P_{21}(t) & P_{22}(t) \end{bmatrix}, \qquad \dot{P}(t) = \begin{bmatrix} \dot{P}_{11}(t) & \dot{P}_{12}(t) \\ \dot{P}_{21}(t) & \dot{P}_{22}(t) \end{bmatrix}$$

则有

$$\dot{P}(t) = \begin{bmatrix} \dot{P}_{11}(t) & \dot{P}_{12}(t) \\ \dot{P}_{21}(t) & \dot{P}_{22}(t) \end{bmatrix} = \begin{bmatrix} 2P_{12}(t) - \frac{1}{2}P_{11}^2(t) & P_{22}(t) - \frac{1}{2}P_{11}(t)P_{12}(t) \\ P_{22}(t) - \frac{1}{2}P_{11}(t)P_{12}(t) & 4 - \frac{1}{2}P_{12}^2(t) \end{bmatrix}$$

将上述矩阵微分方程写成微分方程组的形式，有

$$\dot{P}_{11}(t) = 2P_{12}(t) - \frac{1}{2}P_{11}^2(t), \quad P_{11}(0) = 1$$

$$\dot{P}_{12}(t) = \dot{P}_{21}(t) = P_{22}(t) - \frac{1}{2}P_{11}(t)P_{12}(t), \quad P_{12}(0) = 0$$

$$\dot{P}_{22}(t) = 4 - \frac{1}{2}P_{12}^2(t), \quad P_{22}(0) = 0$$

该方程组为非线性方程组，可由计算机求解，求得方差阵 $P(t)$ 后，可得增益矩阵为

$$K(t) = \frac{1}{2}\begin{bmatrix} P_{11}(t) & P_{12}(t) \\ P_{21}(t) & P_{22}(t) \end{bmatrix}\begin{bmatrix} 1 \\ 0 \end{bmatrix} = \begin{bmatrix} \dfrac{P_{11}(t)}{2} \\ \dfrac{P_{21}(t)}{2} \end{bmatrix}$$

于是得滤波方程为

$$\dot{\hat{X}}(t) = \begin{bmatrix} 0 & 1 \\ 0 & 0 \end{bmatrix}\hat{X}(t) + \begin{bmatrix} \dfrac{P_{11}(t)}{2} \\ \dfrac{P_{21}(t)}{2} \end{bmatrix}(Z(t) - [1 \quad 0]\hat{X}(t))$$

由此可见，线性连续系统的 Kalman 滤波问题的求解往往可归结为矩阵 Riccati 方程的求解问题，一般要借助计算机进行。

2.4　随机线性离散系统的最优预测与平滑

2.4.1　随机线性离散系统的最优预测

随机线性离散系统的最优预测问题就是根据系统 (2.1b) 的观测方程所提供的观测数据 $Z_1, Z_2, \cdots, Z_j$，对系统状态方程 (2.1a) 在 $k(k > j)$ 时刻的状态向量 X_k 在给定假设条件下进行最优估计的问题。

假设式 (2.1) 所描述的离散系统中，Q_k 为已知的 $p \times p$ 半正定矩阵，R_k 为已知的 $m \times m$ 正定矩阵。在已知 X_k 和 Z_k 的一阶矩、二阶矩的情况下，用正交投影法来推导最优预测 $\hat{X}_{k,j}$，即

$$\hat{X}_{k,j} = \hat{E}[X_k / Z_1, Z_2, \cdots, Z_j] \tag{2.99}$$

由于

$$X_k = \Phi_{k,j} X_j + \sum_{i=j+1}^{k} \Phi_{k,i} \Gamma_{i,i-1} W_{i-1}, \quad k \geq j+1 \tag{2.100}$$

将其代入 $\hat{X}_{k,j}$ 的表达式 (2.99)，并利用正交投影的性质得

$$
\begin{aligned}
\hat{X}_{k,j} &= \hat{E}\left[\left(\Phi_{k,j} X_j + \sum_{i=j+1}^{k} \Phi_{k,i} \Gamma_{i,i-1} W_{i-1}\right) / Z_1, Z_2, \cdots, Z_j\right] \\
&= \hat{E}[\Phi_{k,j} X_j / Z_1, Z_2, \cdots, Z_j] + \hat{E}\left[\sum_{i=j+1}^{k} \Phi_{k,i} \Gamma_{i,i-1} W_{i-1} / Z_1, Z_2, \cdots, Z_j\right] \\
&= \Phi_{k,j} \hat{E}[X_j / Z_1, Z_2, \cdots, Z_j] + \sum_{i=j+1}^{k} \Phi_{k,i} \Gamma_{i,i-1} \hat{E}[W_{i-1} / Z_1, Z_2, \cdots, Z_j]
\end{aligned} \tag{2.101}
$$

随机向量集合 $\{W_{i-1}, i = j+1, j+2, \cdots, k\}$ 和 $Z_1, Z_2, \cdots, Z_j$ 对于任意的 $k \geq j+1$ 是互不相关的，又因为两者都是随机向量，所以这两个向量集合必然是相互独立的。考虑到 $\{W_k, k = 0, 1, \cdots\}$ 具有零均值，故

$$\hat{E}[W_{i-1} / Z_1, Z_2, \cdots, Z_j] = 0, \quad i = j+1, j+2, \cdots, k \tag{2.102}$$

由方程 (2.101) 并根据 Kalman 滤波的表达式 (2.61)，得

$$\hat{X}_{k,j} = \Phi_{k,j} \hat{E}[X_j / Z_1, Z_2, \cdots, Z_j] = \Phi_{k,j} \hat{X}_j \tag{2.103}$$

式 (2.103) 即为最优预测 $\hat{X}_{k,j}$ 的表达式。

下面推导预测误差的协方差阵。预测误差 $\tilde{X}_{k,j}$ 可表示为

$$
\begin{aligned}
\tilde{X}_{k,j} &= X_k - \hat{X}_{k,j} \\
&= \Phi_{k,j} X_j + \sum_{i=j+1}^{k} \Phi_{k,i} \Gamma_{i,i-1} W_{i-1} - \Phi_{k,j} \hat{X}_j \\
&= \Phi_{k,j} \tilde{X}_j + \sum_{i=j+1}^{k} \Phi_{k,i} \Gamma_{i,i-1} W_{i-1}
\end{aligned} \tag{2.104}
$$

显然，$\{\tilde{X}_{k,j}, k = j+1, j+2, \cdots\}$ 为零均值高斯序列。预测误差方差阵 $P_{k,j}$ 为

$$
\begin{aligned}
P_{k,j} &= E[\tilde{X}_{k,j} \tilde{X}_{k,j}^{\mathrm{T}}] \\
&= E\left[\left(\Phi_{k,j} \tilde{X}_j + \sum_{i=j+1}^{k} \Phi_{k,i} \Gamma_{i,i-1} W_{i-1}\right)\left(\Phi_{k,j} \tilde{X}_j + \sum_{i=j+1}^{k} \Phi_{k,i} \Gamma_{i,i-1} W_{i-1}\right)^{\mathrm{T}}\right]
\end{aligned} \tag{2.105}
$$

由于

$$E[\tilde{X}_j W_{i-1}^{\mathrm{T}}] = E[(X_j - \hat{X}_j) W_{i-1}^{\mathrm{T}}] = E[X_j W_{i-1}^{\mathrm{T}}] - E[\hat{X}_j W_{i-1}^{\mathrm{T}}]$$

当 $i=j+1,j+2,\cdots,k$ 时，上式等号右边第一项应为零，而第二项为

$$E[\hat{X}_j W_{i-1}^{\mathrm{T}}] = E\{[\Phi_{j,j-1}\hat{X}_{j-1} + K_j(Z_j - H_j\Phi_{j,j-1}\hat{X}_{j-1})]W_{i-1}^{\mathrm{T}}\}, \quad i=j+1,j+2,\cdots,k$$

由于

$$E[\hat{X}_{j-1}W_{i-1}^{\mathrm{T}}] = 0, \quad i=j+1,j+2,\cdots, \quad E[W_j W_k^{\mathrm{T}}] = 0\,(j \neq k)$$

故式 (2.105) 可以写成：

$$P_{k,j} = \Phi_{k,j}E[\tilde{X}_j \tilde{X}_j^{\mathrm{T}}]\Phi_{k,j}^{\mathrm{T}} + \sum_{i=j+1}^{k}\Phi_{k,i}\Gamma_{i,i-1}E[W_{i-1}W_{i-1}^{\mathrm{T}}]\Gamma_{i,i-1}^{\mathrm{T}}\Phi_{k,j}^{\mathrm{T}}$$

由 $E[\tilde{X}_j\tilde{X}_j^{\mathrm{T}}] = P_j$，$E[W_{i-1}W_{i-1}^{\mathrm{T}}] = Q_{i-1}$，最后得到预测误差方差阵 $P_{k,j}$ 为

$$P_{k,j} = \Phi_{k,j}P_j\Phi_{k,j}^{\mathrm{T}} + \sum_{i=j+1}^{k}\Phi_{k,i}\Gamma_{i,i-1}Q_{i-1}\Gamma_{i,i-1}^{\mathrm{T}}\Phi_{k,j}^{\mathrm{T}} \qquad (2.106)$$

预测误差方差阵还可以写成另外一种形式：

$$\begin{aligned}
\tilde{X}_{k,j} &= \Phi_{k,j}\tilde{X}_j + \sum_{i=j+1}^{k}\Phi_{k,i}\Gamma_{i,i-1}W_{i-1} \\
&= \Phi_{k,k-1}\Phi_{k-1,j}\tilde{X}_j + \Phi_{k,k}\Gamma_{k,k-1}W_{k-1} + \sum_{i=j+1}^{k-1}\Phi_{k,i}\Gamma_{i,i-1}W_{i-1} \\
&= \Phi_{k,k-1}\Phi_{k-1,j}\tilde{X}_j + \Gamma_{k,k-1}W_{k-1} + \Phi_{k,k-1}\sum_{i=j+1}^{k-1}\Phi_{k-1,i}\Gamma_{i,i-1}W_{i-1} \\
&= \Phi_{k,k-1}\left(\Phi_{k-1,j}\tilde{X}_j + \sum_{i=j+1}^{k-1}\Phi_{k-1,i}\Gamma_{i,i-1}W_{i-1}\right) + \Gamma_{k,k-1}W_{k-1} \\
&= \Phi_{k,k-1}\tilde{X}_{k-1,j} + \Gamma_{k,k-1}W_{k-1}
\end{aligned} \qquad (2.107)$$

由此可见，$\tilde{X}_{k,j}$ 不仅为零均值高斯白噪声序列，且具有马尔可夫性质。下面利用式 (2.107) 来求预测误差方差阵 $P_{k,j}$。

$$\begin{aligned}
P_{k,j} &= E[\tilde{X}_{k,j}\tilde{X}_{k,j}^{\mathrm{T}}] \\
&= E[(\Phi_{k,k-1}\tilde{X}_{k-1,j} + \Gamma_{k,k-1}W_{k-1})(\Phi_{k,k-1}\tilde{X}_{k-1,j} + \Gamma_{k,k-1}W_{k-1})^{\mathrm{T}}]
\end{aligned} \qquad (2.108)$$

由于 $E[\tilde{X}_{k-1,j}W_{k-1}^{\mathrm{T}}] = 0$，故可将式 (2.108) 写为

$$P_{k,j} = \Phi_{k,k-1}P_{k-1,j}\Phi_{k,k-1}^{\mathrm{T}} + \Gamma_{k,k-1}Q_{k-1}\Gamma_{k,k-1}^{\mathrm{T}} \qquad (2.109)$$

式 (2.109) 为预测误差方差阵 $P_{k,j}$ 的另一种表达形式。

式 (2.103) 和式 (2.109) 即为最优预测估计及估计误差方差阵。

2.4.2　随机线性离散系统的最优平滑

随机线性离散系统的最优平滑问题，就是根据系统 (2.1b) 提供的观测数据 $Z_1, Z_2, \cdots, Z_k$，在给定假设条件下，对系统状态方程 (2.1a) 在 $j(j<k)$ 时刻的状态向量进行最优估计的问题。根据 k 和 j 的具体变化情况，最优平滑问题可以分为三类。

1. 固定区间平滑

利用固定的时间区间 $[0, M]$ 中得到的所有观测值 $\bar{Z}_M = [Z_1^{\mathrm{T}} \ Z_2^{\mathrm{T}} \cdots Z_M^{\mathrm{T}}]^{\mathrm{T}}$ 来估计这个区间中每个时刻的状态 $X_k (k = 1, 2, \cdots, M)$，这种平滑称为固定区间平滑(Fixed-Interval Smoothing, FIS)。平滑的输出是 $\hat{X}_{k,M}$。这种固定区间平滑在惯导系统中应用较多。

RTS(Rauch-Tung-Striebel)平滑方法是一种典型的固定区间最优平滑方法，且该方法计算简单，易于实现，是一种有效的事后处理方法。因此，在使用平滑方法前，需首先进行前向 Kalman 滤波，获得滤波估计值，然后经过一个反向平滑过程，进而得到平滑估计值。RTS 平滑的过程简述如下。

平滑增益为

$$K_k^a = P_{k,k} \Phi_{k+1,k}^{\mathrm{T}} P_{k+1,k}^{-1}$$

平滑的状态向量和方差阵的更新为

$$\hat{X}_{k,N} = \hat{X}_{k,k} + K_k^a (\hat{X}_{k+1,N} - H_k \hat{X}_{k+1,k})$$

$$P_{k,N}^a = P_{k,k} + K_k^a (P_{k+1,N}^a - P_{k+1,k}) K_k^{a,\mathrm{T}}$$

2. 固定点平滑

令 $\bar{Z}_k = [Z_1^{\mathrm{T}} \ Z_2^{\mathrm{T}} \cdots Z_k^{\mathrm{T}}]^{\mathrm{T}}$ 为 k 时刻内所有观测值组成的向量，则利用 $\bar{Z}_k$ 来估计 $0 \sim k-1$ 时刻中某个固定时刻 $j(k = j+1, j+2, \cdots)$ 状态向量 X_j 的平滑称为固定点平滑(Fixed-Point Smoothing, FPS)，平滑的输出为 $\hat{X}_{j,j+1}, \hat{X}_{j,j+2}, \cdots$。固定点平滑常用于对某项实验或某个过程中某一时刻的状态估计，例如，利用观测人造卫星轨道的数据来估计其进入轨道时的初始状态。

于是可得固定点平滑方程为

$$\hat{X}_{j,k} = \hat{X}_{j,k-1} + K_k^a (Z_k - H_k \hat{X}_{k,k-1}) = \hat{X}_{j,k-1} + K_k^a \tilde{Z}_k \tag{2.110}$$

$$K_k^a = P_{k,k-1}^a H_k^{\mathrm{T}} (H_k P_{k,k-1} H_k^{\mathrm{T}} + R_k)^{-1} \tag{2.111}$$

$$P_{k+1,k}^a = P_{k,k-1}^a (\Phi_{k+1,k} - K_k^* H_k)^{\mathrm{T}} \tag{2.112}$$

式中，状态向量初始值为 $\hat{X}_{j,j-1}$，$P_{k+1,k}^a$ 误差方差阵初始值为

$$P_{j,j-1}^a = P_{j,j-1}$$

整个平滑过程是：从 $k = 0$ 时刻开始，滤波器用滤波方程解算出 $P_{k+1,k}$ 和 K_k^*，并估计出 $\hat{X}_{k+1,k}$；当 $k \geq j$ 时，滤波器用平滑方程解算出 $P_{k+1,k}^a$ 和 K_k^a，从而解算出 $\hat{X}_{j,k}$。

3. 固定滞后平滑

利用 $\bar{Z}_k$ 来估计 $k-N$ 时刻的状态 X_{k-N}，N 为某个确定的固定滞后值，这种平滑称为固定滞后平滑(Fixed-Lag Smoothing, FLS)。平滑输出为 $\hat{X}_{k-N,k} (k = N, N+1, \cdots)$。它是一种在线估计方法，只是估计的时间有延迟而已。固定滞后平滑多用于通信系统中。

2.4.3 最优平滑方法在惯导系统中的应用

惯性导航系统(Inertial Navigation System, INS, 简称惯导系统)是利用惯性敏感元件(陀

螺仪和加速度计)测量运载体相对于惯性空间的线运动和角运动参数,在给定初始运动参数的条件下,推算出运载体的位置、速度和姿态等参数,并且引导运载体完成预定航行任务的系统。由于惯性导航方法建立在牛顿力学定律的基础上,不依赖任何外界测量信息,也不受自然或者人为因素的干扰,因此,惯导系统具有自主性强、导航参数完备、短时精度高和隐蔽性好等优点。

惯导系统的误差源主要包括初始误差和器件误差。初始误差是指由初始对准不确定或不准确所引入的位置、速度及姿态误差。器件误差主要包括陀螺漂移、加速度计零偏,以及相关安装、刻度系数误差等。由于初始误差和器件误差的存在,惯导系统误差随时间而累积,甚至发散。

惯导系统误差具有时间相关性,长时间工作甚至发散。常采用全球导航卫星系统(Global Navigation Satellite System, GNSS)以及其他外部导航传感设备,获取位置、速度等观测信息,并结合最优估计方法来补偿惯导系统误差,抑制其误差发散。图 2.4 所示为惯导系统误差抑制原理图。

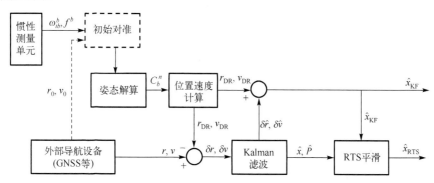

图 2.4　惯导系统误差抑制原理图

在工程应用中常缺乏较高精度的姿态基准,惯导系统姿态误差难以直接测量,需通过误差估计算法进行估计。为了 Kalman 滤波和最优平滑算法设计的方便,简化后的惯导系统东向和北向通道的线性误差微分方程为

$$\begin{cases} \delta\dot{V}_E = -\phi_N g + \nabla_E \\ \dot{\phi}_N = \dfrac{\delta V_E}{R} + \varepsilon_N \\ \dot{\varepsilon}_N = 0 \\ \dot{\nabla}_E = 0 \end{cases} \tag{2.113}$$

$$\begin{cases} \delta\dot{V}_N = \phi_E g + \nabla_N \\ \dot{\phi}_E = -\dfrac{\delta V_N}{R} + \varepsilon_E \\ \dot{\varepsilon}_E = 0 \\ \dot{\nabla}_N = 0 \end{cases} \tag{2.114}$$

式中,δV_E、δV_N 为东向和北向速度误差; ϕ_E、ϕ_N 为东向和北向姿态误差; ε_E、ε_N 为东向和北向陀螺仪漂移; ∇_E、∇_N 为东向和北向加速度计零偏; g 为重力加速度; R 为地球半径。

取式 (2.113) 状态向量为 $X_k^E = [\delta V_E \quad \phi_N \quad \varepsilon_N \quad \nabla_E]^T$，则式 (2.113) 改写为状态空间表达形式：

$$X_k^E = \Phi_{k,k-1}^E X_{k-1}^E + \Gamma_{k,k-1}^E W_{k-1}^E \qquad (2.115)$$

式中，$\Phi_{k,k-1}^E = \begin{bmatrix} 1 & -gT & 0 & T \\ \dfrac{T}{R} & 1 & T & 0 \\ 0 & 0 & 1 & 0 \\ 0 & 0 & 0 & 1 \end{bmatrix}$ 为东向通道的状态转移矩阵。

由于全球卫星导航系统可以直接测得东向位置和速度等信息，因此观测方程为

$$Z_k^E = H_k^E X_k^E + V_k^E \qquad (2.116)$$

式中，$H_k^E = [1 \quad 0 \quad 0 \quad 0]$ 为东向通道的观测矩阵。

同理，亦可获得惯导系统北向通道的状态方程和观测方程：

$$X_k^N = \Phi_{k,k-1}^N X_{k-1}^N + \Gamma_{k,k-1}^N W_{k-1}^N \qquad (2.117)$$

$$Z_k^N = H_k^N X_k^N + V_k^N \qquad (2.118)$$

式中，$\Phi_{k,k-1}^N = \begin{bmatrix} 1 & gT & 0 & T \\ -\dfrac{T}{R} & 1 & T & 0 \\ 0 & 0 & 1 & 0 \\ 0 & 0 & 0 & 1 \end{bmatrix}$ 为北向通道的状态转移矩阵；$H_k^N = [1 \quad 0 \quad 0 \quad 0]$ 为北向通道

的观测矩阵。

采用 2.2 节的随机线性离散系统 Kalman 滤波算法和 2.4.2 节中的 RTS 平滑算法，如图 2.5 所示，估计出东向和北向的姿态误差。

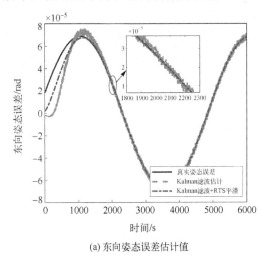
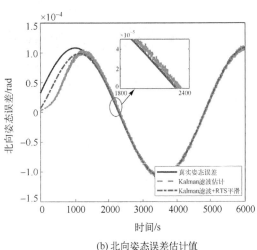

(a) 东向姿态误差估计值　　　　　　　　　　(b) 北向姿态误差估计值

图 2.5　惯导系统姿态误差估计图

图 2.5 中，前向滤波采用 Kalman 滤波基本方程来估计每一时刻的惯导系统姿态误差值。反向平滑是在前向滤波的基础上，采用 RTS 平滑方法获取更精确的姿态误差估计值。为了说明反向平滑在惯导系统姿态误差估计中的作用，图 2.6 展示了惯导系统姿态误差的估计误差。相应的陀螺漂移估计结果及其估计误差如图 2.7 和图 2.8 所示。

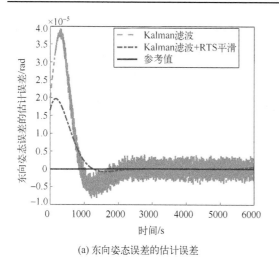

(a) 东向姿态误差的估计误差

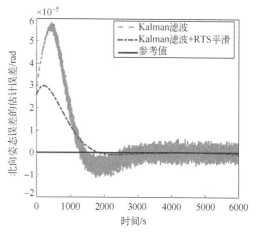

(b) 北向姿态误差的估计误差

图 2.6　惯导系统姿态误差的估计误差对比图

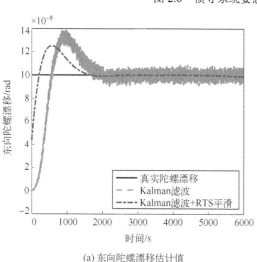

(a) 东向陀螺漂移估计值

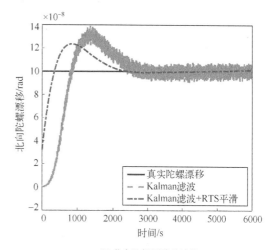

(b) 北向陀螺漂移估计值

图 2.7　惯导系统陀螺漂移估计图

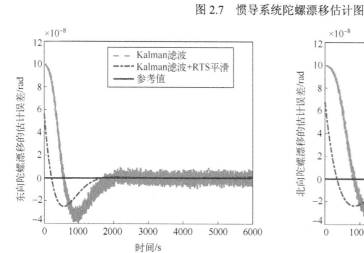

(a) 东向陀螺漂移的估计误差

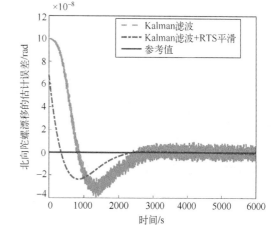

(b) 北向陀螺漂移的估计误差

图 2.8　惯导系统陀螺漂移估计误差对比图

在反向平滑过程中用到的状态向量与方差阵(或协方差阵)的估计值和预测值均为前向 Kalman 滤波过程中所得的值。这样充分利用了每一区间内的数据,可以获得更高精度的估计值,从而通过补偿惯导系统的输出误差,抑制惯导系统发散,提高导航系统精度。

2.5　Kalman 滤波在车载惯导系统中的应用实例

在车载惯导系统使用过程中,通常选择 GPS 或里程计作为导航辅助信息源,采用 Kalman 滤波算法实现各系统的最优组合。从导航系统的自主性角度出发,常选择里程计作为外部辅助源。本节以车载惯导系统中的 Kalman 滤波为例进行介绍。

2.5.1　里程计误差建模

借鉴 GPS 与惯导系统的组合模式,将里程计辅助惯导系统的方式分为松耦合辅助和紧耦合辅助两种模式。其中,松耦合辅助模式是指在惯导系统工作前预先对里程计和惯导系统间的姿态关系进行标定,并标校里程计刻度因子,之后在系统工作过程中不再对里程计误差(包括里程计刻度因子误差和安装角误差)进行修正。紧耦合辅助模式是指在惯导系统工作前预先对里程计和惯导系统间的姿态关系进行标定(使其误差在小角度范围内),并标校里程计刻度因子。在系统工作过程中除实时估计并修正里程计的刻度因子误差外,还修正其与惯导系统之间的姿态误差。紧耦合辅助模式导航系统工作原理如图 2.9 所示。

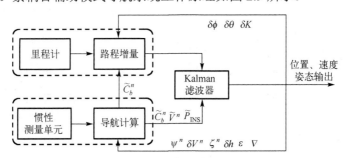

图 2.9　紧耦合辅助模式导航系统工作原理

惯导系统的速度误差随工作时间增加而发散,但在短时间内变化缓慢,相对精度较高;里程计误差则与车辆行驶里程相关,随工作时间增长,其误差发散较慢。两者误差特性不同,可以在建立惯导系统和里程计误差模型的基础上,利用 Kalman 滤波器构建紧耦合辅助模式,实现子系统间误差相互校正,其实质是通过 Kalman 滤波实现惯导系统信息和里程计信息的最优融合。

在车载导航领域,常用的坐标系主要包括地心惯性坐标系、地球坐标系、地理坐标系、车体坐标系、里程计坐标系和导航坐标系,各坐标系(均为右手坐标系)的具体定义此处不再赘述。

对于车载导航而言,为操作方便,通常将惯导系统安装在车体上,里程计因工作原理要求安装于车辆底盘。由于安装误差的影响,很难保证惯导系统的各轴向与车体坐标系重合,为保证指向的准确性,系统工作前已经通过水平仪和光学瞄准仪等设备将二者标校至一致,因此可认为这两个坐标系重合。由于车体与底盘非刚性连接,加之变形等因素影响,车体坐标系与里程计坐标系难以重合安装,它们的空间关系如图 2.10 所示,对于普通车辆,也有同样关系成立。根据坐标系间的旋转关系,从车体坐标系至里程计坐标系的变换可通过三次连续旋转完成，首先绕车体坐标系 z 轴旋转角度 ϕ（航向安装角），其次绕车体坐标系 x 轴（第一次旋转后形成）旋转角度 θ（俯仰安装角），最后绕车体坐标系 y 轴（第二次旋转后形成）旋转角度 γ（横滚安装角），上述旋转对应的方向余弦阵为

$$C_b^{\mathrm{VMS}} = \begin{bmatrix} \cos\gamma\cos\phi - \sin\gamma\sin\phi\sin\theta & \cos\gamma\sin\phi + \sin\gamma\cos\phi\sin\theta & -\sin\gamma\cos\theta \\ -\sin\phi\cos\theta & \cos\phi\cos\theta & \sin\theta \\ \sin\gamma\cos\phi + \cos\gamma\sin\phi\sin\theta & \sin\gamma\sin\phi - \cos\gamma\cos\phi\sin\theta & \cos\gamma\cos\theta \end{bmatrix} \quad (2.119)$$

与飞机、船舶等运动载体不同，陆用车辆的运动不是完全自由的三维运动，而是受到"非完整性约束"的影响，即在无侧滑、弹跳及路面曲率半径大于车轮曲率半径等情况下，底盘的侧向和天向输出为零。在以上理想条件下，结合里程计输出，可得 t_{j-1} 时刻至 t_j 时刻车辆行驶路程 Δs_j 在里程计坐标系的投影为

$$(\Delta S^{\mathrm{VMS}})_j = \begin{bmatrix} 0 \\ \Delta s_j \\ 0 \end{bmatrix} \quad (2.120)$$

当辅助导航系统使用里程计提供的路程增量信息时，需要将 $(\Delta S^{\mathrm{VMS}})_j$ 在车体坐标系内进行投影，根据式（2.119）和式（2.120），有

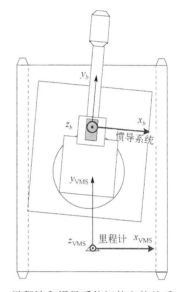

图 2.10　里程计和惯导系统间的安装关系（俯视图）

$$(\Delta S^b)_j = (C_b^{\mathrm{VMS}})^{\mathrm{T}}(\Delta S^{\mathrm{VMS}})_j = \begin{bmatrix} -\sin\phi\cos\theta \\ \cos\phi\cos\theta \\ \sin\theta \end{bmatrix} \Delta s_j \quad (2.121)$$

从式（2.121）可以看出，里程计坐标系相对于车体坐标系的横滚角大小对投影分量没有影响，因此，对里程计坐标系和车体坐标系间的姿态角只需要标定 ϕ 和 θ，其中 ϕ 主要影响辅助导航系统的水平定位精度，而 θ 则影响高程精度。

进一步地，采用惯导系统在 t_j 时刻输出的姿态矩阵 $(C_b^n)_j$ 将式（2.121）在导航坐标系内进行投影，可得

$$(\Delta S^n)_j = (C_b^n)_j(C_b^{\mathrm{VMS}})^{\mathrm{T}}(\Delta S^{\mathrm{VMS}})_j \quad (2.122)$$

由于误差影响，实际里程计路程增量在导航坐标系内的表达式为

$$(\Delta \tilde{S}^n)_j = (\tilde{C}_b^n)_j(\tilde{C}_b^{\mathrm{VMS}})^{\mathrm{T}}(\Delta \tilde{S}^{\mathrm{VMS}})_j \quad (2.123)$$

对式（2.123）两端进行变分，可得

$$(\delta\Delta S^n)_j = (\delta C_b^n)_j(\tilde{C}_b^{\mathrm{VMS}})^{\mathrm{T}}(\Delta \tilde{S}^{\mathrm{VMS}})_j + (\tilde{C}_b^n)_j(\delta C_b^{\mathrm{VMS}})^{\mathrm{T}}(\Delta \tilde{S}^{\mathrm{VMS}})_j + (\tilde{C}_b^n)_j(\tilde{C}_b^{\mathrm{VMS}})^{\mathrm{T}}(\delta\Delta S^{\mathrm{VMS}})_j \quad (2.124)$$

式（2.124）表明，里程计位移增量的误差由惯导系统姿态误差、里程计坐标系和车体坐标系间姿态误差及里程计刻度因子误差共同引起。

若记 $M = \begin{bmatrix} -\sin\phi\cos\theta \\ \cos\phi\cos\theta \\ \sin\theta \end{bmatrix}$，式(2.124)可进一步整理为

$$(\delta\Delta S^n)_j = (\delta C_b^n)_j \tilde{M}\Delta\tilde{s}_j + (\tilde{C}_b^n)_j(\delta M)\Delta\tilde{s}_j + (\tilde{C}_b^n)_j\tilde{M}\delta\Delta s_j \qquad (2.125)$$

式(2.125)等号右端第一项可表示为

$$(\delta\Delta S^n)_j^1 = -(\psi^n\times)(C_b^n)_j\tilde{M}\Delta\tilde{s}_j = [(C_b^n)_j\tilde{M}\Delta\tilde{s}_j]\times\psi^n = (\Delta\tilde{S}^n)_j\times\psi^n \qquad (2.126)$$

式中，ψ^n 表示惯导系统姿态失准角，满足 $\delta C_b^n = -(\psi^n\times)C_b^n$，$(\psi^n\times)$ 表示 ψ 的反对称矩阵。

式(2.125)等号右端第二项可表示为

$$(\delta\Delta S^n)_j^2 = (\tilde{C}_b^n)_j(\delta M)\Delta\tilde{s}_j = [(\tilde{C}_b^n)_j\tilde{N}\Delta\tilde{s}_j]\begin{bmatrix} \delta\phi \\ \delta\theta \end{bmatrix} \qquad (2.127)$$

式中，$\tilde{N} = \begin{bmatrix} -\cos\tilde{\phi}\cos\tilde{\theta} & \sin\tilde{\phi}\sin\tilde{\theta} \\ -\sin\tilde{\phi}\cos\tilde{\theta} & -\cos\tilde{\phi}\sin\tilde{\theta} \\ 0 & \cos\tilde{\theta} \end{bmatrix}$。

式(2.125)等号右端第三项可表示为

$$(\delta\Delta S^n)_j^3 = (\tilde{C}_b^n)_j\tilde{M}\delta\Delta s_j = [(\tilde{C}_b^n)_j\tilde{M}\Delta\tilde{s}_j]\delta K = (\Delta\tilde{S}^n)_j\delta K \qquad (2.128)$$

根据式(2.126)～式(2.128)，将 $(\delta\Delta S^n)_j$ 表示为各个误差项之和：

$$(\delta\Delta S^n)_j = (\Delta\tilde{S}^n)_j\times\psi^n + [(\tilde{C}_b^n)_j\tilde{N}\Delta\tilde{s}_j]\begin{bmatrix} \delta\phi \\ \delta\theta \end{bmatrix} + (\Delta\tilde{S}^n)_j\delta K \qquad (2.129)$$

由式(2.129)可以看出，姿态失准角 ψ^n、安装误差角 $\delta\phi$ 和 $\delta\theta$，以及里程计刻度因子误差 δK 以不同的形式对里程计位移增量精度产生影响。

2.5.2 紧耦合辅助模式下系统建模

1. 系统动态方程建模

惯导系统的速度误差随工作时间增加而发散，但在短时间内变化缓慢；里程计误差则和载车行驶里程相关，随工作时间增长，误差发散较慢。两者误差特性不同，可以在建立惯导系统和里程计误差模型的基础上，利用卡尔曼滤波器构建紧耦合辅助模式，实现子系统间误差相互校正，其实质是通过卡尔曼滤波实现惯导系统信息和里程计信息的最优融合。

惯导系统动态误差模型为

$$\dot{\psi}^n = -C_b^n\varepsilon - \omega_{in}^n\times\psi^n + \omega_{ie}^n\times\xi^n + \delta\omega_{en}^n \qquad (2.130)$$

$$\delta\dot{V}^n = C_b^n\nabla - (\psi^n\times)C_b^n f_{ib}^b + f(h)\frac{g}{R}u_{zn}^n\delta h + V^n\times[\delta\omega_{en}^n + 2(\omega_{ie}^n\times)\xi^n] - (\omega_{en}^n + 2\omega_{ie}^n)\times\delta V^n \qquad (2.131)$$

$$\dot{\xi}^n = -\omega_{en}^n\times\xi^n + \delta\omega_{en}^n \qquad (2.132)$$

$$\delta\dot{h} = u_{zn}^n\cdot\delta V^n \qquad (2.133)$$

$$\dot{\varepsilon} = 0_{3\times1} \tag{2.134}$$

$$\dot{\nabla} = 0_{3\times1} \tag{2.135}$$

$$\delta\omega_{en}^n = \delta\rho_{zn}u_{zn}^n + \frac{1}{r_l}(u_{zn}^n \times \delta V^n) - \frac{1}{r_l^2}(u_{zn}^n \times V^n)\delta h \tag{2.136}$$

$$u_{zn}^n = \begin{bmatrix} 0 \\ 0 \\ 1 \end{bmatrix} \tag{2.137}$$

$$f(h) = \begin{cases} 2, & h \geqslant 0 \\ -1, & h < 0 \end{cases} \tag{2.138}$$

$$\delta\rho_{zn} = \begin{bmatrix} \dfrac{\tan\varphi}{r_l} & 0 & 0 \end{bmatrix}\delta V^n + \begin{bmatrix} -\dfrac{V_1^n\sec^2\varphi}{r_l} & 0 & 0 \end{bmatrix}\xi^n - \frac{V_1^n\tan\varphi}{r_l^2}\delta h \tag{2.139}$$

式中，φ 表示纬度；h 表示高程；f_{ib}^b 表示加速度计敏感的比力；R 表示地球半径；r_l 表示近似卯酉圈和子午圈曲率半径的参数，其详细的计算公式可参见相关文献；V_1^n 表示 V^n 中的第一个元素，即东向速度。

在里程计建模方面，若不考虑安装角和里程计刻度因子随路面环境及车载负重等变化，则有

$$\delta\dot{\phi} = 0 \tag{2.140}$$

$$\delta\dot{\theta} = 0 \tag{2.141}$$

$$\delta\dot{K} = 0 \tag{2.142}$$

式 (2.130)～式 (2.142) 构成了里程计紧耦合辅助导航系统的动态方程。取系统状态为
$$X = [(\psi^n)^{\mathrm{T}} \quad (\delta V^n)^{\mathrm{T}} \quad (\xi^n)^{\mathrm{T}} \quad \delta h \quad (\varepsilon)^{\mathrm{T}} \quad (\nabla)^{\mathrm{T}} \quad \delta\phi \quad \delta\theta \quad \delta K]^{\mathrm{T}}$$
则有
$$\dot{X}(t) = F(t)X(t) + W(t) \tag{2.143}$$
式中，$F(t)$ 表示系统转移矩阵，由式 (2.130)～式 (2.142) 确定；$W(t)$ 表示系统噪声。

2. 系统观测方程建模

由于惯导系统和里程计位移的计算周期 ΔT_s 可以达到毫秒级，而滤波器的计算周期 ΔT 一般为几百毫秒到 1s，假设在一个滤波周期内对惯导系统和里程计的速度之差进行 n 次采样（即 $\Delta T = n \cdot \Delta T_s$），并对其进行累加求和，可得

$$\sum_{i=1}^n Z(i)\Delta T_s = \sum_{i=1}^n H(i)X(i)\Delta T_s + \sum_{i=1}^n v(i)\Delta T_s \tag{2.144}$$

假设以速度为观测量的观测噪声协方差为 R_v，则以位移积分为观测量的测量噪声协方差 R_P 为

$$R_P = \Delta T_s^2 \sum_{i=1}^{n} v(i) v^{\mathrm{T}}(i) = \frac{\Delta T^2}{n} R_v \tag{2.145}$$

在一个滤波周期内，惯导系统的位移增量输出为

$$\Delta R_{\mathrm{INS}}(t_k) = \int_{t_{k-1}}^{t_k} \tilde{V}^n(t) \mathrm{d}t \tag{2.146}$$

里程计的位移增量输出为

$$\Delta S^n(t_k) = \int_{t_{k-1}}^{t_k} \tilde{C}_b^n(t) \tilde{M} \Delta \tilde{s}(t) / T_{\mathrm{OD}} \mathrm{d}t \tag{2.147}$$

综上，观测量 $Z(k)$ 取为

$$Z(k) = \Delta R_{\mathrm{INS}}(t_k) - \Delta S^n(t_k) \tag{2.148}$$

相应地，系统的观测方程为

$$Z(k) = \delta \Delta R_{\mathrm{INS}}(t_k) - \delta \Delta S^n(t_k) \tag{2.149}$$

将式 (2.149) 进一步整理为

$$Z(k) = \Delta T \cdot \delta V^n - [\Delta \tilde{S}^n(t_k)] \times \psi^n$$
$$- \left[\sum_{i=1}^{n} \tilde{C}_b^n(t_{k-1} + i \cdot \Delta T_s) \tilde{N}_{\mathrm{mis}} \Delta \tilde{s}(t_{k-1} + i \cdot \Delta T_s) \right] \begin{bmatrix} \delta\phi \\ \delta\theta \end{bmatrix} - [\Delta \tilde{S}^n(t_k)] \delta K \tag{2.150}$$

令 $A = \left[\sum_{i=1}^{n} \tilde{C}_b^n(t_{k-1} + i \cdot \Delta T_s) \tilde{N}_{\mathrm{mis}} \Delta \tilde{s}(t_{k-1} + i \cdot \Delta T_s) \right]$，相应的观测矩阵 $H(k)$ 为

$$H(k) = [-(\Delta \tilde{S}^n(t_k)) \times \quad \Delta T I_{3\times3} \quad 0_{3\times10} \quad -A \quad -\Delta \tilde{S}^n(t_k)] \tag{2.151}$$

2.5.3 跑车实验验证及结果分析

对上述结果进行跑车实验，实验中将惯导系统安装于后车厢中，里程计安装在后驱动轮轴承中部，在车顶位置安装 GPS 接收机作为基准。实验中采用的实验车和相应的导航设备如图 2.11 所示。惯导系统的精度为 1n mile/h(1σ)，其中惯性器件的主要参数如表 2.1 所示。里程计的初始刻度因子为 0.0120 米/脉冲，惯性器件和里程计的数据采集频率均为 200Hz。实验中共进行了四次数据采集，每次数据采集的时间约为 3000s。

图 2.11　实验车及导航设备

表 2.1　惯性器件的主要参数

传感器	主要参数		
	常值漂移	随机游走	刻度因子误差
陀螺仪	$0.01(°)/h$	$0.001(°)/\sqrt{h}$	50ppm
加速度计	$10^{-4}g$	$20\mu g/\sqrt{Hz}$	80ppm

注：1ppm 表示 10^{-6} 量级。

如图 2.12 所示为其中一次实验的跑车轨迹，A 表示起点，C 表示终点。实验共持续 3000s，总里程约为 60km。

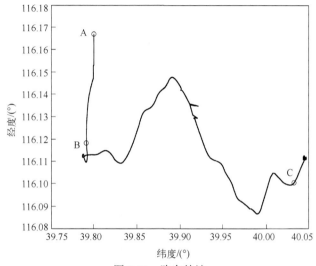

图 2.12　跑车轨迹

松耦合辅助模式和紧耦合辅助模式下导航定位误差如图 2.13～图 2.15 所示。

松耦合辅助模式的导航系统具有子系统间相互独立、结构简单的特点，适合于低动态环境使用。在紧耦合辅助导航系统中，惯导系统与里程计通过信息互校的方式实现误差估计与补偿，由于辅助参考信息能够得到实时校准，整个系统表现出较强的鲁棒性，可以满足高动态环境下高精度定位定向的要求。

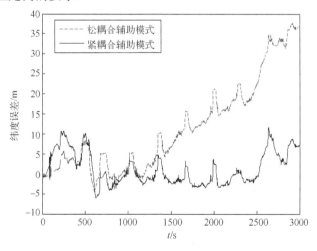

图 2.13　纬度误差结果比较

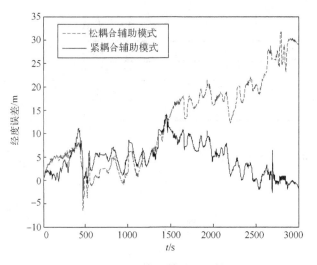

图 2.14　经度误差结果比较

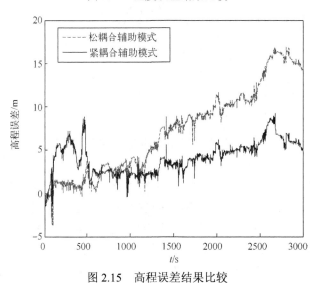

图 2.15　高程误差结果比较

思　考　题

1．给定随机线性连续定常系统：

$$\begin{bmatrix} \dot{x}_1 \\ \dot{x}_2 \end{bmatrix} = \begin{bmatrix} 0 & 1 \\ 0 & -2 \end{bmatrix} \begin{bmatrix} x_1 \\ x_2 \end{bmatrix} + \begin{bmatrix} 0 \\ 1 \end{bmatrix} u, \quad t \geq 0$$

且采样周期 $T = 0.1s$，试建立其时间离散化模型。

2．设 $X(t)$ 为标量平稳随机过程，均值为零，相关函数为 $R(\tau)$，观测量 $Z(t_k) = X(t_k) + V(t_k)$，$k = 0,1,\cdots$，$V(t_k)$ 为零均值白噪声序列，方差为 C_V，$V(t_k)$ 与 $X(t_i)(i = 1,2,\cdots,k)$ 不相关，试用 $Z(t_{k-1})$ 和 $Z(t_k)$ 求线性最小方差估计 $\hat{X}(t_k)$，并与单独使用 $Z(t_k)$ 求解 $\hat{X}(t_k)$ 的精度做比较。

3．试比较 Kalman 滤波基本方程与线性最小方差估计方程的异同。

4. 在 Kalman 滤波方程中，如果选取估计初值 $\hat{X}_0 = E[X_0]$，试证明滤波过程中估计始终是无偏的，即 $E[\hat{X}_k] = E[X_k]$。

5. 试证明，在离散 Kalman 滤波中，若 Q_k、R_k 和 P_0 均扩大 α 倍，则在 Kalman 滤波基本方程中的增益矩阵 K_k 不变。

6. 设系统方程和观测方程分别为

$$X_{k+1} = X_k + W_k$$
$$Z_k = X_k + V_k$$

式中，X_k、Z_k 均为标量；W_k、V_k 为零均值白噪声序列，且满足

$$E[W_k W_j^{\mathrm{T}}] = 2\delta_{kj}, \qquad E[V_k V_j^{\mathrm{T}}] = \delta_{kj}$$

且 W_k、V_k 和 X_0 三者互不相关，$E[X_0] = 0$，观测序列为

$$Z_k = \{1, -2, 3, 2, -1, 1\}$$

试按下述 P_0 的不同取值计算 $\hat{X}_{k+1,k}$ 和 $P_{k+1,k}$：

(1) $P_0 = \infty$；(2) $P_0 = 1$；(3) $P_0 = 0$。

7. 设随机线性系统的状态方程为

$$\dot{X}(t) = FX(t) + W(t)$$

观测方程为

$$Z(t) = HX(t) + V(t)$$

式中，F 为常值矩阵；$Z = \begin{bmatrix} Z_1 \\ Z_2 \end{bmatrix}$；$H = \begin{bmatrix} H_1 \\ H_2 \end{bmatrix}$；$V(t) = \begin{bmatrix} V_1(t) \\ V_2(t) \end{bmatrix}$；$W(t)$、$V_1(t)$ 和 $V_2(t)$ 是零均值互不相关的白噪声过程，且

$$E[W(t)W^{\mathrm{T}}(\tau)] = q\delta(t-\tau)$$
$$E[V(t)V^{\mathrm{T}}(\tau)] = \begin{bmatrix} r_1 & \\ & r_2 \end{bmatrix}\delta(t-\tau)$$

求滤波达到稳态时的状态估计方程。

第 3 章 Kalman 滤波的稳定性及误差分析

稳定性对任何控制系统而言都是最基本的概念，同时也是系统得以正常工作的前提。本章主要讨论 Kalman 滤波的稳定性问题，主要内容有滤波稳定性的概念、随机线性系统的可控性与可观测性、滤波稳定性与滤波初值选取的关系、稳定性判别和滤波误差界等。

3.1 稳定性的概念

稳定性指系统受到某一扰动后恢复原有运动状态的能力，即如果系统受到有界扰动，不论扰动引起的初始偏差有多大，在扰动撤除后，系统都能以足够的准确度恢复到原来的平衡状态，则称这种系统是稳定的。

在第 2 章详细推导了线性系统的 Kalman 滤波基本方程。Kalman 滤波是一种递推算法，在算法启动时必须先给定状态初值 X_0 和估计误差方差阵的初值 P_0。当 $\hat{X}_0 = E[X_0]$，$P_0 = \mathrm{Var}[X_0]$ 时，Kalman 滤波估计从开始就是无偏的，且估计的误差方差阵最小。但在工程实践中，X_0 和 P_0 的真值往往不能确切知道或根本不知道，而只能进行假定。滤波的稳定性问题就是要研究滤波初值的选取对滤波稳定性的影响问题，即随着滤波时间的增长，估计值 $\hat{X}_k$ 和估计的误差方差阵 P_k 是否逐渐分别不受所选的初始估计值 $\hat{X}_0$ 和 P_0 的影响。

如果随着滤波时间的增长，估计值 $\hat{X}_k$ 和估计误差方差阵 P_k 各自都不受所选的初始估计值的影响，则滤波器是稳定的，否则估计是有偏的，估计误差方差阵也不是最小的。

为了研究 Kalman 滤波的稳定性，先给出一些稳定性的定义。对于随机线性离散系统

$$X_k = \Phi_{k,k-1} X_{k-1} + \Gamma_{k,k-1} W_{k-1} \tag{3.1}$$

设 $\hat{X}_0^1$、$\hat{X}_0^2$ 为滤波器的两任意初始状态，给定滤波稳定性定义如下。

定义 3.1 若对于任意给定的正数 $\varepsilon > 0$，都可以找到正数 $\delta > 0$，使得对任意满足不等式

$$\left\| \hat{X}_0^1 - \hat{X}_0^2 \right\| < \delta \tag{3.2}$$

的初始状态 $\hat{X}_0^i$（$i = 1, 2$），有

$$\left\| \hat{X}_k^1 - \hat{X}_k^2 \right\| < \varepsilon, \quad \forall k \tag{3.3}$$

成立，则称滤波器稳定。

定义 3.2 若滤波器稳定，且有

$$\lim_{k \to \infty} \left\| \hat{X}_k^1 - \hat{X}_k^2 \right\| = 0 \tag{3.4}$$

则称滤波器渐近稳定。

3.2　随机线性系统的可控性与可观测性

3.2.1　随机线性系统的可控性

设随机线性离散系统如下：

$$X_k = \Phi_{k,k-1} X_{k-1} + \Gamma_{k,k-1} W_{k-1} \tag{3.5}$$

$$Z_k = H_k X_k + V_k \tag{3.6}$$

式中

$$\begin{cases} E[W_k] = 0, & E[V_k] = 0 \\ E[W_k W_j^{\mathrm{T}}] = Q_k \delta_{kj}, & E[V_k V_j^{\mathrm{T}}] = R_k \delta_{kj} \\ E[W_k V_j^{\mathrm{T}}] = 0 \end{cases}$$

随机线性离散系统的可控性就是考察随机输入 W_k 影响系统状态的能力。定义如下的可控性矩阵：

$$C(k-N+1,k) \stackrel{\mathrm{def}}{=} \sum_{i=k-N+1}^{k} \Phi_{ki} \Gamma_{i-1} Q_{i-1} \Gamma_{i-1}^{\mathrm{T}} \Phi_{ki}^{\mathrm{T}} \tag{3.7}$$

为简便起见，式中令 Γ_{i-1} 表示 $\Gamma_{i,i-1}$。

定义 3.3（完全可控）　随机线性离散系统完全可控的充分必要条件是存在正整数 N，使矩阵

$$C(k-N+1,k) > \mathbf{0} \tag{3.8}$$

成立，即可控性矩阵 $C(k-N+1,k)$ 为正定矩阵。

定义 3.4（一致完全可控）　如果存在正整数 N 和 $\alpha_1 > 0$，$\beta_1 > 0$，使得当所有 $k \geqslant N$ 时，有

$$\alpha_1 I \leqslant C(k-N+1,k) \leqslant \beta_1 I \tag{3.9}$$

成立，则称系统(3.5)、系统(3.6)是一致完全可控的。

随机线性系统的可控性与确定性系统的可控性之间的区别主要是：通常所说的可控性是描述系统的确定性输入(或控制)影响系统状态的能力，而随机线性系统的可控性是描述系统随机噪声影响系统状态的能力。

对于随机线性连续系统

$$\dot{X}(t) = F(t)X(t) + G(t)W(t) \tag{3.10}$$

$$Z(t) = H(t)X(t) + V(t) \tag{3.11}$$

式中

$$\begin{cases} E[W(t)] = 0, & E[V(t)] = 0 \\ E[W(t)W^{\mathrm{T}}(\tau)] = Q(t)\delta(t-\tau), & E[V(t)V^{\mathrm{T}}(\tau)] = R(t)\delta(t-\tau) \\ E[W(t)V^{\mathrm{T}}(\tau)] = 0 \end{cases}$$

定义如下的可控性矩阵：

$$C(t_0,t) = \int_{t_0}^{t} \Phi(t,\tau)G(\tau)Q(t)G^{\mathrm{T}}(\tau)\Phi^{\mathrm{T}}(t,\tau)\mathrm{d}\tau \tag{3.12}$$

式中，$\Phi(t,\tau)$ 为系统的状态转移矩阵。随机线性连续系统在区间 (t_0,t) 上完全可控的充分必要条件是

$$C(t_0,t) > 0 \tag{3.13}$$

如果对于任意的初始时刻 t_0，系统都是完全可控的，则称此系统一致完全可控。随机线性连续系统一致完全可控的充分必要条件是：如果存在 $\alpha_1 > 0$，$\beta_1 > 0$，t_0 为任意时刻，对于 $t > t_0$ 有

$$\alpha_1 I \leqslant C(t_0,t) \leqslant \beta_1 I \tag{3.14}$$

3.2.2　随机线性系统的可观测性

与随机线性离散系统的可控性定义相似，定义可观测矩阵：

$$O(k-N+1,k) \overset{\mathrm{def}}{=} \sum_{j=k-N+1}^{k} \Phi_{jk}^{\mathrm{T}} H_j^{\mathrm{T}} R_j^{-1} H_j \Phi_{jk} \tag{3.15}$$

定义 3.5（完全可观测）　随机线性离散系统完全可观测的充分必要条件是对于时刻 k，存在某一个正整数 N，使得矩阵

$$O(k-N+1,k) > 0 \tag{3.16}$$

成立。

定义 3.6（一致完全可观测）　如果存在正整数 N 和 $\alpha_2 > 0$，$\beta_2 > 0$，使得对所有 $k \geqslant N$，有
$$\alpha_2 I \leqslant O(k-N+1,k) \leqslant \beta_2 I \tag{3.17}$$
成立，则称该随机线性离散系统为一致完全可观测的。

从上面的定义可以看出，随机线性系统的可控性和可观测性与确定性系统的可控性及可观测性一样，也是系统的一种固有的且对偶的性质。

同样，可以定义随机线性连续系统 (3.10)、系统 (3.11) 的可观测性。

定义可观测性矩阵：

$$O(t_0,t) = \int_{t_0}^{t} \Phi^{\mathrm{T}}(t,\tau)H^{\mathrm{T}}(\tau)R^{-1}(t)H(\tau)\Phi(t,\tau)\mathrm{d}\tau \tag{3.18}$$

随机线性连续系统 (3.10)、系统 (3.11) 在区间 (t_0,t) 上完全可观测的充分必要条件是如下的可观测矩阵为正定的，即

$$O(t_0,t) > 0$$

如果对于任意的初始时刻 t_0，系统都是完全可观测的，则称此系统一致完全可观测。随机线性连续系统一致完全可观测的充分必要条件是：如果对于任意初始时刻 t_0，存在 $\alpha_2 > 0$，$\beta_2 > 0$，对于 $t > t_0$ 有

$$\alpha_2 I \leqslant O(t_0,t) \leqslant \beta_2 I \tag{3.19}$$

则称该随机连续线性系统一致完全可观测。

3.3　Kalman 滤波稳定性的判别

3.3.1　随机线性系统的滤波稳定性判别

对于随机线性离散系统，根据式(2.37)，Kalman 滤波递推方程为

$$\hat{X}_k = \hat{X}_{k,k-1} + K_k(Z_k - H_k\hat{X}_{k,k-1}) \tag{3.20a}$$

$$\hat{X}_{k,k-1} = \Phi_{k,k-1}\hat{X}_{k-1} \tag{3.20b}$$

$$K_k = P_{k,k-1}H_k^{\mathrm{T}}(H_kP_{k,k-1}H_k^{\mathrm{T}} + R_k)^{-1} \tag{3.20c}$$

$$P_{k,k-1} = \Phi_{k,k-1}P_{k-1}\Phi_{k,k-1}^{\mathrm{T}} + \Gamma_{k,k-1}Q_{k-1}\Gamma_{k,k-1}^{\mathrm{T}} \tag{3.20d}$$

$$P_k = (I - K_kH_k)P_{k,k-1} \tag{3.20e}$$

滤波方程是从原系统推导出来的，因此滤波系统的稳定性必与原系统的结构和参数有关。Kalman 等从需要进行状态估计的原系统出发，经过证明，得出了如下的滤波稳定性定理。

定理 3.1(滤波稳定性定理)　如果随机线性系统是一致完全可控和一致完全可观测的，则 Kalman 滤波器是一致渐近稳定的。

从这个稳定性定理可以看出，判定 Kalman 滤波器是否一致渐近稳定，只需要考察原系统本身是否一致完全可控和一致完全可观测；同时，对于一致完全可控和一致完全可观测的随机线性系统，当滤波时间充分长后，其 Kalman 最优滤波值将渐近地不依赖于滤波初值的选取。

对于随机线性定常系统，一致完全可控和一致完全可观测就是完全可控和完全可观测。此时 $\Phi_{k,k-1} = \Phi$，$\Gamma_{k,k-1} = \Gamma$，$H_k = H$，$Q_k = Q > 0$，$R_k = R > 0$，当 $k \geq N$ 时，可求得可控性矩阵和可观测矩阵分别如下：

$$C(k-N+1,k) = \sum_{i=k-N+1}^{k}\Phi^{k-i}\Gamma Q\Gamma^{\mathrm{T}}(\Phi^{k-i})^{\mathrm{T}} = \sum_{l=0}^{N-1}\Phi^l\Gamma Q\Gamma^{\mathrm{T}}(\Phi^l)^{\mathrm{T}} \tag{3.21}$$

$$
\begin{aligned}
O(k-N+1,k) &= \sum_{j=k-N+1}^{k}(\Phi^{j-k})^{\mathrm{T}}H^{\mathrm{T}}R^{-1}H\Phi^{j-k} \\
&= (\Phi^{-N+1})^{\mathrm{T}}\left[\sum_{l=0}^{N-1}(\Phi^l)^{\mathrm{T}}H^{\mathrm{T}}R^{-1}H\,\Phi^l\right](\Phi^{-N+1})
\end{aligned} \tag{3.22}
$$

对于一般系统，都有 $Q > 0$，$R > 0$，因此可以推出随机线性定常系统一致完全可控与一致完全可观测的充要条件分别为

$$\sum_{l=0}^{n-1}\Phi^l\Gamma\Gamma^{\mathrm{T}}(\Phi^l)^{\mathrm{T}} > 0 \tag{3.23}$$

$$\sum_{l=0}^{n-1}(\Phi^l)^{\mathrm{T}}H^{\mathrm{T}}H\Phi^l > 0 \tag{3.24}$$

式中，n 为状态变量的维数。

对于随机线性定常系统，若系统完全可控和完全可观测，则存在唯一的正定阵 P，使得从任意的初始方差阵 P_0 出发，当 $k \to \infty$ 时，恒有 $P_k \to P$。

由 Kalman 滤波方程式(3.20c)和式(3.20e)，得

$$P_k = P_{k,k-1} - P_{k,k-1}H^{\mathrm{T}}(HP_{k,k-1}H^{\mathrm{T}} + R)^{-1}HP_{k,k-1} \tag{3.25}$$

由式(3.20d)得

$$P_{k+1,k} = \Phi P_k \Phi^{\mathrm{T}} + \Gamma Q \Gamma^{\mathrm{T}} \tag{3.26}$$

将式(3.25)、式(3.26)合并，得

$$P_{k+1,k} = \Phi[P_{k,k-1} - P_{k,k-1}H^{\mathrm{T}}(HP_{k,k-1}H^{\mathrm{T}} + R)^{-1}HP_{k,k-1}]\Phi^{\mathrm{T}} + \Gamma Q \Gamma^{\mathrm{T}} \tag{3.27}$$

式(3.27)称为 Riccati 差分方程，它的解决定着 Kalman 滤波器的增益矩阵。对于完全可控和完全可观测的随机线性定常系统，达到稳态时，$P_k \to P$，$P_{k,k-1} \to M$，$P_{k+1,k} \to M$，$K_k \to K$，此时式(3.27)的 Riccati 差分方程退化为 Riccati 代数方程，即

$$M = \Phi[M - MH^{\mathrm{T}}(HMH^{\mathrm{T}} + R)^{-1}HM]\Phi^{\mathrm{T}} + \Gamma Q \Gamma^{\mathrm{T}} \tag{3.28}$$

稳态 Kalman 滤波器的增益阵和滤波误差方差阵分别为

$$K = MH^{\mathrm{T}}(HMH^{\mathrm{T}} + R)^{-1} \tag{3.29}$$

$$P = M - MH^{\mathrm{T}}(HMH^{\mathrm{T}} + R)^{-1}HM \tag{3.30}$$

例 3.1　设随机线性定常系统的状态方程和观测方程分别为

$$X_k = \Phi X_{k-1} + W_{k-1}$$

$$Z_k = X_k + V_k$$

式中，X_k 和 Z_k 均为标量，W_k 和 V_k 为互不相关的零均值白噪声序列，方差分别为 Q 和 R，试判别 Kalman 滤波器的滤波稳定性。

解：将随机线性系统的可控性和可观测性作为滤波器稳定的判别条件是目前常用的方法，由于只需要利用被估计系统的参数阵和噪声方差阵就可以直接进行计算判别，不必变换系统，比较方便，而且很多系统都能满足这种判别条件。

对于本例，$\Phi = 1$，$\Gamma = 1$，$H = 1$，$n = 1$。

首先判别系统一致完全可控性，由于

$$\sum_{l=0}^{n-1} \Phi^l \Gamma \Gamma^{\mathrm{T}} (\Phi^l)^{\mathrm{T}} = \Gamma \Gamma^{\mathrm{T}} = 1 > 0$$

满足判别条件，为一致完全可控系统；同理，由于

$$\sum_{l=0}^{n-1} (\Phi^l)^{\mathrm{T}} H^{\mathrm{T}} H \Phi^l = 1 > 0$$

成立，系统为一致完全可观测的。由滤波稳定性定理可知，该随机线性定常系统的 Kalman 滤波器是一致渐近稳定的。

随机线性系统的可控性与系统的状态转移矩阵和干扰输入矩阵有关，而可观测性与系统

的状态转移矩阵和观测矩阵有关，下面将分析 Kalman 滤波器稳定性与系统噪声方差阵 Q 和观测噪声方差阵 R 的关系。从 K_k 的计算过程来看：

$$P_{k,k-1} = P_{k-1} + Q$$

$$K_k = P_{k,k-1}(P_{k,k-1} + R)^{-1} = \frac{P_{k,k-1}}{P_{k,k-1} + R}$$

不论 $P_{k-1}(k>0)$ 的值大小，系统过程噪声方差阵 Q 始终保证 $P_{k,k-1}$ 有值，从而 K_k 有值，每步计算都能利用观测得到的最新信息来修正前一步的估计，得到新的实时估计，即随机线性系统的可控性为估计提供了条件。系统的可观测性说明了系统从含有噪声的观测中估计状态的能力，同样也为估计提供了条件。一般在 P_0 取较大值的情况下，随着估计过程的进行，P_{k-1} 是逐渐下降的(说明估计在起作用，估计的误差在逐渐减小)，下降的值与 Q、R 有关，而 $P_{k,k-1}$ 却比 P_{k-1} 大，增加的值与 Q 有关。因此，当下降值与增加值相当时，K_k 趋于稳态值，滤波器趋于稳态。

3.3.2　特定条件系统的滤波稳定性判别

利用被估计系统的可控性与可观测性判别 Kalman 滤波器的稳定性是目前常用的方法，但还有不少系统不满足这种条件，下面将给出一些较宽松的判别条件。

1. 随机线性系统可观测和推广形式的可控

随机线性系统完全可控这一条件意味着系统过程噪声必须对系统的所有状态产生影响，但有的系统并不满足这一条件。如果在可控性矩阵中引入滤波器的初始估计误差方差阵 P_0，即加入了 $\Phi_{k,k_0} P_0 \Phi_{k,k_0}^{\mathrm{T}}$ 项，就可放松对系统完全可控的要求。

相关文献提出的推广形式的可控阵如下：

$$\hat{C}(k_0, k) = \Phi_{k,k_0} P_0 \Phi_{k,k_0}^{\mathrm{T}} + \sum_{i=k_0+1}^{k} \Phi_{ki} \Gamma_{i-1} Q_{i-1} \Gamma_{i-1}^{\mathrm{T}} \Phi_{ki}^{\mathrm{T}} \tag{3.31}$$

只要选定 $P_0 > 0$，而 Φ_{k,k_0} 是满秩的，则 $\hat{C}(k_0, k)$ 必然满秩，这就放宽了可控阵必须正定的条件。因此，随机线性离散系统的滤波稳定性的判定如下。

定理 3.2　如果随机线性离散系统是一致完全可观测的，$\hat{C}(k_1, k_0)$ 对于某 k_1 时刻是非奇异的，系统有关参数阵 $\Phi_{k,k-1}$、Γ_k、H_k、Q_k 和 R_k^{-1} 有界，则 Kalman 滤波器是渐近稳定的。

$\hat{C}(k_1, k_0)$ 是指在某时刻 k_1 具有非奇异性，它不具有一致性，因此滤波器仅满足渐近稳定的条件。

随机线性系统的一致可观测描述了从含有噪声的观测中估计状态的能力，如果保证 $P_0 > 0$，则可保证即使在不存在系统噪声的条件下，仍可尽量利用量测值来修正估计，这与系统过程噪声的作用是相似的。

2. 随机线性系统可稳定和可检测

设随机线性定常离散系统的系统状态方程和观测方程为

$$X_k = \Phi X_{k-1} + \Gamma W_{k-1} \tag{3.32a}$$

$$Z_k = HX_k + V_k \tag{3.32b}$$

1)完全可稳定

完全可稳定是指对状态 X_k 进行满秩线性变换,将系统的可控部分与不可控部分分离,如果系统的不可控部分是稳定的,那么该随机线性系统是可稳定的。设

$$X_k = T_c X_k^c \tag{3.33}$$

式中, T_c 是某一满秩变换矩阵; X_k^c 是被分离为可控部分和不可控部分的状态。式(3.32)变换成:

$$T_c X_k^c = \Phi T_c X_{k-1}^c + \Gamma W_{k-1}$$

$$Z_k = H T_c X_k^c + V_k$$

即

$$X_k^c = T_c^{-1} \Phi T_c X_{k-1}^c + T_c^{-1} \Gamma W_{k-1}$$

记

$$\Phi^c = T_c^{-1} \Phi T_c$$

$$\Gamma^c = T_c^{-1} \Gamma$$

$$H^c = H T_c$$

其中, T_c 的选取准则是使

$$\Phi^c = \begin{bmatrix} \Phi_{11}^c & \Phi_{12}^c \\ 0 & \Phi_{22}^c \end{bmatrix}$$

$$\Gamma^c = \begin{bmatrix} \Gamma_1^c \\ 0 \end{bmatrix}$$

这样状态方程变成:

$$\begin{bmatrix} X_{k1}^c \\ X_{k2}^c \end{bmatrix} = \begin{bmatrix} \Phi_{11}^c & \Phi_{12}^c \\ 0 & \Phi_{22}^c \end{bmatrix} \begin{bmatrix} X_{(k-1)1}^c \\ X_{(k-1)2}^c \end{bmatrix} + \begin{bmatrix} \Gamma_1^c \\ 0 \end{bmatrix} W_{k-1}$$

即得如下两个子系统:

子系统 1　　　　　　　　$X_{k1}^c = \Phi_{11}^c X_{(k-1)1}^c + \Phi_{12}^c X_{(k-1)2}^c + \Gamma_1^c W_{k-1}$

子系统 2　　　　　　　　$X_{k2}^c = \Phi_{22}^c X_{(k-1)2}^c$

如果子系统 1 是完全随机可控的,子系统 2 是渐近稳定的,即其特征值 λ_i 满足:

$$\left| \lambda_i(\Phi_{22}^c) \right| < 1, \quad i = 1, 2, \cdots, n - n_c$$

则称系统(3.32)是完全随机可稳定的。

2)完全可检测

完全可检测是指系统经过满秩线性变换后被分离成可观测部分和不可观测部分,如果不可观测部分是稳定的,则称随机线性系统是完全可检测的。设

$$X_k = T_o X_k^o \tag{3.34}$$

式中，T_o 是某一满秩变换矩阵；X_k^o 是被分离为可控部分和不可控部分的状态。则式(3.32)变换成：

$$T_o X_k^o = \Phi T_o X_{k-1}^o + \Gamma W_{k-1}$$

$$Z_k = H T_o X_k^o + V_k$$

即

$$X_k^o = \Phi^o X_{k-1}^o + \Gamma^o W_{k-1}$$

$$Z_k = H^o X_k^o + V_k$$

式中

$$\Phi^o = T_o^{-1} \Phi T_o$$

$$\Gamma^o = T_o^{-1} \Gamma$$

$$H^o = H T_o$$

选择 T_o 时应使其满足：

$$\Phi^o = \begin{bmatrix} \Phi_{11}^o & 0 \\ \Phi_{21}^o & \Phi_{22}^o \end{bmatrix}$$

$$\Gamma^o = \begin{bmatrix} \Gamma_1^o \\ \Gamma_2^o \end{bmatrix}$$

$$H^o = \begin{bmatrix} H_1^o & 0 \end{bmatrix}$$

这样状态方程变成：

$$\begin{bmatrix} X_{k1}^o \\ X_{k2}^o \end{bmatrix} = \begin{bmatrix} \Phi_{11}^o & 0 \\ \Phi_{21}^o & \Phi_{22}^o \end{bmatrix} \begin{bmatrix} X_{(k-1)1}^o \\ X_{(k-1)2}^o \end{bmatrix} + \begin{bmatrix} \Gamma_1^o \\ \Gamma_2^o \end{bmatrix} W_{k-1}$$

$$Z_k = \begin{bmatrix} H_1^o & 0 \end{bmatrix} \begin{bmatrix} X_{(k-1)1}^o \\ X_{(k-1)2}^o \end{bmatrix} + V_k$$

从上述两式分离可得如下两个子系统：

子系统 1
$$\begin{cases} X_{k1}^o = \Phi_{11}^o X_{(k-1)1}^o + \Gamma_1^o W_{k-1} \\ Z_k = H_1^o X_{(k-1)1}^o + V_k \end{cases}$$

子系统 2
$$X_{k2}^o = \Phi_{21}^o X_{(k-1)1}^o + \Phi_{22}^o X_{(k-1)2}^o + \Gamma_2^o W_{k-1}$$

显然子系统 1 是独立子系统。

如果子系统 1 是完全可观测的，子系统 2 虽不可观测，但是渐近稳定的，即其特征值 λ_i 满足：

$$\left| \lambda_i (\Phi_{22}^o) \right| < 1, \quad i = 1, 2, \cdots, n - n_o$$

则称原系统(3.32)是完全随机可检测的。

定理 3.3　　如果随机线性定常离散系统是完全可稳定和完全可检测的，则其 Kalman 滤波器是渐近稳定的。

3.4　Kalman 滤波发散及误差分析

3.4.1　Kalman 滤波中的发散现象

理想条件下，Kalman 滤波是线性无偏最小方差估计。根据滤波稳定性定理，对于一致完全可控和一致完全可观测系统，随着时间的推移，观测数据增多，滤波估计的精度应该越来越高，滤波误差方差阵或者趋于稳态值，或者有界。在实际应用中，由滤波得到的状态估计可能是有偏的，且估计误差的方差也可能很大，远远超出了按公式计算的方差所定出的范围，甚至滤波误差的均值与方差都有可能趋于无穷大，这种现象，在滤波理论中称为滤波发散现象(也称为数据饱和现象)。显然，当滤波发散时，就完全失去了滤波的最优作用。因此，在实际应用中，必须抑制这种现象。

引起滤波发散的原因主要有以下几种：

(1)描述系统动力学特性的数学模型和噪声的统计模型不准确，不能真实反映物理过程，使模型与获得的观测值不匹配，导致滤波器发散。这种由模型过于粗糙或失真引起的发散称为滤波发散。

(2)Kalman 滤波是递推过程，随着滤波步数的增加，舍入误差逐渐积累，如果计算机字长有限，这种积累有可能使估计的误差方差阵失去非负定性甚至失去对称性，使增益矩阵的计算值逐渐失去合适的加权作用而导致发散。这种由计算的舍入误差积累引起的滤波器发散称为计算发散。

应该指出，以上各种原因也并不一定必然会引起滤波发散，视具体情况而定。下面举例说明发散现象。

例 3.2　　设一飞行器的高度 X_t 以等速 α 不断增加，即真实高度的变化方程为

$$X(t) = X(t_0) + \alpha t \tag{3.35}$$

取采样间隔 $\Delta t = 1\,\text{s}$，$t_k = k \cdot \Delta t = k$，并记 $X(t_k) = X_k$，则将方程(3.35)离散化，得

$$X_{k+1} = X_k + \alpha \tag{3.36}$$

高度的观测方程为

$$Z_k = X_k + V_k \tag{3.37}$$

式中，V_k 是零均值白噪声序列，即有 $E[V_k] = 0$，$E[V_k V_j^{\mathrm{T}}] = R_k \delta_{kj} = \sigma^2 \delta_{kj}$，而 $E[X_0] = 0$，$P_0 = \text{Var}[X_0]$。

但是，在设计滤波器时，人们误认为飞行器的飞行高度不变，即高度的数学模型错误地取为

$$\bar{X}_{k+1} = \bar{X}_k \tag{3.38}$$

观测模型仍为

$$\bar{Z}_{k+1} = \bar{X}_{k+1} + \bar{V}_{k+1} \tag{3.39}$$

在模型 (3.38) 和模型 (3.39) 中，$\bar{\Phi}_{k+1,k} = 1$，$\bar{Q}_k = 0$，$\bar{H}_k = 1$，$R_k = \sigma^2$，因此容易算得

$$
\begin{cases}
\bar{K}_k = \bar{P}_k \bar{H}_k \bar{R}_k^{-1} = \bar{P}_k \dfrac{1}{\sigma^2} \\[2mm]
\bar{P}_k^{-1} = \bar{P}_{k,k-1}^{-1} + \dfrac{1}{\sigma^2} \\[2mm]
\bar{P}_{k,k-1} = \bar{P}_{k-1}
\end{cases}
$$

于是有

$$
\begin{cases}
\bar{K}_k = \bar{P}_k \dfrac{1}{\sigma^2} \\[2mm]
\bar{P}_k^{-1} = \bar{P}_{k-1}^{-1} + \dfrac{1}{\sigma^2}
\end{cases}
$$

由 $\bar{P}_k$ 的初始值可以求得

$$
\bar{P}_k^{-1} = \frac{\sigma^2 + k\bar{P}_0}{\bar{P}_0 \sigma^2}
$$

即

$$
\bar{P}_k = \frac{\bar{P}_0 \sigma^2}{\sigma^2 + k\bar{P}_0}
$$

将上面的结果代入 $\bar{K}_k$ 的表达式，得

$$
\bar{K}_k = \frac{\bar{P}_0 \sigma^2}{\sigma^2 + k\bar{P}_0} \cdot \frac{1}{\sigma^2} = \frac{\bar{P}_0}{\sigma^2 + k\bar{P}_0}
$$

当 $k \to \infty$ 时，有 $\bar{P}_k \to 0$，$\bar{K}_k \to 0$。

系统的最优估计为

$$
\hat{\bar{X}}_k = \hat{\bar{X}}_{k-1} + \bar{K}_k (Z_k - \hat{\bar{X}}_{k-1}) = (1 - \bar{K}_k) \hat{\bar{X}}_{k-1} + \bar{K}_k Z_k
$$

由此得

$$
\begin{aligned}
\hat{\bar{X}}_k &= \frac{\sigma^2 + (k-1)\bar{P}_0}{\sigma^2 + k\bar{P}_0} \hat{\bar{X}}_{k-1} + \frac{\bar{P}_0}{\sigma^2 + k\bar{P}_0} Z_k \\[2mm]
&= \frac{\sigma^2}{\sigma^2 + k\bar{P}_0} \hat{\bar{X}}_0 + \frac{\bar{P}_0}{\sigma^2 + k\bar{P}_0} \sum_{i=1}^{k} Z_i
\end{aligned}
$$

把实际观测序列

$$
Z_k = X_k + V_k = X_{k-1} + \alpha + V_k = X_0 + k\alpha + V_k
$$

代入上式，得

$$
\begin{aligned}
\hat{\bar{X}}_k &= \frac{\sigma^2}{\sigma^2 + k\bar{P}_0} \hat{\bar{X}}_0 + \frac{\bar{P}_0}{\sigma^2 + k\bar{P}_0} \sum_{i=1}^{k} (X_0 + i\alpha + V_i) \\[2mm]
&= \frac{\sigma^2}{\sigma^2 + k\bar{P}_0} \hat{\bar{X}}_0 + \frac{\bar{P}_0}{\sigma^2 + k\bar{P}_0} \left[kX_0 + \frac{k(k+1)}{2}\alpha + \sum_{i=1}^{k} V_i \right]
\end{aligned}
$$

由于飞行器的实际飞行高度为 $X_{k+1} = X_k + \alpha = X_0 + k\alpha$，可得滤波误差为

$$\tilde{X}_k = X_k - \hat{\bar{X}}_k$$

$$= \frac{\sigma^2}{\sigma^2 + k\bar{P}_0}(X_0 - \hat{\bar{X}}_0) + \frac{k\sigma^2 + \frac{k(k-1)}{2}\bar{P}_0}{\sigma^2 + k\bar{P}_0}\alpha - \frac{\bar{P}_0}{\sigma^2 + k\bar{P}_0}\sum_{i=1}^{k} V_i$$

如果 $\hat{\bar{X}}_0 = X_0 = 0$，$\bar{P}_0 = P_0 = \infty$，则上式就变为

$$\tilde{X}_k = \frac{k-1}{2}\alpha - \frac{1}{k}\sum_{i=1}^{k} V_i$$

所以，实际的滤波误差方差为

$$P_k = E[\tilde{X}_k \tilde{X}_k^{\mathrm{T}}] = \frac{(k-1)^2}{4}\alpha^2 + \frac{1}{k^2}\sum_{i=1}^{k}\sigma^2 = \frac{(k-1)^2}{4}\alpha^2 + \frac{1}{k}\sigma^2$$

由 $\bar{P}_k$ 和 P_k 的表示式可以看出，当 $\hat{X}_0 = 0$ 和 $\bar{P}_0 = \infty$ 时，虽然 $\hat{X}_k$ 是 X_k 的最优估计，即 $\bar{P}_k = \sigma^2/k$，它随着 k 的增加而减小，直到零，但是实际均方误差 P_k 却随着 k 的增加而增大，直到无穷，这就是滤波的发散现象。

上述发散现象表面上看是由于把系统的常值输入项完全忽略掉而产生的。实际上，即使没有完全忽略掉输入项，而只是把它取得不精确，也仍会出现发散现象。例如，若把飞行器的上升速度误认为是 $\beta(\beta \neq \alpha)$，也就是说，若采用下面的滤波模型：

$$\begin{cases} \bar{X}_{k+1} = \bar{X}_k + \beta \\ Y_k = \bar{X}_k + \bar{V}_k \end{cases}$$

可以求得实际的滤波误差及滤波误差方差为

$$\begin{cases} \tilde{X}_k = \frac{k-1}{2}(\alpha - \beta) - \frac{1}{k}\sum_{i=1}^{k} V_i \\ P_k = \frac{(k-1)^2}{4}(\alpha - \beta)^2 + \frac{1}{k}\sigma^2 \end{cases}$$

因此当 $k \to \infty$ 时，仍有 $P_k \to \infty$。

在上例中，当 $\hat{\bar{X}}_0 = 0$ 和 $\bar{P}_0 = \infty$ 时，$\bar{K}_k = 1/k$，因此 $k \to \infty$，$\bar{K}_k \to 0$，也就是说，随着 k 的增加，观测数据 Z_k 对 $\hat{\bar{X}}_k$ 的校正作用越来越小，直到消失，这样就使 $\hat{\bar{X}}_k$ 主要受到错误模型控制，以致误差越来越大，这就导致滤波发散现象。

3.4.2　Kalman 滤波的误差分析

我们希望Kalman滤波误差的方差阵随着滤波时间的增长，能够达到稳态值。对于式(3.5)和式(3.6)所示的随机线性离散系统，当其一致完全可控和一致完全可观测，即存在正整数 N 和 $\alpha_1 > 0$，$\beta_1 > 0$，$\alpha_2 > 0$，$\beta_2 > 0$，使得当所有 $k \geqslant N$ 时，有

$$\alpha_1 I \leqslant C(k-N+1, k) \leqslant \beta_1 I$$

$$\alpha_2 I \leqslant O(k-N+1,k) \leqslant \beta_2 I$$

则对于任意的 $k \geqslant N$ ，最优估计误差方差阵有一致的上、下界：

$$\frac{\alpha_1}{1+n^2\beta_1\beta_2} I \leqslant P_k \leqslant \frac{1+n^2\beta_1\beta_2}{\alpha_2} I \qquad (3.40)$$

Kalman 滤波是线性最小方差估计，并且在系统一致完全可控与一致完全可观测的条件下，稳态滤波效果与滤波初值的选取无关，即滤波器具有稳定性。但是，这些结论的获得是以系统数学模型精确为前提的。设计 Kalman 滤波器时，首先必须已知系统状态方程和观测方程的模型以及系统过程噪声和观测噪声的统计特性。由于对系统的认识不全面，或为简化计算而将模型简化，往往使确定的模型与实际不符，加之精确的噪声先验统计特性很难获得，因此，滤波除了可能会产生发散现象外，必然会产生滤波误差。因此，对估计的误差进行分析是必要的。

设随机线性离散系统真实的数学模型为

$$X_k^{\mathrm{r}} = \Phi_{k,k-1}^{\mathrm{r}} X_{k-1}^{\mathrm{r}} + \Gamma_{k,k-1}^{\mathrm{r}} W_{k-1}^{\mathrm{r}} \qquad (3.41)$$

$$Z_k^{\mathrm{r}} = H_k^{\mathrm{r}} X_k^{\mathrm{r}} + V_k^{\mathrm{r}} \qquad (3.42)$$

式中

$$\begin{cases} E[W_k^{\mathrm{r}}] = 0, \quad E[V_k^{\mathrm{r}}] = 0 \\ E[W_k^{\mathrm{r}}(W_j^{\mathrm{r}})^{\mathrm{T}}] = Q_k^{\mathrm{r}} \delta_{kj}, \quad E[V_k^{\mathrm{r}}(V_j^{\mathrm{r}})^{\mathrm{T}}] = R_k^{\mathrm{r}} \delta_{kj} \\ E[W_k^{\mathrm{r}}(V_j^{\mathrm{r}})^{\mathrm{T}}] = 0, \quad E[W_k^{\mathrm{r}}(X_0^{\mathrm{r}})^{\mathrm{T}}] = 0, \quad E[V_k^{\mathrm{r}}(X_0^{\mathrm{r}})^{\mathrm{T}}] = 0 \end{cases}$$

式中，上标 r 表示真实值。而设计 Kalman 滤波器时使用的数学模型为

$$X_k = \Phi_{k,k-1} X_{k-1} + \Gamma_{k,k-1} W_{k-1} \qquad (3.43)$$

$$Z_k = H_k X_k + V_k \qquad (3.44)$$

式中

$$\begin{cases} E[W_k] = 0, \quad E[V_k] = 0 \\ E[W_k W_j^{\mathrm{T}}] = Q_k \delta_{kj}, \quad E[V_k V_j^{\mathrm{T}}] = R_k \delta_{kj} \\ E[W_k V_j^{\mathrm{T}}] = 0, \quad E[W_k X_0^{\mathrm{T}}] = 0, \quad E[V_k X_0^{\mathrm{T}}] = 0 \end{cases}$$

滤波初值为 $X_0 = E[X_0]$ ， $P_0 = \mathrm{Var}[X_0]$ 。由模型(3.43)和模型(3.44)所得的 Kalman 滤波递推方程为

$$\hat{X}_k = \hat{X}_{k,k-1} + K_k (Z_k - H_k \hat{X}_{k,k-1}) \qquad (3.45\mathrm{a})$$

$$\hat{X}_{k,k-1} = \Phi_{k,k-1} \hat{X}_{k-1} \qquad (3.45\mathrm{b})$$

$$K_k = P_{k,k-1} H_k^{\mathrm{T}} (H_k P_{k,k-1} H_k^{\mathrm{T}} + R_k)^{-1} \qquad (3.45\mathrm{c})$$

$$P_{k,k-1} = \Phi_{k,k-1} P_{k-1} \Phi_{k,k-1}^{\mathrm{T}} + \Gamma_{k,k-1} Q_{k-1} \Gamma_{k,k-1}^{\mathrm{T}} \qquad (3.45\mathrm{d})$$

$$P_k = (I - K_k H_k) P_{k,k-1} \qquad (3.45\mathrm{e})$$

值得注意的是，滤波计算得到的 $\hat{X}_k$ 是对模型状态 X_k 的最优估计，而不是对真实系统状态 X_k^r 的最优估计；P_k 也不是对真实系统的最优滤波误差方差阵，而仅是对模型系统状态 X_k 的估计误差方差阵。为衡量这一滤波的优劣，需要考察真实状态 X_k^r 与滤波值 $\hat{X}_k$ 之间的误差及方差阵。为此，令

$$\tilde{X}_k = X_k^r - \hat{X}_k, \quad \tilde{X}_{k,k-1} = X_k^r - \hat{X}_{k,k-1}, \quad P_k^r = E[\tilde{X}_k \tilde{X}_k^{\mathrm{T}}]$$

$$P_{k,k-1}^r = E[\tilde{X}_{k,k-1} \tilde{X}_{k,k-1}^{\mathrm{T}}], \quad \Delta\Phi_{k,k-1} = \Phi_{k,k-1}^r - \Phi_{k,k-1}, \quad \Delta H_k = H_k^r - H_k$$

由式(3.41)和式(3.45a)、式(3.45b)得

$$\begin{aligned}
\tilde{X}_k &= X_k^r - \hat{X}_k = X_k^r - \hat{X}_{k,k-1} - K_k(H_k^r X_k^r + V_k^r - H_k \hat{X}_{k,k-1}) \\
&= (I - K_k H_k)\tilde{X}_{k,k-1} - K_k \Delta H_k X_k^r - K_k V_k^r
\end{aligned} \tag{3.46}$$

$$\begin{aligned}
\tilde{X}_{k,k-1} &= X_k^r - \hat{X}_{k,k-1} = \Phi_{k,k-1}^r X_{k-1}^r + \Gamma_{k,k-1}^r W_{k-1}^r - \Phi_{k,k-1}\hat{X}_{k-1} \\
&= \Phi_{k,k-1}\tilde{X}_{k-1} + \Delta\Phi_{k,k-1}X_{k-1}^r + \Gamma_{k,k-1}^r W_{k-1}^r
\end{aligned} \tag{3.47}$$

于是有

$$\begin{aligned}
P_k^r &= E[\tilde{X}_k \tilde{X}_k^{\mathrm{T}}] \\
&= (I - K_k H_k)P_{k,k-1}^r(I - K_k H_k)^{\mathrm{T}} + K_k \Delta H_k M_k \Delta H_k^{\mathrm{T}} K_k^{\mathrm{T}} + K_k R_k^r K_k^{\mathrm{T}} \\
&\quad - (I - K_k H_k)N_{k,k-1}^{\mathrm{T}}\Delta H_k^{\mathrm{T}}K_k^{\mathrm{T}} - K_k \Delta H_k N_{k,k-1}(I - K_k H_k)^{\mathrm{T}}
\end{aligned} \tag{3.48}$$

$$\begin{aligned}
P_{k,k-1}^r &= E[\tilde{X}_{k,k-1}\tilde{X}_{k,k-1}^{\mathrm{T}}] \\
&= \Phi_{k,k-1}P_{k-1}^r\Phi_{k,k-1}^{\mathrm{T}} + \Delta\Phi_{k,k-1}M_{k-1}\Delta\Phi_{k,k-1}^{\mathrm{T}} \\
&\quad + \Gamma_{k-1}^r Q_{k-1}^r \Gamma_{k-1}^{r\mathrm{T}} + \Phi_{k,k-1}N_{k-1}^{\mathrm{T}}\Delta\Phi_{k,k-1}^{\mathrm{T}} + \Delta\Phi_{k,k-1}N_{k-1}\Phi_{k,k-1}^{\mathrm{T}}
\end{aligned} \tag{3.49}$$

其中

$$M_k = E[X_k^r X_k^{r\mathrm{T}}], \quad N_k = E[X_k^r \tilde{X}_k^{\mathrm{T}}], \quad N_{k,k-1} = E[X_k^r \tilde{X}_{k,k-1}^{\mathrm{T}}]$$

$$M_k = \Phi_{k,k-1}^r M_{k-1}\Phi_{k,k-1}^{r\mathrm{T}} + \Gamma_{k-1}^r Q_{k-1}^r \Gamma_{k-1}^{r\mathrm{T}} \tag{3.50}$$

$$N_k = N_{k,k-1}(I - K_k H_k)^{\mathrm{T}} - M_k \Delta H_k^{\mathrm{T}} K_k^{\mathrm{T}} \tag{3.51}$$

$$N_{k,k-1} = \Phi_{k,k-1}^r N_{k-1}\Phi_{k,k-1}^{r\mathrm{T}} + \Phi_{k,k-1}^r M_{k-1}\Delta\Phi_{k,k-1}^{\mathrm{T}} + \Gamma_{k-1}^r Q_{k-1}^r \Gamma_{k-1}^{r\mathrm{T}} \tag{3.52}$$

上述递推公式的初值分别为

$$P_0^r = E[(X_0^r - \hat{X}_0)(X_0^r - \hat{X}_0)^{\mathrm{T}}]$$

$$M_0 = E[X_0^r X_0^{r\mathrm{T}}]$$

$$N_0 = E[X_0^r(X_0^r - \hat{X}_0)^{\mathrm{T}}]$$

若取 $\hat{X}_0 = 0$，则 $P_0^r = M_0 = N_0$。

式(3.48)~式(3.52)，是考虑模型误差对滤波效果产生影响的计算公式，但是由于并不知道实际系统的真实数学模型，所以这些公式在实际中很难应用。

如果假设系统模型是准确的，只考虑滤波初值 $\hat{X}_0$、初始方差阵 P_0 及噪声方差阵 Q_k 和 R_k

存在误差的情况，即 $\Phi_{k,k-1} = \Phi_{k,k-1}^{\mathrm{r}}$，$\Gamma_k = \Gamma_k^{\mathrm{r}}$，$H_k = H_k^{\mathrm{r}}$，此时式 (3.48) 和式 (3.49) 分别简化为

$$P_k^{\mathrm{r}} = (I - K_k H_k) P_{k,k-1}^{\mathrm{r}} (I - K_k H_k)^{\mathrm{T}} + K_k R_k^{\mathrm{r}} K_k^{\mathrm{T}} \tag{3.53}$$

$$P_{k,k-1}^{\mathrm{r}} = \Phi_{k,k-1} P_{k-1}^{\mathrm{r}} \Phi_{k,k-1}^{\mathrm{T}} + \Gamma_{k-1} Q_{k-1}^{\mathrm{r}} \Gamma_{k-1}^{\mathrm{T}} \tag{3.54}$$

由滤波方程式 (3.45d) 和式 (3.45e) 得滤波计算的误差方差阵为

$$P_k = (I - K_k H_k) P_{k,k-1} (I - K_k H_k)^{\mathrm{T}} + K_k R_k K_k^{\mathrm{T}} \tag{3.55}$$

$$P_{k,k-1} = \Phi_{k,k-1} P_{k-1} \Phi_{k,k-1}^{\mathrm{T}} + \Gamma_{k-1} Q_{k-1} \Gamma_{k-1}^{\mathrm{T}} \tag{3.56}$$

式 (3.53) 和式 (3.55)，式 (3.54) 和式 (3.56) 等式两边分别相减，并记

$$\Delta P = P_k - P_k^{\mathrm{r}}$$

$$\Delta P_{k,k-1} = P_{k,k-1} - P_{k,k-1}^{\mathrm{r}}$$

则可得

$$\Delta P_k = (I - K_k H_k) \Delta P_{k,k-1} (I - K_k H_k)^{\mathrm{T}} + K_k (R_k - R_k^{\mathrm{r}}) K_k^{\mathrm{T}} \tag{3.57}$$

$$\Delta P_{k,k-1} = \Phi_{k,k-1} \Delta P_{k-1} \Phi_{k,k-1}^{\mathrm{T}} + \Gamma_{k-1} (Q_{k-1} - Q_{k-1}^{\mathrm{r}}) \Gamma_{k-1}^{\mathrm{T}} \tag{3.58}$$

从上述两式可以看出，如果滤波器设计过程中，选取 $Q_k \geqslant Q_k^{\mathrm{r}}$ 和 $R_k \geqslant R_k^{\mathrm{r}}$，则只要 $\Delta P_{k-1} \geqslant 0$，必有 $\Delta P_{k,k-1} \geqslant 0$，因而也有 $\Delta P_k \geqslant 0$。由数学归纳法可以得出如下结论。

结论 3.1　在只有 P_0 及噪声方差阵 Q_k 和 R_k 有误差的情况下，如果选取

$$\begin{cases} P_0 \geqslant P_0^{\mathrm{r}} \\ Q_k \geqslant Q_k^{\mathrm{r}} \\ R_k \geqslant R_k^{\mathrm{r}} \end{cases} \tag{3.59}$$

则必有 $P_k \geqslant P_k^{\mathrm{r}}$。

结论 3.2　在只有 P_0 及噪声方差阵 Q_k 和 R_k 有误差的情况下，如果选取

$$\begin{cases} P_0 \leqslant P_0^{\mathrm{r}} \\ Q_k \leqslant Q_k^{\mathrm{r}} \\ R_k \leqslant R_k^{\mathrm{r}} \end{cases} \tag{3.60}$$

则必有 $P_k \leqslant P_k^{\mathrm{r}}$。

结论 3.3　在只有 P_0 及噪声方差阵 Q_k 和 R_k 有误差的情况下，如果模型化系统是一致完全可控和一致完全可观测的，若按式 (3.59) 选取滤波参数，则 P_k 有一致有限的上界，即 $P_k^{\mathrm{r}} \leqslant P_k \leqslant \gamma I$。

以上结论有助于适当选择模型的噪声方差阵，使设计的滤波器在规定的误差范围内良好地工作。在 P_0、Q_k 和 R_k 无法精确获得的情况下，若知道它们可能的取值范围，则可以采用它们可能的较大值，即保守值。根据以上结论，只要滤波计算中获得的估计误差方差阵能满足要求，则实际滤波的误差方差阵必定能满足要求。从某种意义上说，这种保守设计可以防止实际的估计误差方差阵发散。

3.5 惯导系统可观测性与可观测度分析方法

导航就是引导载体到达预定目的地的过程，惯导系统是一种不需要载体外部环境信息，利用惯性敏感器建立的方向基准和测定的载体加速度而实现自动推算载体瞬时速度和位置的导航技术。惯导系统完全不依赖于外部的声、光、电、磁等传播信号，可以实时、高精度地输出所需要的全部导航参数信息，自主地进行定位导航，不受地域的限制，不受自然环境和人为干扰的影响，隐蔽性好，不论太空、空间、地面、地下、水面及水下都能全天候地可靠工作，这是其他导航技术，如天文导航、无线电导航与定位、卫星导航等所无法实现的。这些独特的优点使其成为国防、航天、航空、船舶与海洋、陆地交通等领域十分重要、不可替代的导航手段。初始对准就是确定惯性器件输入轴与惯导系统所采用的坐标系之间关系的过程。惯导系统的初始对准是其正常工作的基本条件。对于平台式惯导系统，在系统加电启动后，其三个框架轴的指向是任意的，必须通过调整使得陀螺仪的敏感轴对准导航坐标系，为加速度计的测量提供基准，这就是一个初始对准过程；对于捷联式惯导系统，初始对准就是确定初始捷联矩阵或姿态矩阵的过程。从控制理论的观点来看，初始对准的基本困难是系统不完全可观测。通过对 INS 初始对准误差方程可观测性的分析，合理地选择状态变量以及划分状态空间，可以提高初始对准的效能，合理解决对准时间与对准精度之间的矛盾。

可观测性分析是对系统状态能否被全观测到，或者判断哪些状态可观测、哪些状态不可观测的一种分析方法，但是它不能定量地表示系统状态在某个时间段内的可观测程度，即系统状态获得精确估计的可能程度，可观测度是反映卡尔曼滤波收敛速度和精度的重要指标。

目前使用比较广泛的可观测分析方法主要有以下两种：基于分段线性定常系统(Piece-Wise Constant System，PWCS)可观测性分析方法和基于奇异值分解(Singular Value Decomposition，SVD)的可观测度分析方法。对于线性时不变(Linear Time-Invariant，LTI)系统可以通过直接判断可观测性矩阵的秩的方法判断可观测性。而对于时变系统，可观测性的分析则需要计算格拉姆矩阵，而该矩阵一般无法采用理论计算的方式完成，只能依赖于数值计算方式，所以计算相当繁重且无法进行理论分析。针对这个问题，以色列学者Goshen-Meskin 和 Bar-Itzhack 一起提出了 PWCS 可观测性分析理论，该方法在不改变系统特性的基础上，将整个系统进程划分为多个时间段，在每一时间段内将原系统等效为线性定常系统。该方法可以分析时变过程系统的整体可观测性，但该方法只能对时变系统的可观测性进行定性分析，无法完成定量计算；只能判断系统是否完全可观测，无法准确地判断某一个状态是否可观测。

惯导系统是一个时变系统。时变系统关键参数可观测性分析能够为初始对准、导航、标校等提供理论支撑。针对时变的系统状态方程，Fredric M. Ham 提出利用 Kalman 滤波估计误差协方差阵的特征值和特征向量来代表系统的可观测度：估计误差协方差阵特征值与系统的可观测度成反比。万德钧等提出一种利用可观测性矩阵的奇异值分解来分析系统状态可观测度的方法。其核心思想是对可观测性矩阵进行奇异值分解，将奇异值作为系统的可观测度，奇异值与可观测程度成正比。它不需要事先对 Kalman 滤波的估计方差阵进行分析，就能直接实现系统可观测度分析。在此方法的基础上，刘准等提出了利用条件数来表示整个系统可观测度的方法。同时，孔星炜等也基于 SVD 提出了相对可观测度和可观测阶数的概念，相对可观测度是基于高斯消元法来判断系统的可观测度，而可观测阶数则是从积分运算会放大误差的角度来对系统的可观测性进行分析，同时给出实例来验证该理论，理论的结果与实际相吻合。

3.5.1　捷联惯导系统误差模型

1. 捷联惯导系统的微分方程

在捷联惯导系统导航解算过程中，首先将角速度积分为姿态信息(姿态积分)，然后利用姿态数据将加速度转换到选定的导航坐标系下,在导航坐标系下将其积分得到速度信息(速度积分)，然后对速度积分得到位置信息(位置积分)。下面给出捷联惯导系统的三个微分方程。

1) 姿态微分方程

$$\dot{C}_b^n = C_b^n(\omega_{ib}^b \times) - (\omega_{in}^n \times)C_b^n \tag{3.61}$$

$$\omega_{in}^n = \omega_{ie}^n + \omega_{en}^n \tag{3.62}$$

$$\omega_{ie}^n = [0 \quad \omega_{ie}\cos\varphi \quad \omega_{ie}\sin\varphi]^T \tag{3.63}$$

$$\omega_{en}^n = \begin{bmatrix} -\dfrac{v_N^n}{R_M+h} \\ \dfrac{v_E^n}{R_N+h} \\ \dfrac{v_E^n}{R_N+h}\tan\varphi \end{bmatrix} = \begin{bmatrix} 0 & -\dfrac{1}{R_M+h} & 0 \\ \dfrac{1}{R_N+h} & 0 & 0 \\ \dfrac{1}{R_N+h}\tan\varphi & 0 & 0 \end{bmatrix} \begin{bmatrix} v_E^n \\ v_N^n \\ v_U^n \end{bmatrix} \overset{\text{def}}{=} F_c v^n \tag{3.64}$$

式中，ω_{ib}^b 为陀螺仪测量的载体角速度，$(\omega_{ib}^b \times)$ 为 ω_{ib}^b 的反对称矩阵；ω_{ie} 为地球自转角速度，$\omega_{ie} = 15.041067° / \text{h}$；$\varphi$ 为当地纬度；h 为海拔；$v^n = [v_E^n \quad v_N^n \quad v_U^n]^T$ 是捷联惯导系统的速度；F_c 为曲率矩阵；R_M、R_N 分别为载体所在地的地球子午圈和卯酉圈曲率半径，其计算公式近似为

$$R_M \approx \frac{R_e(1-e^2)}{(1-e^2\sin^2\varphi)^{3/2}} \tag{3.65a}$$

$$R_N \approx \frac{R_e}{(1-e^2\sin^2\varphi)^{1/2}} \tag{3.65b}$$

式中，R_e 为地球参考椭球的长半轴，e 为参考旋转椭圆球体第一偏心率。

2) 速度微分方程

$$\dot{v}^n = a_{sf}^n + g_p^n - (\omega_{en}^n + 2\omega_{ie}^n) \times v^n \tag{3.66}$$

$$a_{sf}^n = C_b^n a_{sf}^b \tag{3.67}$$

$$g_p^n = g^n - (\omega_{ie}^n \times)(\omega_{ie}^n \times)R^n \tag{3.68}$$

$$g_p^n = [0 \quad 0 \quad g]^T \tag{3.69}$$

式中，a_{sf}^n 为加速度计测量的比力；g^n 为万有引力加速度；g_p^n 为重力加速度。g 的近似计算

公式为

$$g = g_0(1 + 0.00527094\sin^2\varphi + 0.0000232718\sin^4\varphi) - 0.000003086h \tag{3.70}$$

式中，$g_0 = 9.7803267714\text{m/s}^2$；$R$ 是从地球中心到惯导系统的位置矢量。

3) 位置微分方程

$$\dot{C}_n^e = C_n^e(\omega_{ie}^n\times) \tag{3.71}$$

$$\dot{h} = v_U^n \tag{3.72}$$

2. 捷联惯导系统的初始对准误差模型

1) 捷联惯导系统静基座初始对准误差模型

Kalman 滤波算法是进行捷联惯导系统初始对准和导航解算的关键方法。利用 Kalman 滤波算法进行初始对准的基础是建立惯导系统初始对准误差方程。惯导系统误差方程的建立有两种方法：一种称为 ϕ 角法或扰动法(或称真实地理坐标系法)，另一种称为 ψ 角法(或称计算坐标系法、计算地理坐标系法)。Benson、Goshen 和 Bar-Itzhack 均证明这两种模型是等价的。

描述惯导系统误差特性的微分方程可分为平动误差方程和姿态误差方程，分别反映惯导系统的平动误差传播特性和姿态误差传播特性。平动误差方程分为位置误差方程和速度误差方程；姿态误差方程取决于方程中的姿态变量采用 ϕ 角还是 ψ 角。在初始对准过程中，目前通常采用 ψ 角法和速度误差方程。

如果忽略垂向的速度误差和加速度计零偏误差，可以得到捷联惯导系统静基座两通道 10 状态误差模型：

$$
\begin{bmatrix} \delta\dot{V}_E \\ \delta\dot{V}_N \\ \dot{\phi}_E \\ \dot{\phi}_N \\ \dot{\phi}_U \\ \dot{\nabla}_x \\ \dot{\nabla}_y \\ \dot{\varepsilon}_x \\ \dot{\varepsilon}_y \\ \dot{\varepsilon}_z \end{bmatrix} =
\begin{bmatrix}
0 & 2\omega_{ie}\sin\varphi & 0 & -g & 0 & c_{11} & c_{12} & 0 & 0 & 0 \\
-2\omega_{ie}\sin\varphi & 0 & g & 0 & 0 & c_{21} & c_{22} & 0 & 0 & 0 \\
0 & 0 & 0 & \omega_{ie}\sin\varphi & -\omega_{ie}\cos\varphi & 0 & 0 & -c_{11} & -c_{12} & -c_{13} \\
0 & 0 & -\omega_{ie}\sin\varphi & 0 & 0 & 0 & 0 & -c_{21} & -c_{22} & -c_{23} \\
0 & 0 & \omega_{ie}\cos\varphi & 0 & 0 & 0 & 0 & -c_{31} & -c_{32} & -c_{33} \\
0 & 0 & 0 & 0 & 0 & 0 & 0 & 0 & 0 & 0 \\
0 & 0 & 0 & 0 & 0 & 0 & 0 & 0 & 0 & 0 \\
0 & 0 & 0 & 0 & 0 & 0 & 0 & 0 & 0 & 0 \\
0 & 0 & 0 & 0 & 0 & 0 & 0 & 0 & 0 & 0 \\
0 & 0 & 0 & 0 & 0 & 0 & 0 & 0 & 0 & 0
\end{bmatrix}
\begin{bmatrix} \delta V_E \\ \delta V_N \\ \phi_E \\ \phi_N \\ \phi_U \\ \nabla_x \\ \nabla_y \\ \varepsilon_x \\ \varepsilon_y \\ \varepsilon_z \end{bmatrix}
\tag{3.73}
$$

式中，δV_E、δV_N 分别为东向和北向速度误差；ϕ_E、ϕ_N 为水平失准角；ϕ_U 为方位失准角；∇ 为加速度计的随机常值零偏；ε 为陀螺仪的随机常值漂移；$c_{ij}(i=1,2,3; \ j=1,2,3)$ 为姿态矩阵 C_b^n 中的元素，$C_b^n = \{c_{ij}\}$。

2) 捷联惯导系统静基座初始对准 Kalman 滤波模型

对于捷联惯导系统，考虑到陀螺随机漂移和加速度计的随机偏差，将方程 (3.73) 整理为如下形式：

$$\dot{X}(t) = \begin{bmatrix} \dot{X}_a(t) \\ \dot{X}_b(t) \end{bmatrix} = \begin{bmatrix} F & T_k \\ 0_{5\times5} & 0_{5\times5} \end{bmatrix} \begin{bmatrix} X_a(t) \\ X_b(t) \end{bmatrix} + \begin{bmatrix} W'(t) \\ 0_{5\times1} \end{bmatrix} = AX(t) + W(t) \tag{3.74}$$

式中，$X_a(t) = [\delta V_E \quad \delta V_N \quad \phi_E \quad \phi_N \quad \phi_U]^{\mathrm{T}}$；$X_b(t) = [\nabla_x \quad \nabla_y \quad \varepsilon_x \quad \varepsilon_y \quad \varepsilon_z]^{\mathrm{T}}$；随机噪声矢量 $W(t) = [w_{\delta V_E} \quad w_{\delta V_N} \quad w_{\phi_E} \quad w_{\phi_N} \quad w_{\phi_U}]^{\mathrm{T}}$；$0_{5\times5}$、$0_{5\times1}$ 均为固定维数的零矩阵；T_k 和 F 的表达式如下：

$$T_k = \begin{bmatrix} c_{11} & c_{12} & 0 & 0 & 0 \\ c_{21} & c_{22} & 0 & 0 & 0 \\ 0 & 0 & -c_{11} & -c_{12} & -c_{13} \\ 0 & 0 & -c_{21} & -c_{22} & -c_{23} \\ 0 & 0 & -c_{31} & -c_{32} & -c_{33} \end{bmatrix}$$

$$F = \begin{bmatrix} 0 & 2\omega_{ie}\sin\varphi & 0 & -g & 0 \\ -2\omega_{ie}\sin\varphi & 0 & g & 0 & 0 \\ 0 & 0 & 0 & \omega_{ie}\sin\varphi & -\omega_{ie}\cos\varphi \\ 0 & 0 & -\omega_{ie}\sin\varphi & 0 & 0 \\ 0 & 0 & \omega_{ie}\cos\varphi & 0 & 0 \end{bmatrix}$$

选取两个水平速度误差 δV_E、δV_N 为观测量，所建立的系统观测方程为

$$Z(t) = \begin{bmatrix} 1 & 0 & 0 & 0 & 0 & 0 & 0 & 0 & 0 & 0 \\ 0 & 1 & 0 & 0 & 0 & 0 & 0 & 0 & 0 & 0 \end{bmatrix} \begin{bmatrix} X_a(t) \\ X_b(t) \end{bmatrix} + \begin{bmatrix} \xi_E \\ \xi_N \end{bmatrix} = HX(t) + \xi(t) \tag{3.75}$$

式中，$\xi(t)$ 是系统观测噪声矢量，为 $N(0,R)$ 的高斯白噪声过程。

3.5.2　可观测性分析方法

1. Кузовков 定义的可控度和可观测度

首先分析系统可观测性的判断方法。考虑随机线性定常系统：

$$\dot{X} = AX + Bu \tag{3.76}$$

式中，$A = [a_{ij}] \in \mathbf{R}^{n\times n}$；$B = [b_{ij}] \in \mathbf{R}^{n\times m}$。设初始条件为零，对式 (3.76) 进行拉氏变换，可得

$$\begin{cases} (s - a_{11})X_1 - a_{12}X_2 - \cdots - a_{1n}X_n = b_{11}u_1 + \cdots + b_{1m}u_m \\ -a_{21}X_1 + (s - a_{22})X_2 - \cdots - a_{2n}X_n = b_{21}u_1 + \cdots + b_{2m}u_m \\ \qquad\qquad\vdots \\ -a_{n1}X_1 - a_{n2}X_2 - \cdots + (s - a_{nn})X_n = b_{n1}u_1 + \cdots + b_{nm}u_m \end{cases} \tag{3.77}$$

由克拉默 (Cramer) 法则可以得到下面的行列式 Δ 和子行列式 $\Delta_1 \sim \Delta_{10}$（用式 (3.77) 中等式右边的项代替 $|SI - A|$ 中的第 i 列，即得 Δ_i）：

$$\Delta = |SI - A| = \begin{vmatrix} s - a_{11} & -a_{12} & \cdots & -a_{1n} \\ -a_{21} & s - a_{22} & \cdots & -a_{2n} \\ \vdots & \vdots & & \vdots \\ -a_{n1} & -a_{n2} & \cdots & s - a_{nn} \end{vmatrix}$$

$$X_1(s) = \frac{\Delta_1}{\Delta}, \ X_2(s) = \frac{\Delta_2}{\Delta}, \cdots, X_n(s) = \frac{\Delta_n}{\Delta}$$

定理 3.4　　系统(3.76)完全可控的充分必要条件为 $\Delta_1, \Delta_2, \cdots, \Delta_{10}$ 在复数域上线性无关。

证明： 因为由式(3.76)可得

$$X(s) = \begin{bmatrix} X_1(s) \\ X_2(s) \\ \vdots \\ X_n(s) \end{bmatrix} = \frac{1}{\Delta} \begin{bmatrix} \Delta_1 \\ \Delta_2 \\ \vdots \\ \Delta_n \end{bmatrix} = (sI - A)^{-1} Bu(s)$$

而系统可控的充要条件为 $(sI - A)^{-1}Bu(s)$ 各行在复数域上线性无关，即可得 $\Delta_1, \Delta_2, \cdots, \Delta_{10}$ 线性无关。显然，在下列情况下系统将不完全可控：

(1)至少有一个行列式 Δ_i 等于零；

(2)至少有一个行列式为另一个的常数倍；

(3)一个行列式可用其他行列式线性表示。

注意：此判据不仅可以判断系统的可控性，而且可以看出每个状态变量的可控性和可控程度。当 $\Delta_i = 0$ 时，状态变量 X_i 不可控。

上面给出的是可控性的判断方法，对于可观测性的判断，可判断其对偶系统的可控性而得到。

将上述原理用于惯导系统的初始对准问题中。惯导系统的初始对准方程为式(3.74)、式(3.75)，该系统的可观测性可用其伴随系统

$$\dot{X} = A^{\mathrm{T}} X + C^{\mathrm{T}} u \tag{3.78}$$

的可控性表示。由于 $\Delta = |SI - A|$，根据上述分析，可求出：

$$\Delta_1 = s^6 [u_1 s^3 + (2u_2 \omega \sin\varphi) s^2 + u_1 \omega^2 s - 2u_2 \omega^3 \sin\varphi]$$

$$\Delta_2 = s^6 [u_2 s^3 + (2u_1 \omega \sin\varphi) s + u_2 \omega^2 s + 2u_1 \omega^3 \sin\varphi]$$

$$\Delta_3 = g s^6 [u_2 s^2 + (3u_1 \omega \sin\varphi) s - 2u_2 \omega^2 \sin^2 \varphi]$$

$$\Delta_4 = -g s^5 \left[u_2 s^3 - 3u_2 \omega \sin\varphi s^2 + u_1 \omega^2 (\cos^2 \varphi - 2\sin^2 \varphi) - 2u_2 \omega^3 \cos^2 \varphi \sin\varphi \right]$$

$$\Delta_5 = -g \omega \cos\varphi s^5 [u_2 s^2 + (3u_1 \omega \sin\varphi) s - 2u_2 \omega^2 \sin^2 \varphi]$$

$$\Delta_6 = s^5 [u_1 s^3 - (2u_2 \omega \sin\varphi) s^2 + u_1 \omega^2 s - 2u_2 \omega^3 \sin\varphi]$$

$$\Delta_7 = s^5 [u_2 s^3 + (2u_1 \omega \sin\varphi) s^2 + u_2 \omega^2 s - 2u_1 \omega^3 \sin\varphi]$$

$$\Delta_8 = g s^5 [u_2 s^2 + (3u_1 \omega \sin\varphi) s - 2u_2 \omega^3 \sin^2 \varphi]$$

$$\Delta_9 = g s^4 [-u_1 s^3 + (3u_2 \omega \sin\varphi) s^2 + u_1 \omega (2\sin^2 \varphi - \cos^2 \varphi) s + 2u_2 g \omega^3 \cos^2 \varphi]$$

$$\Delta_{10} = g \omega \cos\varphi s^4 [-u_2 s^2 - (3u_1 \omega \sin\varphi) s + 2u_2 \omega^3 \sin^2 \varphi]$$

由于 $\dfrac{\Delta_5}{\Delta_8} = -\omega\cos\varphi$，即 $\phi_U (X_5)$、$\varepsilon_x (X_8)$ 线性相关，因此这两个变量不能同时可观测。

因为 $\Delta_6 = g^{-1}(\Delta_4 - \Delta_5 \tan\varphi)$，即 ∇_x 可表示为 ϕ_N 和 ϕ_U 的线性组合，所以这 3 个变量只有两个可观测。又有 $\Delta_7 = -2g^{-1}\omega\sin\varphi(\Delta_9 + \Delta_{10}\tan\varphi)$，即 ∇_y 可表示为 ε_y 和 ε_z 的线性组合，所以这 3 个变量也只有两个可观测。因此，该系统不是完全可观测的，系统只有 7 个可观测的状态，有 3 个状态不可观测。另外，由 Δ_5 的表达式可看出 ϕ_U 的可观测度随纬度 φ 增高而下降，并且当 $\varphi = 90°$ 时，$\Delta_5 = 0$，此时 ϕ_U 也变为不可观测状态，系统只有 6 个可观测的状态变量。

2. 用奇异值判断可观测性

通过分析系统可观测阵的奇异值，可以得到系统的可观测性。即当系统可观测阵的某个奇异值为 0 时，系统的状态不可观测，并且根据奇异值的大小，可以判断状态可观测的程度。奇异值越大，状态的可观测性越好。根据这种方法对惯导初始对准问题的可观测性进行分析。惯导系统初始对准的状态方程和测量方程为式 (3.74)、式 (3.75)，则其可观测性判断矩阵为

$$W_o = [C^T \quad (CA)^T \quad \cdots \quad (CA^9)^T]^T \tag{3.79}$$

因此可求 W_o 的奇异值，如表 3.1 所示。

表 3.1　惯导对准方程可观测阵 W_o 的奇异值

W_o 的奇异值	φ		
	0°	45°	90°
σ_1	9.8652200	9.8652314	9.8652428
σ_2	9.8652200	9.8652314	9.8652428
σ_3	9.8144060	9.8143948	9.8143825
σ_4	9.8144060	9.8143948	9.8143825
σ_5	1.0000000	1.0000000	1.0000000
σ_6	1.0000000	1.0000000	1.0000000
σ_7	0.0007157	0.0005061	0
σ_8	0	0	0
σ_9	0	0	0
σ_{10}	0	0	0

由表 3.1 可见，当纬度不为 90° 时，有 3 个奇异值是 0，因此系统有 7 个状态可观测。当纬度为 90° 时，σ_7 也变为 0，此时系统只有 6 个状态可观测，与上面分析结果一致。但是用奇异值分析方法不能确定哪些状态不可观测。

将奇异值判别法与 Кузовков 方法结合，可以选择不可观测状态变量。首先用 Кузовков 方法判断状态变量的线性关系，初步找出可能的不可观测的状态。对于分析的惯导初始对准的问题，由上述分析可见，不可观测的状态有 3 个。去掉可能的 3 个不可观测的状态，分析其余 7 个状态组成的七阶系统，求此系统的可观测阵 W_o 的秩，结果如表 3.2 所示。由表 3.2 可见，只有最后 3 种情况的七阶系统有 7 个可观测的状态，其余的组合又增加了不可观测状态的数目，是不可取的选择。对最后 3 种情况求相应的七阶系统可观测阵 W_o 的奇异值，如表 3.3（纬度为 45°）所示。

表 3.2　3 种七阶系统可观测阵 W_o 的秩

去掉的状态	W_o 的秩	去掉的状态	W_o 的秩
ϕ_N、ϕ_U、∇_y	5	ϕ_N、ε_x、∇_y	6
ϕ_N、ϕ_U、ε_y	5	ϕ_N、ε_x、ε_y	6
ϕ_N、ϕ_U、ε_z	5	ϕ_N、ε_x、ε_z	6
ϕ_U、∇_x、∇_y	6	∇_x、∇_y、ε_x	7
ϕ_U、∇_x、ε_y	6	∇_x、ε_x、ε_y	7
ϕ_U、∇_x、ε_z	6	∇_x、ε_x、ε_z	7

表 3.3　3 种七阶系统可观测阵 W_o 的奇异值

W_o 的奇异值	去掉的状态		
	∇_x、∇_y、ε_x	∇_x、ε_x、ε_y	∇_x、ε_x、ε_z
σ_1	9.8152	9.8652	9.8652
σ_2	9.8144	9.8652314	9.8144
σ_3	9.8136	9.8143948	9.8144
σ_4	1.0000	9.8143948	1.0000
σ_5	1.0000	5.0606×10^{-4}	1.0000
σ_6	5.0606×10^{-4}	5.0606×10^{-4}	5.0606×10^{-4}
σ_7	5.0606×10^{-4}	5.1297×10^{-4}	2.6451×10^{-9}

由表 3.3 可见，选择 ∇_x、∇_y 和 ε_x 为不可观测状态变量时，系统的奇异值总体上看是最大的。因此，在这种不可观测状态的选择下，系统的可观测性是最好的。对上述 3 种七阶系统用 Kalman 滤波进行状态估计，得到的结果如图 3.1 所示，其中，σ_{φ_x} 表示对 φ_x 估计误差的均方差。

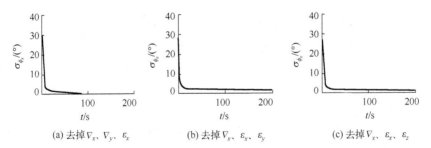

(a) 去掉 ∇_x、∇_y、ε_x　　　　(b) 去掉 ∇_x、ε_x、ε_y　　　　(c) 去掉 ∇_x、ε_x、ε_z

图 3.1　3 种七阶 Kalman 滤波曲线

从仿真结果可见，只有第 1 种情况的估计效果最好，理论分析与实际滤波的结果一致。

3. 基于状态方程解耦的可观测性分析方法

系统状态方程及量测方程如式(3.74)、式(3.75)所示。根据可观测阵判断系统的可观测性，系统的可观测矩阵的秩是 7，比系统阶数 10 小，因此有 3 个状态不可观测。定义如下变量：

$$x_1 = [\delta v_1 \quad \delta v_2]^T, \quad x_2 = [\phi_E \quad \nabla_y \quad \varepsilon_y \quad \varepsilon_z]^T, \quad x_3 = [\phi_N \quad \phi_U \quad \nabla_x \quad \varepsilon_x]^T$$

既然系统观测量按定义是可观测的，状态变量 δv_1 和 δv_2 是可观测的，用 δv_1 和 δv_2 作为观测值，且定义

$$y_1 = \begin{bmatrix} z_1 \\ z_2 \end{bmatrix} = \begin{bmatrix} \delta v_1 \\ \delta v_2 \end{bmatrix}, \quad y_2 = \begin{bmatrix} \dot{z}_2 + 2\Omega_3 z_1 \\ \ddot{z}_1 + 4\Omega_3^2 z_1 \\ \dddot{z}_1 - 8\Omega_3^3 z_1 \\ z_2^{(4)} - 16\Omega_3^4 z_1 \end{bmatrix}, \quad y_3 = \begin{bmatrix} \dot{z}_1 - 2\Omega_3 z_2 \\ \ddot{z}_2 + 4\Omega_3^2 z_2 \\ \dddot{z}_1 + 8\Omega_3^3 z_2 \\ z_2^{(4)} - 16\Omega_3^4 z_2 \end{bmatrix}$$

式中，$\Omega_2 = \omega\cos\varphi$；$\Omega_3 = \omega\sin\varphi$；$z_i^{(4)}(i=1,2)$ 是 z_i 的四阶导数。于是 y_1、y_2、y_3 是可测的。式(3.74)、式(3.75)的可观测性与下列方程的可解性是一致的：

$$\begin{bmatrix} y_1 \\ y_2 \\ y_3 \end{bmatrix} = \begin{bmatrix} I & 0 & 0 \\ 0 & Q_2 & 0 \\ 0 & 0 & Q_3 \end{bmatrix}\begin{bmatrix} X_1 \\ X_2 \\ X_3 \end{bmatrix} \tag{3.80}$$

式中，I 是单位阵；

$$Q_2 = \begin{bmatrix} g & 1 & 0 & 0 \\ 3g\Omega_3 & 2\Omega_3 & -g & 0 \\ -7g\Omega_3^2 - g\Omega_2^2 & -4\Omega_3^2 & -3g\Omega_3 & g\Omega_2 \\ -15g\Omega_3^3 - 3g\Omega_2^2\Omega_3 & -8\Omega_3^3 & 7g\Omega_3^2 & -3g\Omega_2\Omega_3 \end{bmatrix}$$

$$Q_3 = \begin{bmatrix} -g & 0 & 1 & 0 \\ 3g\Omega_3 & -g\Omega_2 & -2g\Omega_3 & g \\ 7g\Omega_3^2 & -3\Omega_2\Omega_3 & -4\Omega_3^2 & 3g\Omega_3 \\ -15g\Omega_3^3 - g\Omega_2^2\Omega_3 & 7g\Omega_2\Omega_3^2 + g\Omega_2^3 & 8g\Omega_3^3 & -7g\Omega_3^2 - g\Omega_2^2 \end{bmatrix}$$

方程(3.80)表明系统的可观测性由 3 个解耦矩阵方程的可解性确定，显然 X_1 可观测。因此 3 个不可观测的状态变量只能存在于 X_2 和 X_3 之中，并分别由下式确定：

$$y_2 = Q_2 X_2, \quad y_3 = Q_3 X_3$$

分析上述等式可见，Q_2 的秩是 3，比其阶数少 1，则从 X_2 的分量中只能选择一个不可观测状态变量。相应地，Q_3 的秩是 2，比其阶数少 2，显然 X_3 包含两个不可观测状态变量。

由 Q_3 可见，其第 2 列与第 4 列成比例，即 ϕ_U 和 ε_x 对测量导出 y_3 的作用是一致的。因此在某一时刻 ϕ_U 和 ε_x 只有一个是可观测的，但它们可同时被选作不可观测状态变量，此时 ϕ_N 和 ∇_x 必须可观测。

本例讨论了几种可观测性分析方法，并用这些方法对惯导系统初始对准的可观测性进行了分析研究。分析结果表明，Кузовков 判别法可计算出系统的可控、可观测性，可以确定系统的可控、可观测状态的维数，以及不可观测的状态与可观测的状态的线性关系。用奇异值判断可观测性，可以确定系统的可观测状态的维数及各状态可观测的程度，但不能直接得到哪些变量可观测，哪些变量不可观测。上述两种方法结合起来，可有效地确定不可观测状态的最佳选择。而状态方程解耦的方法，可将状态分解到相应的子空间中，然后确定系统可观测的状态。

3.5.3　可观测度分析方法

可观测度代表了系统状态或者误差参数估计结果的收敛速度与收敛精度，代表了估计结果的可靠程度。本节介绍几种常用的可观测度分析方法。

1. 基于 SVD 的可观测度分析方法

考虑任意一个矩阵 $M \subset \mathbf{R}^{m \times n}$，且 $\operatorname{rank}(M) = r$，则矩阵 M 一定可以分解为

$$M = USV \tag{3.81}$$

式中，$U \in \mathbf{R}^{m \times m}$ 为正交矩阵，即满足 $UU^{\mathrm{T}} = U^{\mathrm{T}}U = I$；$S \in \mathbf{R}^{m \times n}$ 为准对角矩阵，其对角线元素依序为 $s_1, s_2, \cdots, s_r, 0, \cdots, 0$，其中非零元素 $s_1, s_2, \cdots, s_r$ 为 M 的奇异值；$V \in \mathbf{R}^{n \times n}$ 为正交矩阵，即满足 $VV^{\mathrm{T}} = V^{\mathrm{T}}V = I$。

以下述离散线性系统模型为例对可观测度进行介绍。

$$\begin{aligned} X_k &= F_k X_k \\ Z_k &= H X_k \end{aligned} \tag{3.82}$$

式中，$X_k \in \mathbf{R}^n$；$F_k \in \mathbf{R}^{n \times n}$；$Z_k \in \mathbf{R}^m$；$H \in \mathbf{R}^{m \times n}$。

依据式 (3.82) 可以推得

$$\begin{aligned} Z_0 &= H X_0 \\ Z_1 &= H F_0 X_0 \\ &\cdots \\ Z_k &= H \prod_{j=0}^{k-1} F_j X_0 \end{aligned} \tag{3.83}$$

$$\begin{bmatrix} Z_0 \\ Z_1 \\ \vdots \\ Z_k \end{bmatrix} = \begin{bmatrix} H \\ H F_0 \\ \vdots \\ H \prod_{j=0}^{k-1} F_j \end{bmatrix} X_0 \tag{3.84}$$

定义矩阵：

$$Q = \begin{bmatrix} H \\ H F_0 \\ \vdots \\ H \prod_{j=0}^{k-1} F_j \end{bmatrix} \in \mathbf{R}^{(k+1)m \times n}, \quad \tilde{Z} = \begin{bmatrix} Z_0 \\ Z_1 \\ \vdots \\ Z_k \end{bmatrix} \tag{3.85}$$

Q 是线性离散系统 (3.82) 的可观测性矩阵。系统状态 $X(0)$ 的估计取决于 Q 矩阵的特性，利用奇异值分解方法，则

$$Q = USV \tag{3.86}$$

式中，$U = [u_1 \quad u_2 \quad \cdots \quad u_{(k+1)m}]$；$V^{\mathrm{T}} = [v_1 \quad v_2 \quad \cdots \quad v_n]$；$S$ 中非零奇异值依序为 $s_1, s_2, \cdots, s_r$。

假设 $r = n$，则将式 (3.86) 代入式 (3.84)，有

$$X_0 = (USV)^{-1} \tilde{Z} = \sum_{i=1}^{r} \left(\frac{u_i^{\mathrm{T}} \tilde{Z}}{s_i} \right) v_i \tag{3.87}$$

若 $r<n$，则

$$X_0 = \sum_{i=1}^{r}\left(\frac{u_i^{\mathrm{T}}\tilde{Z}}{s_i}\right)v_i + \sum_{i=r+1}^{n}\alpha_i v_i \tag{3.88}$$

式中，α_i 为任意值。

显然，当 $r=n$ 时，X_0 有唯一的确定解，而当 $r<n$ 时，X_0 有无数的解，也就是在这种情况下，初始状态 X_0 不能利用观测量 Z 准确地估计出来。

S 中非零奇异值的个数决定了系统 (3.82) 是否完全可观测。

假设观测值 $\tilde{Z}$ 具有常值范数时，由式 (3.84) 可得

$$\sum_{i=1}^{r}\left(\frac{v_i^{\mathrm{T}}X_0 u_i}{\frac{1}{s_i}}\right)^2 = \left|\tilde{Z}\right|^2 \tag{3.89}$$

显然，当 $\left|\tilde{Z}\right|^2$ 为定值时，该方程 (3.89) 为椭球标准方程，$1/s_i$ 代表了该椭球的主轴长度。椭球的体积与奇异值的大小成反比。$|X_0|$ 的上界为

$$|X_0| \le \frac{|\tilde{Z}|}{s_r} \tag{3.90}$$

从式 (3.90) 可以看出，s_r 与 $|X_0|$ 成反比，即 s_r 越大，$|X_0|$ 的可行域就越小，相对应地，$|X_0|$ 的估计也就越精确；当 s_r 为零时，估计问题退化为一个奇异问题，估计是无界的，即 X_0 不能通过测量值 $\tilde{Z}$ 确定。

综合上述分析，可得如下结论：对 Q 进行奇异值分解得到的奇异值代表了整个系统的可观测度，如果非零奇异值的个数等于系统状态变量数，那么系统为完全可观测的，奇异值的大小代表了系统的可观测度，奇异值越大，可观测度越强。

考虑到可观测度分析方法用于 INS 初始对准、导航及标定过程中滤波收敛性和精度判断，需要准确地判断每一个状态变量是否可观测并且预估该状态变量的估计精度和速度，还需要发展针对每一个状态可观测度分析的方法，以提高惯导系统滤波估计的收敛性和时间。

2. 基于范数受约束最优化的可观测度分析方法

系统模型如式 (3.82) 所示，矩阵 Q 如式 (3.85) 所示。将 Q 重新改写为如下形式：

$$Q = [q \quad Q^*] \tag{3.91}$$

式中，$q \in \mathbf{R}^{(k+1)m\times1}$；$Q^* \in \mathbf{R}^{(k+1)m\times(n-1)}$。

定义 γ 为第一个状态 X_1 的可观测度：

$$\gamma = \begin{cases} 0, & |q|=0 \\ \underset{\delta}{\mathrm{Max}}\,J, & |q|\ne0 \end{cases}$$
$$\mathrm{s.t.}\begin{cases} \delta Q^*=0 \\ |\delta|=1 \end{cases} \tag{3.92}$$

其中，$J = \frac{1}{|q|}\delta q$，$\delta \in \mathbf{R}^{1\times(k+1)m}$ 为一个任意的行向量。

考虑到独立状态可以看作一种特殊的状态线性组合，所以将式(3.92)中定义的可观测度进行扩展。定义 $\eta \in \mathbf{R}^{1\times n}$ 且 $|\eta|=1$，则状态线性组合可以表示为 ηX_0。特别地，当 $\eta=[1 \quad 0 \quad \cdots \quad 0]$ 时，$\eta X_0 = X_0$。

定义 γ_{com} 为 ηX_0 的可观测度，$\delta_{\text{com}} \in \mathbf{R}^{1\times(k+1)m}$ 为一个任意的行向量，则

$$\gamma_{\text{com}} = \underset{\delta_{\text{com}}}{\text{Max}} \, J_{\text{com}}$$
$$\text{s.t.} \begin{cases} \delta_{\text{com}} Q^* = J_{\text{com}} \eta \\ |\delta_{\text{com}}| = 1 \end{cases} \tag{3.93}$$

从定义的形式可以看出，无论是对 γ 还是 γ_{com}，其均由两部分构成，即约束部分和最优化部分，下面分别对这两部分进行解释。

1)约束部分的理论意义

对系统的输出进行分析，利用式(3.84)可得

$$\delta \tilde{Z} = \delta Q X_0 = [\delta q \quad \delta Q^*] X_0 \tag{3.94}$$

$$\delta_{\text{com}} \tilde{Z} = \delta_{\text{com}} Q X_0 \tag{3.95}$$

假定 δ 满足式(3.92)中的约束条件，并且 δ_{com} 满足式(3.93)中的约束条件：

$$\delta \tilde{Z} = [\delta q \quad \delta Q^*] X_0 = J|q|X_1 \tag{3.96}$$

$$\delta_{\text{com}} \tilde{Z} = \delta_{\text{com}} Q X_0 = J_{\text{com}}[\eta X_0] \tag{3.97}$$

通过式(3.96)和式(3.97)可以看出，该可观测度定义中约束条件的实质是为了判断能否通过输出的线性组合准确地求解出系统状态。在惯导系统中，绝大部分所使用的参数估计方法都是 Kalman 滤波算法及其扩展算法，而 Kalman 滤波算法的实质，也是通过输出的线性组合而完成观测，只不过 Kalman 滤波算法提供了一系列最优线性组合系数而已。因此，如果该状态不能通过输出的线性组合获得，那么该状态也必然不能通过 Kalman 滤波算法获得准确的估计。

可以证明，$\gamma=0$ 代表 X_1 不可观测，$\gamma_{\text{com}}=0$ 代表 ηX_0 不可观测。

2)最优化部分的理论意义

本部分可观测度定义为输出线性组合中状态的系数，输出关于状态组合的系数会对状态的估计精度产生影响。对于某一个特定状态而言，满足约束条件的输出耦合可能是非常多的，考虑到可观测度是一个带有比较性质的定义，是需要不同状态之间做比较的，则选取其中系数的最大值进行比较最能体现出可观测度的强弱。

3)可观测度的计算

定义矩阵 $Q \in \mathbf{R}^{1\times n}$ 和 $(Q^*)^{\text{T}} \in \mathbf{R}^{(n-1)\times l}$，且 Q 的秩为 r，$(Q^*)^{\text{T}}$ 的秩为 r^*。$\text{Null}[(Q^*)^{\text{T}}]$ 为一向量空间，该空间包含所有满足 $(Q^*)^{\text{T}}\delta=0$ 的 δ，$\psi_1, \psi_2, \cdots, \psi_{l-r^*}$ 是 $\text{Null}[(Q^*)^{\text{T}}]$ 的一组单位正交基。向量 δ 与向量 q 之间的夹角为 θ，向量 q 在空间 $\text{Null}[(Q^*)^{\text{T}}]$ 上的投影为 β，向量 β 与向量 q 之间的夹角为 ϑ。

同时，定义

$$Q = USV$$

式中，$U = \begin{bmatrix} u_1^{\mathrm{T}} \\ u_2^{\mathrm{T}} \\ \vdots \\ u_l^{\mathrm{T}} \end{bmatrix}^{\mathrm{T}}$；$S = \mathrm{diag}\{s_1, \cdots, s_r, 0, \cdots, 0\}$；$V = \begin{bmatrix} \hat{v}_1 \\ \hat{v}_2 \\ \vdots \\ \hat{v}_n \end{bmatrix} = [v_1^{\mathrm{T}} \quad v_2^{\mathrm{T}} \quad \cdots \quad v_n^{\mathrm{T}}]$。

定义

$$(Q^*)^{\mathrm{T}} = U^* S^* V^*$$

式中，$S^* = \mathrm{diag}\{s_1^*, s_2^*, \cdots, s_r^*, 0, \cdots, 0\}$；$V^* = \begin{bmatrix} v_1^* \\ v_2^* \\ \vdots \\ v_m^* \end{bmatrix}$。

为了分析方便，此处给出三个引理。

引理 3.1　当 δ 平行于 β 时，θ 取最小值，且该最小值为 ϑ。

证明：利用前面变量的定义对可观测度的描述进行转换，式 (3.92) 等价于：

$$\gamma = \max_{\delta}(\cos\theta)$$

$$\text{s.t.} \begin{cases} \delta \subset \mathrm{Null}[(Q^*)^{\mathrm{T}}] \\ |\delta| = 1 \end{cases} \tag{3.98}$$

则 δ 可以进一步表述为

$$\delta = k_1 \psi_1 + \cdots + k_{l-r}\cdot \psi_{l-r}\cdot \tag{3.99}$$

有

$$\cos\theta = \frac{k_1}{|q|}\psi_1^{\mathrm{T}}q + \cdots + \frac{k_{l-r}\cdot}{|q|}\psi_{l-r}^{\mathrm{T}}\cdot q \tag{3.100}$$

由 $|\delta|=1$ 可得

$$k_1^2 + \cdots + k_{l-r}^2\cdot = 1 \tag{3.101}$$

定义拉格朗日函数

$$L = \frac{k_1}{|q|}\psi_1^{\mathrm{T}}q + \cdots + \frac{k_{l-r}\cdot}{|q|}\psi_{l-r}^{\mathrm{T}}\cdot q + \lambda(k_1^2 + \cdots + k_{l-r}^2\cdot - 1) \tag{3.102}$$

利用拉格朗日函数取得极值的条件有

$$\frac{\partial L}{\partial k_1} = 0, \cdots, \frac{\partial L}{\partial k_{l-r}\cdot} = 0, \frac{\partial L}{\partial \lambda} = 0 \tag{3.103}$$

得

$$\begin{cases} k_1 = \dfrac{\psi_1^{\mathrm{T}}q}{\sqrt{(\psi_1^{\mathrm{T}}q)^2 + \cdots + (\psi_{l-r}^{\mathrm{T}}\cdot q)^2}} \\ \qquad\qquad \vdots \\ k_{l-r}\cdot = \dfrac{\psi_{l-r}^{\mathrm{T}}\cdot q}{\sqrt{(\psi_1^{\mathrm{T}}q)^2 + \cdots + (\psi_{l-r}^{\mathrm{T}}\cdot q)^2}} \end{cases} \tag{3.104}$$

当相关参数满足式(3.104)中的要求时，$\cos\theta$ 取得最大值，即 θ 取得最小值。而此时

$$\delta_{\text{optimal}} = \frac{(\psi_1^{\mathrm{T}} q)\psi_1 + \cdots + (\psi_{l-r}^{\mathrm{T}} \cdot q)\psi_{l-r}}{\sqrt{(\psi_1^{\mathrm{T}} q)^2 + \cdots + (\psi_{l-r}^{\mathrm{T}} \cdot q)^2}} \tag{3.105}$$

由 β 的定义可知：

$$\beta = (\psi_1^{\mathrm{T}} q)\psi_1 + \cdots + (\psi_{l-r}^{\mathrm{T}} \cdot q)\psi_{l-r} \tag{3.106}$$

当 δ_{optimal} 与 β 平行时，θ 取得最小值，而由投影的定义可知，其最小值为 ϑ。证毕。

引理 3.2　如果 $r^* < l$，那么 $v_{r^*+1}^*, v_{r^*+2}^*, \cdots, v_l^*$ 为 $\text{Null}[(Q^*)^{\mathrm{T}}]$ 的一组标准正交基。如果 $r^* = l$，则 $\text{Null}[(Q^*)^{\mathrm{T}}]$ 仅包含零向量。

引理 3.3　δ_{com} 可以利用 $u_1, \cdots, u_l$ 线性表示，$\delta_{\text{com}} = a_1 u_1 + a_2 u_2 + \cdots + a_l u_l$，且满足：

$$a_1^2 + a_2^2 + \cdots + a_l^2 = 1 \tag{3.107}$$

引理 3.2 及引理 3.3 均比较容易证明，此处略去证明过程。

(1)独立状态的可观测度计算方法。

考虑前面的定义：

$$J = \frac{1}{|q|}\delta^{\mathrm{T}} q = |\delta|\cos\theta = \cos\theta \tag{3.108}$$

考虑到引理 3.1，则有

$$\gamma = \cos\vartheta \tag{3.109}$$

此结论说明独立状态的可观测度实质上代表了向量向空间投影，这也契合了可观测度定义中的最优化部分的描述。

从式(3.109)可知，$0 \leqslant \gamma \leqslant 1$。结合前面的分析，则可以得出如下结论：

γ 越接近 1，代表状态 X_1 的可观测度越强，X_1 的估计精度越高，估计收敛速度越快；反之则说明可观测度越弱，估计精度越差，估计收敛速度越慢。

考虑到 $\psi_1, \psi_2, \cdots, \psi_{l-r}$ 是 $\text{Null}[(Q^*)^{\mathrm{T}}]$ 的一组单位正交基，则有

$$\psi_i^{\mathrm{T}} \psi_j = \begin{cases} 0, & i \neq j \\ 1, & i = j \end{cases} \tag{3.110}$$

由于 β 为向量 q 在空间 $\text{Null}[(Q^*)^{\mathrm{T}}]$ 上的投影，则

$$\beta = (\psi_1^{\mathrm{T}} q)\psi_1 + \cdots + (\psi_{l-r}^{\mathrm{T}} \cdot q)\psi_{l-r} \tag{3.111}$$

结合式(3.109)可得

$$\gamma = \cos\vartheta = \frac{|\beta|}{|q|} = \frac{1}{|q|}\sqrt{(\psi_1^{\mathrm{T}} q)^2 + \cdots + (\psi_{l-r}^{\mathrm{T}} \cdot q)^2} \tag{3.112}$$

考虑到引理 3.2，如果 $r^* < l$，那么

$$\gamma = \frac{1}{|q|}\sqrt{[(v_{r^*+1}^*)^{\mathrm{T}} q]^2 + \cdots + [(v_l^*)^{\mathrm{T}} q]^2} \tag{3.113}$$

如果 $r^* = l$，那么 $\gamma = 0$。

(2) 耦合状态的可观测度计算方法。

考虑到耦合状态的形式比较复杂和多变，在此令 $\eta = \hat{v}_1$，即计算耦合状态 $\hat{v}_1 X_0$ 的可观测度。

由式(3.93)可推得

$$\delta_{\mathrm{com}}^{\mathrm{T}} USV = J_{\mathrm{com}} \hat{v}_1 \tag{3.114}$$

化简得到

$$\delta_{\mathrm{com}}^{\mathrm{T}} US = J_{\mathrm{com}} \hat{v}_1 V^{\mathrm{T}} \tag{3.115}$$

由于 V 为正交矩阵且 $\hat{v}_1$ 为 V 中的第一个行向量，有

$$\delta_{\mathrm{com}}^{\mathrm{T}} US = \left[\underbrace{J_{\mathrm{com}} \quad 0 \quad \cdots \quad 0}_{n} \right] \tag{3.116}$$

进一步化简，有

$$[s_1 \delta_{\mathrm{com}}^{\mathrm{T}} u_1 \quad \cdots \quad s_r \delta_{\mathrm{com}}^{\mathrm{T}} u_r \quad 0 \quad \cdots \quad 0] = [J_{\mathrm{com}} \quad 0 \quad \cdots \quad 0] \tag{3.117}$$

考虑引理 3.3，有

$$[s_1 a_1 \quad \cdots \quad s_r a_r \quad 0 \quad \cdots \quad 0] = [J_{\mathrm{com}} \quad 0 \quad \cdots \quad 0] \tag{3.118}$$

因为 $s_2 \neq 0, \cdots, s_r \neq 0$，所以式(3.118)有解，当且仅当

$$a_2 = 0, 1, \cdots, a_r = 0 \tag{3.119}$$

此时

$$J_{\mathrm{com}} = s_1 a_1 \tag{3.120}$$

考虑式(3.107)，则 a_1 的最大值为 1，有

$$\gamma_{\mathrm{com}} = s_1 \tag{3.121}$$

则耦合状态 $\hat{v}_1 X_0$ 的可观测度为 s_1。同理，可以推出耦合状态 $\hat{v}_i X_0$ 的可观测度为 s_i $(1 \leq i \leq r)$。

3. 可观测度分析方法比较

下面简单分析一下现有几种可观测度分析方法的性能。

PWCS 分析方法需要判断可观测性矩阵的秩，但在数值计算过程中，矩阵的秩对数值的变化十分敏感，数值上微小的变化可能会导致矩阵的秩发生明显的改变。考虑到数值计算过程中的舍入误差、算法误差等不可避免，PWCS 分析方法可以用于理论建模分析，而并不适合于实际的数值计算。同时，PWCS 分析方法更加注重系统整体是否可观而并不关注每一个状态的可观测度。

基于 SVD 的可观测度分析方法有着明确的理论意义，同时经过长期的工程检验，它是一种广泛应用且准确的可观测度分析方法。下面着重比较基于 SVD 的可观测度分析方法和基于范数受约束最优化的可观测度分析方法。

二者的不同点：

(1) 二者可观测度的内涵不同。基于 SVD 的可观测度分析方法是将估计问题转化为一个确定范数上限的误差范围求取问题，即奇异值的大小代表了估计误差的可能范围；基于范数受约束最优化分析方法的核心思想则是将估计问题转化为一个范数约束情况下的最优化的问

题,可观测度的大小代表了利用系统输出耦合所能获得的最大的状态系数。

(2)二者可观测度所隶属的对象不同。基于 SVD 的可观测度分析方法提供的是整个系统的可观测度,即最小的非零奇异值代表了整个系统的可观测度;基于范数受约束最优化的可观测度分析方法所提供的是每一个独立状态的可观测度,状态与可观测度一一对应,每个状态的可观测度代表了该状态在估计过程中的估计精度和估计收敛速度。

(3)二者可观测度的比较标准不同。基于 SVD 的可观测度分析方法并没有提供一个准确的量化评判标准,只能通过奇异值的大小定性地评判可观测度的强弱;基于范数受约束最优化的可观测度分析方法有明确的评判标准,如果可观测度为 0,则说明对应的状态不可观,可观测度越靠近 1,则说明对应状态的可观测度越强。

二者也有很多相似之处。基于 SVD 的可观测度分析方法的可观测度本质上是基于范数受约束最优化的可观测度分析方法所定义的一种可观测度。为了进一步对这一点进行说明,下面将用另一种方法对独立状态的可观测度 γ 进行求解。

由式(3.115)可以推导出:

$$\delta USV = \left[\underbrace{J|q|\quad 0 \quad \cdots \quad 0}_{n}\right] \tag{3.122}$$

化简可得

$$[s_1 a_1 \quad \cdots \quad s_r a_r \quad 0 \quad \cdots \quad 0] = J|q|\hat{v}_1 \tag{3.123}$$

为了方便说明,定义 $\hat{v}_1$ 中的元素依序为 $v^1, \cdots, v^n$。

当 $v^{r+1}, \cdots, v^n$ 中任意一个非零时,可以推得 $J=0$,进一步,有 $\gamma=0$。

当 $v^{r+1}, \cdots, v^n$ 均为零时,有

$$a_1 = \frac{J|q|v^1}{s_1}, \cdots, a_r = \frac{J|q|v^r}{s_r} \tag{3.124}$$

考虑式(3.107)有

$$\left(\frac{J|q|v^1}{s_1}\right)^2 + \cdots + \left(\frac{J|q|v^r}{s_r}\right)^2 = 1 - a_{r+1}^2 - \cdots - a_l^2 \tag{3.125}$$

从式(3.125)中可以看出,当 $a_{r+1}=0, \cdots, a_l=0$ 时,J 取得最大值 γ:

$$\gamma = \frac{1}{|q|\sqrt{\dfrac{(v^1)^2}{s_1^2} + \cdots + \dfrac{(v^r)^2}{s_r^2}}} \tag{3.126}$$

通过此处的推导可以发现,γ 也可以利用 Q 的 SVD 结果进行求解,特别地,当 $\hat{v}_1 = [1 \quad 0 \quad \cdots \quad 0]$ 时,可得 $\gamma = \dfrac{s_1}{|q|}$。

独立状态的可观测度本质上也是奇异值,而耦合状态的可观测度等于奇异值本身。通过上述分析,说明两种观测度的分析方法具有同样的结果。

4. 可观测性分析方法在惯导系统初始对准中的应用

惯导系统初始对准的动态误差方程为

$$\begin{cases} \dot{X} = AX \\ Z = CX + R \end{cases} \tag{3.127}$$

式中

$$X = \begin{bmatrix} \delta v_E & \delta v_N & \phi_E & \phi_N & \phi_U & \nabla_E & \nabla_N & \varepsilon_E & \varepsilon_N & \varepsilon_U \end{bmatrix}$$

$$A = \begin{bmatrix} 0 & 2\omega\sin\varphi & 0 & -g & 0 & 1 & 0 & 0 & 0 & 0 \\ -2\omega\sin\varphi & 0 & g & 0 & 0 & 0 & 1 & 0 & 0 & 0 \\ 0 & 0 & 0 & \omega\sin\varphi & -\omega\cos\varphi & 0 & 0 & 1 & 0 & 0 \\ 0 & 0 & -\omega\sin\varphi & 0 & 0 & 0 & 0 & 0 & 1 & 0 \\ 0 & 0 & \omega\cos\varphi & 0 & 0 & 0 & 0 & 0 & 0 & 1 \\ 0_{5\times1} & 0_{5\times1} & 0_{5\times1} & 0_{5\times1} & 0_{5\times1} & 0_{5\times1} & 0_{5\times1} & 0_{5\times1} & 0_{5\times1} & 0_{5\times1} \end{bmatrix}$$

$$C = \begin{bmatrix} 1 & 0 & 0_{1\times8} \\ 0 & 1 & 0_{1\times8} \end{bmatrix}$$

为了说明基于范数受约束最优化的可观测度分析方法的特点，首先利用基于 SVD 的可观测度分析方法对其进行分析，对初始对准误差模型进行离散化，然后对其进行分析，结果如表 3.4 所示。

表 3.4　基于 SVD 的可观测度分析方法的结果

耦合状态	可观测度	耦合状态	可观测度
$-0.62\delta v_N + 0.78\phi_N - 0.08\nabla_E + 0.06\varepsilon_N$	3.3483	$-0.02\delta v_N - 0.10\phi_E + 0.01\nabla_E + 0.99\varepsilon_N$	0.0455
$-0.62\delta v_E - 0.78\phi_N - 0.08\nabla_N - 0.06\varepsilon_E$	3.3483	ε_U	3.9869×10^{-8}
$-0.78\delta v_E + 0.61\phi_N + 0.06\nabla_N + 0.08\varepsilon_E$	1.0436	$-0.06\phi_N + 0.03\phi_E - 0.78\phi_U + 0.27\nabla_E + 0.57\varepsilon_N$	0
$-0.78\delta v_N - 0.61\phi_E + 0.06\nabla_E - 0.08\varepsilon_N$	1.0436	$0.07\phi_N + 0.07\phi_E - 0.23\phi_U + 0.71\nabla_E - 0.65\varepsilon_N$	0
$0.02\delta v_E - 0.10\phi_N - 0.01\nabla_N + 0.99\varepsilon_E$	0.0455	$-0.05\phi_N + 0.07\phi_E + 0.59\phi_U + 0.64\nabla_E + 0.49\varepsilon_N$	0

从此分析结果来看，结论就是该系统并不是完全可观测的，但是并不能得到哪些状态是可观测的，哪些状态是不可观测的，也并不能获取状态的可观测度。

对初始对准误差模型进行离散化，然后对其进行分析，其结果如表 3.5 所示。

表 3.5　基于范数受约束最优化的可观测度分析方法的结果

耦合状态	可观测度	耦合状态	可观测度
δv_E	0.4752	∇_E	0
δv_N	0.4752	∇_N	0
ϕ_E	0	ε_E	0.1989
ϕ_N	0	ε_N	0.1989
ϕ_U	0	ε_U	0.0543

根据此分析结果，该系统并不是完全可观测的。可观测的状态有 δv_E、δv_N、ε_E、ε_N、ε_U，其余状态均不可观测。δv_E、δv_N、ε_E、ε_N 的可观测度较强，即估计精度较高且估计速度较快，而 ε_U 可观测度较弱，即估计精度较差或者估计速度较慢。

思 考 题

1. 什么是随机完全可控，什么是随机完全可观测？随机系统的可控、可观测定义同确定性系统有何区别？

2. 对于定常线性离散系统，满足 $Q>0,R>0$，试推导完全随机可控和完全随机可观测的判别式可简化为

$$\text{rank}[\varPhi^{n-1}\varGamma \quad \varPhi^{n-2}\varGamma \quad \cdots \quad \varGamma]=n$$

$$\text{rank}\begin{bmatrix} H \\ H\varPhi \\ \vdots \\ H\varPhi^{n-1} \end{bmatrix}=n$$

3. 试述随机可控与随机可观测的物理意义，对于线性定常系统，$\varPhi=a$，$\varGamma=H=Q=R=1$，求 P 和 K，并证明：

$$|(1-KH)\varPhi|<1$$

4. 若设计滤波器时所选用的系统的状态方程和量测方程为

$$X_k=\varPhi_{k,k-1}X_{k-1}+\varGamma_{k,k-1}W_{k-1}$$

$$Z_k=H_kX_k+V_k$$

试证明如下结论：

(1) 若 $\varPhi_{k,k-1}$、$\varGamma_k$、H_k、Q_k 和 R_k 有误差，则即使估计初值 $\hat X_0$ 等于系统的真实初始值，估计仍然是有偏的；

(2) 在上述条件下，若系统的真实初始值为 0，则估计是无偏的；

(3) 在(1)的条件下，若 $\Delta\varPhi_{k,k-1}=0$，$\Delta H_k=0$，则估计是无偏的。

第4章 实用 Kalman 滤波技术

基本 Kalman 滤波方程假设系统为随机线性系统,模型精确,且系统的过程噪声和观测噪声均为方差已知的白噪声序列。在实际的系统中,基本 Kalman 滤波方程对系统模型准确性、噪声的统计特性及相关性的假设有时并不能得到满足,因此,各种针对不满足假设条件情况的实用 Kalman 滤波算法便应运而生。

本章着重介绍一些常用的 Kalman 滤波实用技术,其中包括噪声相关及有色噪声的处理方法、分解滤波及信息滤波技术等。

4.1 噪声非标准假设条件下的 Kalman 滤波

4.1.1 存在确定性控制时的 Kalman 滤波

在第 2 章推导随机线性离散系统 Kalman 滤波基本方程时,假定被估计系统没有外加控制输入项,而对于实际的控制系统来说,必定要加入确定性控制输入项 u_{k-1} 以实现某种控制目的。本节以随机线性离散系统 Kalman 滤波基本方程为基础,通过变换推导出存在确定性控制时的一般随机线性离散系统的 Kalman 滤波方程。

考虑随机线性离散系统:

$$X_k = \Phi_{k,k-1}X_{k-1} + \Psi_{k,k-1}u_{k-1} + \Gamma_{k,k-1}W_{k-1} \tag{4.1a}$$

$$Z_k = H_k X_k + M_k + V_k \tag{4.1b}$$

式中,u_{k-1} 和 M_k 都是已知的非随机序列。通常,可以把 u_{k-1} 看作系统的 r 维控制输入向量,把 M_k 看作系统的 m 维观测误差向量,其余各向量和矩阵的意义、维数以及统计特性与式 (2.35) 相同。

下面来推导这种具有确定性控制输入系统的 Kalman 滤波方程。比较系统 (2.35) 和系统 (4.1) 可以发现,二者的不同仅在于式 (4.1a) 比式 (2.35a) 多了一项 $\Psi_{k,k-1}u_{k-1}$,式 (4.1b) 比式 (2.35b) 多了一项 M_k。假定 u_{k-1} 和 M_k 为非随机序列,根据 $E[X+C] = E[X]+C$、$D[X+C] = D[X]$,这意味着 $\Psi_{k,k-1}u_{k-1}$ 和 M_k 的加入,只影响有关量的均值,而不会影响其方差。因此,系统 (4.1) 的 Kalman 滤波方程同式 (2.37) 所示的基本 Kalman 滤波方程相比,不同之处仅在于与均值相关的一步预测 $\hat{X}_{k,k-1}$ 和新息序列 $\tilde{Z}_{k,k-1}$。

根据线性最小方差估计的性质,此时系统的一步预测为

$$\hat{X}_{k,k-1} = \Phi_{k,k-1}\hat{X}_{k-1} + \Psi_{k,k-1}u_{k-1}$$

新息序列为

$$\tilde{Z}_{k,k-1} = Z_k - M_k - \hat{Z}_{k,k-1}$$
$$= Z_k - M_k - H_k(\Phi_{k,k-1}\hat{X}_{k-1} + \Psi_{k,k-1}u_{k-1})$$

带有确定性控制输入项 u_{k-1} 和观测偏差 M_k 的随机线性离散系统 Kalman 滤波方程如下。

状态估计：

$$\hat{X}_k = \hat{X}_{k,k-1} + K_k \tilde{Z}_{k,k-1} \tag{4.2a}$$

状态一步预测：

$$\hat{X}_{k,k-1} = \Phi_{k,k-1} \hat{X}_{k-1} + \Psi_{k,k-1} u_{k-1} \tag{4.2b}$$

新息序列：

$$\tilde{Z}_{k,k-1} = Z_k - M_k - H_k \hat{X}_{k,k-1} \tag{4.2c}$$

滤波增益矩阵：

$$K_k = P_{k,k-1} H_k^{\mathrm{T}} (H_k P_{k,k-1} H_k^{\mathrm{T}} + R_k)^{-1} \tag{4.2d}$$

一步预测误差方差阵：

$$P_{k,k-1} = \Phi_{k,k-1} P_{k-1} \Phi_{k,k-1}^{\mathrm{T}} + \Gamma_{k,k-1} Q_{k-1} \Gamma_{k,k-1}^{\mathrm{T}} \tag{4.2e}$$

估计滤波方差阵：

$$P_k = (I - K_k H_k) P_{k,k-1} \tag{4.2f}$$

滤波初值：

$$\hat{X}_0 = E[X_0], \quad P_0 = E[(X_0 - \hat{X}_0)(X_0 - \hat{X}_0)^{\mathrm{T}}] \tag{4.3}$$

显然，滤波方程(4.2a)～(4.2f)与基本 Kalman 滤波方程(2.37)没有本质的不同，即系统非随机控制项的加入不会改变系统的滤波器结构。

4.1.2　白噪声相关条件下的 Kalman 滤波

第 2 章在推导基本 Kalman 滤波方程时，假设系统过程噪声和观测噪声是不相关的白噪声序列。本节将考虑白噪声相关条件下的 Kalman 滤波问题。

考虑随机线性离散系统：

$$X_k = \Phi_{k,k-1} X_{k-1} + \Gamma_{k,k-1} W_{k-1} \tag{4.4a}$$

$$Z_k = H_k X_k + V_k \tag{4.4b}$$

式中，W_k 与 V_k 是相关的白噪声序列，其统计特性假定如下：

$$\begin{cases} E[W_k] = 0, & E[W_k W_j^{\mathrm{T}}] = Q_k \delta_{kj} \\ E[V_k] = 0, & E[V_k V_j^{\mathrm{T}}] = R_k \delta_{kj} \\ E[W_k V_j^{\mathrm{T}}] = S_k \delta_{kj} \end{cases} \tag{4.5}$$

式中，Q_k 是系统过程噪声 W_k 的 $p \times p$ 对称非负定方差阵；R_k 是系统观测噪声 V_k 的 $m \times m$ 对称正定方差阵；δ_{kj} 是 Kronecker δ 函数；S_k 是系统过程噪声 W_k 和观测噪声 V_k 的 $p \times m$ 互协方差阵。

上述系统与第 2 章所讨论系统的不同之处在于 W_k 与 V_k 的 δ_{kj} 相关。为此，首先对系统方程进行变形处理，解决噪声相关的问题；再利用第 2 章的 Kalman 滤波基本方程，得出噪声相关条件下的滤波方程。

在系统方程式(4.4a)的等号右侧加上即由观测方程组成的恒等于零的项，即 $J_{k-1}(Z_{k-1} - H_{k-1}X_{k-1} - V_{k-1}) = 0$，有

$$
\begin{aligned}
X_k &= \Phi_{k,k-1}X_{k-1} + \Gamma_{k,k-1}W_{k-1} + J_{k-1}(Z_{k-1} - H_{k-1}X_{k-1} - V_{k-1}) \\
&= [\Phi_{k,k-1} - J_{k-1}H_{k-1}]X_{k-1} + J_{k-1}Z_{k-1} + \Gamma_{k,k-1}W_{k-1} - J_{k-1}V_{k-1} \\
&= \Phi^*_{k,k-1}X_{k-1} + J_{k-1}Z_{k-1} + W^*_{k-1}
\end{aligned}
\tag{4.6}
$$

式中，J_{k-1} 是 $n \times m$ 维待定系数矩阵，称为一步预测增益矩阵；引入新的状态转移矩阵 $\Phi^*_{k,k-1}$ 和系统噪声 W^*_k 如下：

$$
\Phi^*_{k,k-1} = \Phi_{k,k-1} - J_{k-1}H_{k-1}
\tag{4.7}
$$

$$
W^*_{k-1} = \Gamma_{k,k-1}W_{k-1} - J_{k-1}V_{k-1}
\tag{4.8}
$$

式(4.6)与式(4.4a)是等效的，新的控制输入项为 $J_{k-1}Z_{k-1}$，新的系统过程噪声为 W^*_k，而观测方程仍为(4.4b)。变形后的噪声统计特性为

$$
\begin{cases}
E[W^*_k] = \Gamma_{k+1,k}E[W_k] - J_kE[V_k] = 0 \\
E[W^*_k(W^*_j)^{\mathrm{T}}] = \mathrm{Var}[W^*_k]\delta_{kj} \\
E[W^*_kV^{\mathrm{T}}_j] = \Gamma_{k+1,k}E[W_kV^{\mathrm{T}}_j] - J_kE[V_kV^{\mathrm{T}}_j] = (\Gamma_{k+1,k}S_k - J_kR_k)\delta_{kj}
\end{cases}
\tag{4.9}
$$

若选取 J_k 使得

$$
\Gamma_{k+1,k}S_k - J_kR_k = 0
$$

即若

$$
J_k = \Gamma_{k+1,k}S_kR_k^{-1}
\tag{4.10}
$$

则 $\qquad E[W^*_kV^{\mathrm{T}}_j] = \Gamma_{k+1,k}E[W_kV^{\mathrm{T}}_j] - J_kE[V_kV^{\mathrm{T}}_j] = (\Gamma_{k+1,k}S_k - J_kR_k)\delta_{kj} = 0 \qquad (4.11)$

就实现了系统过程噪声和观测噪声的去相关性。此时

$$
\begin{aligned}
\mathrm{Var}[W^*_k] = Q^*_k &= \Gamma_{k+1,k}E[W_kW^{\mathrm{T}}_k]\Gamma^{\mathrm{T}}_{k+1,k} + J_kE[V_kV^{\mathrm{T}}_k]J^{\mathrm{T}}_k \\
&\quad - \Gamma_{k+1,k}E[W_kV^{\mathrm{T}}_k]J^{\mathrm{T}}_k - J_kE[V_kW^{\mathrm{T}}_k]\Gamma^{\mathrm{T}}_{k+1,k} \\
&= \Gamma_{k+1,k}Q_k\Gamma^{\mathrm{T}}_{k+1,k} + J_kR_kJ^{\mathrm{T}}_k - \Gamma_{k+1,k}S_kJ^{\mathrm{T}}_k - J_kS^{\mathrm{T}}_k\Gamma^{\mathrm{T}}_{k+1,k} \\
&= \Gamma_{k+1,k}Q_k\Gamma^{\mathrm{T}}_{k+1,k} - \Gamma_{k+1,k}S_kR_k^{-1}S^{\mathrm{T}}_k\Gamma^{\mathrm{T}}_{k+1,k}
\end{aligned}
\tag{4.12}
$$

通过以上处理，实现了式(4.6)中的系统过程噪声 W^*_k 和观测噪声 V_k 不相关，这样就可以利用第 2 章 Kalman 滤波器的方法建立滤波方程。

若已知第 $k-1$ 时刻的最优估计 $\hat{X}_{k-1}$，则由式(4.6)可得 X_k 的一步预测为

$$
\begin{aligned}
\hat{X}_{k,k-1} &= \Phi^*_{k,k-1}\hat{X}_{k-1} + J_{k-1}Z_{k-1} \\
&= \Phi_{k,k-1}\hat{X}_{k-1} + J_{k-1}(Z_{k-1} - H_{k-1}\hat{X}_{k-1})
\end{aligned}
\tag{4.13}
$$

一步预测误差为

$$
\begin{aligned}
\tilde{X}_{k,k-1} &= X_k - \hat{X}_{k,k-1} \\
&= \Phi_{k,k-1}(X_{k-1} - \hat{X}_{k-1}) - J_{k-1}H_{k-1}(X_{k-1} - \hat{X}_{k-1}) + \Gamma_{k,k-1}W_{k-1} - J_{k-1}V_{k-1}
\end{aligned}
\tag{4.14}
$$

考虑

$$P_{k-1} = E[(X_{k-1} - \hat{X}_{k-1})(X_{k-1} - \hat{X}_{k-1})^{\mathrm{T}}], \quad \mathrm{Cov}(W_{k-1}, X_{k-1}) = 0, \quad \mathrm{Cov}(V_{k-1}, X_{k-1}) = 0$$

以及式(4.5)和式(4.10)，得到一步预测误差的协方差阵为

$$
\begin{aligned}
P_{k,k-1} &= E[\tilde{X}_{k,k-1} \tilde{X}_{k,k-1}^{\mathrm{T}}] \\
&= (\varPhi_{k,k-1} - J_{k-1}H_{k-1})E[(X_{k-1} - \hat{X}_{k-1})(X_{k-1} - \hat{X}_{k-1})^{\mathrm{T}}](\varPhi_{k,k-1} - J_{k-1}H_{k-1})^{\mathrm{T}} \\
&\quad + J_{k-1}E[V_{k-1}V_{k-1}^{\mathrm{T}}]J_{k-1}^{\mathrm{T}} + \varGamma_{k,k-1}E[W_{k-1}W_{k-1}^{\mathrm{T}}]\varGamma_{k,k-1}^{\mathrm{T}} \\
&\quad - J_{k-1}E[V_{k-1}W_{k-1}^{\mathrm{T}}]\varGamma_{k,k-1}^{\mathrm{T}} - \varGamma_{k,k-1}E[W_{k-1}V_{k-1}^{\mathrm{T}}]J_{k-1}^{\mathrm{T}} \\
&= (\varPhi_{k,k-1} - J_{k-1}H_{k-1})P_{k-1}(\varPhi_{k,k-1} - J_{k-1}H_{k-1})^{\mathrm{T}} + \varGamma_{k,k-1}Q_{k-1}\varGamma_{k,k-1}^{\mathrm{T}} - J_{k-1}S_{k-1}^{\mathrm{T}}\varGamma_{k,k-1}^{\mathrm{T}}
\end{aligned}
\tag{4.15}
$$

将式(4.13)、式(4.15)代入式(2.37)相应各式，有

$$\hat{X}_k = \hat{X}_{k,k-1} + K_k(Z_k - H_k\hat{X}_{k,k-1}) \tag{4.16}$$

$$K_k = P_{k,k-1}H_k^{\mathrm{T}}(H_kP_{k,k-1}H_k^{\mathrm{T}} + R_k)^{-1} \tag{4.17}$$

$$P_k = (I - K_kH_k)P_{k,k-1} \tag{4.18}$$

综上可得，当噪声 W_k 与 V_k 为 δ 相关时，Kalman 滤波递推方程为

$$\hat{X}_k = \hat{X}_{k,k-1} + K_k(Z_k - H_k\hat{X}_{k,k-1}) \tag{4.19a}$$

$$\hat{X}_{k,k-1} = \varPhi_{k,k-1}\hat{X}_{k-1} + J_{k-1}(Z_{k-1} - H_{k-1}\hat{X}_{k-1}) \tag{4.19b}$$

$$J_k = \varGamma_{k+1,k}S_kR_k^{-1} \tag{4.19c}$$

$$K_k = P_{k,k-1}H_k^{\mathrm{T}}(H_kP_{k,k-1}H_k^{\mathrm{T}} + R_k)^{-1} \tag{4.19d}$$

$$P_{k,k-1} = (\varPhi_{k,k-1} - J_{k-1}H_{k-1})P_{k-1}(\varPhi_{k,k-1} - J_{k-1}H_{k-1})^{\mathrm{T}} + \varGamma_{k,k-1}Q_{k-1}\varGamma_{k,k-1}^{\mathrm{T}} - J_{k-1}S_{k-1}^{\mathrm{T}}\varGamma_{k,k-1}^{\mathrm{T}} \tag{4.19e}$$

$$P_k = (I - K_kH_k)P_{k,k-1} \tag{4.19f}$$

$$\hat{X}_0 = E[X_0], \quad P_0 = \mathrm{Var}[X_0] \tag{4.19g}$$

从上述算法可以看出，在使用 Kalman 滤波算法时，要注意系统过程噪声和观测噪声是否相关，否则会造成很大的滤波误差。

4.1.3 有色噪声条件下的 Kalman 滤波

前面的讨论是在假设系统过程噪声和观测噪声均为白噪声的条件下进行的。白噪声是一种理想的噪声，一个实际系统的噪声总是相关的，只有在相关性比较弱时，才可以近似地表示成白噪声。当噪声的相关特性不可忽略时，就要考虑有色噪声了。本节主要给出当系统噪声为有色噪声时的 Kalman 滤波方程。

1. 系统过程噪声为有色噪声而观测噪声为白噪声

考虑如下随机线性离散系统：

$$X_k = \Phi_{k,k-1} X_{k-1} + \Gamma_{k,k-1} W_{k-1} \tag{4.20a}$$

$$Z_k = H_k X_k + V_k \tag{4.20b}$$

式中，系统观测噪声 V_k 为零均值白噪声序列，系统过程噪声 W_k 为有色噪声，满足方程：

$$W_k = \Pi_{k,k-1} W_{k-1} + \xi_{k-1} \tag{4.21}$$

式中，ξ_k 为零均值白噪声序列。

下面采用状态增广方法进行 Kalman 滤波方程的推导。将 W_k 也列为状态，则扩增后的状态为

$$X_k^a = \begin{bmatrix} X_k \\ W_k \end{bmatrix}$$

扩增状态后的系统状态方程和观测方程为

$$\begin{bmatrix} X_k \\ W_k \end{bmatrix} = \begin{bmatrix} \Phi_{k,k-1} & \Gamma_{k,k-1} \\ 0 & \Pi_{k,k-1} \end{bmatrix} \begin{bmatrix} X_{k-1} \\ W_{k-1} \end{bmatrix} + \begin{bmatrix} 0 \\ I \end{bmatrix} \xi_{k-1}$$

$$Z_k = [H_k \quad 0] \begin{bmatrix} X_k \\ W_k \end{bmatrix} + V_k$$

即

$$X_k^a = \Phi_{k,k-1}^a X_{k-1}^a + \Gamma_{k,k-1}^a W_{k-1}^a \tag{4.22a}$$

$$Z_k = H_k^a X_k^a + V_k \tag{4.22b}$$

式中，$W_k^a (W_k^a = \xi_k)$ 和 V_k 都是零均值白噪声序列，符合 Kalman 滤波基本方程的要求，可以按第 2 章的推导方法推导相应的滤波方程。

由于扩增状态后系统状态的维数增加，所以滤波器的阶数增高，计算量增加。

例 4.1　指北方位惯导系统静基座初始对准，取北西天地理坐标系为导航坐标系。经过粗对准，北向通道可简化为

$$\dot{\phi}_W = \varepsilon_W$$

式中，ε_W 为西向陀螺漂移；ϕ_W 为平台沿西向轴的水平姿态误差。

观测方程为

$$Z_N = -g\phi_W + \nabla_N$$

假设 ε_W 包括高频、低频和随机常值三种分量，∇_N 为零均值白噪声，试写出适用于 Kalman 滤波的状态方程和观测方程。

解：西向陀螺漂移中的高频、低频和随机常值三种分量可分别用白噪声 w_ε、一阶马氏过程 ε_m 和随机常数 ε_b 近似描述，即

$$\begin{cases} \dot{\phi}_W = \varepsilon_b + \varepsilon_m + w_\varepsilon \\ \dot{\varepsilon}_b = 0 \\ \dot{\varepsilon}_m = -a\varepsilon_m + \xi_\varepsilon \end{cases}$$

将 ε_b 和 ε_m 也扩增为状态，则状态方程为

$$\begin{bmatrix} \dot{\phi}_W \\ \dot{\varepsilon}_b \\ \dot{\varepsilon}_m \end{bmatrix} = \begin{bmatrix} 0 & 1 & 1 \\ 0 & 0 & 0 \\ 0 & 0 & -a \end{bmatrix} \begin{bmatrix} \phi_W \\ \varepsilon_b \\ \varepsilon_m \end{bmatrix} + \begin{bmatrix} w_\varepsilon \\ 0 \\ \xi_\varepsilon \end{bmatrix}$$

观测方程为

$$Z_N = \begin{bmatrix} -g & 0 & 0 \end{bmatrix} \begin{bmatrix} \phi_W \\ \varepsilon_b \\ \varepsilon_m \end{bmatrix} + \nabla_N$$

经过状态增广后，系统过程噪声和观测噪声均为白噪声，符合基本 Kalman 滤波方程的条件。

2. 系统过程噪声为白噪声而观测噪声为有色噪声

对于系统过程噪声为有色噪声而观测噪声为白噪声的系统，采用状态扩增的方法来解决系统过程噪声的白化问题是一种有效的方法，但代价是滤波器的维数增加，计算量增大。对于式 (4.20)，若系统过程噪声 W_k 为零均值白噪声序列，而观测噪声 V_k 为有色噪声，且满足方程：

$$V_k = \Psi_{k,k-1} V_{k-1} + \zeta_{k-1} \tag{4.23}$$

式中，ζ_k 为零均值、方差为 R_k 的白噪声序列，ζ_k 与 W_k 不相关。

若采用状态增广方法，将观测噪声 V_k 增广为状态，则增广后的状态方程为

$$\begin{bmatrix} X_k \\ V_k \end{bmatrix} = \begin{bmatrix} \Phi_{k,k-1} & 0 \\ 0 & \Psi_{k,k-1} \end{bmatrix} \begin{bmatrix} X_{k-1} \\ V_{k-1} \end{bmatrix} + \begin{bmatrix} \Gamma_{k,k-1} & 0 \\ 0 & I \end{bmatrix} \begin{bmatrix} W_{k-1} \\ \zeta_{k-1} \end{bmatrix} \tag{4.24a}$$

观测方程为

$$Z_k = \begin{bmatrix} H_k & I \end{bmatrix} \begin{bmatrix} X_k \\ V_k \end{bmatrix} \tag{4.24b}$$

经状态扩增后，观测方程中无观测噪声，这意味着观测噪声的方差阵 R_k 为零阵，而在 Kalman 滤波方程中，要求观测噪声的方差阵必须为正定阵，所以经状态扩增后的观测方程不满足 Kalman 滤波的要求。

由观测方程得

$$V_k = Z_k - H_k X_k \tag{4.25}$$

所以

$$\begin{aligned} Z_{k+1} &= H_{k+1} X_{k+1} + V_{k+1} \\ &= H_{k+1} (\Phi_{k+1,k} X_k + \Gamma_{k+1,k} W_k) + \Psi_{k+1,k} V_k + \zeta_k \\ &= (H_{k+1} \Phi_{k+1,k} - \Psi_{k+1,k} H_k) X_k + \Psi_{k+1,k} Z_k + H_{k+1} \Gamma_{k+1,k} W_k + \zeta_k \end{aligned}$$

即

$$Z_{k+1} - \Psi_{k+1,k} Z_k = (H_{k+1} \Phi_{k+1,k} - \Psi_{k+1,k} H_k) X_k + H_{k+1} \Gamma_{k+1,k} W_k + \zeta_k$$

令

$$Z_k^* = Z_{k+1} - \Psi_{k+1,k} Z_k \tag{4.26}$$

$$H_k^* = H_{k+1}\Phi_{k+1,k} - \Psi_{k+1,k}H_k \tag{4.27}$$

$$V_k^* = H_{k+1}\Gamma_{k+1,k}W_k + \zeta_k \tag{4.28}$$

则观测方程可以写成:

$$Z_k^* = H_k^* X_k + V_k^*$$

式中, V_k^* 的特性分析如下:

$$E[V_k^*] = H_{k+1}\Gamma_{k+1,k}E[W_k] + E[\zeta_k] = 0$$

$$E[V_k^* V_j^{*\mathrm{T}}] = E[(H_{k+1}\Gamma_{k+1,k}W_k + \zeta_k)(H_{j+1}\Gamma_{j+1,j}W_j + \zeta_j)^{\mathrm{T}}]$$

$$= (H_{k+1}\Gamma_{k+1,k}Q_k\Gamma_{k+1,k}^{\mathrm{T}}H_{k+1}^{\mathrm{T}} + R_k)\delta_{kj}$$

由此可知, V_k^* 是零均值的白噪声, 其方差阵为

$$R_k^* = H_{k+1}\Gamma_{k+1,k}Q_k\Gamma_{k+1,k}^{\mathrm{T}}H_{k+1}^{\mathrm{T}} + R_k \tag{4.29}$$

$$E[W_k V_j^{*\mathrm{T}}] = E[W_k(H_{j+1}\Gamma_{j+1,j}W_j + \zeta_j)^{\mathrm{T}}] = Q_k\Gamma_{k+1,k}^{\mathrm{T}}H_{k+1}^{\mathrm{T}}\delta_{kj} \tag{4.30}$$

显然, V_k^* 与系统过程噪声 W_k 相关, 且

$$S_k = Q_k\Gamma_{k+1,k}^{\mathrm{T}}H_{k+1}^{\mathrm{T}} \tag{4.31}$$

至此, 可以根据 4.1.2 节白噪声相关条件下的 Kalman 滤波方程进行处理。

对于系统过程噪声和观测噪声均为有色噪声的情况, 可同时采用状态扩增法和观测扩增法处理, 在状态扩增后, 系统过程噪声被白化, 此时可转化为本节所讨论的问题, 详细处理步骤在此不再赘述。

4.1.4 厚尾噪声条件下的 Kalman 滤波

具有厚尾噪声的随机线性离散系统可以描述为

$$X_k = \Phi_{k,k-1}X_{k-1} + W_{k-1} \tag{4.32}$$

$$Z_k = H_k X_k + V_k \tag{4.33}$$

式中, $X_k \in \mathbf{R}^n$ 为系统状态; $\Phi_{k,k-1} \in \mathbf{R}^{n\times n}$ 为系统状态转移矩阵; $Z_k \in \mathbf{R}^m$ 为传感器的第 k 个测量值; H_k 为 k 时刻的测量矩阵。系统噪声 W_k 和测量噪声 V_k 均为厚尾噪声, 且可建模为以下多变量 t 分布:

$$p(W_k) = \mathrm{St}(W_k; 0, Q_k, \nu_w) \tag{4.34}$$

$$p(V_k) = \mathrm{St}(V_k; 0, R_k, \nu_1) \tag{4.35}$$

式中, $\mathrm{St}(\cdot; \bar{x}, P, \nu)$ 表示均值为 $\bar{x}$、尺度矩阵为 P、自由度为 ν 的多元 t 分布。

类似地, 假设系统初始状态 X_0 的分布也具有厚尾性质, 满足均值为 $\hat{X}_0$、尺度矩阵为 P_0、自由度为 ν_0 的多元 t 分布:

$$p(X_0) = \mathrm{St}(X_0; \hat{X}_0, P_0, \nu_0) \tag{4.36}$$

假设 X_0、V_k 和 W_k 彼此独立。

在本节将推导随机线性系统 (4.32)~(4.36) 的滤波公式。在此之前，先介绍两个引理。

引理 4.1 随机向量 X 服从多元 t 分布 $\text{St}(X; \bar{X}, P, \nu)$ 时，其概率密度函数 (Probability Density Function, PDF) 为

$$p(X) = \frac{\Gamma\left(\frac{\nu+2}{2}\right)}{\Gamma\left(\frac{\nu}{2}\right)} \frac{1}{(\nu\pi)^{\frac{d}{2}}} \frac{1}{\sqrt{\det(P)}} \left(1 + \frac{\Delta^2}{\nu}\right)^{\frac{\nu+2}{2}} \tag{4.37}$$

式中，d 为状态的维数；$\Delta^2 = (X - \bar{X})^\text{T} P^{-1} (X - \bar{X})$，$\bar{X}$ 为 X 的均值；P 为尺度矩阵；ν 为自由度；$\Gamma(\cdot)$ 表示 Gamma 函数。

相应地，式 (4.37) 具有以下性质：

(1) 当自由度 $\nu > 2$ 时，X 的协方差为 $\frac{\nu}{\nu-2} P$；

(2) 当 ν 趋于无穷时，X 的分布趋近高斯分布；

(3) 令 $Y = AX + B$，那么 $p(Y) = \text{St}(Y; A\bar{X} + B, APA^\text{T}, \nu)$，其中，$A$ 和 B 分别为适当维数的矩阵和向量；

(4) 如果 $X_1 \in \mathbf{R}^{d_1}$ 和 $X_2 \in \mathbf{R}^{d_2}$ 是联合 t 分布，其概率密度函数为

$$p(X_1, X_2) = \text{St}\left(\begin{bmatrix} X_1 \\ X_2 \end{bmatrix}; \begin{bmatrix} \bar{X}_1 \\ \bar{X}_2 \end{bmatrix}, \begin{bmatrix} P_{11} & P_{12} \\ P_{21} & P_{22} \end{bmatrix}, \nu\right) \tag{4.38}$$

X_1 和 X_2 的边缘概率密度函数为

$$\begin{cases} p(X_1) = \text{St}(X_1; \bar{X}_1, P_{11}, \nu) \\ p(X_2) = \text{St}(X_2; \bar{X}_2, P_{22}, \nu) \end{cases} \tag{4.39}$$

条件概率密度函数 $p(X_1 | X_2)$ 为

$$p(X_1 | X_2) = \text{St}(X_1; \bar{X}_{1|2}, P_{1|2}, \nu_{1|2}) \tag{4.40}$$

式中，

$$\nu_{1|2} = \nu + d_2 \tag{4.41}$$

$$\bar{X}_{1|2} = \bar{X}_1 + P_{12} P_{22}^{-1} (X_2 - \bar{X}_2) \tag{4.42}$$

$$P_{1|2} = \frac{\nu + \Delta_2^2}{\nu + d_2} (P_{11} - P_{12} P_{22}^{-1} P_{12}^\text{T}) \tag{4.43}$$

$$\Delta_2^2 = (X_2 - \bar{X}_2)^\text{T} P_{22}^{-1} (X_2 - \bar{X}_2) \tag{4.44}$$

引理 4.2（矩阵反演引理） 假定 $M_1 \in \mathbf{R}^{n \times n}$，$M_2 \in \mathbf{R}^{n \times p}$，$M_3 \in \mathbf{R}^{p \times n}$，$M_4 \in \mathbf{R}^{p \times p}$，其中 M_1、$M_1 + M_2 M_4^{-1} M_3$、$M_4 + M_3 M_1^{-1} M_2$ 均是满秩的，则

$$(M_1 + M_2 M_4^{-1} M_3)^{-1} = M_1^{-1} - M_1^{-1} M_2 (M_4 + M_3 M_1^{-1} M_2)^{-1} M_3 M_1^{-1} \tag{4.45}$$

定理 4.1（厚尾噪声条件下随机线性离散系统的 Kalman 滤波器） 对于随机线性离散系统 (4.32)~(4.36)，多元 t 分布的 Kalman 滤波器为

$$\begin{cases}\hat{X}_k = \hat{X}_{k,k-1} + K_k(Z_k - \hat{Z}_{k,k-1}) \\[4pt] \hat{X}_{k,k-1} = \Phi_{k,k-1}\hat{X}_{k-1} \\[4pt] \hat{Z}_{k,k-1} = H_k\hat{X}_{k,k-1} \\[4pt] K_k = P_{k,k-1}^{\tilde{X}\tilde{Z}}(P_{k,k-1}^{\tilde{Z}\tilde{Z}})^{-1} \\[4pt] P_{k,k-1} = \Phi_{k,k-1}P_{k-1}\Phi_{k,k-1}^{\mathrm{T}} + \bar{Q}_{k-1} \\[4pt] P_k = a_k(P_{k,k-1} - K_kP_{k,k-1}^{\tilde{Z}\tilde{Z}}K_k^{\mathrm{T}}) \\[4pt] P_{k,k-1}^{\tilde{Z}\tilde{Z}} = H_kP_{k,k-1}H_k^{\mathrm{T}} + \bar{R}_k \\[4pt] P_{k,k-1}^{\tilde{X}\tilde{Z}} = P_{k,k-1}H_k^{\mathrm{T}} \\[4pt] \Delta_k = \sqrt{(Z_k - \hat{Z}_{k,k-1})^{\mathrm{T}}(P_{k,k-1}^{\tilde{Z}\tilde{Z}})^{-1}(Z_k - \hat{Z}_{k,k-1})} \\[4pt] \bar{Q}_k = \dfrac{v_w(v_0-2)}{(v_w-2)v_0}Q_k \\[4pt] \bar{R}_k = bR_k \\[4pt] a_k = \dfrac{(v_0-2)(v_0+\Delta_k^2)}{v_0(v_0+m_1-2)} \\[4pt] b = \dfrac{(v_0-2)v_1}{v_0(v_1-2)}\end{cases} \tag{4.46}$$

式中，$\hat{X}_{k,k-1}$ 和 $\hat{X}_k$ 分别表示状态预测值和状态估计值；$P_{k,k-1}$ 和 P_k 分别表示状态预测误差和状态估计误差的尺度矩阵；m_1 为观测向量 Z_k 的维数；$\hat{Z}_{k,k-1}$ 为观测预测值，且 $P_{k,k-1}^{\tilde{Z}\tilde{Z}}$ 为 $\hat{Z}_{k,k-1}$ 的尺度矩阵；K_k 为增益矩阵。

证明： 由引理 4.1 可知：

$$\hat{X}_{k,k-1} = \int X_k p(X_k|\breve{Z}_{k-1})\mathrm{d}X_k = \Phi_{k,k-1}\hat{X}_{k-1} \tag{4.47}$$

式中，$\breve{Z}_{k-1} = \{Z_1, Z_2, \cdots, Z_{k-1}\}$ 表示从初始时刻到 $k-1$ 时刻所有量测构成的集合。

令 $\tilde{Z}_{k,k-1} = Z_k - Z_{k,k-1}$，$\tilde{X}_{k,k-1} = X_k - \hat{X}_{k,k-1}$，那么有

$$\begin{aligned}P_{k,k-1} &= \frac{v_0-2}{v_0}E[\tilde{X}_{k,k-1}\tilde{X}_{k,k-1}^{\mathrm{T}}|\breve{Z}_{k-1}] \\[6pt] &= \frac{v_0-2}{v_0}\int \tilde{X}_{k,k-1}\tilde{X}_{k,k-1}^{\mathrm{T}}p(\tilde{X}_k|\breve{Z}_{k-1})\mathrm{d}\tilde{X}_k \\[6pt] &= \frac{v_0-2}{v_0}\int X_kX_k^{\mathrm{T}}p(X_k|\breve{Z}_{k-1})\mathrm{d}X_k - \frac{v_0-2}{v_0}\hat{X}_{k,k-1}\hat{X}_{k,k-1}^{\mathrm{T}} \\[6pt] &= \frac{v_0-2}{v_0}\int X_kX_k^{\mathrm{T}}\left\{\int \mathrm{St}(X_k;\Phi_{k,k-1}X_{k-1},Q_{k-1},v_w)\right. \\[6pt] &\quad \left. \times\mathrm{St}(X_{k-1};\hat{X}_{k-1},P_{k-1},v_0)\mathrm{d}X_{k-1}\right\}\mathrm{d}X_k - \frac{v_0-2}{v_0}\hat{X}_{k,k-1}\hat{X}_{k,k-1}^{\mathrm{T}} \\[6pt] &= \frac{v_0-2}{v_0}\Phi_{k,k-1}\left(\hat{X}_{k-1}\hat{X}_{k-1}^{\mathrm{T}} + \frac{v_0}{v_0-2}P_{k-1}\right)\Phi_{k,k-1}^{\mathrm{T}} - \frac{v_0-2}{v_0}\hat{X}_{k,k-1}\hat{X}_{k,k-1}^{\mathrm{T}} + \frac{v_w(v_0-2)}{(v_w-2)v_0}Q_{k-1} \\[6pt] &= \Phi_{k,k-1}P_{k-1}\Phi_{k,k-1}^{\mathrm{T}} + \frac{v_w(v_0-2)}{(v_w-2)v_0}Q_{k-1}\end{aligned} \tag{4.48}$$

$$
\begin{aligned}
\hat{Z}_{k,k-1} = E\left[Z_k \mid \breve{Z}_{k-1}\right] &= \int Z_k p(Z_k \mid \breve{Z}_{k-1}) \mathrm{d}Z_k \\
&= \int \left\{ \int Z_k \,\mathrm{St}(Z_k; H_k X_k, R_k, \nu_1) \mathrm{d}Z_k \right\} \times \mathrm{St}(X_k; \hat{X}_{k,k-1}, P_{k,k-1}, \nu_0) \mathrm{d}X_k \\
&= \int H_k X_k \,\mathrm{St}(X_k; \hat{X}_{k,k-1}, P_{k,k-1}, \nu_0) \mathrm{d}X_k \\
&= H_k \hat{X}_{k,k-1}
\end{aligned}
\tag{4.49}
$$

$$
\begin{aligned}
P_{k,k-1}^{\tilde{Z}\tilde{Z}} &= \frac{\nu_0 - 2}{\nu_0} E[\tilde{Z}_{k,k-1} \tilde{Z}_{k,k-1}^{\mathrm{T}} \mid \breve{Z}_{k-1}] \\
&= \frac{\nu_0 - 2}{\nu_0} \int Z_k Z_k^{\mathrm{T}} p(Z_k \mid \breve{Z}_{k-1}) \mathrm{d}Z_k - \frac{\nu_0 - 2}{\nu_0} \hat{Z}_{k,k-1} \hat{Z}_{k,k-1}^{\mathrm{T}} \\
&= \frac{\nu_0 - 2}{\nu_0} \int \left\{ \int Z_k Z_k^{\mathrm{T}} \,\mathrm{St}(Z_k; H_k X_k, R_k, \nu_1) \mathrm{d}Z_k \right\} \times \mathrm{St}(X_k; \hat{X}_{k,k-1}, P_{k,k-1}, \nu_0) \mathrm{d}X_k - \frac{\nu_0 - 2}{\nu_0} \hat{Z}_{k,k-1} \hat{Z}_{k,k-1}^{\mathrm{T}} \\
&= \frac{\nu_0 - 2}{\nu_0} \int H_k \left(\hat{X}_{k,k-1} \hat{X}_{k,k-1}^{\mathrm{T}} + \frac{\nu_0}{\nu_0 - 2} P_{k,k-1} \right) H_k^{\mathrm{T}} \mathrm{d}X_k - \frac{\nu_0 - 2}{\nu_0} \hat{Z}_{k,k-1} \hat{Z}_{k,k-1}^{\mathrm{T}} + \frac{\nu_1(\nu_0 - 2)}{(\nu_1 - 2)\nu_0} R_k \\
&= H_k P_{k,k-1} H_k^{\mathrm{T}} + \frac{(\nu_0 - 2)\nu_1}{\nu_0(\nu_1 - 2)} R_k
\end{aligned}
\tag{4.50}
$$

$$
\begin{aligned}
P_{k,k-1}^{\tilde{X}\tilde{Z}} &= \frac{\nu_0 - 2}{\nu_0} E[\tilde{X}_{k,k-1} \tilde{Z}_{k,k-1}^{\mathrm{T}} \mid \breve{Z}_{k-1}] \\
&= \frac{\nu_0 - 2}{\nu_0} \iint X_k Z_k^{\mathrm{T}} p(X_k, Z_k \mid \breve{Z}_{k-1}) \mathrm{d}X_k \mathrm{d}Z_k - \frac{\nu_0 - 2}{\nu_0} \hat{X}_{k,k-1} \hat{Z}_{k,k-1}^{\mathrm{T}} \\
&= \frac{\nu_0 - 2}{\nu_0} \int X_k \left\{ \int Z_k^{\mathrm{T}} p(Z_k \mid X_k) \mathrm{d}Z_k \right\} p(X_k \mid \breve{Z}_{k-1}) \mathrm{d}X_k - \frac{\nu_0 - 2}{\nu_0} \hat{X}_{k,k-1} \hat{Z}_{k,k-1}^{\mathrm{T}} \\
&= \frac{\nu_0 - 2}{\nu_0} \int X_k \left\{ \int Z_k^{\mathrm{T}} \mathrm{St}(Z_k; H_k X_k, R_k, \nu_1) \mathrm{d}Z_k \right\} \times \mathrm{St}(X_k; \hat{X}_{k,k-1}, P_{k,k-1}, \nu_0) \mathrm{d}X_k - \frac{\nu_0 - 2}{\nu_0} \hat{X}_{k,k-1} \hat{Z}_{k,k-1}^{\mathrm{T}} \\
&= \frac{\nu_0 - 2}{\nu_0} \left(\hat{X}_{k,k-1} \hat{Z}_{k,k-1}^{\mathrm{T}} + \frac{\nu_0}{\nu_0 - 2} P_{k,k-1} \right) H_k^{\mathrm{T}} - \frac{\nu_0 - 2}{\nu_0} \hat{X}_{k,k-1} \hat{Z}_{k,k-1}^{\mathrm{T}} \\
&= P_{k,k-1} H_k^{\mathrm{T}}
\end{aligned}
\tag{4.51}
$$

由引理 4.1 可得

$$
p(X_k \mid \breve{Z}_k) = \frac{p(X_k, Z_k \mid \breve{Z}_{k-1})}{p(Z_k \mid \breve{Z}_{k-1})} = \mathrm{St}(X_k; \hat{X}'_k, P'_k, \nu'_0)
\tag{4.52}
$$

式中，ν'_0、$\hat{X}'_k$ 和 P'_k 可写为

$$
\nu'_0 = \nu_0 + m_1
\tag{4.53a}
$$

$$
\hat{X}'_k = \hat{X}_{k,k-1} + K_k(Z_k - \hat{Z}_{k,k-1})
\tag{4.53b}
$$

$$
P'_k = \frac{\nu_0 + \Delta_k^2}{\nu_0 + m_1}(P_{k,k-1} - K_k P_{k,k-1}^{\tilde{Z}\tilde{Z}} K_k^{\mathrm{T}})
\tag{4.53c}
$$

$$K_k = P_{k,k-1}^{\tilde{X}\tilde{Z}}(P_{k,k-1}^{\tilde{Z}\tilde{Z}})^{-1} \tag{4.54}$$

$$\Delta_k = \sqrt{(Z_k - \hat{Z}_{k,k-1})^{\mathrm{T}}(P_{k,k-1}^{\tilde{Z}\tilde{Z}})^{-1}(Z_k - \hat{Z}_{k,k-1})} \tag{4.55}$$

为保持厚尾特性，利用矩匹配法，最终状态估计值和对应的误差尺度矩阵为

$$\hat{X}_k = \hat{X}_k' = \hat{X}_{k,k-1} + K_k(Z_k - \hat{Z}_{k,k-1}) \tag{4.56}$$

$$P_k = \frac{(\nu_0 - 2)\nu_0'}{(\nu_0' - 2)\nu_0} P_k' = \frac{(\nu_0 + \Delta_k^2)(\nu_0 - 2)}{\nu_0(\nu_0 + m_1 - 2)}(P_{k,k-1} - K_k P_{k,k-1}^{\tilde{Z}\tilde{Z}} K_k^{\mathrm{T}}) \tag{4.57}$$

4.2　分　解　滤　波

滤波器发散主要有两种情况，即滤波发散和计算发散。滤波发散是由模型和噪声的统计特性不准确而引起的，对于此类发散，可以采用鲁棒滤波方法加以克服；计算发散是由计算的舍入误差积累使滤波误差方差阵 P_k 和预测误差方差阵 $P_{k,k-1}$ 失去非负定性，导致滤波增益矩阵 K_k 计算失真而造成的滤波器发散，克服此类发散的手段主要是采用各种平方根类型的分解滤波方法。

4.2.1　非负定阵的三角形分解

由矩阵理论可知，对于任何非零矩阵 $S \in \mathbf{R}^{n \times m}$，$SS^{\mathrm{T}}$ 和 $S^{\mathrm{T}}S$ 均为非负定矩阵，称 S 为矩阵 $P = SS^{\mathrm{T}} \in \mathbf{R}^{n \times n}$ 的平方根。因此，如果分解滤波误差方差阵和预测误差方差阵分别为 $P_k = S_k S_k^{\mathrm{T}}$，$P_{k,k-1} = S_{k,k-1}S_{k,k-1}^{\mathrm{T}}$，并在基本 Kalman 滤波方程中以 S_k 的递推关系式代替 P_k 的递推关系，则可保证在任意时刻 k，$P_k = S_k S_k^{\mathrm{T}}$ 至少具有对称非负定性。这样就可以限制由计算误差引起发散的可能性，这就是采用分解滤波抑制滤波器发散的基本思想。

为了方便，在对非负定矩阵 P 做平方根分解时，一般都使平方根矩阵的阶数与 P 的阶数相同，这对于阶数较高的矩阵，计算量是很大的。对于任何的正定矩阵，都可以做三角形分解，即 $P = SS^{\mathrm{T}}$，其中 S 为三角形矩阵，由 P 唯一确定，且三角形分解也较容易实现，所以平方根滤波中，平方根阵 S_k 和 $S_{k,k-1}$ 一般常取三角形阵。

由于平方根滤波的关键在于分解 P_k 为 $S_k S_k^{\mathrm{T}}$，因此首先介绍矩阵的三角形分解方法。

1. 矩阵的下三角分解法

由线性代数可知，任何一个对称的非负定矩阵 P 都可以分解成：

$$P = SS^{\mathrm{T}} \tag{4.58}$$

式中，矩阵 P 为

$$P = \begin{bmatrix} P_{11} & P_{12} & \cdots & P_{1n} \\ P_{21} & P_{22} & \cdots & P_{2n} \\ \vdots & \vdots & & \vdots \\ P_{n1} & P_{n2} & \cdots & P_{nn} \end{bmatrix}$$

它的下三角分解平方根阵为

$$S = \begin{bmatrix} S_{11} & 0 & \cdots & 0 \\ S_{21} & S_{22} & \cdots & 0 \\ \vdots & \vdots & & \vdots \\ S_{n1} & S_{n2} & \cdots & S_{nn} \end{bmatrix}$$

若 P 是正定阵，则 S 还具有非奇异性。

根据式(4.58)的定义有

$$P = \begin{bmatrix} P_{11} & P_{12} & \cdots & P_{1n} \\ P_{21} & P_{22} & \cdots & P_{2n} \\ \vdots & \vdots & & \vdots \\ P_{n1} & P_{n2} & \cdots & P_{nn} \end{bmatrix} = \begin{bmatrix} S_{11} & 0 & \cdots & 0 \\ S_{21} & S_{22} & \cdots & 0 \\ \vdots & \vdots & & \vdots \\ S_{n1} & S_{n2} & \cdots & S_{nn} \end{bmatrix} \begin{bmatrix} S_{11} & S_{12} & \cdots & S_{1n} \\ 0 & S_{22} & \cdots & S_{2n} \\ \vdots & \vdots & & \vdots \\ 0 & 0 & \cdots & S_{nn} \end{bmatrix}$$

通过比较两边对应的元素，可以确定出平方根矩阵 S 的对应元素：

$$\begin{cases} S_{ii} = \left(P_{ii} - \sum_{j=1}^{i-1} S_{ij}^2 \right)^{\frac{1}{2}}, & i = 1, 2, \cdots, n \\ S_{ij} = \begin{cases} 0, & i < j \\ \dfrac{P_{ij} - \sum_{j=1}^{i-1} S_{ik} S_{jk}}{S_{jj}}, & i > j \end{cases} \end{cases} \tag{4.59}$$

例 4.2　求矩阵 $P = \begin{bmatrix} 1 & 2 & 3 \\ 2 & 2 & 0 \\ 3 & 2 & 14 \end{bmatrix}$ 的下三角分解平方根矩阵 S。

解：根据式(4.59)可以计算出

$$S_{11} = \sqrt{P_{11}} = 1, \quad S_{21} = \frac{P_{21}}{S_{11}} = 2, \quad S_{22} = \sqrt{P_{22} - S_{21}^2} = 2$$

$$S_{31} = \frac{P_{31}}{S_{11}} = 3, \quad S_{32} = \frac{P_{32} - S_{31} S_{21}}{S_{22}} = -2, \quad S_{33} = \sqrt{P_{33} - (S_{31}^2 + S_{32}^2)} = 1$$

所以 $S = \begin{bmatrix} 1 & 0 & 0 \\ 2 & 2 & 0 \\ 3 & -2 & 1 \end{bmatrix}$。

采用矩阵的平方根分解是为了确保滤波方差阵的非负定性，克服由计算误差累积而引起的滤波器发散现象，另外也可以减少计算误差，例如，某变量 X 的取值范围为 $10^{-6} \sim 10^{6}$，则 $\sqrt{X}$ 的取值范围为 $10^{-3} \sim 10^{3}$，所以用 X 的平方根 $\sqrt{X}$ 进行运算可以减小计算误差。

2. 矩阵的上三角分解法

设非负定矩阵 P 的上三角分解平方根阵为

$$U = \begin{bmatrix} U_{11} & U_{12} & \cdots & U_{1n} \\ 0 & U_{22} & \cdots & U_{2n} \\ \vdots & \vdots & & \vdots \\ 0 & 0 & \cdots & U_{nn} \end{bmatrix} \tag{4.60}$$

则 P 的上三角分解形式为

$$P = U^{\mathrm{T}} U \tag{4.61}$$

根据式 (4.61) 的定义，仿照下三角分解的推导，可得上三角分解平方根阵的各元素为

$$\begin{cases} u_{ii} = \left(P_{ii} - \displaystyle\sum_{k=i+1}^{n} u_{ik}^2 \right)^{\frac{1}{2}}, & i = 1, 2, \cdots, n \\ u_{ij} = \begin{cases} \dfrac{P_{ij} - \displaystyle\sum_{k=j+1}^{n} u_{ik} u_{jk}}{u_{jj}}, & i = j-1, j-2, \cdots, 2, 1 \\ 0, & i > j \end{cases} \end{cases} \tag{4.62}$$

4.2.2　观测值为标量时误差方差平方根滤波

设所考虑的随机线性离散系统没有系统过程噪声，即系统方程为

$$X_k = \Phi_{k,k-1} X_{k-1} \tag{4.63a}$$

$$Z_k = H_k X_k + V_k \tag{4.63b}$$

式中，V_k 为白噪声序列，$E[V_k] = 0$，$E[V_k V_j^{\mathrm{T}}] = R_k \delta_{kj}$，$R_k$ 和 Z_k 均为标量。

此时，Kalman 滤波基本方程为

$$\hat{X}_k = \Phi_{k,k-1} \hat{X}_{k-1} + K_k (Z_k - H_k \Phi_{k,k-1} \hat{X}_{k-1}) \tag{4.64a}$$

$$K_k = P_{k,k-1} H_k^{\mathrm{T}} (H_k P_{k,k-1} H_k^{\mathrm{T}} + R_k)^{-1} \tag{4.64b}$$

$$P_{k,k-1} = \Phi_{k,k-1} P_{k-1} \Phi_{k,k-1}^{\mathrm{T}} \tag{4.64c}$$

$$P_k = (I - K_k H_k) P_{k,k-1} \tag{4.64d}$$

初始值 $\hat{X}_0 = E[X_0]$，$P_0 = \mathrm{Var}[X_0]$。

根据定义，这里 P_k 和 $P_{k,k-1}$ 至少是非负定的，但在计算舍入误差的影响下，很难再保证这一点。为此，把 P_k 的递推式改为 P_k 的平方根 S_k 的递推式，从而建立平方根滤波方程。

1. P_k 的平方根递推方程

根据误差方差的定义，P_{k-1} 具有对称非负定性，可设

$$P_{k-1} = S_{k-1} S_{k-1}^{\mathrm{T}}$$

于是

$$P_{k,k-1} = \Phi_{k,k-1} P_{k-1} \Phi_{k,k-1}^{\mathrm{T}} = \Phi_{k,k-1} S_{k-1} S_{k-1}^{\mathrm{T}} \Phi_{k,k-1}^{\mathrm{T}} = S_{k,k-1} S_{k,k-1}^{\mathrm{T}} \tag{4.65}$$

式中，$S_{k,k-1}=\Phi_{k,k-1}S_{k-1}$。

将式(4.65)代入 Kalman 滤波基本方程(4.64d)，有

$$P_k=(I-K_kH_k)P_{k,k-1}=S_{k,k-1}[I-S_{k,k-1}^{\mathrm{T}}H_k^{\mathrm{T}}(H_kS_{k,k-1}S_{k,k-1}^{\mathrm{T}}H_k^{\mathrm{T}}+R_k)^{-1}H_kS_{k,k-1}]S_{k,k-1}^{\mathrm{T}}$$

记

$$F_k=S_{k,k-1}^{\mathrm{T}}H_k^{\mathrm{T}} \tag{4.66}$$

式(4.66)又可写成：

$$P_k=S_{k,k-1}[I-F_k(F_k^{\mathrm{T}}F_k+R_k)^{-1}F_k^{\mathrm{T}}]S_{k,k-1}^{\mathrm{T}}=S_{k,k-1}(I-a_kF_kF_k^{\mathrm{T}})S_{k,k-1}^{\mathrm{T}} \tag{4.67}$$

式中，$a_k=(F_k^{\mathrm{T}}F_k+R_k)^{-1}$。由于假设观测值为标量，故 a_k 为一标量。

将 P_k 进行分解的关键在于分解

$$\begin{aligned}I-a_kF_kF_k^{\mathrm{T}}&=(I-a_kr_kF_kF_k^{\mathrm{T}})(I-a_kr_kF_kF_k^{\mathrm{T}})^{\mathrm{T}}\\&=I-2a_kr_kF_kF_k^{\mathrm{T}}+a_k^2r_k^2F_kF_k^{\mathrm{T}}F_kF_k^{\mathrm{T}}\\&=I-a_kF_k(2r_k-a_kr_k^2F_k^{\mathrm{T}}F_k)F_k^{\mathrm{T}}\end{aligned}$$

比较等式两边可以看出，应选取 r_k 使

$$2r_k-a_kr_k^2F_k^{\mathrm{T}}F_k=1$$

注意到 $a_k=(F_k^{\mathrm{T}}F_k+R_k)^{-1}$，$F_k^{\mathrm{T}}F_k=a_k^{-1}-R_k$，上式又可写成：

$$(1-a_kR_k)r_k^2-2r_k+1=0$$

解之可得

$$r_k=\frac{1}{1\pm\sqrt{a_kR_k}} \tag{4.68}$$

于是

$$P_k=S_{k,k-1}(I-a_kr_kF_kF_k^{\mathrm{T}})(I-a_kr_kF_kF_k^{\mathrm{T}})^{\mathrm{T}}S_{k,k-1}^{\mathrm{T}}=S_kS_k^{\mathrm{T}}$$

式中

$$S_k=S_{k,k-1}(I-a_kr_kF_kF_k^{\mathrm{T}}) \tag{4.69}$$

以上所得出的方程(4.65)～方程(4.69)构成了 P_k 的一组误差方差阵平方根递推方程。

2. 以平方根 $S_{k,k-1}$ 表示 K_k

把式(4.65)代入滤波增益矩阵方程式(4.64b)，并注意到 $P_{k,k-1}=S_{k,k-1}S_{k,k-1}^{\mathrm{T}}$ 及 $F_k=S_{k,k-1}^{\mathrm{T}}H_k^{\mathrm{T}}$，得

$$(H_kP_{k,k-1}H_k^{\mathrm{T}}+R_k)^{-1}=(F_k^{\mathrm{T}}F_k+R_k)^{-1}=a_k$$

于是 K_k 可以通过 $S_{k,k-1}$ 写成：

$$K_k=a_kS_{k,k-1}S_{k,k-1}^{\mathrm{T}}H_k^{\mathrm{T}}=a_kS_{k,k-1}F_k \tag{4.70}$$

3. 平方根滤波方程

综合以上各式，可得平方根滤波方程：

$$\hat{X}_k = \Phi_{k,k-1}\hat{X}_{k-1} + K_k(Z_k - H_k\Phi_{k,k-1}\hat{X}_{k-1}) , \qquad E[X_0] = 0$$

$$K_k = a_k S_{k,k-1} S_{k,k-1}^T H_k^T = a_k S_{k,k-1} F_k , \qquad F_k = S_{k,k-1}^T H_k^T , \qquad a_k = (F_k^T F_k + R_k)^{-1}$$

$$S_{k,k-1} = \Phi_{k,k-1} S_{k-1} , \qquad P_0 = S_0 S_0^T$$

$$S_k = S_{k,k-1}(I - a_k r_k F_k F_k^T) , \qquad r_k = \frac{1}{1 \pm \sqrt{a_k R_k}}$$

根据以上平方根滤波方程进行滤波，每一步所得到的 P_k 及 $P_{k,k-1}$ 至少是非负定的，因为 $P_0 \geq 0$ 时，P_k 及 $P_{k,k-1}$ 总是对称非负定的。

例 4.3　设定常系统的各参数阵为

$$\Phi = \begin{bmatrix} 1 & 0 \\ 0 & 1 \end{bmatrix} , \quad H = [1 \quad 0] , \quad Q = 0 , \quad P_{k,k-1} = \begin{bmatrix} 1 & 0 \\ 0 & 1 \end{bmatrix}$$

观测为标量，$R = \varepsilon^2 (\varepsilon \ll 1)$。计算机在计算执行过程中遵循如下原则：

$$1 + \varepsilon^2 \approx 1 , \qquad 1 + \varepsilon \neq 1$$

试分别按标准滤波方程和平方根滤波方程求出两步滤波结果，并加以比较。

解：（1）按标准滤波方程。

$$K_k = P_{k,k-1} H_k^T (H_k P_{k,k-1} H_k^T + R_k)^{-1} = \begin{bmatrix} (1+\varepsilon^2)^{-1} \\ 0 \end{bmatrix} = \begin{bmatrix} 1 \\ 0 \end{bmatrix}$$

$$P_k = (I - K_k H_k) P_{k,k-1} = \begin{bmatrix} 0 & 0 \\ 0 & 1 \end{bmatrix}$$

$$P_{k+1,k} = \Phi P_k \Phi^T = \begin{bmatrix} 0 & 0 \\ 0 & 1 \end{bmatrix}$$

$$K_{k+1} = P_{k+1,k} H_{K+1}^T (H_{k+1} P_{k+1,k} H_{k+1}^T + R_{k+1})^{-1} = \begin{bmatrix} 0 \\ 0 \end{bmatrix}$$

$$P_{k+1} = (I - K_{k+1} H_{k+1}) P_{k+1,k} = \begin{bmatrix} 0 & 0 \\ 0 & 1 \end{bmatrix}$$

（2）按平方根滤波方程。

将 $P_{k,k-1}$ 进行下三角分解，得

$$S_{k,k-1} = \begin{bmatrix} 1 & 0 \\ 0 & 1 \end{bmatrix}$$

$$F_k = S_{k,k-1}^T H_k^T = \begin{bmatrix} 1 \\ 0 \end{bmatrix}$$

$$a_k = (F_k^T F_k + R_k)^{-1} = (1+\varepsilon^2)^{-1} = 1$$

$$K_k = a_k S_{k,k-1} F_k = \begin{bmatrix} 1 \\ 0 \end{bmatrix}$$

$$r_k = \frac{1}{1+\sqrt{a_k R_k}} = 1 - \varepsilon$$

$$S_k = S_{k,k-1}(I - a_k r_k F_k F_k^{\mathrm{T}}) = \begin{bmatrix} \varepsilon & 0 \\ 0 & 1 \end{bmatrix}$$

$$P_k = S_k S_k^{\mathrm{T}} = \begin{bmatrix} \varepsilon^2 & 0 \\ 0 & 1 \end{bmatrix}$$

$$S_{k+1,k} = \Phi_{k+1,k} S_k = \begin{bmatrix} \varepsilon & 0 \\ 0 & 1 \end{bmatrix}$$

$$F_{k+1} = S_{k+1,k}^{\mathrm{T}} H_{k+1}^{\mathrm{T}} = \begin{bmatrix} \varepsilon \\ 0 \end{bmatrix}$$

$$a_{k+1} = (F_{k+1}^{\mathrm{T}} F_{k+1} + R_{k+1})^{-1} = \frac{1}{2\varepsilon^2}$$

$$K_{k+1} = a_{k+1} S_{k+1,k} F_{k+1} = \begin{bmatrix} \dfrac{1}{2} \\ 0 \end{bmatrix}$$

$$r_{k+1} = \frac{1}{1+\sqrt{a_{k+1} R_{k+1}}} = 2 - \sqrt{2}$$

$$S_{k+1} = S_{k+1,k}(I - a_{k+1} r_{k+1} F_{k+1} F_{k+1}^{\mathrm{T}}) = \begin{bmatrix} \dfrac{\sqrt{2}}{2}\varepsilon & 0 \\ 0 & 1 \end{bmatrix}$$

$$P_{k+1} = S_{k+1} S_{k+1}^{\mathrm{T}} = \begin{bmatrix} \dfrac{1}{2}\varepsilon^2 & 0 \\ 0 & 1 \end{bmatrix}$$

可以看出，平方根滤波中 $K_{k+1} = \begin{bmatrix} \dfrac{1}{2} \\ 0 \end{bmatrix}$，而标准 Kalman 滤波中 $K_{k+1} = \begin{bmatrix} 0 \\ 0 \end{bmatrix}$，即观测值已失去作用。在平方根滤波中，$P_{k+1}$ 仍保持为正定阵，而在标准 Kalman 滤波中，P_{k+1} 已退化，不再是正定阵。由此可见，平方根分解滤波方法可以维持滤波误差方差阵的非负定性，从而防止滤波发散，是一种行之有效的方法。

4.2.3 序列平方根滤波

1. 观测向量的序列处理法

在 Kalman 滤波算法中，需要计算 $m \times m$ 逆阵 $(H_k P_{k,k-1} H_k^{\mathrm{T}} + R_k)^{-1}$，而逆阵的计算量与维数 m^3 成比例。因此，当观测向量维数 m 很大时，计算量较大，可采用序列处理法。该处理

法将观测更新中对 Z_k 的集中处理分散为对 Z_k 的各分量组的顺序处理，使对高阶矩阵的求逆转变成对低阶矩阵的求逆，以有效地降低计算量。特别是当观测噪声方差阵为对角阵时，这种分散后的求逆转化为单纯的除法，计算量的降低就更明显了。

序列处理方法要求观测噪声方差阵为块对角阵或对角阵，即

$$E[V_k V_k^{\mathrm{T}}] = \mathrm{diag}\{r_k^1, r_k^2, \cdots, r_k^l\} \tag{4.71}$$

设 r_k^i 为 $m^i \times m^i$ 阵，$\sum\limits_{i=1}^{l} m^i = m$。当 $l = m$ 时，r_k^i 均为标量。同样，可把观测阵 H 分块为

$$H_k = [(h_k^1)^{\mathrm{T}} \quad (h_k^2)^{\mathrm{T}} \quad \cdots \quad (h_k^l)^{\mathrm{T}}]^{\mathrm{T}} \tag{4.72}$$

这时每组分量的观测方程为

$$Z_k^i = h_k^i X_k + V_k^i \tag{4.73}$$

式中，$E[V_k^i (V_k^i)^{\mathrm{T}}] = r_k^i$；$h_k^i$ 为 $m^i \times n$ 分块观测阵。

普通 Kalman 滤波对观测向量 Z_k 同时处理，一步预测估计 $X_{k,k-1} = \hat{E}[X_k / Z_1^{k-1}]$，在获得 Z_k 后，滤波估计为 $X_k = \hat{E}[X_k / Z_1^{k-1}, Z_k]$。序列处理把 Z_k 分为 $Z_k^i (i = 1, 2, \cdots, l)$，一个一个按顺序处理，即第一次从 $X_{k,k-1} = \hat{E}[X_k / Z_1^{k-1}]$ 和 Z_k^1 计算得 $X_k^1 = \hat{E}[X_k / Z_1^{k-1}, Z_k^1]$，再用 X_k^1 和 Z_k^2 计算 $X_k^2 = \hat{E}[X_k / Z_1^{k-1}, Z_k^1, Z_k^2]$，一直到

$$X_k^l = \hat{E}[X_k / Z_1^{k-1}, Z_k^1, \cdots, Z_k^l] = \hat{E}[X_k / Z_1^{k-1}, Z_k] = \hat{E}[X_k / Z_1^k]$$

观测向量序列处理只在观测更新中进行，滤波公式为

$$\begin{cases} X_k^i = X_k^{i-1} + K_k^i (Z_k^i - h_k^i X_k^{i-1}) \\ K_k^i = P_k^{i-1} h_k^i [h_k^i P_k^{i-1} (h_k^i)^{\mathrm{T}} + r_k^i]^{-1} \\ P_k^i = (I - K_k^i h_k^i) P_k^{i-1} \end{cases} \tag{4.74}$$

当 $X_k = X_k^l$，$P_k = P_k^l$ 时，序列处理终止。式中，$i = 1, 2, \cdots, l$。当 $X_k = X_k^l$，$P_k = P_k^l$ 算出后，再进行时间更新。

从式 (4.74) 可以明显地看出，采用序列处理法，只需要进行 l 次 $m^i \times m^i$ 矩阵求逆。例如，观测向量的维数 $m = 12$，如分四次处理，即 $l = 4$，$m^i = 3$ 时，普通 Kalman 滤波算法的计算量为 $12^3 = 1728$，序列处理计算量为 $4 \times 3^3 = 108$，仅为前者的 6.25 %。序列处理算法的另一个优点是，当观测装置中某个或某几个传感器突然中断时，滤波器还可以利用测得的信息继续工作。由于传感器工作时常常互不影响，观测误差方差阵 R_k 为严格对角阵，即

$$R_k = \mathrm{diag}\{r_k^1, r_k^2, \cdots, r_k^m\}$$

因此，每次处理一个观测分量，计算效率更高。

2. 序列平方根滤波公式推导

采用滤波误差方差平方根分解滤波，当观测为向量时，不仅计算量大，在观测更新中，也不能保证式 (4.59) 中的 S_k 为上三角阵，因此，在观测更新中，可采用序列平方根滤波方法。

在观测更新中，滤波误差方差阵为

$$P_k = (I - K_k H_k) P_{k,k-1} = P_{k,k-1} - P_{k,k-1} H_k^{\mathrm{T}} (H_k P_{k,k-1} H_k^{\mathrm{T}} + R_k)^{-1} H_k P_{k,k-1} \tag{4.75}$$

令

$$P_{k,k-1} = S_{k,k-1}S_{k,k-1}^{\mathrm{T}}, \quad F_k = S_{k,k-1}^{\mathrm{T}}H_k^{\mathrm{T}} \tag{4.76}$$

故

$$P_k = S_{k,k-1}[I - F_k(F_k^{\mathrm{T}}F_k + R_k)^{-1}F_k^{\mathrm{T}}]S_{k,k-1}^{\mathrm{T}} \tag{4.77}$$

把 m 维观测向量 Z_k 分为 m 次处理，并设

$$E[V_k V_k^{\mathrm{T}}] = \mathrm{diag}\{r_k^1, r_k^2, \cdots, r_k^m\}, \quad H_k = [(h_k^1)^{\mathrm{T}} \quad (h_k^2)^{\mathrm{T}} \quad \cdots \quad (h_k^m)^{\mathrm{T}}]^{\mathrm{T}}$$

则

$$F_k^i = S_{k,k-1}^{\mathrm{T}}(h_k^i)^{\mathrm{T}} \tag{4.78}$$

为向量，为简化起见，以后省略上标 i。这样，式(4.75)中逆阵就化为标量，即

$$h_k P_{k,k-1} h_k^{\mathrm{T}} + r_k = F_k^{\mathrm{T}}F_k + r_k = \alpha_k \tag{4.79}$$

在序列处理时，式(4.77)化为

$$S_k S_k^{\mathrm{T}} = S_{k,k-1}(I - F_k F_k^{\mathrm{T}} / \alpha_k)S_{k,k-1}^{\mathrm{T}} \tag{4.80}$$

当 $S_{k,k-1}$ 为上三角阵时，为了保证 S_k 也为上三角阵，$(I - F_k F_k^{\mathrm{T}} / \alpha_k)^{\frac{1}{2}}$ 也必须为上三角阵。

令 $A = (I - F_k F_k^{\mathrm{T}} / \alpha_k)^{\frac{1}{2}}$（以下省去时间 k，下同），并设 f_i 为 $n \times 1$ 向量 F 的分量，由式(4.79)可知：

$$\alpha = r + \sum_{i=1}^{n} f_i^2$$

定义

$$\alpha_p = r + \sum_{i=1}^{p} f_i^2 = r + \sum_{i=1}^{n} f_i^2 - \sum_{i=p+1}^{n} f_i^2 = \alpha - \sum_{i=p+1}^{n} f_i^2$$

显然，$\alpha_0 = r$，$\alpha_p = \alpha_{p-1} + f_p^2$。由此即可证明，上三角阵 A 的元素为

$$a_{ij} = \begin{cases} (\alpha_{i-1}\alpha_i)^{\frac{1}{2}}, & i = j \\ -\dfrac{f_i f_j}{(\alpha_{j-1}\alpha_j)^{\frac{1}{2}}}, & i < j \\ 0, & i > j \end{cases} \tag{4.81}$$

因此，式(4.80)可写为

$$S_k S_k^{\mathrm{T}} = S_{k,k-1}AA^{\mathrm{T}}S_{k,k-1}^{\mathrm{T}}$$

故

$$S_k = S_{k,k-1}A$$

$$A = (I - F_k F_k^{\mathrm{T}} / \alpha_k)^{\frac{1}{2}} \tag{4.82}$$

式 (4.82) 即为所求的观测更新的序列平方根公式。

为了进一步减少计算量，还可分解矩阵 A，以避免矩阵相乘，即

$$A = M^D - f^\Delta N^D \tag{4.83}$$

式中

$$M^D \overset{\text{def}}{=} \text{diag}\left\{\left(\frac{\alpha_0}{\alpha_1}\right)^{\frac{1}{2}}, \left(\frac{\alpha_1}{\alpha_2}\right)^{\frac{1}{2}}, \cdots \left(\frac{\alpha_{n-1}}{\alpha_n}\right)^{\frac{1}{2}}\right\}$$

$$N^D \overset{\text{def}}{=} \text{diag}\left\{\frac{f_1}{(\alpha_0\alpha_1)^{\frac{1}{2}}}, \frac{f_2}{(\alpha_1\alpha_2)^{\frac{1}{2}}}, \cdots, \frac{f_n}{(\alpha_{n-1}\alpha_n)^{\frac{1}{2}}}\right\}$$

$$\alpha_0 = r$$

$$\alpha_i = \alpha_{i-1} + f^\Delta$$

$$f^\Delta = [0 \quad f^{(1)} \quad \cdots \quad f^{(n-1)}]^{\text{T}} (\text{上三角阵})$$

$$f^{(i)} = [f_1 \quad f_2 \quad \cdots \quad f_i \quad 0 \quad \cdots \quad 0]^{\text{T}}$$

这样可得

$$S_k = S_{k,k-1}(M^D - f^\Delta N^D) \tag{4.84}$$

如果把矩阵计算转化为向量计算，计算量还可进一步减少。把 S_k、$S_{k,k-1}$ 写成分块形式：

$$\begin{cases} S_k = S^+ = [S_1^+ \quad S_2^+ \quad \cdots \quad S_n^+] \\ S_{k,k-1} = S = [S_1 \quad S_2 \quad \cdots \quad S_n] \end{cases} \tag{4.85}$$

令 $M_i = (\alpha_{i-1}/\alpha_i)^{\frac{1}{2}}, N_i = f_i/(\alpha_{i-1}\alpha_i)^{\frac{1}{2}}$ 分别为对角阵 M^D、N^D 的对角元素，并注意 $\alpha_0 = r$，则式 (4.84) 可以表示为分块形式：

$$S_i^+ = M_i S_i - b_{i-1} N_i$$

式中

$$b_i = S f^{(i)} = S[f_1 \quad \cdots \quad f_i \quad 0 \quad \cdots \quad 0]^{\text{T}} = b_{i-1} + S_i f_i$$

$$b_n = S f^{(n)} = SF = SS^{\text{T}} h_k = P_{k,k-1} h_k$$

$$= P_{k,k-1} h_k (h_k^{\text{T}} P_{k,k-1} h_k + r)^{-1} (h_k^{\text{T}} P_{k,k-1} h_k + r) = K_k \alpha$$

故

$$K_k = b_n / \alpha \tag{4.86}$$

这样，序列平方根滤波公式可写成：

$$\hat{X}_k = \hat{X}_{k,k-1} + \frac{b_n}{\alpha}(Z_k - h_k \hat{X}_{k,k-1}) \tag{4.87}$$

4.2.4　UD 分解滤波

由 Kalman 滤波基本方程中增益矩阵的计算过程

$$P_{k,k-1} = \Phi_{k,k-1} P_{k-1} \Phi_{k,k-1}^{\mathrm{T}} + \Gamma_{k,k-1} Q_{k-1} \Gamma_{k,k-1}^{\mathrm{T}}$$

$$K_k = P_{k,k-1} H_k^{\mathrm{T}} (H_k P_{k,k-1} H_k^{\mathrm{T}} + R_k)^{-1}$$

$$P_k = (I - K_k H_k) P_{k,k-1}$$

可以看出，如果在计算过程中使 $P_{k,k-1}$ 失去非负定性，则 K_k 计算中的求逆将会产生很大的误差；如果 $P_{k,k-1}$ 的负定性使 $H_k P_{k,k-1} H_k^{\mathrm{T}} + R_k$ 变成奇异阵或接近奇异阵，则其逆不存在或计算出的逆会产生较大的误差，这将导致 $\hat{X}_k$ 的计算误差。

由于计算误差而使 $P_{k,k-1}$ 失去非负定性在一般情况下是不容易发生的，但在下列情况下 $P_{k,k-1}$ 就很容易失去非负定性：

(1) $\Phi_{k,k-1}$ 的元素非常大，并且(或者) P_{k-1} 为病态阵。

(2) P_{k-1} 轻度负定，即 P_{k-1} 具有接近零的负特征值。

例 4.4　已知系统的一步状态转移矩阵 $\Phi_{k,k-1}$ 和第 $k-1$ 步的预测误差方差阵 P_{k-1} 分别为

$$P_{k-1} = \begin{bmatrix} 49839.964 & 33400.000 & -55119.952 \\ 0.944 & 25100.000 & -36200.000 \\ -0.988 & -0.924 & 61159.936 \end{bmatrix}$$

$$\Phi_{k,k-1} = \begin{bmatrix} 4740.0 & -1000.0 & 3680.0 \\ -4.0 & 1.0 & -3.0 \\ 0.8 & 0.0 & 0.6 \end{bmatrix}$$

计算中不含舍入误差，并设系统噪声为零，则

$$P_{k,k-1} = \Phi_{k,k-1} P_{k-1} \Phi_{k,k-1}^{\mathrm{T}} = \mathrm{diag}\{-1000.0, 100.0, 1000.0\}$$

一步计算就使 $P_{k,k-1}$ 的特征值达到了 -1000.0，失去了非负定性，这是由 P_{k-1} 的特征值分别为 1.3×10^5、2.8×10^3 和 -2.7×10^{-5}，P_{k-1} 具有接近零的负特征值，P_{k-1} 已接近失去非负定性，并且 $\Phi_{k,k-1}$ 的元素很大引起的。

为解决该问题，与平方根分解类似，下面介绍一种 UD 分解滤波方法，该方法是由 Bierman 和 Thornton 提出的。

如果滤波过程中 P_k 和 $P_{k,k-1}$ 为非负定矩阵，则 P_k 和 $P_{k,k-1}$ 可分解成 UDU^{T} 的形式，即

$$\begin{aligned} P_k &= U_k D_k U_k^{\mathrm{T}} \\ P_{k,k-1} &= U_{k,k-1} D_{k,k-1} U_{k,k-1}^{\mathrm{T}} \end{aligned} \tag{4.88}$$

式中，U_k 和 $U_{k,k-1}$ 为单位上三角阵；D_k 和 $D_{k,k-1}$ 为对角阵。显然，P 阵的正定性与 D 阵相同。

UD 分解滤波过程并不直接求解 P_k 和 $P_{k,k-1}$，而是求解 U_k、$U_{k,k-1}$、D_k 和 $D_{k,k-1}$。U 阵和 D 阵的特殊结构，确保了滤波过程中 P_k 和 $P_{k,k-1}$ 的非负定性。

P 阵可以通过下述方法进行 UD 分解：

$$\begin{cases} D_{nn} = P_{nn} \\ U_{in} = \begin{cases} 1, & i = n \\ \dfrac{P_{in}}{D_{nn}}, & i = n-1, n-2, \cdots, 1 \end{cases} \end{cases} \tag{4.89}$$

$$D_{jj} = P_{jj} - \sum_{k=j+1}^{n} D_{kk} U_{jk}^2 \tag{4.90a}$$

$$U_{jj} = \begin{cases} 0, & i > j \\ 1, & i = j \\ \dfrac{P_{ij} - \sum\limits_{k=j+1}^{n} D_{kk} U_{ik} U_{jk}}{D_{jj}}, & i = j-1, j-2, \cdots, 1 \end{cases} \quad (4.90b)$$

式 (4.90a) 和式 (4.90b) 中，$j = n-1, n-2, \cdots, 1$。

1. 观测更新算法

为了便于书写，令 $P = P_{k,k-1}$，$U = U_{k,k-1}$，$D = D_{k,k-1}$，$H = H_k$，且假定观测量为标量。根据 Kalman 滤波公式 (2.37) 可得

$$\begin{cases} P_k = P - PH^T\left(\dfrac{1}{\alpha}\right)HP \\ \alpha = HPH^T + R \end{cases} \quad (4.91)$$

对式 (4.91) 进行 UD 分解，为

$$U_k D_k U_k^T = UDU^T - \frac{1}{\alpha}UDU^T H^T HUDU^T = U\left(D - \frac{1}{\alpha}DU^T H^T HUD\right)U^T \quad (4.92)$$

令

$$\begin{cases} f = U^T H^T \\ v_j = D_{jj} f_j, & j = 1, 2, \cdots, n \\ v = [v_1 \quad v_2 \quad \cdots \quad v_n] = Df \end{cases} \quad (4.93)$$

将式 (4.93) 代入式 (4.92)，得

$$U_k D_k U_k^T = U\left(D - \frac{1}{\alpha}vv^T\right)U^T = U\overline{U}\,\overline{D}\,\overline{U}^T U^T \quad (4.94)$$

式中，$\overline{U}$ 和 $\overline{D}$ 为 $D - \dfrac{1}{\alpha}vv^T$ 的 UD 分解。

由式 (4.94) 可得

$$U_k = U\overline{U}, \quad D_k = \overline{D} \quad (4.95)$$

$\overline{U}$ 和 $\overline{D}$ 的计算公式如下：

$$\alpha_j = \sum_{k=1}^{j} D_k f_k^2 + R$$

$$\overline{D_{jj}} = D_{jj}\frac{\alpha_{j-1}}{\alpha_j} \quad (4.96)$$

$$\overline{U_{ij}} = \begin{cases} -\dfrac{D_{ii} f_i f_j}{\alpha_{j-1}}, & i = 1, 2, \cdots, j-1 \\ 1, & i = j \\ 0 & i = j+1, j+2, \cdots, n \end{cases}$$

式中，$j = 1, 2, \cdots, n$；$\alpha_0 = R$。

由式(4.94)和式(4.96)可推导出观测为标量时的观测更新 UD 分解滤波算法：

$$
\begin{cases}
f = U_{k,k-1}^{\mathrm{T}} H_k^{\mathrm{T}} \\
v_j = D_{k,k-1}^{jj} f_j, \quad j = 1, 2, \cdots, n \\
\alpha_0 = R
\end{cases}
\tag{4.97}
$$

$$
\left.
\begin{array}{l}
\alpha_i = \alpha_{i-1} + f_i v_i \\
D_k^{ii} = D_{k,k-1}^{ii} \alpha_{i-1} / \alpha_i \\
b_i \leftarrow v_i \\
p_i = -f_i / \alpha_{i-1} \\
\left.
\begin{array}{l}
U_k^{ji} = U_{k,k-1}^{ji} + b_j p_i \\
b_j \leftarrow b_j + U_{k,k-1}^{ji} v_i
\end{array}
\right\} j = 1, 2, \cdots, i-1
\end{array}
\right\} i = 1, 2, \cdots, n
\tag{4.98}
$$

式中，$\leftarrow$ 表示改写，例如，$a \leftarrow b$ 表示用 b 值改写 a；D_k^{ii} 表示 D_k 的对角线元素；U_k^{ji} 表示 U_k 的第 j 行第 i 列元素。

由此可得更新方程为

$$
\begin{cases}
K_k = b_n / \alpha_n \\
\hat{X}_k = \hat{X}_{k,k-1} + K_k (Z_k - H_k \hat{X}_{k_{k-1}})
\end{cases}
\tag{4.99}
$$

2.　时间更新算法

令

$$
\begin{aligned}
Y_{k+1,k} &= [\varPhi_{k+1,k} U_k \quad \varGamma_k] \\
\tilde{D}_{k+1,k} &= \begin{bmatrix} D_k & 0 \\ 0 & Q_k \end{bmatrix}
\end{aligned}
\tag{4.100}
$$

时间更新方程(2.37a)、方程(2.37d)可以写成如下形式：

$$
\begin{cases}
\hat{X}_{k+1,k} = \varPhi_{k+1,k} \hat{X}_k \\
P_{k+1,k} = Y_{k+1,k} \tilde{D}_{k+1,k} Y_{k+1,k}^{\mathrm{T}}
\end{cases}
\tag{4.101}
$$

根据 Gram-Schmidt 算法可得时间更新算法：

$$
\begin{cases}
D_{k+1,k}^{jj} = [b^j]^{\mathrm{T}} \tilde{D}_{k+1,k} b^j, \\
U_{k+1,k}^{ji} = \dfrac{1}{D_{k+1,k}^{ii}} \{ [y^j]^{\mathrm{T}} \tilde{D}_{k+1,k} b^i \},
\end{cases}
\quad i = j, j+1, \cdots, n; j = 1, 2, \cdots, n
\tag{4.102}
$$

式中，y^j 为 $Y_{k+1,k}^{\mathrm{T}}$ 的第 j 列向量。

上述算法可进一步写为

$$
\left.
\begin{array}{l}
c_i = \tilde{D}_{k+1,k} a_i (c_{ij} = \tilde{D}_{k+1,k} a_{ij}; j = 1, 2, \cdots, n) \\
D_{k+1,k}^{ii} = a_i^{\mathrm{T}} c_i \\
d_i = c_i / D_{k+1,k}^{ii} \\
\left.
\begin{array}{l}
U_{k+1,k}^{ji} = a_j^{\mathrm{T}} d_i \\
a_j \leftarrow a_j - U_{k+1,k}^{ji} a_i
\end{array}
\right\} j = 1, 2, \cdots, i-1
\end{array}
\right.
\tag{4.103}
$$

式中，$i=n,n-1,\cdots,1$。式(4.103)给出了 $P_{k+1,k}$ 的 UD 分解全部计算式。

由于滤波误差方差阵为一实对称矩阵，可用以下的正交奇异值分解来表示：

$$\begin{cases} P_k = V_k D_k V_k^{\mathrm{T}} \\ P_{k,k-1} = V_{k,k-1} D_{k,k-1} V_{k,k-1}^{\mathrm{T}} \end{cases} \tag{4.104}$$

式中，V 为正交矩阵；D 为对角矩阵。

这样，在误差方差阵的传播计算中，只要 D 阵的对角元素之差大于零，就可以保证 P 矩阵的正定性。

4.2.5　分解滤波在近地卫星 GNSS 自主定轨中的应用

卫星自主定轨的方法有多种，GNSS 自主定轨尤其引人注目，这主要是因为 GNSS 接收机的重量轻、成本低。特别是对于低轨卫星(1500km 以内)而言，GNSS 接收机的信号电平及平均可观测到的 GNSS 卫星数目与地面上的情况相当，故可达到的精度也与地面相当。若考虑到高空自然环境的复杂性，只要 GNSS 接收机的硬件具有高可靠性，软件具有自检、自恢复等功能，那么将 GNSS 应用于低轨卫星自主定轨是完全可行的。

在用 GNSS 实现近地卫星高精度定轨时，往往采用 Kalman 滤波实时递推算法进行参数估计。在 Kalman 滤波算法的递推过程中，误差方差阵可能会因为计算误差的影响而失去非负定性甚至变得不对称，从而导致发散现象，使滤波失去作用。另外，Kalman 滤波算法中大量的矩阵运算使得计算机的计算量和数据存储量都较大，因此对星上计算机的要求较高。为了解决上述问题，本例选用 UD 协方差分解算法来实现定轨计算。

1. 序列 UD 协方差分解算法

设随机线性离散系统的模型为

$$X_k = \Phi_{k,k-1} X_{k-1} + \Gamma_{k,k-1} W_{k-1} \tag{4.105a}$$

$$Z_k = H X_k + \xi_k \tag{4.105b}$$

式中，$E[W_k]=0, E[\xi_k]=0, E[W_k W_j^{\mathrm{T}}]=Q_k \delta_{kj}, E[\xi_k \xi_j^{\mathrm{T}}]=R_k \delta_{kj}, E[W_k \xi_j^{\mathrm{T}}]=0$；初值条件为 $\hat{X}_0 = E(X_0), P_0 = E[(X_0-\hat{X}_0)(X_0-\hat{X}_0)^{\mathrm{T}}]=U_0 D_0 U_0^{\mathrm{T}}$，则序列 UD 分解算法的公式如下。

1)时间更新、状态预测 $X_{k,k-1}$ 和协方差预测阵 $\tilde{U}_k$ 与 $\tilde{D}_k$ 的计算

状态预测为

$$\hat{X}_{k,k-1} = \Phi_{k,k-1} \hat{X}_{k-1} \tag{4.106}$$

协方差预测 $\tilde{U}_k$、$\tilde{D}_k$ 为

$$\begin{cases} \tilde{D}_{j+1,j+1} = (V_{j+1}^{(j+1)})^{\mathrm{T}} Y (V_{j+1}^{(j+1)}) \\ \tilde{U}_{k,j+1} = (V_k^{(j+1)})^{\mathrm{T}} Y (V_{j+1}^{(j+1)}) / \tilde{D}_{j+1,j+1}, & k=1,2,\cdots,j \\ V_k^j = V_k^{(j+1)} - \tilde{U}_{k,j+1} V_{j+1}^{(j+1)}, & k=1,2,\cdots,j \\ \tilde{D}_{1,1} = (V_1^{(1)})^{\mathrm{T}} Y (V_1^{(1)}) \end{cases} \tag{4.107}$$

式中，$j=n-1,\cdots,1$。

$$M_{n\times(n+n_M)} = (M_1 \quad M_2 \quad \cdots \quad M_n)^{\mathrm{T}} = [\Phi_{k,k-1}\hat{U}_{k-1} \quad \Gamma]$$

$$M_i = [m_1 \quad m_2 \quad \cdots \quad m_{n+n_M}]^{\mathrm{T}}, \quad i=1,2,\cdots,n$$

$$Y = \begin{bmatrix} \hat{D}_{k-1} & 0 \\ 0 & Q \end{bmatrix}$$

$$V_k^{(n)} = M_k, \quad k=1,2,\cdots,n$$

2）观测更新、方差估计阵 $\hat{D}_k$ 和 $\hat{U}_k$ 以及增益阵 K_k 的计算

设有 m 个观测量，采用序列处理的方法，每次取一个观测值 $(i=1,2,\cdots,m)$，令 $Z_k = (Z_{1,k} \quad Z_{2,k} \quad \cdots \quad Z_{m,k})^{\mathrm{T}}$，$H = (h_1 \quad h_2 \quad \cdots \quad h_m)^{\mathrm{T}}$，$R = (R_1, R_2, \cdots, R_m)$，则 $Z_{i,k} = h_i^{\mathrm{T}} X_k$。

协方差估计阵 $\hat{D}_k$、$\hat{U}_k$ 以及增益阵 K_k 的计算公式为

$$\begin{cases} \alpha_j = \alpha_{j-1} + v_j f_j \\ \hat{d}_{j,j} = \tilde{d}_{j,j}\alpha_{j-1}/\alpha_j \\ \hat{u}_j = \tilde{u}_j + \lambda_j K_{k,j} \\ \lambda_j = -f_j/\alpha_{j-1} \\ K_{k,j+1} = K_{k,j} + v_j \tilde{u}_j \end{cases} \tag{4.108}$$

式中，$\tilde{U} = [\tilde{u}_1 \quad \tilde{u}_2 \quad \cdots \quad \tilde{u}_n]^{\mathrm{T}}$，$\hat{U} = [\hat{u}_1 \quad \hat{u}_2 \quad \cdots \quad \hat{u}_n]^{\mathrm{T}}$，$j=2,3,\cdots,n$，$f_j$、$v_j$、$d_j$ 的计算公式为

$$f_{n\times 1} = (f_1 \quad f_2 \quad \cdots \quad f_n)^{\mathrm{T}} = \tilde{U}_k^{\mathrm{T}} h_{i_m\times 1}$$

$$v_{n\times 1} = \tilde{D}_k f = (v_1 \quad v_2 \quad \cdots \quad v_n)^{\mathrm{T}}$$

即

$$v_k = \tilde{d}_{k,k} f_k, \quad k=1,2,\cdots,n$$

$$\hat{d}_{1,1} = \tilde{d}_{1,1} R_{i,i}/\alpha_1$$

$$\alpha_1 = R_{i,i} + v_1 f_1, \quad K_{k,2}^{\mathrm{T}} = [v_2 \underbrace{0\cdots 0}_{n-1}]$$

增益阵 K_k 的计算公式为

$$K_{k,n} = K_{k,n+1}/\alpha_n \tag{4.109}$$

状态估计的计算公式为

$$\hat{X}_k = \hat{X}_{k,k-1} + K_k(Z_k - H\hat{X}_{k,k-1}) \tag{4.110}$$

2. 近地卫星动态方程

1）运动方程

对于近地卫星，考虑地球引力场中 J_2、J_3、J_4 及大气阻力摄动的影响，卫星的运动微分方程可表示为

$$\begin{cases} \ddot{x} = \dfrac{\mu}{r^3}x + A_{J_2 x} + A_{J_3 x} + A_{J_4 x} + A_{f_d x} \\ \ddot{y} = \dfrac{\mu}{r^3}y + A_{J_2 y} + A_{J_3 y} + A_{J_4 y} + A_{f_d y} \\ \ddot{z} = \dfrac{\mu}{r^3}z + A_{J_2 z} + A_{J_3 z} + A_{J_4 z} + A_{f_d z} \end{cases} \tag{4.111}$$

式中，μ为地球引力常数；r为地心至用户的距离；$(A_{J_i x}, A_{J_i y}, A_{J_i z})$为$J_i$ $(i = 2, 3, 4)$摄动项所引起的沿地心惯性坐标系三轴方向的加速度；$(A_{f_d x}, A_{f_d y}, A_{f_d z})$为大气阻力摄动加速度。

$$\begin{cases} A_{J_2 x} = -\dfrac{3}{2}\dfrac{u}{r}\left(\dfrac{a_e}{r}\right)^2 J_2 \dfrac{x}{r^2}(1 - 5\sin^2\varphi) \\[3mm] A_{J_2 y} = -\dfrac{3}{2}\dfrac{u}{r}\left(\dfrac{a_e}{r}\right)^2 J_2 \dfrac{y}{r^2}(1 - 5\sin^2\varphi) \\[3mm] A_{J_2 z} = -\dfrac{3}{2}\dfrac{u}{r}\left(\dfrac{a_e}{r}\right)^2 J_2 \dfrac{z}{r^2}(3 - 5\sin^2\varphi) \end{cases} \tag{4.112}$$

$$\begin{cases} A_{J_3 x} = -\dfrac{u}{r}\left(\dfrac{a_e}{r}\right)^3 J_3 \dfrac{x}{r^2}\left(\dfrac{15}{2}\sin\varphi - 15\sin^2\varphi\right) \\[3mm] A_{J_3 y} = -\dfrac{u}{r}\left(\dfrac{a_e}{r}\right)^3 J_3 \dfrac{y}{r^2}\left(\dfrac{15}{2}\sin\varphi - 15\sin^2\varphi\right) \\[3mm] A_{J_3 z} = -\dfrac{u}{r}\left(\dfrac{a_e}{r}\right)^3 J_3 \dfrac{1}{r}\left(-\dfrac{3}{2} + 5\sin\varphi + \dfrac{15}{2}\sin^2\varphi - 15\sin^3\varphi\right) \end{cases} \tag{4.113}$$

$$\begin{cases} A_{J_4 x} = \dfrac{u}{r}\left(\dfrac{a_e}{r}\right)^4 J_4 \dfrac{x}{r^2}\cdot\dfrac{15}{8}(21\sin^4\varphi - 7\sin^2\varphi + 1) \\[3mm] A_{J_4 y} = \dfrac{u}{r}\left(\dfrac{a_e}{r}\right)^4 J_4 \dfrac{y}{r^2}\cdot\dfrac{15}{8}(21\sin^4\varphi - 7\sin^2\varphi + 1) \\[3mm] A_{J_4 z} = \dfrac{u}{r}\left(\dfrac{a_e}{r}\right)^4 J_4 \dfrac{z}{r^2}\cdot\dfrac{15}{8}(63\sin^4\varphi - 49\sin^2\varphi + 30) \end{cases} \tag{4.114}$$

下面推导大气阻力的摄动加速度。

单位质量的物体所受的大气阻力可表示为

$$f_d = -\dfrac{1}{2}C_d \rho_d \dfrac{A}{m} v_s \vec{v}_s \tag{4.115}$$

式中，C_d为阻力系数，通常取 2.2±0.2；ρ_d为卫星轨道位置的大气密度；A/m为面质比；$\vec{v}_s$为卫星相对于大气的速度；v_s为速度的模。$\vec{v}_s$可表示为

$$\vec{v}_s = \dot{S} - \begin{bmatrix} 0 & -\omega_d & 0 \\ \omega_d & 0 & 0 \\ 0 & 0 & 0 \end{bmatrix} S$$

即

$$\begin{cases} v_{sx} = \dot{x} + \omega_d y \\ v_{sy} = \dot{y} - \omega_d x \\ v_{sz} = \dot{z} \end{cases} \tag{4.116}$$

式中，S、$\dot{S}$分别为卫星的位置向量和速度向量；ω_d为大气旋转速度。若大气静止不动，则$\vec{v}_s = \dot{S}$；但实际上大气是旋转的，一般假定低层大气$\omega_d = \omega_e$（地球自转角速度），高层大气由于受磁场加速作用，旋转速度比地球自转速度快一些，约为 $1.2\,\omega_e$。

令气动因子$d = -(1/2)C_d \rho_d (A/m)$，则有

$$\begin{cases} A_{f_dx} = dv_s(\dot{x} + \omega_d y) \\ A_{f_dy} = dv_s(\dot{y} - \omega_d x) \\ A_{f_dz} = dv_s\dot{z} \end{cases} \tag{4.117}$$

将式(4.112)~式(4.114)和式(4.117)代入式(4.111)，可得系统的运动微分方程。

2)状态方程

考虑到实际飞行过程中气动因子的不确定性，将它作为一状态变量，并假设为一阶马尔可夫过程，则有

$$\dot{d} = -\frac{1}{\tau_d}d + \omega_d \tag{4.118}$$

将 GNSS 接收机的时钟偏差和频率偏差 Δf_u 也扩充为状态变量，通常假设 Δf_u 为一阶马尔可夫过程，则有

$$\dot{\Delta f_u} = -\frac{1}{\tau_f}f + \omega_f, \quad \dot{\Delta t_u} = f + \omega_t \tag{4.119}$$

由卫星的 3 个位置分量、3 个速度分量及 d、Δt_u 和 Δf_u 组成 9 维状态向量，即

$$X = [x \ y \ z \ \dot{x} \ \dot{y} \ \dot{z} \ \Delta t_u \ \Delta f_u \ d]^{\mathrm{T}} \tag{4.120}$$

由式(4.111)、式(4.118)~式(4.120)组成系统的状态方程。将此状态方程先进行线性化，再离散化，于是可得到如下形式的滤波器状态方程：

$$X_k = \Phi_{k,k-1}X_{k-1} + W_{k-1} \tag{4.121}$$

式中，$\Phi_{k,k-1}$ 为状态转移矩阵。

3. 观测方程

GNSS 接收机的 8 个观测为 4 个伪距和 4 个伪距率，伪距的观测方程为

$$\rho_i = R_i + c(\Delta t_u - \Delta t_s^i) + \Delta\rho_i, \quad i = 1, 2, 3, 4 \tag{4.122}$$

式中，$R_i = \sqrt{(x_s^i - x_u)^2 + (y_s^i - y_u)^2 + (z_s^i - z_u)^2}$ 为第 i 颗 GNSS 卫星至用户的几何距离；Δt_u、Δt_s^i 分别为接收机时钟偏差和 GNSS 卫星钟偏差；c 为光速；$\Delta\rho_i$ 为伪距误差(包括 SA 误差、电离层延迟误差、对流层延迟误差、多路径误差及接收机噪声等)。

伪距率的观测方程为

$$\dot{\rho}_i = \frac{(x_s^i - x)(\dot{x}_s^i - \dot{x}) + (y_s^i - y)(\dot{y}_s^i - \dot{y}) + (z_s^i - z)(\dot{z}_s^i - \dot{z})}{R_i} + c\Delta f_u + \Delta\dot{\rho}_i, \quad i = 1, 2, 3, 4 \tag{4.123}$$

式中，(x_s^i, y_s^i, z_s^i) 和 $(\dot{x}_s^i, \dot{y}_s^i, \dot{z}_s^i)$ 为第 i 颗 GNSS 卫星的位置和速度；$\Delta\dot{\rho}_i$ 为伪距率误差。

将式(4.122)和式(4.123)分别进行线性化，得到

$$\rho_{i(k)} = D_{i(k,k-1)} + \frac{\partial R_i}{\partial x}\delta x + \frac{\partial R_i}{\partial y}\delta y + \frac{\partial R_i}{\partial z}\delta z + c\delta\Delta t_u + \beta_{i(k)} \tag{4.124}$$

$$\dot{\rho}_{i(k)} = \dot{D}_{i(k,k-1)} + \frac{\partial\dot{\rho}_i}{\partial x}\delta x + \frac{\partial\dot{\rho}_i}{\partial y}\delta y + \frac{\partial\dot{\rho}_i}{\partial z}\delta z + \frac{\partial\dot{\rho}_i}{\partial\dot{x}}\delta\dot{x} + \frac{\partial\dot{\rho}_i}{\partial\dot{y}}\delta\dot{y} + \frac{\partial\dot{\rho}_i}{\partial\dot{z}}\delta\dot{z} + c\delta\Delta f_u + \zeta_{i(k)} \tag{4.125}$$

式中，$i = 1, 2, 3, 4$；$D_{i(k,k-1)} = R_{i(k,k-1)} + c(\Delta t_{u(k,k-1)} - \Delta t_s^i)$；$\dfrac{\partial R_i}{\partial x} = \dfrac{x - x_s^i}{R_i}$；$\dfrac{\partial R_i}{\partial y} = \dfrac{y - y_s^i}{R_i}$；

$$\frac{\partial R_i}{\partial z} = \frac{z - z_s^i}{R_i} \quad ; \quad \dot{D}_{i(k,k-1)} = \frac{(x_s^i - x)(\dot{x}_s^i - \dot{x}) + (y_s^i - y)(\dot{y}_s^i - \dot{y}) + (z_s^i - z)(\dot{z}_s^i - \dot{z})}{R_i} \bigg|_{k,k-1} + c\Delta f_{u(k,k-1)} \quad ;$$

$$\frac{\partial \dot{\rho}_i}{\partial x} = \frac{\dot{x} - \dot{x}_s^i}{R_i} - \frac{(x_s^i - x)(\dot{x}_s^i - \dot{x}) + (y_s^i - y)(\dot{y}_s^i - \dot{y}) + (z_s^i - z)(\dot{z}_s^i - \dot{z})}{R_i^2} \frac{\partial R_i}{\partial x} \; ; \; \frac{\partial \dot{\rho}_i}{\partial y} \, \text{、} \, \frac{\partial \dot{\rho}_i}{\partial z} \, \text{的形式与} \, \frac{\partial \dot{\rho}_i}{\partial x} \, \text{相}$$

同，只是将 $\dfrac{\dot{x} - \dot{x}_s^i}{R_i}$ 改成 $\dfrac{\dot{y} - \dot{y}_s^i}{R_i}$、$\dfrac{\dot{z} - \dot{z}_s^i}{R_i}$，将 $\dfrac{\partial R_i}{\partial x}$ 改成 $\dfrac{\partial R_i}{\partial y}$、$\dfrac{\partial R_i}{\partial z}$；$\dfrac{\partial \dot{\rho}_i}{\partial \dot{x}} = \dfrac{x - x_s^i}{R_i}$；$\dfrac{\partial \dot{\rho}_i}{\partial \dot{y}} = \dfrac{y - y_s^i}{R_i}$；

$\dfrac{\partial \dot{\rho}_i}{\partial \dot{z}} = \dfrac{z - z_s^i}{R_i}$；$\beta_{i(k)}$、$\zeta_{i(k)}$ 分别为伪距、伪距率观测噪声。

量测方程表示为

$$\begin{cases} z_{m(k)}^j = \rho_{i(k)} - D_{i(k,k-1)}, & j = 1, 2, 3, 4 \\ z_{m(k)}^j = \dot{\rho}_{i(k)} - \dot{D}_{i(k,k-1)}, & j = 5, 6, 7, 8 \end{cases} \tag{4.126}$$

且可写成矩阵形式为 $Z_{m(k)} = H_k X_k + \sigma_k$，其中 σ_k 为观测噪声，H_k 为观测矩阵：

$$H_k = \begin{bmatrix} \frac{\partial R_1}{\partial x} & \frac{\partial R_1}{\partial y} & \frac{\partial R_1}{\partial z} & c & 0 & 0 & c & 0 & 0 \\ \vdots & \vdots & \vdots & \vdots & \vdots & \vdots & \vdots & \vdots & \vdots \\ \frac{\partial R_4}{\partial x} & \frac{\partial R_4}{\partial y} & \frac{\partial R_4}{\partial z} & c & 0 & 0 & c & 0 & 0 \\ \frac{\partial \dot{\rho}_1}{\partial x} & \frac{\partial \dot{\rho}_1}{\partial y} & \frac{\partial \dot{\rho}_1}{\partial z} & \frac{\partial \dot{\rho}_1}{\partial \dot{x}} & \frac{\partial \dot{\rho}_1}{\partial \dot{y}} & \frac{\partial \dot{\rho}_1}{\partial \dot{z}} & 0 & c & 0 \\ \vdots & \vdots & \vdots & \vdots & \vdots & \vdots & \vdots & \vdots & \vdots \\ \frac{\partial \dot{\rho}_4}{\partial x} & \frac{\partial \dot{\rho}_4}{\partial y} & \frac{\partial \dot{\rho}_4}{\partial z} & \frac{\partial \dot{\rho}_4}{\partial \dot{x}} & \frac{\partial \dot{\rho}_4}{\partial \dot{y}} & \frac{\partial \dot{\rho}_4}{\partial \dot{z}} & 0 & c & 0 \end{bmatrix}_{8 \times 9}$$

4. 数字仿真

在仿真实验中，用户卫星的星历数据来自 NASA 在 Internet 上公布的 Topex 卫星精密轨道数据文件，观测也是来自 Topex 星载 GNSS 接收机实时观测数据文件，GNSS 卫星的星历数据则来自 lox.ucsd.edu 网站的广播星历数据文件。仿真时初始状态位置和速度的初值分别为标准值加上 5km 和 50m/s 的偏差、气动因子、接收机钟偏、频漂初值都为 0，$\tau_d = 90\,\mathrm{min}$，$\tau_f = 120\,\mathrm{min}$，初始协方差为

$$P_0 = \mathrm{diag}\{1/\varepsilon_p, 1/\varepsilon_p, 1/\varepsilon_p, 1/\varepsilon_v, 1/\varepsilon_v, 1/\varepsilon_v, 1/\varepsilon_d, 1/\varepsilon_t, 1/\varepsilon_f\}$$

式中，$\varepsilon_p = 1.0 \times 10^{-6}$；$\varepsilon_v = 1.0 \times 10^{-4}$；$\varepsilon_d = 1.0 \times 10^{-5}$；$\varepsilon_t = 1.0 \times 10^{-5}$；$\varepsilon_f = 1.0 \times 10^{-5}$。

仿真比较了序列 UD 分解滤波和普通 GNSS 定轨的误差情况。实验时，普通 GNSS 的定轨算法采用迭代算法，即直接从观测计算出卫星的位置和速度。UD 分解滤波算法采用由 9 维状态方程和 8 维观测方程所组成的系统模型，按式(4.106)～式(4.110)的递推公式进行计算。仿真结果表明，不用 UD 分解滤波算法时的径向位置误差为 102m，径向速度误差为 0.078m/s，误差曲线如图 4.1 所示；采用 UD 分解滤波算法时，径向位置误差为 20m，径向速度误差为 0.036m/s。误差曲线如图 4.2 所示。

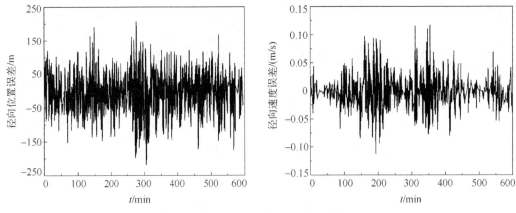

图 4.1　无滤波时 GNSS 定轨的误差曲线

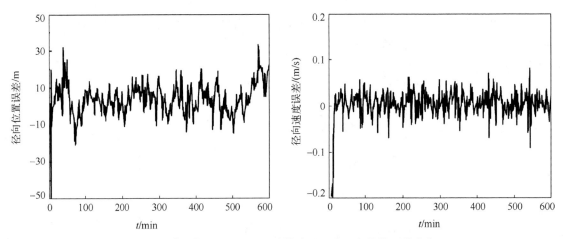

图 4.2　采用序列 *UD* 分解滤波算法时 GNSS 定轨的误差曲线

　　与采用普通 Kalman 滤波算法进行定轨比较，序列 *UD* 分解滤波算法在定轨精度上没有多大的改善，即位置误差和速度误差处于同一数量级，普通 Kalman 滤波算法的误差曲线与图 4.2 基本一样。但是如果初始状态或初始误差方差阵很不准确，普通 Kalman 滤波算法可能由于计算误差导致误差方差阵失去非负定性，从而出现发散现象；而序列 *UD* 分解滤波算法一般不会出现这种情况。从计算量和数据存储量来看，普通 Kalman 滤波算法中要计算和存储大量的矩阵，如估计误差方差阵的初始值、预测值、估计值及大量的中间运算矩阵，而序列 *UD* 分解滤波算法每次只取一个观测，计算程序中不需要设计矩阵存储空间，也不需要进行矩阵求逆运算，因此数据存储量相对来说要小 *N* 倍(*N* 为观测量的个数)，计算速度相对来说也要快一些。

　　通过采用序列 *UD* 分解滤波算法对近地卫星 GNSS 自主定轨的研究结果表明，运用 GNSS 对近地卫星定轨时，采用序列 *UD* 分解滤波算法可以减小定位误差，提高定位精度；避免由计算误差所带来的影响，使估计误差方差阵始终保持非负定性和对称性，防止滤波器发散，提高系统的稳定性；减小计算机的计算量和数据存储量，提高计算速度，因此便于计算机自主定轨的实现。

4.3　信　息　滤　波

4.3.1　信息平方根滤波

1. 信息滤波

一般情况下，称 P_k^{-1} 和 $P_{k,k-1}^{-1}$ 为信息矩阵。使用信息矩阵的 Kalman 滤波方程称为信息滤波方程。通过矩阵求逆公式可以把以传播误差方差阵 $P_{k,k-1}$ 和 P_k 为特点的 Kalman 滤波方程转换为以传播信息矩阵 $P_{k,k-1}^{-1}$ 和 P_k^{-1} 为特点的信息滤波方程。

根据矩阵求逆公式

$$(A+BC)^{-1} = A^{-1} - A^{-1}B(I+CA^{-1}B)^{-1}CA^{-1}$$

由式 (2.37e) 得

$$P_k^{-1} = P_{k,k-1}^{-1} + H_k^{\mathrm{T}} R_k^{-1} H_k \tag{4.127}$$

把式 (2.37d) 中 $P_{k,k-1}$ 化为

$$
\begin{aligned}
P_{k,k-1}^{-1} &= (M_{k-1}^{-1} + \Gamma_{k-1} Q_{k-1} \Gamma_{k-1}^{\mathrm{T}})^{-1} \\
&= [I - M_{k-1}\Gamma_{k-1}(\Gamma_{k-1}^{\mathrm{T}} M_{k-1} \Gamma_{k-1} + Q_{k-1}^{-1})^{-1} \Gamma_{k-1}^{\mathrm{T}}]\, M_{k-1}
\end{aligned}
$$

式中

$$M_{k-1} = (\Phi_{k,k-1}^{-1})^{\mathrm{T}} P_{k-1}^{-1} \Phi_{k,k-1}^{-1} \tag{4.128}$$

或

$$P_{k,k-1}^{-1} = (I - N_{k-1}\Gamma_{k-1}^{\mathrm{T}}) M_{k-1} \tag{4.129}$$

其中

$$N_{k-1} = M_{k-1}\Gamma_{k-1}(\Gamma_{k-1}^{\mathrm{T}} M_{k-1} \Gamma_{k-1} + Q_{k-1}^{-1})^{-1} \tag{4.130}$$

信息滤波方法不是直接寻求 $\hat{X}_k$ 和 $\hat{X}_{k,k-1}$ 的递推公式，而是通过引进中间向量

$$
\begin{cases}
a_{k,k-1} = P_{k,k-1}^{-1} \hat{X}_{k,k-1} \\
a_k = P_k^{-1} \hat{X}_k
\end{cases}
\tag{4.131}
$$

并将式 (4.129) 中的 $P_{k,k-1}^{-1}$ 及 $\hat{X}_{k+1,k} = \Phi_{k+1,k}\hat{X}_k$ 代入式 (4.131)，得到

$$a_{k+1,k} = (I - N_k \Gamma_k^{\mathrm{T}}) M_k \Phi_{k+1,k} \hat{X}_k \tag{4.132}$$

从式 (4.128) 可知：

$$M_k \Phi_{k+1,k} \hat{X}_k = (\Phi_{k,k-1}^{-1})^{\mathrm{T}} a_k \tag{4.133}$$

将式 (4.132) 代入式 (4.133)，并注意式 (4.131)，有

$$a_{k+1,k} = (I - N_k \Gamma_k^{\mathrm{T}})(\Phi_{k,k-1}^{-1})^{\mathrm{T}} a_k \tag{4.134}$$

以上是时间更新公式。

经过类似的变换和代替，可从滤波公式(2.37)中的

$$\hat{X}_k = \hat{X}_{k,k-1} + P_{k,k-1}H_k^{\mathrm{T}}(H_k P_{k,k-1}H_k^{\mathrm{T}} + R_k)^{-1}(Z_k - H_k\hat{X}_{k,k-1})$$

得 a_k 的观测更新公式为

$$a_k = a_{k,k-1} + H_k^{\mathrm{T}}R_k^{-1}Z_k \tag{4.135}$$

总结以上结果，得到如下信息滤波算法。

时间更新：

$$\begin{cases} P_{k+1,k}^{-1} = (I - N_k \Gamma_k^{\mathrm{T}})M_k \\ M_k = (\Phi_{k+1,k}^{-1})^{\mathrm{T}} P_k^{-1}\Phi_{k+1,k}^{-1} \\ N_k = M_k \Gamma_k (\Gamma_k^{\mathrm{T}}M_k \Gamma_k + Q_k^{-1})^{-1} \\ a_{k+1,k} = (I - N_k \Gamma_k^{\mathrm{T}})(\Phi_{k+1,k}^{-1})^{\mathrm{T}} a_k \end{cases} \tag{4.136}$$

观测更新：

$$\begin{cases} P_k^{-1} = P_{k,k-1}^{-1} + H_k^{\mathrm{T}}R_k^{-1}H_k \\ a_k = a_{k,k-1} + H_k^{\mathrm{T}}R_k^{-1}Z_k \end{cases} \tag{4.137}$$

式中

$$\begin{cases} a_{k,k-1} = P_{k,k-1}^{-1}\hat{X}_{k,k-1} \\ a_k = P_k^{-1}\hat{X}_k \end{cases} \tag{4.138}$$

信息滤波算法是在 Kalman 滤波算法的基础上推导出来的，二者在代数上是等价的。与 Kalman 滤波算法相比，信息滤波有如下优点：

(1)在缺乏初值的先验知识 $\hat{X}_0$，即当 $P_0^{-1} = 0$ 时，P_0 为无限大，信息量为零，普通 Kalman 滤波启动困难，信息滤波则容易处理；

(2)当输出量维数比输入量维数大时，计算量将减小，这是因为在普通 Kalman 滤波算法中，要计算逆阵 $(H_k P_{k,k-1}H_k^{\mathrm{T}} + R_k)^{-1}$，而在信息滤波算法中，则计算逆阵 $(\Gamma_k^{\mathrm{T}}M_k \Gamma_k + Q_k^{-1})^{-1}$；

(3)信息滤波算法处理观测更新时比较有效。

在信息滤波算法中，由于要计算矩阵差 $I - N_k \Gamma_k^{\mathrm{T}}$，可能导致 $P_{k,k-1}^{-1}$ 失去正定性和对称性而引起滤波发散。为了解决这一问题，人们提出了信息平方根滤波方法。

2. 条件极值的求法

信息平方根滤波问题采用下面的方法解决：①把最优估计问题化为条件极值问题；②采用动态规划法，逐步寻优。为此，介绍条件极值的求法。

设离散时间系统的差分方程为

$$\begin{aligned} X_{k+1} &= f(X_k,k) + \Gamma_k W_k \\ Z_k &= h(X_k,k) + V_k \end{aligned} \tag{4.139}$$

式中，X_k 是系统的 n 维状态序列；Z_k 是系统的 m 维观测序列；W_k 是 p 维系统过程噪声序列；V_k 是 m 维观测噪声序列；Γ_k 是 $n \times p$ 干扰输入矩阵；f、h 分别为 n 维和 m 维向量函数；$W_k \sim N[0,Q_k]$，$V_k \sim N[0,R_k]$，且 $E[W_j V_k^{\mathrm{T}}] = 0$。根据以上假设，可知系统为高斯-马尔可夫序

列，它的条件概率分布密度为

$$p_{X_k|Z_k}(X|Z) = E[Z]\exp\left\{-\frac{1}{2}\|X_0 - M\|_{P_0^{-1}}^2 - \frac{1}{2}\sum_{i=1}^{k}\|Z_i - h(X_i,i)\|_{R_i^{-1}}^2 - \frac{1}{2}\sum_{i=0}^{k-1}\|X_{i+1} - f(X_i)\|_{\Gamma_i Q_i \Gamma_i^T}^2\right\}$$

(4.140)

式中，$\|X\|_P^2 = X^T P X$。式(4.140)等价于求序列 $\{X_0,X_1,\cdots,X_k\}$，使性能函数

$$J_k = -\frac{1}{2}\|X_0 - M\|_{P_0^{-1}}^2 - \frac{1}{2}\sum_{i=1}^{k}\|Z_i - h(X_i,i)\|_{R_i^{-1}}^2 - \frac{1}{2}\sum_{i=0}^{k-1}\|X_{i+1} - f(X_i)\|_{Q_i^{-1}}^2$$

(4.141)

为最大，或者等价于选取序列 $\{X_0,X_1,\cdots,X_k\}$ 和 $\{W_0,W_1,\cdots,W_{k-1}\}$ 使

$$\frac{1}{2}\|X_0 - M\|_{P_0^{-1}}^2 + \frac{1}{2}\sum_{i=1}^{k}\|Z_i - h(X_i,i)\|_{R_i^{-1}}^2 + \frac{1}{2}\sum_{i=0}^{k-1}\|X_{i+1} - f(X_i)\|_{Q_i^{-1}}^2$$

(4.142)

在约束条件

$$X_{k+1} = f(X_k,k) + \Gamma_k W_k$$

(4.143)

下极小，这就是求条件极值的问题。

引入拉格朗日向量乘子 λ_i，可将上述条件约束求极值问题转化为一般求极值问题，即令式(4.144)为极小：

$$I_k = \frac{1}{2}\|X_0 - M\|_{P_0^{-1}}^2 + \frac{1}{2}\sum_{i=1}^{k}\|Z_i - h(X_i,i)\|_{R_i^{-1}}^2$$
$$+ \sum_{i=0}^{k-1}\left\{\frac{1}{2}\|W_i\|_{Q_i^{-1}}^2 + \lambda_i^T[X_{i+1} - f(X_i,i) - \Gamma_i W_i]\right\}$$

(4.144)

式中，I_k 代表根据观测向量 Z_1^k 对 k 时刻状态进行估计。这时，所求的解是滤波估计；如果根据观测向量 Z_1^k 对 $p>k$ 时刻状态进行估计，则所求的解是预测估计，此时式(4.144)应该为

$$I_{k,p} = \frac{1}{2}\|X_0 - M\|_{P_0^{-1}}^2 + \frac{1}{2}\sum_{i=1}^{k}\|Z_i - h(X_i,i)\|_{R_i^{-1}}^2$$
$$+ \sum_{i=0}^{k+p-1}\left\{\frac{1}{2}\|W_i\|_{Q_i^{-1}}^2 + \lambda_i^T[X_{i+1} - f(X_i,i) - \Gamma_i W_i]\right\}$$

(4.145)

比较式(4.144)和式(4.145)可知：

$$I_{k,p} = I_k + \sum_{i=k}^{k+p-1}\left\{\frac{1}{2}\|W_i\|_{Q_i^{-1}}^2 + \lambda_i^T[X_{i+1} - f(X_i,i) - \Gamma_i W_i]\right\}$$

(4.146)

现用动态规划法求解这个由估计转化的极值问题，设从方程(4.143)解出

$$X_k = f^{-1}(X_{k+1} - \Gamma_k W_k, k)$$

(4.147)

假设 f^{-1} 存在，定义损失函数

$$\begin{cases} S_0(X_0) = \|X_0 - M\|_{P_0^{-1}}^2 + \|Z_0 - h(X_0)\|_{R_0^{-1}}^2 \\ S_k(X_k) = \min_{W_0,\cdots,W_{k-1}}\left\{\|X_0 - M\|_{P_0^{-1}}^2 + \sum_{i=0}^{k}\|Z_i - h(X_i,i)\|_{R_0^{-1}}^2 + \sum_{i=0}^{k-1}\|W_i\|_{Q_i^{-1}}^2\right\}, \quad k=1,2,\cdots \end{cases}$$

(4.148)

式(4.148)可写为

$$S_k(X_k) = \min\{S_{k-1}[f^{-1}(X_k - \Gamma_{k-1}W_{k-1}, k-1)] + \|W_{k-1}\|_{Q_{k-1}^{-1}}^2 + \|Z_k - h(X_k)\|_{R_k^{-1}}^2\} \tag{4.149}$$

这样，一步一步递推下去，即可求出所需结果。

3. 信息平方根滤波算法

设随机线性离散系统方程为

$$X_k = \Phi_{k,k-1}X_{k-1} + \Gamma_{k-1}W_{k-1} \tag{4.150}$$

$$Z_k = H_k X_k + V_k \tag{4.151}$$

各变量维数及随机过程变量的统计特性如第 2 章所述，按 Cholesky 三角形分解法，得

$$\begin{cases} P_{k,k-1} = S_{k,k-1}S_{k,k-1}^T \\ P_k = S_k S_k^T \\ Q_k = U_k U_k^T \\ R_k = N_k N_k^T \end{cases} \tag{4.152}$$

若已求得

$$b_{k,k-1} = S_{k,k-1}^{-1}\hat{X}_{k,k-1} \tag{4.153}$$

则观测更新的性能函数为

$$\begin{aligned} J_k &= \left\| X_k - \hat{X}_{k,k-1} \right\|_{P_{k,k-1}^{-1}}^2 + \left\| Z_k - H_k \hat{X}_k \right\|_{R_k^{-1}}^2 \\ &= \left\| S_{k,k-1}^{-1}(X_k - \hat{X}_{k,k-1}) \right\|^2 + \left\| N_k^{-1}(H_k \hat{X}_k - Z_k) \right\|^2 \end{aligned} \tag{4.154}$$

也可以写为

$$J_k = \left\| \begin{bmatrix} S_{k,k-1}^{-1} \\ N_k^{-1}H_k \end{bmatrix} X_k - \begin{bmatrix} b_{k,k-1} \\ N_k^{-1}Z_k \end{bmatrix} \right\|^2 \tag{4.155}$$

按 Householder 变换构造正交矩阵 T，使

$$T\begin{bmatrix} S_{k,k-1}^{-1} \\ N_k^{-1}H_k \end{bmatrix} = \begin{bmatrix} S_k^{-1} \\ 0 \end{bmatrix}, \quad T\begin{bmatrix} b_{k,k-1} \\ N_k^{-1}Z_k \end{bmatrix} = \begin{bmatrix} b_k \\ e_k \end{bmatrix} \tag{4.156}$$

将结果代入式(4.155)中，得

$$J_k = \left\| S_k^{-1}X_k - b_k \right\|^2 + \|e_k\|^2 \tag{4.157}$$

式中，e_k 是观测更新误差，欲使 J_k 最小，应有

$$b_k = S_k^{-1}\hat{X}_k \tag{4.158}$$

这样，就求得滤波的观测更新算法。

若已知 $b_k = S_k^{-1}\hat{X}_k$，则时间更新性能函数为

$$J_{k+1,k} = J_k + \left\| W_k \right\|_{Q_k^{-1}}^2 = J_k + \left\| U_k^{-1} W_k \right\|^2$$
$$= \left\| S_k^{-1} X_k - b_k \right\|^2 + \left\| e_k \right\|^2 + \left\| U_k^{-1} W_k \right\|^2 \tag{4.159}$$

由系统方程式 (4.150) 得

$$X_k = \Phi_{k+1,k}^{-1}(X_{k+1} - \Gamma_k W_k)$$

代入式 (4.159)，并改写成为

$$J_{k+1,k} = \left\| \begin{bmatrix} U_k^{-1} & 0 \\ S_k^{-1} \Phi_{k+1,k}^{-1} \Gamma_k & S_k^{-1} \Phi_{k+1,k}^{-1} \end{bmatrix} \begin{bmatrix} W_k \\ X_{k+1} \end{bmatrix} - \begin{bmatrix} 0 \\ b_k \end{bmatrix} \right\|^2 + \left\| e_k \right\|^2 \tag{4.160}$$

再构造正交矩阵 T，使

$$\begin{cases} T \begin{bmatrix} U_k^{-1} & 0 \\ S_k^{-1} \Phi_{k+1,k}^{-1} \Gamma_k & S_k^{-1} \Phi_{k+1,k}^{-1} \end{bmatrix} = \begin{bmatrix} A_{k+1} & B_{k+1} \\ 0 & S_{k+1,k}^{-1} \end{bmatrix} \\ T \begin{bmatrix} 0 \\ b_k \end{bmatrix} = \begin{bmatrix} c_{k+1} \\ b_{k+1,k} \end{bmatrix} \end{cases} \tag{4.161}$$

式中，A_{k+1} 为非奇异上三角阵，将式 (4.161) 的结果代入式 (4.160)，得

$$J_{k+1,k} = \left\| A_{k+1} W_k + B_{k+1} \hat{X}_{k+1} - c_{k+1} \right\|^2 + \left\| S_{k+1,k}^{-1} \hat{X}_{k+1} - b_{k+1,k} \right\|^2 + \left\| e_k \right\|^2 \tag{4.162}$$

欲使 $J_{k+1,k}$ 最小，应使

$$\begin{cases} W_k = A_{k+1}^{-1}(c_{k+1} - B_{k+1} \hat{X}_{k+1}) \\ b_{k+1,k} = S_{k+1,k}^{-1} \hat{X}_{k+1,k} \end{cases} \tag{4.163}$$

这样，就得到滤波的时间更新算法。

总结以上结果，得信息平方根滤波算法如下。

时间更新：

$$T_1 \begin{bmatrix} U_k^{-1} & 0 & 0 \\ S_k^{-1} \Phi_{k+1,k} \Gamma_k & S_k^{-1} \Phi_{k+1,k} & b_k \end{bmatrix} = \begin{bmatrix} A_{k+1} & B_{k+1} & c_{k+1} \\ 0 & S_{k+1,k}^{-1} & b_{k+1,k} \end{bmatrix} \tag{4.164}$$

观测更新：

$$\begin{cases} T_2 \begin{bmatrix} S_{k,k-1}^{-1} & b_{k,k-1} \\ N_k^{-1} H_k & N_k^{-1} Z_k \end{bmatrix} = \begin{bmatrix} S_k^{-1} & b_k \\ 0 & e_k \end{bmatrix} \\ b_k = S_k^{-1} X_k, \quad b_{k+1,k} = S_{k+1,k}^{-1} \hat{X}_{k+1,k} \\ P_k = S_k S_k^{\mathrm{T}}, \quad P_{k,k-1} = S_{k,k-1} S_{k,k-1}^{\mathrm{T}} \end{cases} \tag{4.165}$$

4.3.2　厚尾噪声条件下的信息滤波

对系统 (4.32)～(4.36)，基于多元 t 分布的信息滤波器由式 (4.166) 给出：

$$
\begin{cases}
\hat{\xi}_k = \dfrac{1}{a_k}(\hat{\xi}_{k,k-1} + H_k^{\mathrm{T}} \bar{R}_k^{-1} Z_k) \\[2mm]
\hat{\xi}_{k,k-1} = [I - A_{k-1}(A_{k-1} + \bar{Q}_{k-1}^{-1})^{-1}](\Phi_{k,k-1}^{-1})^{\mathrm{T}} \hat{\xi}_{k-1} \\[2mm]
\Lambda_k = \dfrac{1}{a_k}(\Lambda_{k,k-1} + H_k^{\mathrm{T}} \bar{R}_k^{-1} H_k) \\[2mm]
\Lambda_{k,k-1} = [I - A_{k-1}(A_{k-1} + \bar{Q}_{k-1}^{-1})^{-1}] A_{k-1} \\[2mm]
a_k = \dfrac{(\nu_0 - 2)(\nu_0 + \Delta_k^2)}{\nu_0(\nu_0 + m_1 - 2)} \\[3mm]
\bar{R}_k = \dfrac{\nu_1(\nu_0 - 2)}{(\nu_1 - 2)\nu_0} R_k = b R_k \\[3mm]
A_{k-1} = \Phi_{k,k-1}^{-\mathrm{T}} \Lambda_{k-1} \Phi_{k,k-1}^{-1} \\[2mm]
\bar{Q}_{k-1} = \dfrac{\nu_w(\nu_0 - 2)}{(\nu_w - 2)\nu_0} Q_{k-1} \\[3mm]
\Delta_k = \sqrt{(Z_k - \hat{Z}_{k,k-1})^{\mathrm{T}} (P_{k,k-1}^{\tilde{z}\tilde{z}})^{-1}(Z_k - \hat{Z}_{k,k-1})} \\[2mm]
P_{k,k-1}^{\tilde{z}\tilde{z}} = H_k \Lambda_{k,k-1}^{-1} H_k^{\mathrm{T}} + \bar{R}_k \\[2mm]
\hat{Z}_{k,k-1} = H_k \Lambda_{k,k-1}^{-1} \hat{\xi}_{k,k-1}
\end{cases}
\tag{4.166}
$$

式中，m_1 是 Z_k 的维数，并且

$$
\begin{cases}
\Lambda_k = P_k^{-1}, \quad \hat{\xi}_k = P_k^{-1} \hat{X}_k = \Lambda_k \hat{X}_k \\[2mm]
\Lambda_{k,k-1} = P_{k,k-1}^{-1}, \quad \hat{\xi}_{k,k-1} = P_{k,k-1}^{-1} \hat{X}_{k,k-1} = \Lambda_{k,k-1} \hat{X}_{k,k-1}
\end{cases}
\tag{4.167}
$$

具体推导过程如下。

由引理 4.2 和定理 4.1，有

$$
\begin{aligned}
P_k^{-1} &= \dfrac{1}{a_k}(P_{k,k-1} - K_k P_{k,k-1}^{\tilde{z}\tilde{z}} K_k^{\mathrm{T}})^{-1} \\[2mm]
&= \dfrac{1}{a_k}(P_{k,k-1}^{-1} + H_k^{\mathrm{T}} \bar{R}_k^{-1} H_k)
\end{aligned}
\tag{4.168}
$$

令 $\Lambda_k = P_k^{-1}$ 和 $\Lambda_{k,k-1} = P_{k,k-1}^{-1}$，有

$$
\Lambda_k = \dfrac{1}{a_k}(\Lambda_{k,k-1} + H_k^{\mathrm{T}} \bar{R}_k^{-1} H_k)
\tag{4.169}
$$

令

$$
A_{k-1} = (\Phi_{k,k-1}^{-1})^{\mathrm{T}} P_{k-1}^{-1} \Phi_{k,k-1}^{-1} = (\Phi_{k,k-1}^{-1})^{\mathrm{T}} \Lambda_{k-1} \Phi_{k,k-1}^{-1}
\tag{4.170}
$$

由式(4.44)，利用引理 4.2，有

$$
\begin{aligned}
\Lambda_{k,k-1} = P_{k,k-1}^{-1} &= (\Phi_{k,k-1} P_{k-1} \Phi_{k,k-1}^{\mathrm{T}} + \bar{Q}_{k-1})^{-1} \\[2mm]
&= A_{k-1} - A_{k-1}(I + \bar{Q}_{k-1} A_{k-1})^{-1} \bar{Q}_{k-1} A_{k-1} \\[2mm]
&= [I - A_{k-1}(A_{k-1} + \bar{Q}_{k-1}^{-1})^{-1}] A_{k-1}
\end{aligned}
\tag{4.171}
$$

令 $\hat{\xi}_{k,k-1} = \Lambda_{k,k-1} \hat{X}_{k,k-1}$，那么由式(4.44)可得

$$
\hat{\xi}_{k,k-1} = \Lambda_{k,k-1} \Phi_{k,k-1} \hat{X}_{k-1}
\tag{4.172}
$$

将式 (4.170) 和式 (4.171) 代入式 (4.172)，可得

$$
\begin{aligned}
\hat{\xi}_{k,k-1} &= \Lambda_{k,k-1}\Phi_{k,k-1}\hat{X}_{k-1} \\
&= [I - A_{k-1}(A_{k-1} + \bar{Q}_{k-1}^{-1})^{-1}]A_{k-1}\Phi_{k,k-1}\hat{X}_{k-1} \\
&= [I - A_{k-1}(A_{k-1} + \bar{Q}_{k-1}^{-1})^{-1}](\Phi_{k,k-1}^{-1})^{\mathrm{T}}\Lambda_{k-1}\Phi_{k,k-1}^{-1}\Phi_{k,k-1}\hat{X}_{k-1} \\
&= [I - A_{k-1}(A_{k-1} + \bar{Q}_{k-1}^{-1})^{-1}](\Phi_{k,k-1}^{-1})^{\mathrm{T}}\hat{\xi}_{k-1}
\end{aligned}
\tag{4.173}
$$

与卡尔曼滤波器类似，定理 4.1 中的 P_k 和 K_k 可写成：

$$
P_k = a_k(I - K_k H_k)P_{k,k-1}
\tag{4.174}
$$

$$
K_k = \frac{1}{a_k}P_k H_k^{\mathrm{T}}\bar{R}_k^{-1}
\tag{4.175}
$$

因此，利用式 (4.169)、式 (4.174) 和式 (4.175)，有

$$
\begin{aligned}
\hat{\xi}_k &= \Lambda_k \hat{X}_k \\
&= \Lambda_k[\hat{X}_{k,k-1} + K_k(Z_k - \hat{Z}_{k,k-1})] \\
&= \Lambda_k\left[\hat{X}_{k,k-1} + \frac{1}{a_k}\Lambda_k^{-1}H_k^{\mathrm{T}}\bar{R}_k^{-1}(Z_k - \hat{Z}_{k,k-1})\right] \\
&= \frac{1}{a_k}(\Lambda_{k,k-1} + H_k^{\mathrm{T}}\bar{R}_k^{-1}H_k)\hat{X}_{k,k-1} + \frac{1}{a_k}H_k^{\mathrm{T}}\bar{R}_k^{-1}(Z_k - H_k\hat{X}_{k,k-1}) \\
&= \frac{1}{a_k}(\hat{\xi}_{k,k-1} + H_k^{\mathrm{T}}\bar{R}_k^{-1}Z_k)
\end{aligned}
\tag{4.176}
$$

在此，式 (4.166) 中的其余公式可由式 (4.46) 直接得到。

思　考　题

1. 试总结几种分解滤波方法的异同。
2. 设系统状态方程和观测方程为

$$
X_k = \Phi_{k,k-1}X_{k-1} + \Gamma_{k,k-1}W_{k-1}
$$

$$
Z_k = H_k X_k + V_k + \eta_k
$$

式中

$$
V_k = \Psi_{k,k-1}V_{k-1} + \xi_{k-1}
$$

$$
\begin{cases}
E[W_k] = 0, & E[W_k W_j^{\mathrm{T}}] = Q_k\delta_{kj} \\
E[\eta_k] = 0, & E[\eta_k\eta_j^{\mathrm{T}}] = \rho_k\delta_{kj} \\
E[\xi_k] = 0, & E[\xi_k\xi_j^{\mathrm{T}}] = R_k\delta_{kj}
\end{cases}
$$

W_k、η_k 和 ξ_k 互不相关。

试分别用状态扩增法和观测扩增法列写出递推滤波方程，并比较两种滤波方法的特点。

3. 设系统状态方程和观测方程为

$$\begin{bmatrix} X_{k+1}^1 \\ X_{k+1}^2 \end{bmatrix} = \begin{bmatrix} 1 & 1 \\ 0 & 0.5 \end{bmatrix} \begin{bmatrix} X_k^1 \\ X_k^2 \end{bmatrix} + \begin{bmatrix} 0 \\ W_k^2 \end{bmatrix}$$

$$Z_k = \begin{bmatrix} 1 & 0 \end{bmatrix} \begin{bmatrix} X_k^1 \\ X_k^2 \end{bmatrix} + V_k$$

式中，W_k^2 和 V_k 为零均值、互不相关的白噪声序列，并与 X_0^1、X_0^2 也互不相关，其方差为

$$Q_k^2 = 1, \qquad R_k^2 = 1$$

并有

$$E[X_0^1] = E[X_0^2] = 0$$

$$E\left\{ \begin{bmatrix} X_0^1 \\ X_0^2 \end{bmatrix} \begin{bmatrix} X_0^1 & X_0^2 \end{bmatrix} \right\} = \begin{bmatrix} 10 & 0 \\ 0 & 10 \end{bmatrix}$$

若 X_k^1 是需要估计的状态，设分别用最优滤波和简单降阶滤波来估计 X_k^1，并比较估计的均方误差。

4. 设系统状态方程和观测方程为

$$X_k = \begin{bmatrix} 0 & 1 & 0.2 \\ 0 & 0 & 1 \\ -2 & 0 & -1 \end{bmatrix} X_{k-1} + \begin{bmatrix} 0 \\ 0 \\ 1 \end{bmatrix} W_{k-1}$$

$$Z_k = \begin{bmatrix} 1 & 0 & 0 \\ 0 & 1 & 0 \end{bmatrix} X_k + V_k$$

按如下已知条件列写滤波方程：

(1) W_k 和 V_k 为互不相关的零均值白噪声序列，方差为 $Q_k = 1$ 和 $R_k = \begin{bmatrix} 2 & 0 \\ 0 & 2 \end{bmatrix}$；

(2) W_k 和 V_k 为零均值白噪声序列，二者相关，互协方差 $S_k = \begin{bmatrix} 1 & 1 \end{bmatrix}$；

(3) V_k 为零均值有色噪声序列，且满足

$$V_k = -V_{k-1} + \xi_{k-1}$$

W_k 和 ξ_k 为互不相关的零均值白噪声过程，方差均为 1，且 ξ_0 的方差为零。

5. 已知 $P = \begin{bmatrix} 1 & 2 & 3 \\ 2 & 8 & 2 \\ 3 & 2 & 14 \end{bmatrix}$，$H = \begin{bmatrix} 1 & 1 & 1 \end{bmatrix}$，试按 Kalman 滤波基本方程和平方根滤波方程分别计算出 K_{k+1} 和 P_{k+1}，并加以比较。

6. 已知系统状态方程和观测方程分别为

$$X_k = X_{k-1} + W_{k-1}$$
$$Z_k = X_k + V_k$$

试用 UD 分解滤波方法求 P_k。

7. 请就一个简单的实例，对比分析不同自由度的厚尾噪声对滤波性能的影响。

第 5 章　鲁棒自适应滤波技术

传统的 Kalman 滤波算法是建立在 H^2 估计准则基础上的,它要求准确的系统模型和确切已知外部干扰信号的统计特性。在许多实际应用中,不仅对外部干扰信号的统计特性缺乏了解,而且系统模型本身存在一定范围的摄动,即外部干扰和系统均具有不确定性。鲁棒控制是针对系统中模型不确定性和外界干扰不确定性而发展起来的一门控制技术。针对滤波系统中存在的不确定性,将鲁棒控制的思想引入,这就促使鲁棒滤波理论的产生和发展,其中 H^∞ 滤波是较有代表性的方法。本章首先介绍鲁棒控制的基础理论,然后分别介绍 H^∞ 滤波、强跟踪滤波和自适应滤波方法。

5.1　系统的不确定性

本章所谈的系统不确定性包括外界干扰的不确定性和系统模型的不确定性。

对于系统的外界干扰输入而言,在 Kalman 滤波方程推导时,假定系统过程噪声 W_k 和观测噪声 V_k 均为零均值白噪声序列。实际上, W_k 和 V_k 可能为有色噪声。尽管对于特定的有色噪声,可用单位强度的白噪声通过成型滤波器来表示,但这样得出的结果往往也是近似的。在 H^∞ 滤波理论中,对干扰的统计特性不做任何假设,只认为它是能量有限的信号。显然,对外界干扰这样的处理更具合理性,更接近系统的实际状态。

系统不确定性的另一个表现形式为系统模型的不确定性。滤波问题所讨论的未知有界不确定性模型正是鲁棒滤波理论的研究对象。系统模型的不确定性包括参数不确定性和动态不确定性,分别介绍如下。

1. 参数不确定性

由模型

$$\Gamma = \{G(s,q): \quad q \in Q \subset \mathbf{R}^m\}$$

表示的不确定性为参数不确定性。其中, $G(s,q)$ 为系统的传递函数, q 为系统的不确定性参数。这种不确定性通常不会改变系统的结构(阶次),对系统的影响多发生在低频段。

2. 动态不确定性

动态不确定性指系统的高频未建模动态不确定性。系统的动态不确定性常分为以下几种形式($G_0(s)$ 通常称为标称对象)。

(1)加性不确定性: $G(s, \Delta_A) = G_0(s) + \Delta_A(s)$ 。

(2)乘性不确定性: $G(s, \Delta_M) = G_0(s)[1 + \Delta_M(s)]$ 。

(3)分子、分母不确定性:当传递函数的分子、分母中分别有未建模动态时,可以用这种模型表示。

$$G(s, \varDelta_N, \varDelta_D) = [N(s) + \varDelta_N(s)][D(s) + \varDelta_D(s)]^{-1}$$

此时标称对象为 $G_0(s) = N(s)D^{-1}(s)$。

传统的 Kalman 滤波算法存在一定的不完善性，而鲁棒滤波理论在处理具有不确定性的系统的滤波问题上具有明显的优势，下面将逐一加以介绍。

5.2　鲁棒控制技术基础

5.2.1　基础知识

1. 信号的范数

从工程应用的角度讲，需要引入描述信号在某种意义上大小的度量，用数学语言表达就是为空间引入范数。对于信号 $u(t)$，定义 L_2 范数如下：

$$\|u(t)\|_2 = \left\{ \int_{-\infty}^{\infty} |u(t)|^2 \, \mathrm{d}t \right\}^{1/2} \tag{5.1}$$

$L_2(-\infty, \infty)$ 空间就是 L_2 范数有界的信号集合，即

$$L_2(-\infty, \ \infty) = \left\{ u(t) \mid \|u(t)\|_2 < \infty \right\} \tag{5.2}$$

$L_2(-\infty, \infty)$ 是定义了内积的赋范空间。如果 $u(t)$ 是电流或电压，那么 $L_2(-\infty, \infty)$ 就代表电能量有限的信号集合。

2. 系统的范数

设 P 为线性定常系统，则系统的响应特性可以由频域的传递函数矩阵 $P(s)$ 或者时域的单位脉冲响应 $P(t)$ 来描述，即对于任意的输入信号 u，输出信号 y 可以表示为

$$y(t) = p(t) * u(t) = \int_{-\infty}^{t} p(t-\tau)u(\tau)\mathrm{d}\tau$$

或

$$Y(s) = P(s)U(s)$$

如果考虑脉冲响应收敛的系统，即 $P(\infty) < \infty$，则 $P(s)$ 在 s 闭右半平面解析且满足：

$$\sup_{\mathrm{Re}\,s \geqslant 0} |P(s)| < \infty \tag{5.3}$$

对于传递矩阵来讲，式 (5.3) 对应于

$$\sup_{\mathrm{Re}\,s \geqslant 0} \sigma_{\max}\{P(s)\} < \infty$$

式中，$\sigma_{\max}(\cdot)$ 表示矩阵的最大奇异值。

H^{∞} 空间是指在 s 闭右半平面解析且满足上式的复变函数阵的集合，H^{∞} 范数定义为

$$\|P(s)\|_{\infty} = \sup_{\mathrm{Re}\,s \geqslant 0} \sigma_{\max}\{P(s)\} \tag{5.4}$$

系统可以看作输入信号空间到输出信号空间的算子，H^{∞} 空间是满足某种特性的系统算

子的集合。设 $P \in H^{\infty}$，$u \in L_2(-\infty, \infty)$，则

$$\|P(s)\| = \sup_{u \neq 0} \frac{\|y\|_2}{\|u\|_2} = \sup_{\omega} \sigma_{\max}\{P(j\omega)\} = \|P(s)\|_{\infty} \tag{5.5}$$

式 (5.5) 的工程意义在于，系统传递函数阵的 H^{∞} 范数实际上反映了输入/输出信号 L_2 范数的最大增益。

3. 线性分式变换

设传递函数阵 $P(s)$ 给定如下：

$$P(s) = \begin{bmatrix} P_{11}(s) & P_{12}(s) \\ P_{21}(s) & P_{22}(s) \end{bmatrix}$$

对于给定的传递函数阵 $P(s)$ 和传递函数阵 $K(s)$，定义线性分式变换 (Linear Fractional Transformation，LFT) 如下：

$$\begin{aligned} \mathrm{LFT}(P, K) &= P_{11}(s) + P_{12}(s)K(s)\big[I - P_{22}(s)K(s)\big]^{-1} P_{21}(s) \\ &= P_{11}(s) + P_{12}(s)\big[I - K(s)P_{22}(s)\big]^{-1} K(s)P_{21}(s) \end{aligned} \tag{5.6}$$

5.2.2　H^{∞} 控制的标准设计问题

考虑如图 5.1 所示的系统，其中 u 为控制输入信号，y 为观测量，ω 为干扰输入信号 (或为了设计需要而定义的辅助信号)，z 为被控输出 (或为了设计需要而定义的评价信号)。由输入信号 u、ω 到输出信号 z、y 的传递函数阵 $G(s)$ 称为增广被控对象 (Generalized Plant)，它包括实际被控对象和为了描述设计指标而设定的加权函数等，$K(s)$ 为 H^{∞} 控制器。

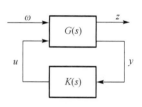

图 5.1　H^{∞} 标准设计问题

设传递函数阵 $G(s)$ 的状态空间实现由以下各式给出：

$$\dot{X} = AX + B_1\omega + B_2 u \tag{5.7a}$$

$$z = C_1 X + D_{11}\omega + D_{12}u \tag{5.7b}$$

$$y = C_2 X + D_{21}\omega + D_{22}u \tag{5.7c}$$

式中，$X \in \mathbf{R}^n$ 为状态变量。其余各向量的维数如下：$\omega \in \mathbf{R}^r$，$u \in \mathbf{R}^p$，$z \in \mathbf{R}^m$，$y \in \mathbf{R}^q$。

增广受控对象 $G(s)$ 的传递函数形式为

$$\begin{aligned} G(s) &= \begin{bmatrix} G_{11}(s) & G_{12}(s) \\ G_{21}(s) & G_{22}(s) \end{bmatrix} \\ &= \begin{bmatrix} D_{11} & D_{12} \\ D_{21} & D_{22} \end{bmatrix} + \begin{bmatrix} C_1 \\ C_2 \end{bmatrix}(sI - A)^{-1}\begin{bmatrix} B_1 & B_2 \end{bmatrix} \\ &= \begin{bmatrix} A & B_1 & B_2 \\ C_1 & D_{11} & D_{12} \\ C_2 & D_{21} & D_{22} \end{bmatrix} = \begin{bmatrix} A & B \\ C & D \end{bmatrix} \end{aligned} \tag{5.8}$$

即输入、输出描述为

$$\begin{bmatrix} Z \\ Y \end{bmatrix} = G \begin{bmatrix} \omega \\ u \end{bmatrix} = \begin{bmatrix} G_{11} & G_{12} \\ G_{21} & G_{22} \end{bmatrix} \begin{bmatrix} \omega \\ u \end{bmatrix} \tag{5.9}$$

从 ω 到 z 的闭环传递函数等于

$$T_{z\omega}(s) = \text{LFT}(G(s), K(s)) = G_{11}(s) + G_{12}(s)K(s)[I - G_{22}(s)K(s)]^{-1}G_{21}(s) \tag{5.10}$$

定义 5.1 (H^∞ 最优设计问题) 对于给定增广被控对象 $G(s)$，求反馈控制器 $K(s)$，使得闭环系统内部稳定且 $\|T_{z\omega}(s)\|_\infty$ 最小，即

$$\min_K \| T_{z\omega}(s) \|_\infty = \gamma_0 \tag{5.11}$$

定义 5.2 (H^∞ 次优设计问题) 对于给定增广被控对象 $G(s)$ 和 $\gamma(\geqslant \gamma_0)$，求反馈控制器 $K(s)$，使得闭环系统内部稳定且 $\|T_{z\omega}(s)\|_\infty$ 满足：

$$\| T_{z\omega}(s) \|_\infty < \gamma \tag{5.12}$$

定义 5.3 (H^∞ 标准设计问题) H^∞ 标准设计问题，就是对于给定增广被控对象 $G(s)$，判定是否存在反馈控制器 $K(s)$，使得闭环系统内部稳定且 $\|T_{z\omega}(s)\|_\infty < 1$。如果存在满足要求的 H^∞ 控制器，则求之。

基于 H^∞ 控制理论设计控制系统，不论是鲁棒稳定问题还是干扰抑制问题，都可归结为求反馈控制器，使闭环系统稳定且闭环传递函数阵的 H^∞ 范数最小或小于某一给定值。应该指出，除了下面将要介绍的基于 Riccati 方程的设计方法外，在 H^∞ 控制理论发展的初期还提出了基于 Hankel 算子理论的方法和基于 J 无损分解理论的方法,但前者需要复杂的数学工具,后者基本上与这里介绍的方法等价,在此不做详细介绍。

5.2.3 Hamilton 矩阵与 H^∞ 标准设计问题的求解

定义 5.4 设矩阵 $H \in \mathbf{R}^{2n \times 2n}$，并被分成 4 块 $n \times n$ 矩阵：

$$H = \begin{bmatrix} H_{11} & H_{12} \\ H_{21} & H_{22} \end{bmatrix}$$

且设

$$J = \begin{bmatrix} 0 & I_{n \times n} \\ -I_{n \times n} & 0 \end{bmatrix} \in \mathbf{R}^{2n \times 2n}$$

若

$$J^{-1} H^{\text{T}} J = -H \tag{5.13}$$

则称 H 为 Hamilton 矩阵。

由式 (5.13) 可以看出，矩阵 H 与 $-H^{\text{T}}$ 相似，即 H 的特征值是以虚轴对称分布的。考虑稳定传递函数矩阵：

$$G(s) = [A \quad B \quad C \quad 0]$$

由定义 5.4 可知下列矩阵为 Hamilton 矩阵：

$$H = \begin{bmatrix} A & \gamma^{-2}BB^{\mathrm{T}} \\ -C^{\mathrm{T}}C & -A^{\mathrm{T}} \end{bmatrix}$$

式中，$\gamma > 0$ 为一标量。

Doyle 等提出的两代数 Riccati 方程(ARE)方法主要基于下列定理。

定理 5.1　下列几项条件是等价的：

(1) $\|G\|_\infty < \gamma$；

(2) H 没有虚轴特征值；

(3) 代数 Riccati 方程

$$A^{\mathrm{T}}X + XA + \gamma^{-2}XBB^{\mathrm{T}}X + C^{\mathrm{T}}C = 0$$

的解 $X \geqslant 0$，若 (C, A) 可观测，则 $X > 0$。

定理 5.1 给出了稳定传递函数阵 $G(s)$ 的 H^∞ 范数 $\|G(s)\|_\infty$ 和 H 的特征值及代数 Riccati 方程的解的关系。Doyle 等据此推出求取式(5.12)标准设计问题的直接法如下。

假设：

(1) (A, B_2) 能稳定且 (C_2, A) 能检测；

(2) $\operatorname{rank}(D_{12}) = m_2$，$\operatorname{rank}(D_{21}) = p_2$；

(3) $D_{12} = \begin{bmatrix} 0 \\ I \end{bmatrix}$，$D_{21} = [0 \quad I]$，$D_{11} = \begin{bmatrix} D_{1111} & D_{1112} \\ D_{1121} & D_{1122} \end{bmatrix}$；

(4) $D_{22} = 0$；

(5) $\operatorname{rank}\begin{bmatrix} A - \mathrm{j}\omega I & B_2 \\ C_1 & D_{12} \end{bmatrix} = n + m_2$，$\operatorname{rank}\begin{bmatrix} A - \mathrm{j}\omega I & B_1 \\ C_2 & D_{21} \end{bmatrix} = n + p_2$，$\forall \omega \in \mathbf{R}$。

上述假设中，(1)是存在镇定闭环系统控制器的必要条件；(2)和(5)的物理意义是增广受控对象中 G_{12} 和 G_{21} 没有无穷远零点和有限虚轴零点，这两个假设是不必要的，是由文献所采用的特定解法造成的。通常称增广受控对象满足以上五个假设的 H^∞ 控制问题是正则的 (Regular)，而称假设(2)或(5)不成立的控制问题是奇异的(Singular)，或称为非标准的 (Nonstandard)。准确地说，在此介绍的是正则的标准 H^∞ 控制问题的解法。

设

$$D_{1*} := \begin{bmatrix} D_{11} & D_{12} \end{bmatrix}, \quad R := D_{1*}^{\mathrm{T}}D_{1*} - \begin{bmatrix} \gamma^2 I_{m_1} & 0 \\ 0 & 0 \end{bmatrix}$$

$$D_{*1} := \begin{bmatrix} D_{11} \\ D_{21} \end{bmatrix}, \quad \tilde{R} := D_{*1}D_{1*}^{\mathrm{T}} - \begin{bmatrix} \gamma^2 I_{p_1} & 0 \\ 0 & 0 \end{bmatrix}$$

假设有如下的 ARE 的稳定解 X_∞ 和 Y_∞ 存在：

$$X_\infty := \operatorname{Ric}\begin{bmatrix} A - BR^{-1}D_{1*}^{\mathrm{T}}C_1 & -BR^{-1}B^{\mathrm{T}} \\ -C_1^{\mathrm{T}}C_1 + C_1^{\mathrm{T}}D_{1*}R^{-1}D_{1*}^{\mathrm{T}}C_1 & -A^{\mathrm{T}} + C_1^{\mathrm{T}}D_{1*}R^{-1}B^{\mathrm{T}} \end{bmatrix} \tag{5.14}$$

$$Y_\infty := \operatorname{Ric}\begin{bmatrix} A^{\mathrm{T}} - C_1^{\mathrm{T}}\tilde{R}^{-1}D_{*1}B_1^{\mathrm{T}} & -C^{\mathrm{T}}\tilde{R}^{-1}C \\ -B_1B_1^{\mathrm{T}} + B_1D_{1*}^{\mathrm{T}}\tilde{R}^{-1}D_{*1}B_1^{\mathrm{T}} & -A + B_1D_{1*}^{\mathrm{T}}\tilde{R}^{-1}C \end{bmatrix} \tag{5.15}$$

定义矩阵 F 和 H 为

$$F = \begin{bmatrix} F_{11} \\ F_{12} \\ F_2 \end{bmatrix} := -R^{-1}\left[D_{1*}^{\mathrm{T}}C_1 + B^{\mathrm{T}}X_\infty \right] \tag{5.16}$$

$$H = \begin{bmatrix} H_{11} & H_{12} & H_2 \end{bmatrix} := -[B_1 D_{*1}^{\mathrm{T}} + Y_\infty C^{\mathrm{T}}]\tilde{R}^{-1} \tag{5.17}$$

式中，F 和 H 的分块分别与 D_{1*} 和 D_{*1} 分块相对应。

定理 5.2　对于式 (5.1) 所描述的系统，满足假设 $(1) \sim (5)$，那么存在一个内稳定镇定控制器且满足 $\|T_{z\omega}(s)\|_\infty \leqslant \gamma$ 的充分必要条件是下列三个条件成立：

$$X_\infty \geqslant 0; \quad Y_\infty \geqslant 0; \quad \rho(X_\infty, Y_\infty) < \gamma^2 \tag{5.18}$$

式中，$\rho(\cdot)$ 表示矩阵的最大特征值。当上述条件成立时，H^∞ 次优控制器为

$$K = F_l(K_a, S) \tag{5.19}$$

式中，$S \in \mathbf{R}H_{m_2 \times p_2}^\infty$，而 K_a 可表示为

$$K_a = \begin{bmatrix} K_{11} & K_{12} \\ K_{21} & K_{22} \end{bmatrix} = \begin{bmatrix} \hat{A} & \hat{B}_1 & \hat{B}_2 \\ \hat{C}_1 & \hat{D}_{11} & \hat{D}_{12} \\ \hat{C}_2 & \hat{D}_{21} & 0 \end{bmatrix} \tag{5.20}$$

式中，$\hat{D}_{11} = -D_{1111}D_{1111}^{\mathrm{T}}(\gamma^2 I - D_{1111}D_{1111}^{\mathrm{T}})^{-1}D_{1112} - D_{1122}$；$\hat{D}_{12} \in \mathbf{R}^{m_2 \times m_2}$，$\hat{D}_{21} \in \mathbf{R}^{p_2 \times p_2}$ 是满足下式的矩阵（Cholesky 因子）：

$$\hat{D}_{12}\hat{D}_{12}^{\mathrm{T}} = I - D_{1121}(\gamma^2 I - D_{1111}^{\mathrm{T}}D_{1111})^{-1}D_{1121}^{\mathrm{T}}$$

$$\hat{D}_{21}^{\mathrm{T}}\hat{D}_{21} = I - D_{1112}^{\mathrm{T}}(\gamma^2 I - D_{1111}D_{1111}^{\mathrm{T}})^{-1}D_{1121}$$

以及

$$\hat{B}_2 = (B_2 + H_{12})\hat{D}_{12}$$

$$\hat{C}_2 = -\hat{D}_{21}(C_2 + F_{12})Z$$

$$\hat{B}_1 = -H_2 + \hat{B}_2\hat{D}_{12}^{-1}\hat{D}_{11}$$

$$\hat{C}_1 = F_2 Z + \hat{D}_{11}\hat{D}_{21}^{-1}\hat{C}_2$$

$$\hat{A} = A + HC + \hat{B}_2\hat{D}_{12}^{-1}C_1$$

$$Z = (I - \gamma^{-2}Y_\infty X_\infty)^{-1}$$

当 $S = 0$ 时，$K_0 = F_l(K_a, 0)$ 称为 H^∞ 控制的"中心解"。K_0 的阶次不超过增广受控对象的阶次 n。

若设

$$D_{11} = 0 \tag{5.21}$$

则上述诸公式可以简化。当假设 $(1) \sim (5)$ 成立时，X_∞ 和 Y_∞ 的公式可以简化为

$$X_\infty := \mathrm{Ric}\begin{bmatrix} A - B_2 D_{12}^{\mathrm{T}} C_1 & \gamma^{-2} B_1 B_1^{\mathrm{T}} - B_2 B_2^{\mathrm{T}} \\ -\overline{C}_1^{\mathrm{T}} \overline{C}_1 & -(A - B_2 D_{12}^{\mathrm{T}} C_1)^{\mathrm{T}} \end{bmatrix} \tag{5.22}$$

$$Y_\infty := \mathrm{Ric}\begin{bmatrix} (A - B_1 D_{21}^{\mathrm{T}} C_2)^{\mathrm{T}} & \gamma^{-2} C_1^{\mathrm{T}} C_1 - C_2^{\mathrm{T}} C_2 \\ -\overline{B}_1 \overline{B}_1^{\mathrm{T}} & -(A - B_1 D_{21}^{\mathrm{T}} C_2) \end{bmatrix} \tag{5.23}$$

其中

$$\overline{B}_1 = B_1(I - D_{21}^{\mathrm{T}} D_{21})$$

$$\overline{C}_1 = (I - D_{12} D_{12}^{\mathrm{T}}) C_1$$

定义

$$\overline{F} = -(B_2^{\mathrm{T}} X_\infty + D_{12}^{\mathrm{T}} C_1)$$

$$\overline{H} = -(Y_\infty C_2^{\mathrm{T}} + B_1 D_{21}^{\mathrm{T}})$$

则式 (5.19) 中的控制器可以简化为

$$K = F_l(J, S) \tag{5.24}$$

其中

$$J = \begin{bmatrix} A + B_2 \overline{F} + \gamma^{-2} B_1 B_1^{\mathrm{T}} X_\infty + Z\overline{H}(C_2 + \gamma^{-2} D_{21} B_1^{\mathrm{T}} X_\infty) & -Z\overline{H} & Z(B_2 + \gamma^{-2} Y_\infty C_1^{\mathrm{T}} D_{12}) \\ \overline{F} & 0 & I \\ -(C_2 + \gamma^{-2} D_{21} B_1^{\mathrm{T}} X_\infty) & I & 0 \end{bmatrix}$$

5.3　H^∞ 滤波

随着 H^∞ 控制理论的发展，人们对 H^∞ 滤波也产生了浓厚的兴趣。H^∞ 滤波针对滤波系统存在的模型不确定性和外界干扰不确定性，将 H^∞ 范数引入滤波问题中，构建一个滤波器使得从干扰输入到滤波误差输出的 H^∞ 范数最小化。H^∞ 滤波对干扰信号的统计特性不做任何假设（这与标准 Kalman 滤波恰好相反），且使最坏干扰情况下的估计误差最小。由于在实际应用过程中干扰信号的特征是未知的，因此，H^∞ 滤波方法将比标准的 Kalman 滤波更适用。

5.3.1　H^∞滤波问题的表达

考虑如下随机线性离散系统：

$$\begin{aligned} X_k &= \Phi_{k,k-1} X_{k-1} + \Gamma_{k,k-1} W_{k-1} \\ Y_k &= H_k X_k + V_k \end{aligned} \tag{5.25}$$

式中，X_k 是系统的 n 维状态序列；Y_k 是系统的 m 维观测序列；W_k 是 p 维系统过程噪声序列；V_k 是 m 维观测噪声序列；$\Phi_{k,k-1}$ 是系统的 $n \times n$ 状态转移矩阵；$\Gamma_{k,k-1}$ 是 $n \times p$ 干扰输入矩阵；H_k 是 $m \times n$ 观测矩阵。设系统的初始状态为 X_0，令 $\hat{X}_0$ 表示对系统初始状态 X_0 的一个估计，定义初始估计误差方差阵为

$$P_0 = E\left\{\left[X_0 - \hat{X}_0\right]\left[X_0 - \hat{X}_0\right]^{\mathrm{T}}\right\}$$

在此，对系统的过程噪声 W_k、观测噪声 V_k 的自然属性不做任何假设，而将系统初始状态 X_0、系统噪声 W_k 和 V_k 均作为系统的未知干扰输入。

一般情况下，希望利用观测值 y_k 来估计如下状态的任意线性组合：

$$Z_k = L_k X_k$$

式中，$L_k \in \mathbf{R}^{q \times n}$ 是给定的矩阵。令 $\hat{Z}_k = F_f(y_0, y_1, \cdots, y_k)$ 表示在给定观测值 $\{y_k\}$ 条件下对 Z_k 的估计，定义如下的滤波误差：

$$e_k = \hat{Z}_k - L_k X_k \tag{5.26}$$

如图 5.2 所示，设 $T_k(F_f)$ 表示将未知干扰 $\{(X_0 - \hat{X}_0), W_k, V_k\}$ 映射至滤波误差 $\{e_k\}$ 的传递函数，则 H^∞ 滤波问题可以叙述如下。

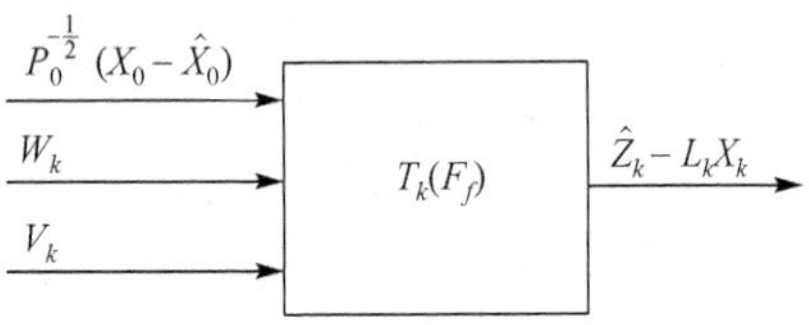

定义 5.5（最优 H^∞ 滤波问题）　寻找最优 H^∞ 估计 $\hat{Z}_k = F_f(y_0, y_1, \cdots, y_k)$，使 $\left\|T_k(F_f)\right\|_\infty$ 达到最小，即

图 5.2　从未知干扰到滤波误差输出的传递函数

$$\gamma^2 = \inf_{F_f}\left\|T_k(F_f)\right\|_\infty^2 = \inf_{F_f}\sup_{X_0, W_k \in H^2, V_k \in H^2} \frac{\|e_k\|_2^2}{\left\|X_0 - \hat{X}_0\right\|_{P_0^{-1}}^2 + \|W_k\|_2^2 + \|V_k\|_2^2} \tag{5.27}$$

式中，P_0 为正定矩阵。

以上定义表明，最优 H^∞ 滤波器保证了对所有具有确定能量的可能干扰输入，估计误差能量增益最小。不过，这个结果过于保守，下面给出次优 H^∞ 滤波问题的定义。

定义 5.6（次优 H^∞ 滤波问题）　给定正数 $\gamma > 0$，寻找次优 H^∞ 估计 $\hat{Z}_k = F_f(y_0, y_1, \cdots, y_k)$，使得 $\left\|T_k(F_f)\right\|_\infty < \gamma$，即满足：

$$\inf_{F_f}\sup_{X_0, W_k \in H^2, V_2 \in H^2} \frac{\|e_k\|_2^2}{\left\|X_0 - \hat{X}_0\right\|_{P_0^{-1}}^2 + \|W_k\|_2^2 + \|V_k\|_2^2} < \gamma^2 \tag{5.28}$$

值得注意的是，最优 H^∞ 滤波问题的解可以通过以期望的精度迭代次优 H^∞ 滤波问题的 γ 而得到。以上的定义中，k 是有限的，当考虑将未知干扰 $\{(X_0 - \hat{X}_0), W_k, V_k, k \in [0, \infty)\}$ 映射至滤波误差 $\{e_k, k \in [0, \infty)\}$ 的传递函数时，通过对所有的 k，保证 $\left\|T_k(F_f)\right\|_\infty \leqslant \gamma$，就称为 H^∞ 滤波问题。

5.3.2　次优 H^∞ 滤波问题的解

定理 5.3（H^∞ 滤波器）　对于给定的 $\gamma > 0$，如果 $\left[\Phi_{k,k-1} \quad \Gamma_{k,k-1}\right]$ 是满秩的，则满足条件 $\left\|T_k(F_f)\right\|_\infty < \gamma$ 的滤波器存在，当且仅当对所有的 k，有

$$P_k^{-1} + H_k^{\mathrm{T}} H_k - \gamma^{-2} L_k^{\mathrm{T}} L_k > 0 \tag{5.29}$$

成立。式中，P_k 满足如下递推 Riccati 方程：

$$P_k = \Phi_{k,k-1}P_{k-1}\Phi_{k,k-1}^{\mathrm{T}} + \Gamma_{k,k-1}\Gamma_{k,k-1}^{\mathrm{T}} - \Phi_{k,k-1}P_{k-1}\begin{bmatrix} H_k^{\mathrm{T}} & L_k^{\mathrm{T}} \end{bmatrix} R_{e,k}^{-1} \begin{bmatrix} H_k \\ L_k \end{bmatrix} P_{k-1}\Phi_{k,k-1}^{\mathrm{T}} \tag{5.30}$$

式中

$$R_{e,k} = \begin{bmatrix} I & 0 \\ 0 & -\gamma^2 I \end{bmatrix} + \begin{bmatrix} H_k \\ L_k \end{bmatrix} P_k \begin{bmatrix} H_k^{\mathrm{T}} & L_k^{\mathrm{T}} \end{bmatrix} \tag{5.31}$$

如果式 (5.29) 成立，则一个可能的 H^∞ 滤波器给定如下：

$$\hat{Z}_k = L_k \hat{X}_k$$

此处 $\hat{X}_k$ 可递推计算为

$$\hat{X}_k = \Phi_{k,k-1}\hat{X}_{k-1} + K_k(Y_k - H_k\Phi_{k,k-1}\hat{X}_{k-1}) \tag{5.32}$$

$$K_k = P_{k,k-1}H_k^{\mathrm{T}}(I + H_k P_{k,k-1}H_k^{\mathrm{T}})^{-1} \tag{5.33}$$

定理 5.3 给出了 H^∞ 滤波器存在的条件及相应的滤波器递推方程。下面将比较 H^∞ 滤波器同标准的 Kalman 滤波器的异同。假设系统的干扰输入 W_k 和 V_k 是不相关的单位白噪声过程，则线性离散系统 (5.25) 状态估计的 Kalman 滤波算法为

$$\hat{X}_k = \Phi_{k,k-1}\hat{X}_{k-1} + P_{k,k-1}H_k^{\mathrm{T}}(I + H_k P_{k,k-1}H_k^{\mathrm{T}})^{-1}(y_k - H_k\Phi_{k,k-1}\hat{X}_{k-1}) \tag{5.34}$$

此处

$$P_k = \Phi_{k,k-1}P_{k-1}\Phi_{k,k-1}^{\mathrm{T}} + \Gamma_{k,k-1}\Gamma_{k,k-1}^{\mathrm{T}} - \Phi_{k,k-1}P_{k-1}(I + H_k P_{k-1}H_k^{\mathrm{T}})^{-1}P_{k-1}\Phi_{k,k-1}^{\mathrm{T}} \tag{5.35}$$

由以上公式可以看出，H^∞ 滤波同传统的 Kalman 滤波算法十分相似，主要的不同之处在于：

(1) 直观上，H^∞ 滤波器明确地依赖于状态的线性组合 $L_k X_k$。由递推 Riccati 方程 (5.30) 可知，H^∞ 滤波器的结构依赖于所要估计状态的线性组合，即 L_k；这同 Kalman 滤波正好相反，Kalman 滤波对任意状态的线性组合的估计是通过状态估计的线性组合给出的。

(2) 对于 H^∞ 滤波器，有一个附加条件 (5.29)，是滤波器存在所必须要满足的；在 Kalman 滤波问题中，L_k 不会出现，且 P_k 为正定的，所以条件 (5.29) 自然满足。

(3) 在 H^∞ 滤波中有不定协方差阵 $\begin{bmatrix} I & 0 \\ 0 & -\gamma^2 I \end{bmatrix}$，在 Kalman 滤波中与之相对应的是单位阵 I。

(4) Kalman 滤波是 H^∞ 滤波的一个特例，当 $\gamma \to \infty$ 时，递推 Riccati 方程 (5.30) 简化为 Kalman 滤波递推方程 (5.35)，这就暗示了标准的 Kalman 滤波器的 H^∞ 范数将变得很大，同时鲁棒性较差。

5.3.3　H^∞ 滤波器的参数化

参数化的 H^∞ 滤波器给定如下：

$$\hat{Z}_k = L_k \hat{X}_k + [\gamma^2 I - L_k (P_k^{-1} + H_k^{\mathrm{T}} H_k)^{-1} L_k^{\mathrm{T}}]^{\frac{1}{2}} S_k$$
$$\times \left[(I + H_k P_k H_k^{\mathrm{T}})^{\frac{1}{2}} (Y_k - H_k \hat{X}_k), \cdots, (I + H_0 P_0 H_0^{\mathrm{T}})^{\frac{1}{2}} (Y_0 - H_0 \hat{X}_0) \right] \tag{5.36}$$

式中，$\hat{X}_k$ 满足如下的递推方程：

$$\hat{X}_{k+1} = \Phi_{k+1,k} \hat{X}_k + K_{k+1} (Y_{k+1} - H_{k+1} \Phi_{k+1,k} \hat{X}_k) - K_{c,k} (\hat{Z}_k - L_k \hat{X}_k) \tag{5.37}$$

$$K_{k+1} = P_{k+1} H_{k+1}^{\mathrm{T}} (I + H_{k+1} P_{k+1} H_{k+1}^{\mathrm{T}})^{-1} \tag{5.38}$$

$$K_{c,k} = (I + P_{k+1} H_{k+1} H_{k+1}^{\mathrm{T}})^{-1} \Phi_{k+1,k} (P_k^{-1} + H_k H_k^{\mathrm{T}} - \gamma^2 L_k L_k^{\mathrm{T}})^{-1} L_k^{\mathrm{T}} \tag{5.39}$$

$$S(a_k, \cdots, a_0) = \begin{bmatrix} S_0(a_0) \\ S_1(a_0, a_1) \\ \vdots \\ S_k(a_k, \cdots, a_0) \end{bmatrix}$$

满足

$$\sum_{j=0}^{N} \left| S_j(a_j, \cdots, a_0) \right|^2 < \sum_{j=0}^{N} \left| a_j \right|^2, \quad N = 0, 1, \cdots, k \tag{5.40}$$

5.3.4　GPS/INS 组合导航系统 H^{∞} 滤波

Kalman 滤波技术广泛应用于组合导航系统，GPS/INS 组合导航系统是其中最常用的一种组合方式。Kalman 滤波器只有在系统模型和噪声统计特性精确已知的情况下才能获得系统状态的最优估计，但实际的 GPS 和 INS 中存在着各种不确定性因素，实际工作时 Kalman 滤波器估计精度大大降低，严重时会出现滤波发散。由于 H^{∞} 滤波技术对系统过程噪声的不确定性具有很好的鲁棒性，因此，将 H^{∞} 滤波技术应用于 GPS/INS 组合导航系统中，对于保证组合导航系统导航精度、提高系统的可靠性、防止滤波发散具有重要意义。

1. GPS/INS 组合导航系统的状态方程

根据 H^{∞} 滤波原理，可统一将惯性器件的各种误差看作系统的不确定性误差，因此，组合导航系统的状态可仅取系统导航参数误差，此时系统阶次为 9 阶。导航坐标系取北东地坐标系，其误差状态方程为

$$\dot{X} = FX + GW$$

式中，F 为系统传递矩阵；$X = \begin{bmatrix} \phi_N & \phi_E & \phi_D & \delta V_N & \delta V_E & \delta V_D & \delta L & \delta \lambda & \delta h \end{bmatrix}^{\mathrm{T}}$ 为系统的状态变量，ϕ_N、ϕ_E、ϕ_D 为失准角，δV_N、δV_E、δV_D 为速度误差，δL、$\delta \lambda$、δh 为位置误差；G 为噪声加权矩阵；$W = \begin{bmatrix} w_{gx} & w_{gy} & w_{gz} & w_{ax} & w_{ay} & w_{az} \end{bmatrix}^{\mathrm{T}}$ 为系统过程噪声，w_{gx}、w_{gy}、w_{gz} 为陀螺漂移，w_{ax}、w_{ay}、w_{az} 为加速度计误差。

2. GPS/INS 组合导航系统的观测方程

GPS/INS 组合方式有多种，此处考虑位置、速度和载波相位组合方式，故其观测方程为

$$Z = HX + V$$

式中，$Z = \begin{bmatrix} Z_G & Z_V & Z_P \end{bmatrix}^T$；$H = \mathrm{diag}\{H_G, H_V, H_P\}$；$V = \begin{bmatrix} V_G & V_V & V_P \end{bmatrix}^T$。$Z_G$、$Z_V$、$Z_P$ 分别为载波相位、速度和位置观测量；H_G、H_V、H_P 分别为载波相位、速度和位置观测矩阵；V_G、V_V、V_P 分别为载波相位、速度和位置观测噪声，这些观测噪声对 H^∞ 滤波来说，可以全部看作不确定性观测噪声。

根据 GPS/INS 组合导航系统的状态方程和观测方程，应用定理 5.3 的递推方程式(5.29)～式(5.33)，可获得该组合导航系统的 H^∞ 滤波器。

3. GPS/INS 组合导航系统 H^∞ 滤波的仿真实验

以飞机 GPS/INS 组合导航系统为例，仿真过程包括航迹仿真、GPS 仿真、捷联惯导系统、多天线 GPS 载波相位测量和 H^∞ 滤波器 5 个部分。为体现一般性，本例的仿真航迹包括滑跑、起飞、爬高、巡航、转弯和俯冲等过程。初始位置选为东经 118°、北纬 32°、高度 1000m，初始航向角为 45°，平飞速度为 300m/s，仿真时间为 2000s；并假设 3 个陀螺和加速度计的误差特性一致，陀螺噪声设为陀螺漂移为 0.1(°)/h，陀螺时间相关漂移为 0.1(°)/h，白噪声为 0.01(°)/h，加速度计零偏为 $10^{-4}g$；平台初始误差角取为北向 100″，东向 100″，地向 200″，位置误差为 50m，速度误差为 0.5m/s；GPS 伪距测量误差为偏值误差 10m，随机误差为 30m；随机伪距率误差为 0.05m/s，载波相位测量误差为 0.0019m。为便于对比和分析，本例在有色噪声存在条件下进行了用 H^∞ 滤波对位置-速度组合的仿真，以及分别用 Kalman 滤波和 H^∞ 滤波对位置-速度-载波相位组合的仿真。仿真结果分别如图 5.3～图 5.5 和表 5.1 所示。

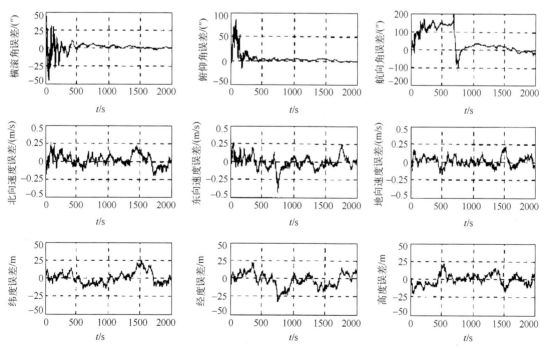

图 5.3 有色噪声下 GPS/INS 位置-速度组合 H^∞ 滤波曲线

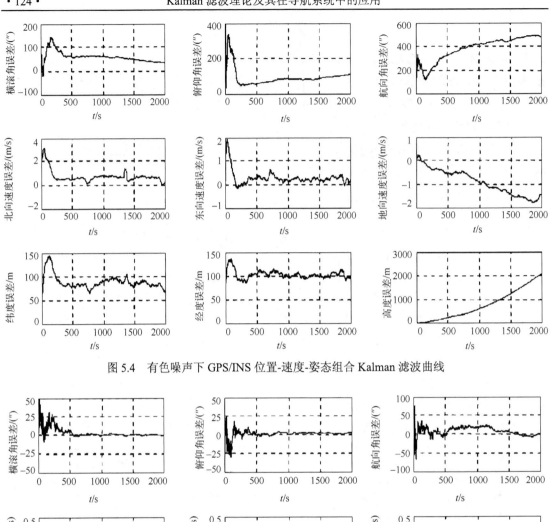

图 5.4　有色噪声下 GPS/INS 位置-速度-姿态组合 Kalman 滤波曲线

图 5.5　有色噪声下 GPS/INS 位置-速度-姿态组合 H^{∞} 滤波曲线

　　比较图 5.3 和图 5.4 可以看出，在存在有色噪声的条件下，Kalman 滤波器不能正常工作，系统状态出现了发散，而 H^{∞} 滤波器可以可靠地工作，说明 H^{∞} 滤波和 Kalman 滤波相比，具有很强的鲁棒性，即使输入信号中含有有色噪声，滤波器仍能收敛，而且可以保持较高的精度。

表 5.1　H^∞ 滤波 GPS/INS 组合导航系统导航参数误差

分类		标准差
姿态角误差/(″)	横滚	8.07
	俯仰	15.19
	航向	22.69
速度误差/(m/s)	北向	0.07
	东向	0.05
	地向	0.05
位置误差/m	经度	4.56
	纬度	4.23
	高度	4.05

比较图 5.3 和图 5.5 可以看出，用位置、速度和载波相位进行组合导航时，可以有效消除仅由位置和速度组合时方位漂移的现象，同时姿态和方位的估计精度得到进一步的提高，从而使得整个组合导航系统的位置和速度精度比仅用位置和速度组合时明显提高。用 H^∞ 滤波进行 GPS/INS 组合导航，使系统状态方程可仅包含位置误差、速度误差和平台误差角状态量，无须再对陀螺仪和加速度计误差进行建模和扩充状态估计，从而降低系统的阶次，可以有效提高滤波速度，有利于导航系统的实时实现。

5.4　强跟踪滤波

5.4.1　强跟踪滤波器的引入

设一类非线性动态系统可描述为

$$X_k = f(X_{k-1}, u_{k-1}) + W_{k-1} \tag{5.41}$$

$$Z_k = h(X_k) + V_k \tag{5.42}$$

式中，$X_k \in \mathbf{R}^n$ 表示系统状态；$u_k \in \mathbf{R}^l$ 为控制量；$Z_k \in \mathbf{R}^m$ 表示观测向量；W_k 和 V_k 为互不相关的零均值高斯白噪声，方差分别为 Q_k 和 R_k。若非线性函数 $f(\cdot)$ 和 $h(\cdot)$ 具有关于状态的一阶连续偏导数，则式(5.41)与式(5.42)的状态估计采用 EKF 方法。当式(5.41)、式(5.42)具有足够的精度，并且滤波器的初始值 $\hat{X}_0$、P_0 选择得当时，EKF 可以给出比较准确的状态估计。然而，由于模型简化、噪声统计特性不准确、对实际系统初始状态的统计特性建模不准以及实际系统的参数发生变动等，模型存在强烈的不确定性，即所建立的非线性模型与其描述的非线性系统不能完全匹配，开环滤波器 EKF 对模型不确定性的鲁棒性比较差。为解决这一问题，周东华等在 20 世纪 90 年代提出了著名的强跟踪滤波器(Strong Tracking Filter，STF)。

定义 5.7(强跟踪滤波器)　称一个滤波器为强跟踪滤波器，若它与通常的滤波器相比，具有以下优良的特性：

(1)较强的关于模型不确定性的鲁棒性。

(2)极强的关于突变状态的跟踪能力，甚至在系统达到平稳状态时，仍保持对缓变状态与突变状态的跟踪能力。

(3)适中的计算复杂性。

显然,特性(1)和(2)是为了克服 EKF 的上述两大缺陷而提出来的。特性(3)是为了使 STF 更方便实时应用。

式(5.41)、式(5.42)的一类强跟踪滤波器具有如下的一般结构:

$$\hat{X}_k = \hat{X}_{k,k-1} + K_k \tilde{Z}_k \tag{5.43}$$

其中

$$\hat{X}_{k,k-1} = f(\hat{X}_{k-1}, u_{k-1}) \tag{5.44}$$

$$\tilde{Z}_k = Z_k - h(\hat{X}_{k,k-1}) \tag{5.45}$$

下面需要解决的难点在于在线确定时变增益阵 K_{k+1},使得此滤波器具有强跟踪滤波器的所有特性,这一思想需要通过正交性原理来实现。

正交性原理:使得滤波器(5.43)为强跟踪滤波器的一个充分条件是在线选择一个适当的时变增益阵 K_k,使得下面两个条件同时满足:

$$E[(X_k - \hat{X}_k)(X_k - \hat{X}_k)^{\mathrm{T}}] = \min \tag{5.46}$$

$$E[\tilde{Z}_{k+j}\tilde{Z}_k^{\mathrm{T}}] = 0, \quad k = 0,1,2,\cdots; \ j = 1,2,\cdots \tag{5.47}$$

其中,式(5.47)要求不同时刻的残差序列处处保持相互正交,这正是正交性原理这一名称的由来;式(5.46)实际上就是原来的 EKF 的性能指标。

说明此正交性原理的一个简单的例子是:早已证明,当模型与实际系统完全匹配时,Kalman 滤波器的输出残差序列是高斯白噪声序列,因此,式(5.47)是自然满足的。而式(5.46)就是 Kalman 滤波器的性能指标,因此也是满足的。当模型不确定性的影响造成滤波器的状态估计值偏离系统的状态时,必然会在输出残差序列的均值与幅值上表现出来。此时,若在线调整增益矩阵 K_k,强迫式(5.47)仍然成立,使得残差序列仍然保持相互正交,则可以强迫强跟踪滤波器保持对实际系统状态的跟踪。这也是“强跟踪滤波器”一词的由来。

该正交性原理具有明显的物理意义,它说明当存在模型不确定性时,应在线调整增益矩阵 K_k,使得输出残差始终具有类似高斯白噪声的性质。这也表明已经将输出残差中的一切有效信息提取了出来。

当不存在模型不确定性时,强跟踪滤波器就退化为通常的 EKF。

为了使滤波器具有强跟踪滤波器的优良性能,一个自然的想法是采用时变的渐消因子对过去的数据渐消,减弱旧数据对当前滤波值的影响。这可以通过实时调整状态预报误差的协方差阵以及相应的增益阵来实现。基于这一思想,利用 STF 对式(5.41)、式(5.42)进行状态估计的算法如下:

$$\hat{X}_k = \hat{X}_{k,k-1} + K_k \tilde{Z}_k \tag{5.48}$$

$$P_k = [I - K_k H(\hat{X}_{k,k-1})]P_{k,k-1} \tag{5.49}$$

其中

$$\hat{X}_{k,k-1} = f(\hat{X}_{k-1}, u_{k-1}) \tag{5.50}$$

$$P_{k,k-1} = \lambda_{k-1} F(\hat{X}_{k-1}, u_{k-1}) P_{k-1} F^{\mathrm{T}}(\hat{X}_{k-1}, u_{k-1}) + Q_{k-1} \tag{5.51}$$

$$K_k = P_{k,k-1}H^{\mathrm{T}}(\hat{X}_{k-1})[H(\hat{X}_{k-1})P_{k,k-1}H^{\mathrm{T}}(\hat{X}_{k-1}) + R_k]^{-1} \tag{5.52}$$

$$\tilde{Z}_k = Z_k - \hat{Z}_k = Y_k - h(\hat{X}_{k,k-1}) \tag{5.53}$$

$$P_{\tilde{Z}_k} = E[\tilde{Z}_k\tilde{Z}_k^{\mathrm{T}}] \approx H(\hat{X}_{k,k-1})P_{k,k-1}H^{\mathrm{T}}(\hat{X}_{k,k-1}) + R_k \tag{5.54}$$

式中，$\lambda_k \geq 1$ 为自适应渐消因子，可以由下面的方法确定：

$$\lambda_k = \begin{cases} \lambda_{0,k}, & \lambda_{0,k} \geq 1 \\ 1, & \lambda_{0,k} < 1 \end{cases} \tag{5.55}$$

其中

$$\lambda_{0,k} = \operatorname{tr}(N_k)/\operatorname{tr}(M_k) \tag{5.56}$$

$$N_k = V_{0,k} - H(\hat{X}_{k,k-1})Q_{k-1}H^{\mathrm{T}}(\hat{X}_{k,k-1}) - l_k R_k \tag{5.57}$$

$$M_k = H(\hat{X}_{k,k-1})F(\hat{X}_{k,k-1}, u_k)P_{k-1}F^{\mathrm{T}}(\hat{X}_{k,k-1}, u_k)H^{\mathrm{T}}(\hat{X}_{k,k-1}) \tag{5.58}$$

$$H(\hat{X}_{k,k-1}) = \left.\frac{\partial h(X_k)}{\partial X}\right|_{X_k = \hat{X}_{k,k-1}} \tag{5.59}$$

$$F(\hat{X}_{k,k-1}, u_k) = \left.\frac{\partial f(X_k, u_k)}{\partial X}\right|_{X_k = \hat{X}_{k,k-1}} \tag{5.60}$$

$$F(\hat{X}_{k,k-1}, u_k) = \left.\frac{\partial f(X_{k-1}, u_{k-1})}{\partial X}\right|_{X_{k-1} = \hat{X}_{k-1}} \tag{5.61}$$

$$V_{0,k} = \begin{cases} \tilde{Z}_1\tilde{Z}_1^{\mathrm{T}}, & k = 0 \\ \dfrac{\rho V_{0,k-1} + \tilde{Z}_k\tilde{Z}_k^{\mathrm{T}}}{1 + \rho}, & k \geq 1 \end{cases} \tag{5.62}$$

其中，$0.95 \leq \rho \leq 0.995$ 为遗忘因子。$l_k \geq 1$ 为弱化因子。特别地，可以取

$$l_k = 1 - d_k \tag{5.63}$$

$$d_k = \frac{1 - \rho}{1 - \rho^{k+1}} \tag{5.64}$$

值得注意的是，上述滤波器只是强跟踪滤波器中最为简单、应用最为广泛的一种，其中的参数是利用正交性原理通过一定的近似和简化得到的。

例 5.1　考虑一个线性时不变离散系统：

$$X_k = \Phi X_{k-1} + \Gamma W_{k-1}$$
$$Z_k = H X_k + V_k$$

其中，$\Phi = \begin{bmatrix} -0.0151 & -0.0379 \\ 1 & 0 \end{bmatrix}$；$\Gamma = \begin{bmatrix} -1 & -0.789 \\ 0 & 0 \end{bmatrix}$；$H = \begin{bmatrix} 1 & 0 \end{bmatrix}$；$W_k$ 和 V_k 为零均值白噪声序列，其方差均为 0.25。

对该系统分别进行普通 Kalman 滤波和强跟踪 Kalman 滤波。假设模型的状态转移矩阵有

误差，$\Phi^* = \begin{bmatrix} -0.66 & -0.0379 \\ 1 & 0 \end{bmatrix}$，选取的初值为 $X_0 = 0$，$P_0 = I$，$Q = 0.25$，$R = 0.25$。设状态估

计误差 $\tilde{X}_k = X_k - \hat{X}_k$，状态估计误差的仿真结果如图 5.6 所示。

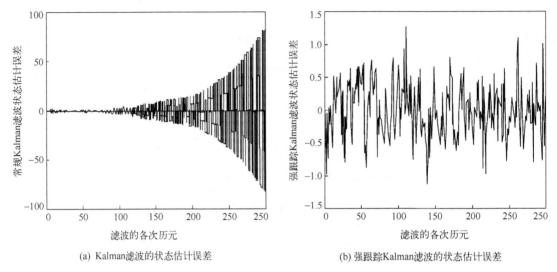

(a) Kalman滤波的状态估计误差   (b) 强跟踪Kalman滤波的状态估计误差

图 5.6   Kalman 滤波与强跟踪 Kalman 滤波估计误差的比较

利用新息序列 $\tilde{Z}_k = Z_k - H\hat{X}_{k,k-1}$ 的性质来判断滤波器是否发散。$\tilde{Z}_k^T \tilde{Z}_k$ 为新息序列平方和，包含实际估计误差的信息，而理论预测误差的新息可通过新息序列的方差阵 $E\left[\tilde{Z}_k \tilde{Z}_k^T\right] = HP_k H^T + R$ 描述。当滤波器发散时，误差协方差阵无界，这时实际估计误差往往比理论估计误差大很多倍。因此，可以用下式作为滤波器的收敛性判据：

$$\tilde{Z}_k^T \tilde{Z}_k \leqslant \gamma^2 \mathrm{tr}\{E[\tilde{Z}_k \tilde{Z}_k^T]\}$$

式中，$\gamma \geqslant 1$ 为可调系数，$\gamma = 1$ 为最严格的收敛判据条件，可根据具体情况来选择 γ 的值。当上式成立时，说明滤波器处于正常工作状态，否则说明滤波器已经发散。

图 5.7 反映了分别采用普通 Kalman 滤波和强跟踪 Kalman 滤波时滤波器的收敛情况。

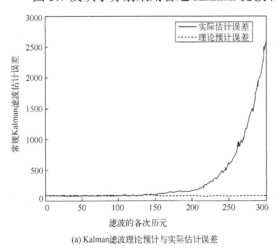

(a) Kalman滤波理论预计与实际估计误差

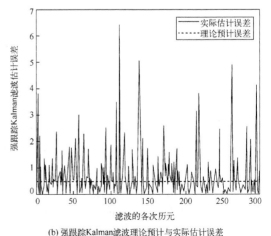

(b) 强跟踪Kalman滤波理论预计与实际估计误差

图 5.7   滤波器的收敛情况

从图 5.7 中可以看出，当常规 Kalman 滤波器已发散时，强跟踪 Kalman 滤波器仍能够较好地跟踪状态的变化。

5.4.2 基于强跟踪滤波的多传感器状态融合估计

多传感器数据融合是多源信息综合处理的一种非常有效的方法。它能将来自同一目标的多源信息加以智能化合成，产生比单一信息源更精确、更加完全的估计和判断，在组合导航领域有着广泛的应用。下面简要介绍基于 STF 进行多传感器信息融合来实现最优状态估计的方法。

系统模型如式(5.41)所示。设有 N 个传感器以相同采样率对目标状态进行观测，观测方程满足：

$$Z_{i,k} = h_i(X_k) + V_{i,k}, \quad i = 1, 2, \cdots, N \tag{5.65}$$

式中，$Z_{i,k} \in \mathbf{R}^{p_i \times 1}$ 是第 i 个传感器对状态 X_k 的观测值；非线性函数 $h_i : \mathbf{R}^{n \times 1} \to \mathbf{R}^{p_i \times 1}$ 具有关于状态的一阶连续偏导数；测量噪声 $V_{i,k} \in \mathbf{R}^{p_i \times 1}$ 是高斯白噪声序列，均值为零，方差为 $R_{i,k}$。初始状态 X_0 为高斯分布的随机向量，均值和方差分别为 $\bar{X}_0$ 和 P_0，并假设 X_0 与 W_k、$V_{i,k}$ 统计独立。

将式(5.65)表达的 N 个观测方程式(5.65)综合为一个观测方程，可得

$$Z_k = h(X_k) + V_k \tag{5.66}$$

式中，V_k 为零均值高斯白噪声，方差为 R_k，且有

$$Z_k = \begin{bmatrix} Z_{1,k} \\ Z_{2,k} \\ \vdots \\ Z_{N,k} \end{bmatrix} \tag{5.67}$$

$$h(X_k) = \begin{bmatrix} h_1(X_k) \\ h_2(X_k) \\ \vdots \\ h_N(X_k) \end{bmatrix} \tag{5.68}$$

$$V_k = \begin{bmatrix} V_{1,k} \\ V_{2,k} \\ \vdots \\ V_{N,k} \end{bmatrix} \tag{5.69}$$

$$R_k = \begin{bmatrix} R_{1,k} & 0 & \cdots & 0 \\ 0 & R_{2,k} & \cdots & 0 \\ \vdots & \vdots & & \vdots \\ 0 & 0 & \cdots & R_{N,k} \end{bmatrix} \tag{5.70}$$

假设已得到 $k-1$ 时刻状态 X_{k-1} 基于全局信息的融合估计值 $\hat{X}_{k-1}$ 及估计误差方差阵 P_{k-1}，当 k 时刻各个传感器的测量值到来时，利用 STF 对状态 X_k 进行估计的算法如下：

$$\hat{X}_k = P_k \left\{ P_{k,k-1}^{-1} \hat{X}_{k,k-1} + \sum_{i=1}^{N} \left[P_{i,k}^{-1} \hat{X}_{i,k} - P_{i,(k,k-1)}^{-1} \hat{X}_{i,(k-1)} \right] \right\} \tag{5.71}$$

$$P_k^{-1} = P_{k,k-1}^{-1} + \sum_{i=1}^{N} (P_{i,k}^{-1} - P_{k,k-1}^{-1}) \tag{5.72}$$

其中

$$\hat{X}_{k,k-1} = f(\hat{X}_{k-1}, u_{k-1}) \tag{5.73}$$

$$P_{k,k-1} = F(\hat{X}_{k-1}, u_{k-1}) P_{k-1} F^{\mathrm{T}}(\hat{X}_{k-1}, u_{k-1}) + Q_{k-1} \tag{5.74}$$

$$F(\hat{X}_{k-1}, u_{k-1}) = \left. \frac{\partial f(X_{k-1}, u_{k-1})}{\partial X} \right|_{X_{k-1} = \hat{X}_{k-1}} \tag{5.75}$$

式中，$\hat{X}_{i,k}$ 和 $P_{i,k}$ 分别是状态 X_k 基于 STF 的第 i 个传感器的局部估计值和估计误差协方差阵，并且有

$$\hat{X}_{i,k} = \hat{X}_{i,(k,k-1)} + K_{i,k} \gamma_{i,k} \tag{5.76}$$

其中，$\hat{X}_{i,(k,k-1)}$ 为一步预测估计值：

$$\hat{X}_{i,(k,k-1)} = f(\hat{X}_{k-1}, u_{k-1}) \tag{5.77}$$

一步预测误差协方差阵为

$$P_{i,(k,k-1)} = \lambda_{i,k} F(\hat{X}_{k-1}, u_{k-1}) P_{k-1} F^{\mathrm{T}}(\hat{X}_{k-1}, u_{k-1}) + Q_{k-1} \tag{5.78}$$

$\lambda_{i,k} \geq 1$ 为自适应渐消因子，由式 $(5.55) \sim$ 式 (5.64) 计算。

增益阵 $K_{i,k}$ 计算如下：

$$K_{i,k} = P_{i,(k,k-1)} H_i^{\mathrm{T}}(\hat{X}_{i,(k,k-1)}) [H_i(\hat{X}_{i,(k,k-1)}) P_{i,(k,k-1)} H_i^{\mathrm{T}}(\hat{X}_{i,(k,k-1)}) + R_{i,k}]^{-1} \tag{5.79}$$

测量预测误差：

$$\gamma_{i,k} = Z_{i,k} - h_i(\hat{X}_{i,(k,k-1)}) \tag{5.80}$$

估计误差协方差阵：

$$P_{i,k} = [I - K_{i,k} H_i(\hat{X}_{i,(k,k-1)})] P_{i,(k,k-1)} \tag{5.81}$$

在方程 (5.79) 和方程 (5.81) 中

$$H_i(\hat{X}_{i,(k,k-1)}) = \left. \frac{\partial h_i(X_k)}{\partial X} \right|_{X_k = \hat{X}_{i,(k,k-1)}} \tag{5.82}$$

5.4.3　里程计辅助惯导系统动基座对准应用实例

捷联惯导系统的初始对准就是确定初始捷联矩阵或姿态矩阵的过程。动基座对准是指在载体行进过程中完成的初始对准，也称行进间对准。与静基座不同，动基座对准需要利用外参考信息实现对惯导系统关键参数的估计与修正。在动基座对准过程中，首先通过车辆短时间静止建立惯导系统的初始姿态阵(粗对准)；在车辆行进过程中，通过 GPS 或里程计提供的

速度和位置等参考信息,利用其和惯导系统信息的相互匹配实现对准。动基座对准时间比静基座对准适当延长,对准精度和静基座相当,其优势在于降低了系统静态准备时间,对武器系统来说,提高了其生存能力。

里程计作为车载导航中一个重要的辅助导航设备,由于其具有全自主的特点而被广泛采用,但是由于安装、使用环境等因素的影响,里程计并不能完全反映载体的速度和位置,影响里程计测量精度的因素主要包括如下几点。

(1)里程计刻度因子的变化:不同的路面状况、轮胎充气和磨损情况、履带的松紧程度、温度情况等都会影响里程计刻度因子。

(2)里程计和惯导系统之间相对姿态关系的变化:里程计和惯导系统分别安装在载车的上装与底盘上,而上装和底盘为非刚性连接,导致里程计和惯导系统之间的相对位姿变化。

(3)复杂路面条件下,车辆在行进过程中的打滑、空转和航向的变化等。

因此,在建立里程计辅助惯导系统动基座对准误差模型时,必须考虑上述因素的影响。里程计辅助惯导系统动基座对准原理图如图 5.8 所示。该对准过程通过对里程计和惯导系统的输出进行解算,利用闭环状态反馈调整姿态矩阵,最终使里程计和惯导系统之间的速度误差趋向于零,从而实现动基座对准。

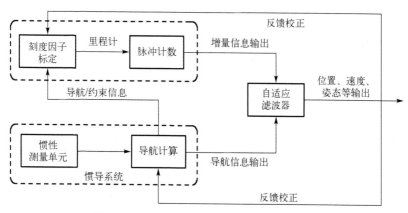

图 5.8　里程计辅助惯导系统动基座对准原理

1. 里程计辅助惯导系统动基座对准模型建立

系统状态方程和观测方程建模如 2.5.2 节所示。

2. 里程计特殊情况判断与处理

由于构建的里程计辅助惯导系统动基座对准能够在对准过程中对里程计进行连续的校准,从而确保里程计输出信息的准确性。然而在车辆动基座对准过程中,由于使用环境可能出现车体侧滑、空转或滑行以及车辆拐弯等现象,从而引起里程计测量误差,影响对准收敛时间和对准精度,严重时甚至导致对准失败。因此在使用过程中必须对里程计可能出现的特殊情况进行判断和处理,并采用强跟踪自适应滤波算法有效提高对准的可靠性和快速性。

在陆用环境下,可以利用的约束通常包括:

(1)惯导系统短时间具有良好的记忆功能，当载体静止时，里程计的输出为零，惯导系统还保留着原来的误差；

(2)载体坐标系下天向和侧向速度为零；

(3)惯导系统和里程计的速度相互参考，稳态时二者相等。

利用上述约束，对可能出现的特殊情况提出如下判据。

1)打滑及滑行

由于惯导系统在短时间内具有较高的测量精度，在里程计辅助惯导系统进行滤波并实施反馈校正过程中，惯导系统速度误差一般很小，如果出现打滑或滑行，则里程计测量值与惯导系统解算值之间将存在较大的差别，据此可以判断里程计出现何种故障。

打滑时里程计测量的路程增量远远大于实际行驶过的路程增量，而滑行时正好相反。根据里程计路程增量与惯导系统解算的路程增量之差判断里程计是否出现故障：

$$\left\| \Delta R_{\mathrm{INS}}(t_j) - \int_{t_{j-1}}^{t_j} \Delta R_{\mathrm{OD}}(t_j)\,\mathrm{d}t \right\| > \varLambda$$

如果上式成立，则里程计出现打滑或滑行。其中，$\varLambda$ 为设置的阈值。$\varLambda$ 的选取与载车行驶速度、惯导速度误差和里程计的测量噪声等有关。为了提高判据的有效性，必须确保惯导系统速度误差维持在一定范围内，随着惯导系统速度误差的不断增大，还需要进一步调整 $\varLambda$ 的取值。

2)航向角的变化

当车体航向出现大角度变化时，里程计校正将引起惯导系统姿态振荡，必须拒绝修正。可以通过惯导系统输出航向角来判断，判据如下：

$$\left\| \psi_{k+1} - \psi_k \right\| > \delta$$

式中，ψ 为惯导系统输出方位；δ 为设定的航向角变化的阈值。

通过检测惯导系统的姿态变化和里程计的输出信号进行静止状态的判断。在设定时间内没有里程计输出并且姿态的变化在设定阈值内时，可以判断当前载体处于静止状态。此时转入静基座对准，目的在于提高对准速度。当检测到载体打滑和滑行以及大角度转弯时，拒绝里程计修正，采用输出校正。输出校正并不改变惯导系统和里程计的工作状态，但能在里程计信息正常后使滤波器恢复正常工作。因此当诊断出里程计故障时，应以惯导系统信息为准，仅对系统状态方差进行递推。当检测到系统稳态时，初始对准结束，惯导系统转入导航状态。

为应对对准过程中出现的突发状况，以强跟踪滤波器作为里程计辅助惯导系统动基座对准的滤波器，具体的方程构建过程不再赘述。

3. 实验结果及分析

惯导系统及相关实验条件如 2.5.3 节及表 2.1 所示。考虑到惯导系统的安装位置和载体基本在同一水平面，轴向基本一致。完成里程计标定后的初始参数设置为：刻度因子 0.012 米/脉冲，俯仰角和方位角误差 0。在动基座对准中，粗对准时间为 60s，得到初始航向和姿态后载体开始行驶，600s 后完成初始对准。为观察 600s 后的收敛情况，将实验时间延长至 1000s。

通过实验结果图 5.9～图 5.12 可以看出，里程计俯仰、航向误差角和刻度因子不是固定的，而是实时变化的，应实时进行估计和修正；里程计辅助动基座初始对准结果在 400s 收敛，对准精度<0.05°。

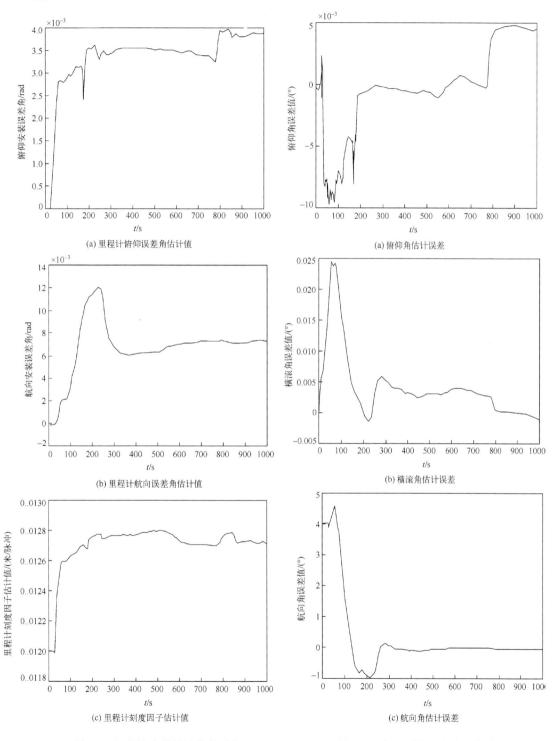

图 5.9　里程计参数估计收敛过程

图 5.10　惯导系统俯仰角、横滚角和
航向角估计误差收敛过程

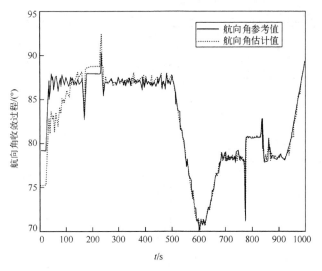

图 5.11　航向角估计收敛过程

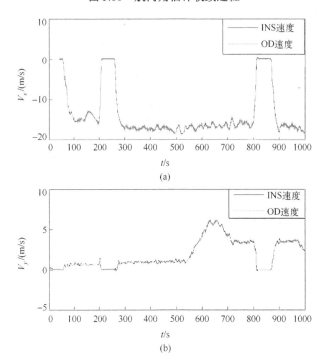

图 5.12　惯导系统和里程计速度对比

　　由上述结果可以看出，里程计辅助惯导系统进行动基座对准的精度与静基座基本相当。通过对里程计误差进行合理建模，采用强跟踪滤波方法实现惯导系统误差和里程计误差的相互校正，对可能引起的故障进行有效诊断，提高了动基座对准的精度。

5.5　自适应滤波

　　在很多实际系统中，系统过程噪声方差阵 Q 和观测噪声方差阵 R 事先是未知的，有时，状态转移矩阵 Φ 或测量矩阵 H 也不确切已知。如果根据不确切的模型进行滤波就可能会引起滤波发散。有时即使开始时模型选择比较符合实际，但在运行过程中，模型出现摄动，具体来说就是 Q、R 或 Φ、H 发生了变化，在这种情况下，首先要估计变化了的 Q 或 R，进而调整滤波增益矩阵 K_k。

自适应滤波是一种具有抑制滤波器发散作用的滤波方法，它在滤波计算过程中，利用观测不断地修正预测值，同时也对未知的或不确切的系统模型参数、噪声统计参数等进行估计和修正。自适应滤波的方法有很多，如贝叶斯法、极大似然法、相关法与协方差匹配法等。

本节主要介绍相关法自适应滤波和 Sage-Husa 自适应 Kalman 滤波方法。

5.5.1　相关法自适应滤波

相关法自适应滤波是在假设 Φ、H 已知的条件下，当 Q 或 R 未知或不确切已知时，如何在滤波过程中，对它们进行实时的估计和修正。因为 Q 或 R 对滤波的影响是通过增益矩阵 K_k 反映出来的，所以也可以不去估计 Q 或 R，而直接对 K_k 进行估计。本节以输出相关法为例来介绍相关法自适应滤波的基本思想。

设随机线性定常系统完全可控和完全可观测，状态方程和观测方程分别为

$$X_k = \Phi X_{k-1} + W_{k-1} \tag{5.83a}$$

$$Z_k = HX_k + V_k \tag{5.83b}$$

式中，X_k 是系统的 n 维状态向量；Z_k 是系统的 m 维观测序列；W_k 是 p 维系统过程噪声序列；V_k 是 m 维观测噪声序列；Φ 是系统的 $n\times n$ 状态转移矩阵；H 是 $m\times n$ 观测矩阵，均为已知矩阵。系统过程噪声 W_k 和观测噪声 V_k 都是零均值白噪声序列，对应的方差阵 Q 和 R 为未知矩阵；假设滤波器已达稳态，增益矩阵 K_k 已趋于稳态值 K。

输出相关法自适应滤波的基本途径是根据观测数据 Z_i 估计出输出相关函数序列 C_i，再由 C_i 推算出最佳稳态增益矩阵 K，使得增益矩阵 K 不断地与实际观测值 Z_i 相适应。

1. 观测数据的相关函数 $C_k(k=1,2,\cdots,n)$ 与 ΓH^{T} 阵

由式 (5.83) 可得

$$X_i = \Phi X_{i-1} + W_{i-1} = \Phi^k X_{i-k} + \sum_{l=1}^{k} \Phi^{l-1} W_{i-l} \tag{5.84a}$$

$$Z_i = HX_i + V_i = H\Phi^k X_{i-k} + H\sum_{l=1}^{k} \Phi^{l-1} W_{i-l} + V_i \tag{5.84b}$$

显然，X_i 是平稳序列，记

$$\Gamma = E[X_i X_i^{\mathrm{T}}]$$

由于 Γ 与 i 无关，再考虑到 X_i、V_i、X_0 之间的不相关性，得 Z_i 的相关函数：

$$C_0 = E[Z_i Z_i^{\mathrm{T}}] = H\Gamma H^{\mathrm{T}} + R \tag{5.85}$$

$$C_k = E[Z_i Z_{i-k}^{\mathrm{T}}] = H\Phi^k \Gamma H^{\mathrm{T}}, \quad k>0 \tag{5.86}$$

以上两式都含有 ΓH^{T}，该矩阵又与增益矩阵 K 有关，所以 ΓH^{T} 是沟通待求增益矩阵 K 与 C_k 之间关系的桥梁，是输出相关自适应滤波中一个重要矩阵。根据式 (5.86) 可得

$$\begin{bmatrix} C_1 \\ C_2 \\ \vdots \\ C_n \end{bmatrix} = \begin{bmatrix} H\Phi\Gamma H^T \\ H\Phi^2\Gamma H^T \\ \vdots \\ H\Phi^n\Gamma H^T \end{bmatrix} = \begin{bmatrix} H\Phi \\ H\Phi^2 \\ \vdots \\ H\Phi^n \end{bmatrix} \Gamma H^T = A\Gamma H^T \tag{5.87}$$

式中，n 是状态的维数；A 是系统的可观测矩阵，即

$$A = \begin{bmatrix} H\Phi \\ H\Phi^2 \\ \vdots \\ H\Phi^n \end{bmatrix} \tag{5.88}$$

根据系统完全可观测的假设，可知 rank $A = n$，$A^T A$ 为非奇异矩阵，于是由式 (5.87) 可解得

$$\Gamma H^T = \left[A^T A\right]^{-1} A^T \begin{bmatrix} C_1 \\ C_2 \\ \vdots \\ C_n \end{bmatrix} \tag{5.89}$$

2. 由 ΓH^T 求取最佳稳态增益矩阵 K

根据式 (2.37)，最佳稳态增益矩阵为

$$K = PH^T \left[HPH^T + R \right]^{-1} \tag{5.90}$$

为将式 (5.90) 转化为 ΓH^T 的表达式，将 X_k 写成：

$$X_k = \hat{X}_{k,k-1} + \tilde{X}_{k,k-1}$$

注意到 $\hat{X}_{k,k-1}$ 与 $\tilde{X}_{k,k-1}$ 正交，于是有

$$\Gamma = E[X_k X_k^T] = E[(\hat{X}_{k,k-1} + \tilde{X}_{k,k-1})(\hat{X}_{k,k-1} + \tilde{X}_{k,k-1})^T] = F + P \tag{5.91}$$

式中

$$F = E\left[\hat{X}_{k,k-1} \hat{X}_{k,k-1}^T \right]$$

因为 X_k 为平稳序列，所以 F 与时刻 k 无关。将 $P = \Gamma - F$ 代入式 (5.90)，得

$$K = (\Gamma - F)H^T [H(\Gamma - F)H^T + R]^{-1}$$
$$= (\Gamma H^T - FH^T)(H\Gamma H^T + R - HFH^T)^{-1}$$

将式 (5.85) 代入上式，得

$$K = (\Gamma H^T - FH^T)(C_0 - HFH^T)^{-1} \tag{5.92}$$

式中，C_0 与 ΓH^T 在根据 Z_i 估计出 C_i 之后都是已知阵，未知阵只有 F。注意到 F 是 X_k 的预测值的误差方差阵，则可根据 X_k 的预测递推方程：

$$\hat{X}_{k+1,k} = \Phi\hat{X}_k = \Phi[\hat{X}_{k,k-1} + K(H\tilde{X}_{k,k-1} + V_k)]$$

确定 F，即

$$F = E[\hat{X}_{k+1,k}\hat{X}_{k+1,k}^{\mathrm{T}}]$$
$$= \Phi E\{[\hat{X}_{k,k-1} + K(H\tilde{X}_{k,k-1} + V_k)][\hat{X}_{k,k-1} + K(H\tilde{X}_{k,k-1} + V_k)]^{\mathrm{T}}\}\Phi^{\mathrm{T}}$$
$$= \Phi[F + K(HPH^{\mathrm{T}} + R)K^{\mathrm{T}}]\Phi^{\mathrm{T}}$$

将式(5.92)代入上式，又因 Γ、F、C_0 都是对称阵，则

$$F = \Phi[F + (\Gamma H^{\mathrm{T}} - FH^{\mathrm{T}})(C_0 - HFH^{\mathrm{T}})^{-1}(\Gamma H^{\mathrm{T}} - FH^{\mathrm{T}})^{\mathrm{T}}]\Phi^{\mathrm{T}} \tag{5.93}$$

这是一个关于 F 的非线性矩阵方程，当 C_i 已知时，ΓH^{T} 是已知阵，采用近似解法可得到 F 的近似值。求得 F 后，根据式(5.92)即可确定出 K。

3. 由 Z_i 估计出 C_i

设已获得观测值 $Z_1, Z_2, \cdots, Z_k$，假设平稳序列 Z_i 具有各态历经性，则 Z_i 的自相关函数 C_i 的估计 $\hat{C}_i^k$ (下标 i 表示时间间隔，上标 k 表示估计所依据的观测数据的个数)是

$$\hat{C}_i^k = \frac{1}{k}\sum_{l=i+1}^{k} Z_l Z_{l-i}^{\mathrm{T}} = \frac{1}{k}Z_k Z_{k-i}^{\mathrm{T}} + \frac{1}{k}\sum_{l=i+1}^{k-1} Z_l Z_{l-i}^{\mathrm{T}}$$
$$= \frac{1}{k}Z_k Z_{k-i}^{\mathrm{T}} + \left[\frac{1}{k-1} - \frac{1}{k(k-1)}\right]\sum_{l=i+1}^{k-1} Z_l Z_{l-i}^{\mathrm{T}}$$
$$= \frac{1}{k-1}\sum_{l=i+1}^{k-1} Z_l Z_{l-i}^{\mathrm{T}} + \frac{1}{k}\left(Z_k Z_{k-i}^{\mathrm{T}} - \frac{1}{k-1}\sum_{l=i+1}^{k-1} Z_l Z_{l-i}^{\mathrm{T}}\right)$$
$$= \hat{C}_i^{k-1} + \frac{1}{k}(Z_k Z_{k-i}^{\mathrm{T}} - \hat{C}_i^{k-1}), \quad i = 0,1,2,\cdots,n \tag{5.94}$$

式(5.94)是 $\hat{C}_i^k$ 的递推公式。若已给定 $\hat{C}_i^{2i}$ 的值，则由 $\hat{C}_i^{2i}$ 及 $Z_{2i+1}Z_{i+1}^{\mathrm{T}}$ 可得到 $\hat{C}_i^{2i+1}$，再由 $\hat{C}_i^{2i+1}$ 及 $Z_{2i+2}Z_{i+2}^{\mathrm{T}}$ 可得 $\hat{C}_i^{2i+2}$，最后由 $\hat{C}_i^{k-1}$ 及 $Z_k Z_{k-i}^{\mathrm{T}}$ 可得 $\hat{C}_i^k$ $(i=1,2,\cdots,n)$，这样就解决了 C_i 的估计问题。

4. 输出相关自适应滤波方程

综合式(5.92)~式(5.94)及式(5.89)，可得完全可控和完全可观测随机线性离散定常系统(5.83)的稳态输出相关自适应滤波方程：

$$\hat{X}_k = \Phi\hat{X}_{k,k-1} + \hat{K}^k(Z_k - H\Phi\hat{X}_{k-1}), \quad \hat{X}_0 = E[X_0] \tag{5.95a}$$

$$\hat{K}^k = (\hat{\Gamma}^k H^{\mathrm{T}} - \hat{F}^k H^{\mathrm{T}})(\hat{C}_0^k - H\hat{F}^k H^{\mathrm{T}})^{-1} \tag{5.95b}$$

$$A = \begin{bmatrix} H\Phi \\ H\Phi^2 \\ \vdots \\ H\Phi^n \end{bmatrix} \tag{5.95c}$$

$$\hat{\Gamma}^k H^{\mathrm{T}} = \left[A^{\mathrm{T}}A\right]^{-1}A^{\mathrm{T}}\begin{bmatrix} \hat{C}_1^k \\ \hat{C}_2^k \\ \vdots \\ \hat{C}_n^k \end{bmatrix} \tag{5.95d}$$

$$\hat{F}^k = \Phi\left[\hat{F}^k + \left(\hat{\Gamma}^k - \hat{F}^k\right)H^{\mathrm{T}}\left[\hat{C}_0^k - H\hat{F}^k H^{\mathrm{T}}\right]^{-1} H\left(\hat{\Gamma}^k - \hat{F}^k\right)^{\mathrm{T}}\right]\Phi^{\mathrm{T}} \tag{5.95e}$$

$$\hat{C}_i^k = \hat{C}_i^{k-1} + \frac{1}{k}(Z_k Z_{k-i}^{\mathrm{T}} - \hat{C}_i^{k-1}), \quad i = 0, 1, 2, \cdots, n \tag{5.95f}$$

式中，$\hat{K}^k$、$\hat{\Gamma}^k$、$\hat{F}^k$ 和 $\hat{C}_i^k$ 的上标 k 表示估计所依据的观测数据的个数。

5.5.2　Sage-Husa 自适应 Kalman 滤波

Sage 和 Husa 提出的自适应 Kalman 滤波算法具有原理简单、实时性好以及可同时估计出系统噪声和观测噪声一阶和二阶矩等特点，因此在以惯性技术为代表的许多领域得到了广泛的应用。

1. Sage-Husa 自适应 Kalman 滤波算法

Sage-Husa 自适应 Kalman 滤波是在利用观测数据进行递推滤波的同时，通过时变噪声统计估值器，实时估计和修正系统过程噪声与观测噪声的统计特性，从而达到降低模型误差、抑制滤波发散、提高滤波精度的目的。考虑随机线性离散系统：

$$X_k = \Phi_{k,k-1} X_{k-1} + W_{k-1} \tag{5.96a}$$

$$Z_k = H_k X_k + V_k \tag{5.96b}$$

式中，X_k 是系统的 n 维状态序列；Z_k 是系统的 m 维观测序列；$\Phi_{k,k-1}$ 是系统的 $n \times n$ 状态转移矩阵；H_k 是 $m \times n$ 观测矩阵；W_k 和 V_k 为相互独立的带时变均值和协方差阵的白噪声序列。

$$\begin{cases} E[W_k] = q_k, & E[(W_k - q_k)(W_j - q_j)^{\mathrm{T}}] = Q_k \delta_{kj} \\ E[V_k] = r_k, & E[(V_k - r_k)(V_j - r_j)^{\mathrm{T}}] = R_k \delta_{kj} \\ E[W_k V_j^{\mathrm{T}}] = 0 \end{cases} \tag{5.97}$$

Sage-Husa 自适应 Kalman 滤波算法可描述为

$$\hat{X}_k = \hat{X}_{k,k-1} + K_k \tilde{Z}_k \tag{5.98a}$$

$$\hat{X}_{k,k-1} = \Phi_{k,k-1} \hat{X}_{k-1} + \hat{q}_k \tag{5.98b}$$

$$\tilde{Z}_k = Z_k - H_k \hat{X}_{k,k-1} - \hat{r}_k \tag{5.98c}$$

$$K_k = P_{k,k-1} H_k^{\mathrm{T}} (H_k P_{k,k-1} H_k^{\mathrm{T}} + \hat{R}_k)^{-1} \tag{5.98d}$$

$$P_{k,k-1} = \Phi_{k,k-1} P_{k-1} \Phi_{k,k-1}^{\mathrm{T}} + \hat{Q}_{k-1} \tag{5.98e}$$

$$P_k = (I - K_k H_k) P_{k,k-1} \tag{5.98f}$$

其中，$\hat{r}_k$、$\hat{R}_k$、$\hat{q}_k$ 和 $\hat{Q}_k$ 由时变噪声统计估值器递推获得：

$$\hat{r}_k = (1 - d_{k-1})\hat{r}_{k-1} + d_{k-1}(Z_k - H_{k,k-1}\hat{X}_{k,k-1}) \tag{5.99a}$$

$$\hat{R}_k = (1 - d_{k-1})\hat{R}_{k-1} + d_{k-1}(\tilde{Z}_k \tilde{Z}_k^{\mathrm{T}} - H_k P_{k,k-1} H_k^{\mathrm{T}}) \tag{5.99b}$$

$$\hat{q}_k = (1-d_{k-1})\hat{q}_{k-1} + d_{k-1}(\hat{X}_k - \varPhi_{k,k-1}\hat{X}_{k-1}) \tag{5.99c}$$

$$\hat{Q}_k = (1-d_{k-1})\hat{Q}_{k-1} + d_{k-1}(K_k\tilde{Z}_k\tilde{Z}_k^{\mathrm{T}}K_k^{\mathrm{T}} + P_k - \varPhi_{k,k-1}P_{k-1}\varPhi_{k,k-1}^{\mathrm{T}}) \tag{5.99d}$$

式中，$d_k = (1-b)/(1-b^{k+1})$，$0<b<1$ 为遗忘因子。

例 5.2 Sage-Husa 自适应 Kalman 滤波算法的性能分析。

考虑一个线性时不变系统：

$$X_k = 0.96X_{k-1} + W_{k-1}$$
$$Z_k = 1.05X_k + V_k$$

设 W_k 和 V_k 均为均值为 0、均方差为 0.2 的白噪声。选取初值为 $P_0 = 0.01$，$\hat{q}_0 = 0$，$\hat{r}_0 = 0$，$\hat{Q}_0 = 0.24$，$\hat{R}_0 = 0.34$。噪声方差的递推结果如图 5.13 所示。

仿真实验表明，当直接使用该算法时很容易引起发散，使滤波失去意义。其根本原因是该算法是一种利用了滤波值和一步预测值代替全平滑值得到的次优算法，因而噪声统计特性的估计精度下降，从而导致滤波发散。这直接体现在式(5.99b)和式(5.99d)中采用了减法运算，虽然满足无偏估计的要求，但容易使噪声统计二阶矩的估计 $\hat{Q}_k$ 和 $\hat{R}_k$ 分别失去半正定性和正定性，从而引起滤波发散。

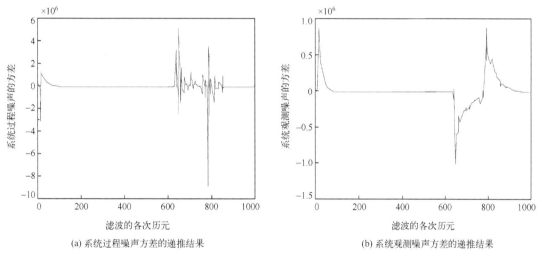

(a) 系统过程噪声方差的递推结果　　　　　　　　(b) 系统观测噪声方差的递推结果

图 5.13　噪声方差的递推结果

另外，当 $\varPhi = 0$，$H = \varGamma = 1$ 时，通过推导发现 $Q - \hat{Q}_k$ 与 $R - \hat{R}_k$ 的特征多项式有一个特征值为 1 的特征根，这说明由式(5.99b)、式(5.99d)迭代递推得到的 $\hat{Q}_k$ 和 $\hat{R}_k$ 序列将与 Q 和 R 存在着一个常值误差，即不可能同时估计出真实的 Q 和 R。但理论推导和仿真结果都表明，当 Q(或 R)已知时，可以利用式(5.99b)、式(5.99d)反复迭代估计出 R(或 Q)。

继续分析本例的系统。设 W_k 为均值为 2、均方差为 0.2 的白噪声，V_k 为均值为 0、均方差为 0.2 的白噪声。初值分别选取如下：

(1) $b=0.98$，$P_0 = 0.01$，$\hat{q}_0 = 0$，$\hat{r}_0 = 0$，$\hat{Q}_0 = 0.04$，$\hat{R}_0 = 0.04$；

(2) $b=0.98$，$P_0 = 0.01$，$\hat{q}_0 = 2$，$\hat{r}_0 = 0$，$\hat{Q}_0 = 0.04$，$\hat{R}_0 = 0.04$；

(3) $b=0.98$，$P_0 = 0.01$，$\hat{q}_0 = 4$，$\hat{r}_0 = 0$，$\hat{Q}_0 = 0.04$，$\hat{R}_0 = 0.04$。

仿真结果如图 5.14～图 5.16 所示。

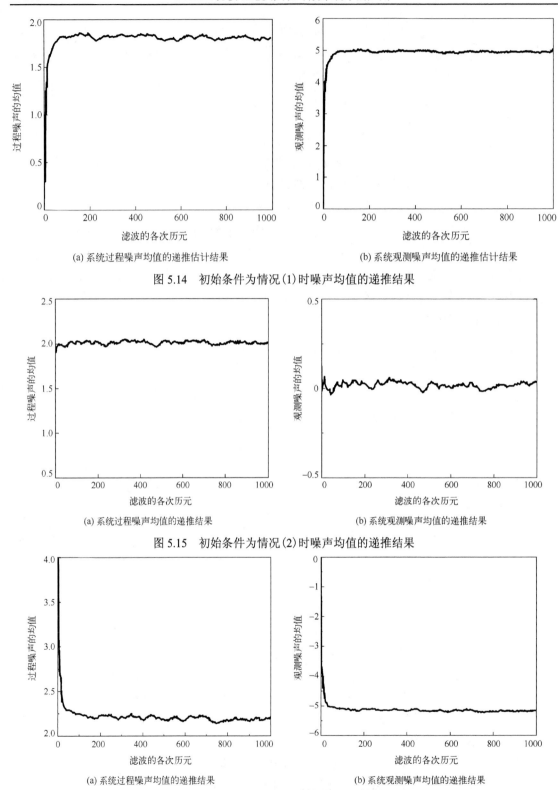

(a) 系统过程噪声均值的递推估计结果　　　　　　　(b) 系统观测噪声均值的递推估计结果

图 5.14　初始条件为情况(1)时噪声均值的递推结果

(a) 系统过程噪声均值的递推结果　　　　　　　(b) 系统观测噪声均值的递推结果

图 5.15　初始条件为情况(2)时噪声均值的递推结果

(a) 系统过程噪声均值的递推结果　　　　　　　(b) 系统观测噪声均值的递推结果

图 5.16　初始条件为情况(3)时噪声均值的递推结果

从仿真结果可以看出，Sage-Husa 自适应 Kalman 滤波算法对初值比较敏感，当选取不同的初始值时，噪声均值的估计有较大的差别，只有当初始值与真实值完全一致时，估计值才收敛到真实值附近。

有文献对这一问题进行了深入的理论分析，并证明使用 Sage-Husa 自适应 Kalman 滤波算法时，初值的影响不能随着时间而衰减。当选取的初值存在偏差时，滤波结果将发生明显偏差，实际输出残差序列不再服从零均值正态分布，而是有偏正态分布。只有当初值没有偏差时，滤波器才具有较好的性能。

通过以上分析可以看出，当直接使用 Sage-Husa 自适应 Kalman 滤波算法时，存在着滤波发散、对初值敏感和噪声统计特性估计有偏等问题。

对于 Sage-Husa 自适应 Kalman 滤波算法发散的问题，可以使用 Q 和 R 的有偏估计，从而保证其正定性和半正定性。该方法对发散的抑制效果有限，精度也不高。该问题另外一个解决办法是利用 5.4 节的强跟踪 Kalman 滤波算法，引入一个渐消因子（也称自动加权因子）来调整 $P_{k,k-1}$ 的值，亦即调整比例因子 K_k 的值，从而更好地发挥当前观测的作用，使滤波值能够跟踪当前值的变化，抑制滤波器的发散。

2. 带观测噪声时变估值器的简化 Sage-Husa 自适应 Kalman 滤波

前面已经指出，当 Q（或 R）已知时，可以利用式(5.99)反复迭代估计出 R（或 Q）。在系统过程噪声较为稳定且其方差误差较小的情况下，可以考虑改进 Sage-Husa 自适应 Kalman 滤波算法的噪声统计估值器，只对观测噪声的统计特性进行估计。

假设观测噪声的均值为零。R 的极大验后估值器为

$$\hat{R}_k = \frac{1}{k}\sum_{i=1}^{k}(Z_k - H_i\hat{X}_{i,k})(Z_k - H_i\hat{X}_{i,k})^{\mathrm{T}} \tag{5.100}$$

改进 Sage-Husa 自适应 Kalman 滤波算法，用 $\hat{X}_{i,i}$ 代替 $\hat{X}_{i,k}$，则式(5.100)中

$$\begin{aligned}
Z_i - H_i\hat{X}_{i,k} &= Z_i - H_i\hat{X}_{i,i} \\
&= Z_i - H_i(\hat{X}_{i,i-1} + K_i\tilde{Z}_i) \\
&= (I - H_iK_i)\tilde{Z}_i
\end{aligned} \tag{5.101}$$

式中，$\tilde{Z}_i$ 为新息。将式(5.100)代入滤波器收敛性判据

$$\tilde{Z}_k^{\mathrm{T}}\tilde{Z}_k \leqslant \gamma^2\mathrm{tr}\{E[\tilde{Z}_k\tilde{Z}_k^{\mathrm{T}}]\}$$

得到

$$\hat{R}_k = \frac{1}{k}\sum_{i=1}^{k}\left(I_k - H_iK_i\right)\tilde{Z}_i\tilde{Z}_i^{\mathrm{T}}\left(I_k - H_iK_i\right)^{\mathrm{T}} \tag{5.102}$$

经验证，$\hat{R}_k$ 的均值为

$$E[\hat{R}_k] = R - \frac{1}{k}\sum_{i=1}^{k}H_iP_iH_i^{\mathrm{T}} \tag{5.103}$$

由此可以得到 $\hat{R}_k$ 的次优估值器为

$$\hat{R}_k = \frac{1}{k}\sum_{i=1}^{k}\{(I - H_iK_i)\tilde{Z}_i\tilde{Z}_i^{\mathrm{T}}(I - H_iK_i)^{\mathrm{T}} + H_iP_iH_i^{\mathrm{T}}\} \tag{5.104}$$

K_k 必须在获得 $\hat{R}_k$ 后方可计算得到，由于在滤波过程中 K_k 的值趋于稳定，这里用 K_{k-1} 来

代替 K_k。由式(5.103)得到 R 的估计方程如下：

$$\hat{R}_k = \frac{k-1}{k}\hat{R}_{k-1} + \frac{1}{k}[(I - H_k K_k)\tilde{Z}_k\tilde{Z}_k^{\mathrm{T}}(I - H_k K_k)^{\mathrm{T}} + H_k P_k H_k^{\mathrm{T}}] \tag{5.105}$$

利用指数加权法，修改 R 的估计方程为

$$\hat{R}_k = (1-d_k)\hat{R}_{k-1} + d_k[(I - H_k K_k)\tilde{Z}_k\tilde{Z}_k^{\mathrm{T}}(I - H_k K_k)^{\mathrm{T}} + H_k P_k H_k^{\mathrm{T}}] \tag{5.106}$$

其中，$d_k = (1-b)/(1-b^{k+1})$，$0<b<1$，b 为遗忘因子。

将观测噪声的方差估计方程与常规 Kalman 滤波方程联立，就获得了带观测噪声时变估值器的简化 Sage-Husa 自适应 Kalman 滤波算法。

对于例 5.2 所示系统，设 W_k 和 V_k 都是均值为 0、均方差为 0.2 的白噪声。选取初始值如下：

(1) b=0.98，$P_0 = 0.01$，$\hat{Q}_0 = 0.04$，$\hat{R}_0 = 0.34$；

(2) b=0.98，$P_0 = 0.01$，$\hat{Q}_0 = 0.04$，$\hat{R}_0 = 0.02$；

(3) b=0.98，$P_0 = 0.01$，$\hat{Q}_0 = 0.24$，$\hat{R}_0 = 0.34$；

(4) b=0.98，$P_0 = 0.01$，$\hat{Q}_0 = 0.02$，$\hat{R}_0 = 0.34$。

仿真结果如图 5.17～图 5.20 所示。

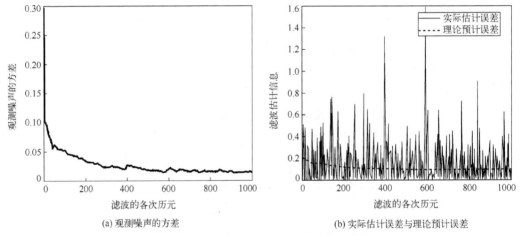

(a) 观测噪声的方差　　　　　　　　　　(b) 实际估计误差与理论预计误差

图 5.17　初始条件为情况(1)时的估计结果

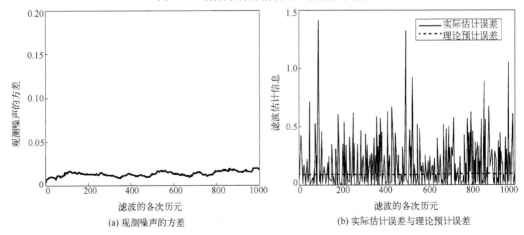

(a) 观测噪声的方差　　　　　　　　　　(b) 实际估计误差与理论预计误差

图 5.18　初始条件为情况(2)时的估计结果

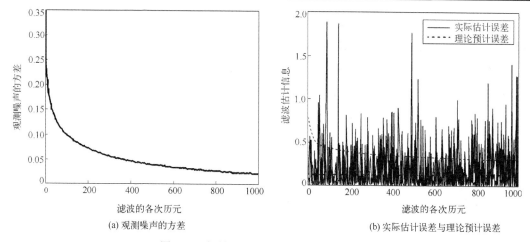

图 5.19　初始条件为情况(3)时的估计结果

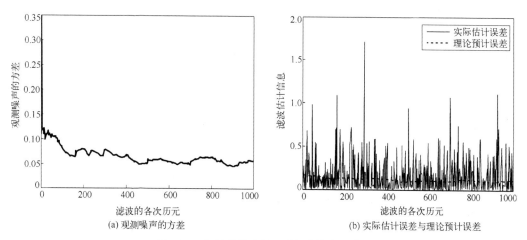

图 5.20　初始条件为情况(4)时的估计结果

由仿真结果可以看出，采用带观测噪声时变估值器的简化 Sage-Husa 自适应 Kalman 滤波算法进行滤波时没有发散，滤波器对先验噪声的统计特性的依赖性较小，稳定度与精度较高，其实用性得到了提高。

3. 带过程噪声时变估值器的简化 Sage-Husa 自适应 Kalman 滤波

类似前面的推导，考虑带系统过程噪声时变估值器的简化 Sage-Husa 自适应 Kalman 滤波算法。当观测噪声的稳定性和初始值的精度较高而系统过程噪声的统计特性未知时，可以简化时变噪声统计估值器为

$$\hat{q}_k = (1-d_k)\hat{q}_{k-1} + d_k(X_k - \Phi_{k,k-1}\hat{X}_{k-1}) \tag{5.107a}$$

$$\hat{Q}_k = (1-d_k)\hat{Q}_{k-1} + d_k(K_k\tilde{Z}_k\tilde{Z}_k^{\mathrm{T}}K_k^{\mathrm{T}} + P_k - \Phi_{k,k-1}P_k\Phi_{k,k-1}^{\mathrm{T}}) \tag{5.107b}$$

式中，$d_k = (1-b)/(1-b^{k+1})$，$0<b<1$，b 为遗忘因子。

将观测噪声的方差估计方程与常规 Kalman 滤波方程联立，就获得了带观测噪声时变估值器的简化 Sage-Husa 自适应 Kalman 滤波算法。

利用本节所描述的算法对本节例子所描述的系统进行滤波。设 W_k 是均值为 2、方差为 0.04 的白噪声；V_k 是均值为 0、方差为 0.04 的白噪声。选取初值如下：

(1)$b=0.98$，$P_0 = 0.01$，$\hat{q}_0 = 0$，$\hat{r}_0 = 0$，$\hat{Q}_0 = 0.34$，$\hat{R}_0 = 0.04$；

(2)$b=0.98$，$P_0 = 0.01$，$\hat{q}_0 = 1$，$\hat{r}_0 = 0$，$\hat{Q}_0 = 0.34$，$\hat{R}_0 = 0.04$；

(3)$b=0.98$，$P_0 = 0.01$，$\hat{q}_0 = 2$，$\hat{r}_0 = 0$，$\hat{Q}_0 = 0.02$，$\hat{R}_0 = 0.24$；

(4)$b=0.98$，$P_0 = 0.01$，$\hat{q}_0 = 3$，$\hat{r}_0 = 0$，$\hat{Q}_0 = 0.34$，$\hat{R}_0 = 0.02$。

仿真结果如图 5.21～图 5.24 所示。

从仿真结果可以看出，采用简化的 Sage-Husa 自适应 Kalman 滤波算法对系统过程噪声均值的估计有较高的精度和稳定性，且对系统过程噪声均值的初始值不再敏感，但当观测噪声的统计特性偏差较大时，系统过程噪声方差估计的精度有较大的下降。这说明带过程噪声时变估值器的简化 Sage-Husa 自适应 Kalman 滤波算法对观测噪声的统计特性要求是比较高

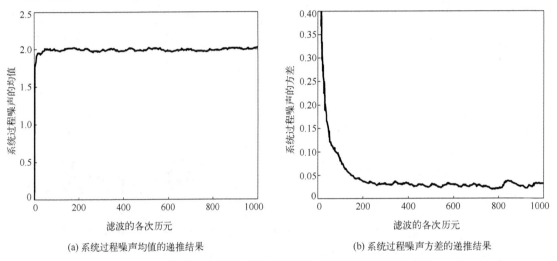

(a) 系统过程噪声均值的递推结果　　　　　　　　(b) 系统过程噪声方差的递推结果

图 5.21　初始条件为情况(1)时过程噪声统计特性的递推结果

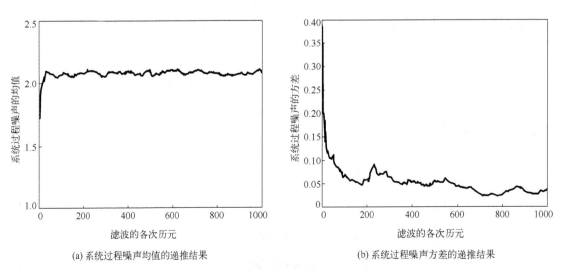

(a) 系统过程噪声均值的递推结果　　　　　　　　(b) 系统过程噪声方差的递推结果

图 5.22　初始条件为情况(2)时过程噪声统计特性的递推结果

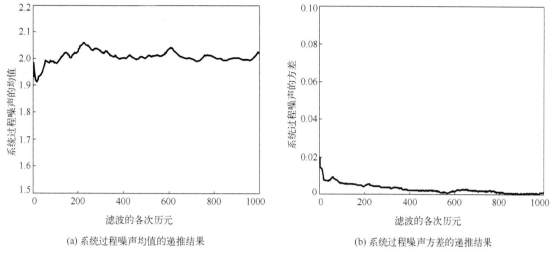

(a) 系统过程噪声均值的递推结果　　　　　　　　　　　(b) 系统过程噪声方差的递推结果

图 5.23　初始条件为情况(3)时过程噪声统计特性的递推结果

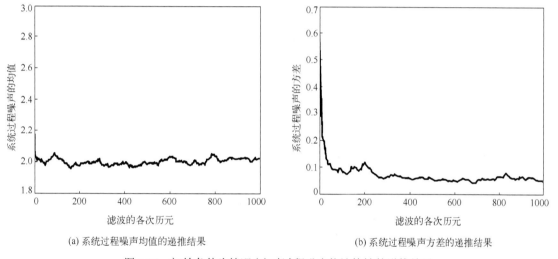

(a) 系统过程噪声均值的递推结果　　　　　　　　　　　(b) 系统过程噪声方差的递推结果

图 5.24　初始条件为情况(4)时过程噪声统计特性的递推结果

的，只有在观测噪声的统计特性较准确的情况下使用才能得到满意的效果。这里还可以进一步将 Sage-Husa 自适应 Kalman 滤波算法发散的原因理解为当系统过程噪声和观测噪声方差阵的初始值都不准确的情况下，利用该算法估计出来的 $\hat{Q}$ 和 $\hat{R}$ 将更加远离真实值，甚至失去正定性，从而引起了滤波的发散。

5.5.3　激光陀螺随机漂移自适应 Kalman 滤波

在 5.5.2 节已经详细地讨论了 Sage-Husa 自适应 Kalman 滤波的性能以及一些改进措施。本节主要考虑将自适应 Kalman 滤波应用于激光陀螺随机漂移数据的滤波。根据激光陀螺漂移数据建立的模型具有模型参数及噪声统计特性存在误差的特点，这里采用两种方法对激光陀螺漂移数据进行滤波。

由于激光陀螺的系统过程噪声受多种因素影响，其统计特性往往是时变的或未知的，且当建立系统的状态方程后，状态转移矩阵和噪声输入矩阵将不可避免地存在一定的误差。这时，可以利用虚拟的系统过程噪声对模型的系统状态转移矩阵的误差进行补偿。由于在建立观测方程时，观测矩阵是准确的，故不需要引入虚拟的观测噪声。按照 5.5.2 节提出的带系统过程噪声时变估值器的简化 Sage-Husa 自适应 Kalman 滤波算法对数据进行处理。为了提高滤波的精度和鲁棒性，降低对噪声和初值统计特性的敏感性，并增强对状态突变的跟踪能力，还可以按照强跟踪滤波算法，在计算一步预测误差的协方差阵时引入一个渐消因子。这样既可以在一定程度上抑制滤波器的发散，又可以提高滤波的精度。

过程噪声时变强跟踪自适应滤波器完整的计算步骤如下：

(1) $\hat{X}_{k,k-1} = \Phi_{k,k-1}\hat{X}_{k-1} + \hat{q}_k$；

(2) $\tilde{Z}_k = Z_k - H_k\hat{X}_{k,k-1}$；

(3) $P_{k,k-1} = \Phi_{k,k-1}P_{k-1}\Phi_{k,k-1}^{\mathrm{T}} + \hat{Q}_{k-1}$；

(4) 判断，如果满足

$$\tilde{Z}_k^{\mathrm{T}}\tilde{Z}_k \leqslant \gamma \mathrm{tr}(H_k P_k H_k^{\mathrm{T}} + R)$$

则进入第(6)步，否则转入第(5)步；

(5) $P_{k,k-1} = \lambda_k\Phi_{k,k-1}P_{k-1}\Phi_{k,k-1}^{\mathrm{T}} + \hat{Q}_{k-1}$；

(6) $K_k = P_{k,k-1}H_k^{\mathrm{T}}(H_k P_{k,k-1}H_k^{\mathrm{T}} + R)^{-1}$；

(7) $\hat{X}_k = \hat{X}_{k,k-1} + K_k\tilde{Z}_k$；

(8) $P_k = (I - K_k H_k)P_{k,k-1}$；

(9) $\hat{q}_k = (1 - d_k)\hat{q}_{k-1} + d_k(X_k - \Phi_{k,k-1}\hat{X}_{k-1})$；

(10) $\hat{Q}_k = (1 - d_k)\hat{Q}_{k-1} + d_k(K_k\tilde{Z}_k\tilde{Z}_k^{\mathrm{T}}K_k^{\mathrm{T}} + P_k - \Phi_{k,k-1}P_k\Phi_{k,k-1}^{\mathrm{T}})$。

其中，λ_k 的算法如式 (5.55) 所示；$\gamma \geqslant 1$ 为可调系数；$d_k = (1-b)/(1-b^{k+1})$，$i=0,1,2,\cdots,k$。

利用时间序列建模的方法建立其状态空间模型：

$$X_k = \Phi X_{k-1} + W_{k-1} \tag{5.108a}$$

$$Z_k = HX_k + V_k \tag{5.108b}$$

式中，$\Phi = \begin{bmatrix} 0.0673 & 0.1533 \\ 1 & 0 \end{bmatrix}$；$\Gamma = \begin{bmatrix} 1 & -0.5750 \\ 0 & 0 \end{bmatrix}$；$H = \begin{bmatrix} 1 & 0 \end{bmatrix}$；$W_k$ 和 V_k 为零均值白噪声序列。设模型的初值为 $X_0 = 0$，$P_0 = 0.001I$，其中 I 为单位阵，$Q_0 = 0.0043$，$R_0 = 0.004$。

分别采用常规 Kalman 滤波和系统过程噪声时变的强跟踪自适应 Kalman 滤波对数据进行处理，处理结果如图 5.25 和图 5.26 所示。图中虚线表示陀螺的漂移数据，实线表示滤波器的输出数据。

从图 5.25 和图 5.26 中可以看出，常规 Kalman 滤波器的精度不高，其滤波结果的标准差为 0.0438(°)/h，而由本节的滤波算法得到的滤波结果的标准差为 0.0167(°)/h。图 5.27 反映了两种方法的估计误差方差阵给出的滤波估计误差。可见，用系统过程噪声时变的强跟踪自适应滤波算法估计的精度较高。该算法对系统过程噪声的均值和方差的估计结果如图 5.28 所示。

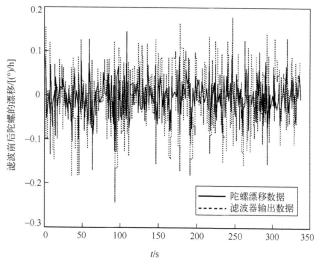

图 5.25　常规 Kalman 滤波器的处理结果

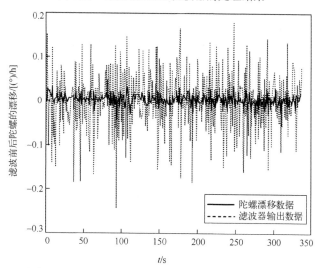

图 5.26　提出的自适应 Kalman 滤波算法的处理结果

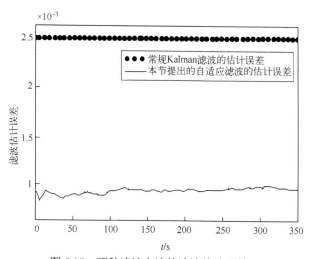

图 5.27　两种滤波方法的滤波估计误差

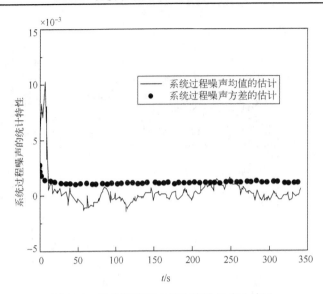

图 5.28　系统过程噪声统计特性的估计结果

以上结果表明，系统过程噪声时变的强跟踪自适应滤波算法较稳定，滤波的精度较高，滤波结果接近零均值，算法具有一定的优越性。

思　考　题

1．比较 Kalman 滤波与 H^∞ 滤波，试分析 H^∞ 滤波器中 γ 在处理系统不确定性中的作用。

2．在例 5.1 中，不确定参数取 $\delta_k = 0.3$，W_k、V_k 是统计特性未知的白噪声，用 H^∞ 滤波方法进行滤波器设计，并与 Kalman 滤波结果进行比较。

3．什么是强跟踪滤波？STF 与 EKF 相比有哪些优点？STF 为什么具有比较强的估计信号的能力？强跟踪滤波都有哪些应用？

4．什么是正交性原理？强跟踪滤波方法的核心思想是什么？如何利用 STF 进行状态估计和数据融合？

5．请分析 Sage-Husa 自适应 Kalman 滤波方法的优势和不足，在实际应用过程中如何发挥其优势并弥补不足？

第6章 联邦 Kalman 滤波

利用 Kalman 滤波技术对多传感器信息进行融合有两种途径：集中式 Kalman 滤波和分布式 Kalman 滤波。集中式 Kalman 滤波是利用一个滤波器来集中处理所有子系统的信息。在理论上，集中式 Kalman 滤波可以给出状态的最优估计，但存在以下不足：

（1）集中式 Kalman 滤波的状态维数高，计算量以滤波器维数的三次方递增，不能保证滤波器的实时性。

（2）子系统的增加使系统故障率随之增加，其中一个子系统失效，整个系统会被影响，因此，集中式 Kalman 滤波器的容错性能差，不利于故障诊断。

以上局限性使得多传感器融合系统的潜力无法充分发挥。随着并行处理技术的发展、对系统容错能力的重视以及各类新型传感器的广泛应用，分布式 Kalman 滤波技术得到快速发展。分布式 Kalman 滤波是解决大系统的状态估计、降低计算量、防止由于系统高阶次所带来的数值计算困难的有效方法之一。

在众多的分散化 Kalman 滤波方法中，Carlson 提出的联邦 Kalman 滤波器（Federated Kalman Filter, FKF），由于利用信息分配原则来消除各子状态估计的相关性，设计灵活、计算量小、容错性能好，只需要进行简单、有效的融合，就能得到全局最优或次优估计，因而受到了广泛的重视。本章主要介绍联邦 Kalman 滤波技术，首先推导各子滤波器估计不相关时的信息融合公式，然后利用信息分配原则、方差上界技术来处理各子滤波器，估计相关条件下的融合问题。

6.1 各子滤波器估计不相关条件下的联邦 Kalman 滤波算法

假设各子滤波器的估计不相关，考虑两个局部滤波器（$N=2$）的情况。设局部状态估计为 $\hat{X}_1$、$\hat{X}_2$，相应的估计误差方差为 P_{11}、P_{22}。考虑融合后的全局状态估计 $\hat{X}_g$ 为局部状态估计的线性组合，即

$$\hat{X}_g = W_1 \hat{X}_1 + W_2 \hat{X}_2 \tag{6.1}$$

式中，W_1、W_2 为待定加权阵。

全局状态估计 $\hat{X}_g$ 应满足以下两个条件。

（1）若局部状态估计 $\hat{X}_1$ 和 $\hat{X}_2$ 为无偏估计，则 $\hat{X}_g$ 也应是无偏估计，即

$$E[X - \hat{X}_g] = 0$$

式中，X 为真实状态。

（2）$\hat{X}_g$ 的估计误差方差阵最小，即

$$P_g = E[(X - \hat{X}_g)(X - \hat{X}_g)^{\mathrm{T}}] = \min$$

由条件(1)可得

$$E[X - \hat{X}_g] = E[X - W_1 \hat{X}_1 - W_2 \hat{X}_2] = 0$$

即

$$(I - W_1 - W_2)E[X] + W_1 E[X - \hat{X}_1] + W_2 E[X - \hat{X}_2] = 0$$

由于 $\hat{X}_1$、$\hat{X}_2$ 为 X 的最优无偏估计，则有

$$I - W_1 - W_2 = 0 \quad \text{或} \quad W_1 = I - W_2 \tag{6.2}$$

将式(6.2)代入式(6.1)，可得

$$\hat{X}_g = \hat{X}_1 + W_2(\hat{X}_2 - \hat{X}_1) \tag{6.3}$$

和

$$X - \hat{X}_g = (I - W_2)(X - \hat{X}_1) + W_2(X - \hat{X}_2)$$

于是

$$\begin{aligned}
P_g &= E[(X - \hat{X}_g)(X - \hat{X}_g)^{\mathrm{T}}] \\
&= P_{11} - W_2(P_{11} - P_{12})^{\mathrm{T}} - (P_{11} - P_{12})W_2^{\mathrm{T}} + W_2(P_{11} - P_{12} - P_{21} + P_{22})W_2^{\mathrm{T}}
\end{aligned} \tag{6.4}$$

式中

$$P_{11} = E[(X - \hat{X}_1)(X - \hat{X}_1)^{\mathrm{T}}]$$

$$P_{22} = E[(X - \hat{X}_2)(X - \hat{X}_2)^{\mathrm{T}}]$$

$$P_{12} = P_{21}^{\mathrm{T}} = E[(X - \hat{X}_1)(X - \hat{X}_2)^{\mathrm{T}}]$$

利用如下公式

$$\frac{\partial \mathrm{tr}(A^{\mathrm{T}} X)}{\partial X} = A^{\mathrm{T}}, \quad \frac{\partial \mathrm{tr}(A X^{\mathrm{T}})}{\partial X} = A, \quad \frac{\partial \mathrm{tr}(X B X^{\mathrm{T}})}{\partial X} = 2XB \quad (B \text{为对称阵})$$

来选择 W_2 使 P_g 最小，即选择 W_2 使 $\mathrm{tr}(P_g)$ 最小。由式(6.4)可得

$$\frac{\partial \mathrm{tr}(P_g)}{\partial W_2} = -(P_{11} - P_{12}) - (P_{11} - P_{12})^{\mathrm{T}} + 2W_2(P_{11} - P_{12} - P_{21} + P_{22}) = 0$$

由此可求出：

$$W_2 = (P_{11} - P_{12})(P_{11} - P_{12} - P_{21} + P_{22})^{-1} \tag{6.5}$$

将式(6.5)代入式(6.3)、式(6.4)，得

$$P_g = P_{11} - (P_{11} - P_{12})(P_{11} - P_{12} - P_{21} + P_{22})^{-1}(P_{11} - P_{12})^{\mathrm{T}} \tag{6.6}$$

$$\hat{X}_g = \hat{X}_1 + (P_{11} - P_{12})(P_{11} - P_{12} - P_{21} + P_{22})^{-1}(\hat{X}_2 - \hat{X}_1) \tag{6.7}$$

可以证明，全局最优估计优于局部估计，即 $P_g < P_{11}$，$P_g < P_{22}$。

若 $\hat{X}_1$、$\hat{X}_2$ 是不相关的，则有

$$P_{12} = P_{21}^{\mathrm{T}} = E[(X - \hat{X}_1)(X - \hat{X}_2)^{\mathrm{T}}] = 0$$

此时，式(6.6)、式(6.7)可简化为

$$P_g = (P_{11}^{-1} + P_{22}^{-1})^{-1} \tag{6.8}$$

$$\hat{X}_g = (P_{11}^{-1} + P_{22}^{-1})^{-1}(P_{11}^{-1}\hat{X}_1 + P_{22}^{-1}\hat{X}_2) \tag{6.9}$$

利用数学归纳法，可将上面的结果推广到 N 个局部状态估计的情况。

定理 6.1　若有 N 个局部状态估计 $\hat{X}_1, \hat{X}_2, \cdots, \hat{X}_N$ 和相应的估计误差协方差阵 $P_{11}, P_{22}, \cdots, P_{NN}$，且各局部估计互不相关，即 $P_{ij} = 0 (i \neq j)$，则全局最优估计可表示为

$$\hat{X}_g = P_g \sum_{i=1}^{N} P_{ii}^{-1} \hat{X}_i \tag{6.10}$$

$$P_g = \left(\sum_{i=1}^{N} P_{ii}^{-1} \right)^{-1} \tag{6.11}$$

上述结果的物理意义是显见的：若 $\hat{X}_i$ 的估计精度差，即 P_{ii} 很大，则它在全局估计的贡献 $P_{ii}^{-1}\hat{X}_i$ 就比较小。

6.2　各子滤波器估计相关条件下的联邦 Kalman 滤波算法

各子滤波器估计不相关条件下的融合算法简单明了，但在一般情况下这个条件是不满足的，即各局部估计是相关的。本节针对这种情况，采用方差上界技术，对滤波过程进行适当的改造，使得局部估计实际上不相关，进而应用定理 6.1。

假设各子滤波器的状态估计可以表示为

$$\hat{X}_i = \begin{bmatrix} \hat{X}_{ci} \\ \hat{X}_{bi} \end{bmatrix} \tag{6.12}$$

式中，$\hat{X}_{ci}$ 是各子滤波器的公共状态 X_c 的估计，如导航中的位置、速度和姿态等误差状态的估计；$\hat{X}_{bi}$ 则是第 i 个滤波器专有的状态估计，如 GNSS 误差状态的估计。这里只对公共的状态估计进行融合以得到其全局估计。

6.2.1　信息分配原则与全局最优估计

Carlson 提出的联邦 Kalman 滤波器是一种两级滤波器，如图 6.1 所示。对于组合导航系统，图中的公共参考系统一般是惯导系统，它的输出一方面直接传递给主滤波器，另一方面可以传递给各子滤波器(局部滤波器)以形成观测值；各子系统的输出只能传递给相应的子滤波器。各子滤波器的局部估计值 $\hat{X}_i$ (公共状态)及其估计误差的方差阵 P_i 送入主滤波器，和主滤波器的估计值一起进行融合以得到全局最优估计。从图 6.1 中还可以看出，子滤波器与主滤波器融合后的全局估计值 $\hat{X}_g$ 及其相应的估计误差方差阵 P_g 被放大为 $\beta_i^{-1}P_g$ $(\beta_i \leq 1)$ 后，再反馈到子滤波器(图中虚线所示)，以重置子滤波器的估计值，即

$$\hat{X}_i = \hat{X}_g, \quad P_{ii} = \beta_i^{-1}P_g \tag{6.13}$$

同时，主滤波器估计误差的方差阵也可重置为全局估计误差方差阵的 β_m^{-1} 倍，即为 $\beta_m^{-1} P_g$（$\beta_m \leqslant 1$）。这种反馈结构是联邦 Kalman 滤波器区别于一般分布式滤波器的显著特点。这里，$\beta_i (i = 1, 2, \cdots, N, m)$ 称为 "信息分配系数"，β_i 是根据信息分配原则来确定的，不同的 β_i 值可以获得联邦滤波器的不同结构和不同特性(即容错性、精度和计算量)。

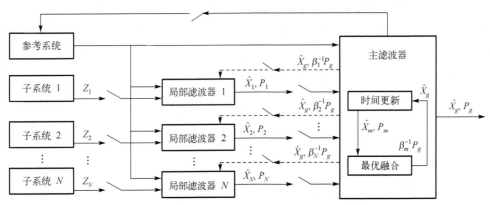

图 6.1　联邦 Kalman 滤波器的一般结构

理论上，系统中的信息有两类，即状态方程信息和观测方程信息。Kalman 滤波充分利用状态方程信息和观测方程信息以求得最优或次优估计。状态方程的信息量可以通过状态方程中过程噪声的方差(或协方差)矩阵的逆，即 Q^{-1} 来表示。过程噪声越弱，状态方程就越精确。此外，状态初值的信息也是状态方程的信息。初值的信息量可以用初值估计的协方差阵的逆 P_0^{-1} 来表示。同理，观测方程的信息量可以用观测噪声的方差阵的逆，即 R^{-1} 来表示。

当状态方程、观测方程及 P_0、Q、R 选定后，状态估计 $\hat{X}$ 的估计误差方差 P 也就完全确定了，而状态估计的信息量可用 P^{-1} 来表示。对公共状态来讲，它所对应的过程噪声包含在所有的子滤波器和主滤波器中。因此，过程噪声的信息量存在重复使用的问题。各子滤波器的观测方程只包含了对应子系统的观测噪声，如 GNSS/INS 组合系统中局部滤波器的观测噪声只包含 GNSS 的观测噪声。于是，可认为各局部滤波器的观测信息是自然分割的，不存在重复使用的问题。

假设将系统过程噪声总的信息量 Q^{-1} 分配到各局部滤波器和主滤波器中去，即

$$Q^{-1} = \sum_{i=1}^{N} Q_i^{-1} + Q_m^{-1} \qquad (6.14)$$

设

$$Q_i = \beta_i^{-1} Q \quad (i = 1, 2, \cdots, N, m) \qquad (6.15)$$

故

$$Q^{-1} = \sum_{i=1}^{N} \beta_i Q^{-1} + \beta_m Q^{-1} \qquad (6.16)$$

根据 "信息守恒" 原则，由式(6.16)可知：

$$\sum_{i=1}^{N} \beta_i + \beta_m = 1 \qquad (6.17)$$

状态估计的初始信息 P_0^{-1} 也可按上述方法分配。假设状态估计的信息也可同样分配，得

$$P^{-1} = P_1^{-1} + P_2^{-1} + \cdots + P_N^{-1} + P_m^{-1} = \sum_{i=1}^{N} \beta_i P^{-1} + \beta_m P^{-1} \tag{6.18}$$

在上面状态估计信息的分配中，已假定各子滤波器的局部估计是不相关的，即 $P_{ij} = 0 (i \neq j)$。在这个不相关的假设条件下，可以应用式 (6.10)、式 (6.11) 来获得全局估计。

为了使 $P_{ij} (i \neq j)$ 永远等于零，则要对滤波过程进行改造。先构造一个增广系统，它的状态向量由 N 个局部滤波子系统和主滤波子系统的状态组合而成，即

$$X = \begin{bmatrix} X_1 \\ \vdots \\ X_{\bar{N}} \end{bmatrix} \tag{6.19}$$

式中，$\bar{N} = N + 1$。

每个子系统的状态向量 X_i 又可表示为

$$X_i = \begin{bmatrix} X_c \\ X_{bi} \end{bmatrix} \tag{6.20}$$

式中，X_c 是公共状态向量；X_{bi} 是第 i 个子系统的专有状态。

在这个增广系统的状态向量中含有公共状态，但这并不影响理论分析。增广系统的状态方程为

$$\begin{bmatrix} X_1 \\ \vdots \\ X_{\bar{N}} \end{bmatrix}_{k+1} = \begin{bmatrix} \Phi_{11} & & \\ & \ddots & \\ & & \Phi_{\bar{N}\bar{N}} \end{bmatrix}_k \begin{bmatrix} X_1 \\ \vdots \\ X_{\bar{N}} \end{bmatrix}_k + \begin{bmatrix} G_1 \\ \vdots \\ G_{\bar{N}} \end{bmatrix} W_k \tag{6.21}$$

$$E[W_i W_i^{\mathrm{T}}] = Q \tag{6.22}$$

第 i 个子系统的观测方程为

$$Z_i = H_i X_i + V_i \tag{6.23}$$

令

$$H = \mathrm{diag}\{H_i, i = 1, 2, \cdots, \bar{N}\} \tag{6.24}$$

则 Z_i 可用增广系统的状态表示为

$$Z_i = HX + V_i \tag{6.25}$$

增广系统总体滤波误差方差阵一般可表示为

$$P = \begin{bmatrix} P_{11} & \cdots & P_{1\bar{N}} \\ \vdots & & \vdots \\ P_{\bar{N}1} & \cdots & P_{\bar{N}\bar{N}} \end{bmatrix} \tag{6.26}$$

式中，P_{ji} 表示局部滤波之间的相关性。可以证明，当 $P_{ji(0)} = 0$ 时，增广系统滤波的观测更新和时间更新可分解为各局部滤波器的独立的观测更新和时间更新，即它们之间没有耦合。

6.2.2 联邦滤波算法的时间更新

考虑集中滤波的时间更新，由状态方程 (6.21) 可得

$$
\begin{bmatrix} P_{11} & \cdots & P_{1\bar{N}} \\ \vdots & & \vdots \\ P_{\bar{N}1} & \cdots & P_{\bar{N}\bar{N}} \end{bmatrix} = \begin{bmatrix} \Phi_{11} & & \\ & \ddots & \\ & & \Phi_{\bar{N}\bar{N}} \end{bmatrix} \begin{bmatrix} P'_{11} & \cdots & P'_{1\bar{N}} \\ \vdots & & \vdots \\ P'_{\bar{N}1} & \cdots & P'_{\bar{N}\bar{N}} \end{bmatrix} \begin{bmatrix} \Phi_{11}^{\mathrm{T}} & & \\ & \ddots & \\ & & \Phi_{\bar{N}\bar{N}}^{\mathrm{T}} \end{bmatrix}
$$
$$
+ \begin{bmatrix} G_1 \\ \vdots \\ G_{\bar{N}} \end{bmatrix} Q \begin{bmatrix} G_1^{\mathrm{T}} & \cdots & G_{\bar{N}}^{\mathrm{T}} \end{bmatrix} \tag{6.27}
$$

定义，$P_{ii} \overset{\text{def}}{=} P_{ii(k,k-1)}$；$P'_{ii} \overset{\text{def}}{=} P_{ii(k-1)}$；$P_{ji} \overset{\text{def}}{=} P_{ji(k,k-1)}$；$P'_{ji} \overset{\text{def}}{=} P_{ji(k-1)}$。

由式 (6.27) 可得

$$
P_{ji} = \Phi_{jj} P'_{ji} \Phi_{ii}^{\mathrm{T}} + G_j Q G_i^{\mathrm{T}} \tag{6.28}
$$

由式 (6.28) 可以看出，由于公共状态的公共噪声 Q 的存在，即使 $P'_{ji} = 0$，也不会有 $P_{ji} = 0$，即时间更新过程将使得各子滤波器的估计相关。现在用 "方差上界" 技术来消除时间更新引入的相关。先将式 (6.27) 中的过程噪声项改写成：

$$
\begin{bmatrix} G_1 \\ \vdots \\ G_{\bar{N}} \end{bmatrix} Q \begin{bmatrix} G_1^{\mathrm{T}} & \cdots & G_{\bar{N}}^{\mathrm{T}} \end{bmatrix} = \begin{bmatrix} G_1 & & \\ & \ddots & \\ & & G_{\bar{N}} \end{bmatrix} \begin{bmatrix} Q & \cdots & Q \\ \vdots & & \vdots \\ Q & \cdots & Q \end{bmatrix} \begin{bmatrix} G_1^{\mathrm{T}} & & \\ & \ddots & \\ & & G_{\bar{N}}^{\mathrm{T}} \end{bmatrix} \tag{6.29}
$$

由矩阵理论可知，式 (6.29) 右端由 Q 组成 $\bar{N} \times \bar{N}$ 矩阵有以下上界：

$$
\begin{bmatrix} Q & \cdots & Q \\ \vdots & & \vdots \\ Q & \cdots & Q \end{bmatrix} \leqslant \begin{bmatrix} \gamma_1 Q & \cdots & 0 \\ \vdots & & \vdots \\ 0 & \cdots & \gamma_{\bar{N}} Q \end{bmatrix} \tag{6.30}
$$

$$
\frac{1}{\gamma_1} + \cdots + \frac{1}{\gamma_{\bar{N}}} = 1, \quad 0 \leqslant \frac{1}{\gamma_i} \leqslant 1 \tag{6.31}
$$

且式 (6.30) 右端的上界矩阵与左端的原矩阵之差为半正定的。由式 (6.27) 可得

$$
\begin{bmatrix} P_{11} & \cdots & P_{1\bar{N}} \\ \vdots & & \vdots \\ P_{\bar{N}1} & \cdots & P_{\bar{N}\bar{N}} \end{bmatrix} \leqslant \begin{bmatrix} \Phi_{11} & & \\ & \ddots & \\ & & \Phi_{\bar{N}\bar{N}} \end{bmatrix} \begin{bmatrix} P'_{11} & \cdots & P'_{1\bar{N}} \\ \vdots & & \vdots \\ P'_{\bar{N}1} & \cdots & P'_{\bar{N}\bar{N}} \end{bmatrix} \begin{bmatrix} \Phi_{11}^{\mathrm{T}} & & \\ & \ddots & \\ & & \Phi_{\bar{N}\bar{N}}^{\mathrm{T}} \end{bmatrix}
$$
$$
+ \begin{bmatrix} G_1 & & \\ & \ddots & \\ & & G_{\bar{N}} \end{bmatrix} \begin{bmatrix} \gamma_1 Q & \cdots & 0 \\ \vdots & & \vdots \\ 0 & \cdots & \gamma_{\bar{N}} Q \end{bmatrix} \begin{bmatrix} G_1^{\mathrm{T}} & & \\ & \ddots & \\ & & G_{\bar{N}}^{\mathrm{T}} \end{bmatrix} \tag{6.32}
$$

在式 (6.32) 中取等号，即放大估计误差方差阵 (所得结果比较保守)，可得分离的时间更新：

$$
P_{ii} = \Phi_{ii} P'_{ii} \Phi_{ii}^{\mathrm{T}} + \gamma_i G_i Q G_i^{\mathrm{T}} \tag{6.33}
$$

$$P_{ji} = \Phi_{jj} P'_{ji} \Phi_{ii}^{\mathrm{T}} = 0, \quad P'_{ji} = 0 \tag{6.34}$$

式(6.34)说明,只要 $P'_{ji} = P_{ji(k-1)} = 0$,就有 $P_{ji} = P_{ji(k-1)} = 0$ 。这就是说,时间更新也是在各子滤波器中独立进行的,没有各子滤波器之间的关联。

对于初始协方差阵也可设置上界,即

$$\begin{bmatrix} P_{11(0)} & \cdots & P_{1\bar{N}(0)} \\ \vdots & & \vdots \\ P_{\bar{N}1(0)} & \cdots & P_{\bar{N}\bar{N}(0)} \end{bmatrix} \leqslant \begin{bmatrix} \gamma_1 P_{11(0)} & & \\ & \ddots & \\ & & \gamma_{\bar{N}} P_{\bar{N}\bar{N}(0)} \end{bmatrix} \tag{6.35}$$

式(6.35)右端无相关项,也就是说,将各子滤波器自身的初始方差阵再放大些就可以忽略各子滤波器初始方差之间的相关项。当然,这样得到的局部滤波结果也是保守的。

总之,采用方差上界技术后,各子滤波器估计是不相关的,各子滤波器的观测更新和时间更新都可独立进行,这样就可以用定理 6.1 的最优合成定理来融合局部估计以获得全局估计。一个值得讨论的问题是,采用了方差上界技术后,局部估计是保守的,即次优的,但融合后的全局估计是最优的。简单说明如下:采用方差上界技术后,根据式(6.33),第 i 个滤波子系统的过程噪声方差阵 Q 被放大为 $\gamma_i Q$,反过来说,子滤波器只分配到原过程信息量 Q^{-1} 的一部分,即 $\gamma_i^{-1} Q^{-1}$,当然,子滤波器是次优的,但信息分配是根据信息守恒原理在各子滤波器和主滤波器之间分配的,即满足:

$$\sum_{i=1}^{N} \gamma_i^{-1} Q^{-1} + \gamma_m^{-1} Q^{-1} = Q^{-1} \tag{6.36}$$

这样,在合成过程中信息量又恢复到原来的值,所以合成后的估计将是最优的。

6.2.3 联邦滤波算法的观测更新

如果观测更新后的滤波误差方差阵也增加了 γ_i 倍,则由初始估计误差方差阵和过程噪声方差阵增加 γ_i 倍,可推出预报误差方差阵 $P_{i(k,k-1)}$ 和估计误差方差阵 $P_{i(k)}$ 都增加了 γ_i 倍,对于任意的 k 均成立。有观测更新方程:

$$P_{i(k)} = P_{i(k,k-1)} - P_{i(k,k-1)} H_i A_i^{-1} P_{i(k,k-1)} \tag{6.37}$$

式中, $A_i = H_i P_{i(k,k-1)} H_i^{\mathrm{T}} + R_i$, R_i 为观测噪声的方差阵。

由式(6.37)可以看出,当 $P_{i(k,k-1)}$ 增加 γ_i 倍时, $P_{i(k)}$ 不增加 γ_i 倍。为解决此问题,在联邦滤波方案中采用全局滤波来重置局部滤波值及滤波误差方差阵,即有

$$\hat{X}_{i(k)} = \hat{X}_{g(k)} \tag{6.38}$$

$$P_{i(k)} = \gamma_i P_{g(k)} \tag{6.39}$$

重置后的滤波误差方差阵 $P_{i(k)}$ 是 $P_{g(k)}$ 的 γ_i 倍,由式(6.33)可推出下一步的预测误差方差 $P_{i(k+1,k)}$ 是 $P_{g(k+1,k)}$ 的 γ_i 倍。

设融合算法式(6.11)的精度为 P_i ,则

$$
\begin{aligned}
P_{i(k,k-1)}^{-1} &= P_{1(k,k-1)}^{-1} + \cdots + P_{N(k,k-1)}^{-1} + P_{m(k,k-1)}^{-1} \\
&= \gamma_1^{-1} P_{g(k,k-1)}^{-1} + \cdots + \gamma_N^{-1} P_{g(k,k-1)}^{-1} + \gamma_m^{-1} P_{g(k,k-1)}^{-1} \\
&= (\gamma_1^{-1} + \cdots + \gamma_N^{-1} + \gamma_m^{-1}) P_{g(k,k-1)}^{-1} \\
&= P_{g(k,k-1)}^{-1}
\end{aligned}
\tag{6.40}
$$

这说明用上面的融合算法和信息分配原则，融合后的预测误差方差阵是最优的，在任何时候都成立。

对于式(6.36)所示的局部最优滤波，其误差方差阵也可以写成：

$$
P_{i(k)}^{-1} = P_{i(k,k-1)}^{-1} + H_i^{\mathrm{T}} R_i^{-1} H_i
\tag{6.41}
$$

将子滤波器及主滤波器的滤波误差方差阵逆合成，即

$$
\begin{aligned}
P_{m(k,k-1)}^{-1} + \sum_{i=1}^{N} P_{i(k)}^{-1} &= P_{m(k,k-1)}^{-1} + \sum_{i=1}^{N} (P_{i(k,k-1)}^{-1} + H_i^{\mathrm{T}} R_i^{-1} H_i) \\
&= P_{g(k,k-1)}^{-1} + \sum_{i=1}^{N} H_i^{\mathrm{T}} R_i^{-1} H_i = P_{g(k)}^{-1}
\end{aligned}
\tag{6.42}
$$

式(6.42)表明，全局滤波器是融合了各子滤波器的独立观测信息(由 R_i^{-1} 表示)来进行最优观测更新的。

采用信息分配原则后，局部滤波虽为次优的，但融合后的全局滤波却是最优的。如果融合的周期长于局部滤波的周期，即经过几次局部滤波后才进行一次融合，那么全局估计将会变成次优的。

由前面的分析可知，子滤波器和主滤波器的状态向量都包含公共状态 X_c 和各自的子系统误差状态 $X_{bi}(i=1,2,\cdots,N,m)$，只有对公共状态才能进行信息融合以获得全局估计。各子系统的误差状态由各自的子滤波器来估计，但公共状态和子系统的误差状态都是耦合的。局部滤波器的协方差阵可以写为

$$
P_i = \begin{bmatrix} P_{c_i} & P_{c_i b_i} \\ P_{b_i c_i} & P_{b_i} \end{bmatrix}
\tag{6.43}
$$

式中，$P_{c_i b_i}$ 和 $P_{b_i c_i}$ 为公共状态和子系统误差状态的耦合项。在联邦滤波时由于采用信息分配原则和主滤波器对子滤波器进行重置，公共状态的协方差阵 P_{c_i} 会发生变化，例如，公共状态的估计精度提高，P_{c_i} 下降。这样，通过状态间的耦合影响，P_{b_i} 也将下降，即子系统的估计误差也会有一些改善。

根据上面的理论分析，可归纳出如下联邦滤波器的设计步骤：

(1)将子滤波器和主滤波器的初始估计误差方差阵设置为组合系统初始估计误差方差的 $\gamma_i (i=1,2,\cdots,N,m)$ 倍。γ_i 满足信息守恒原则式(6.31)；

(2)将子滤波器和主滤波器的过程噪声方差阵设置为组合系统过程噪声方差阵的 γ_i 倍；

(3)各子滤波器处理自己的观测信息，获得局部估计；

(4)在得到各子滤波器的局部估计和主滤波器的估计后按式(6.10)和式(6.11)进行最优合成；

(5)用全局最优滤波解来重置各子滤波器和主滤波器的滤波值及估计误差方差阵。

6.2.4　联邦滤波器的结构

根据信息分配策略不同，联邦滤波算法有 4 种实现模式，分别为无反馈模式、融合-反馈模式、零复位模式和变比例模式。相应地，联邦滤波器有 4 种常用结构。

1.　无反馈模式

在初始时刻分配一次信息，且取 $\beta_m = 0$，$\beta_1 = \beta_2 = \cdots = \beta_N = 1/N$，各子滤波器单独工作，主滤波器到子滤波器没有反馈，主滤波器只起简单的融合作用。因此，没有反馈重置带来的相互影响，这就提供了最高的容错性能。由于没有全局最优估计的反馈重置，因此局部估计精度近似于单独使用时的精度，如图 6.2 所示。

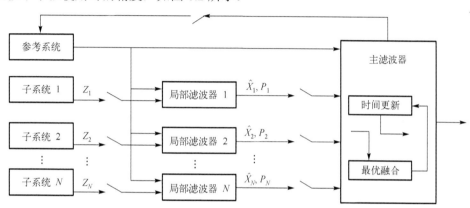

图 6.2　无反馈模式联邦滤波器结构图

2.　融合-反馈模式

该模式同无反馈模式一样，信息分配系数 $\beta_m = 0$，$\beta_1 = \beta_2 = \cdots = \beta_N = 1/N$，但每一次融合计算后主滤波器都向子滤波器反馈分配信息 $\hat{X}_g$、$P_g \gamma_i$（$i = 1, 2, \cdots, N$）。各子滤波器在工作之前要等待从主滤波器来的反馈信息，因为具有反馈作用，精度提高，但容错能力下降，如图 6.3 所示。

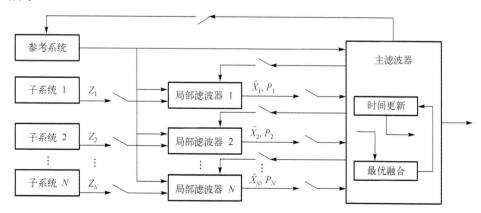

图 6.3　融合-反馈模式联邦滤波器结构图

3. 零复位模式

信息分配系数取 $\beta_m = 1$，$\beta_1 = \beta_2 = \cdots = \beta_N = 0$，主滤波器具有长期记忆功能，各子滤波器只进行数据压缩，向主滤波器提供自从上一次发送数据后所得到的新信息；主滤波器可以分时地处理各子滤波器的数据。主滤波器对子滤波器没有反馈，子滤波器向主滤波器发送完数据后，自动置零，这在系统实现上比较简单，如图 6.4 所示。

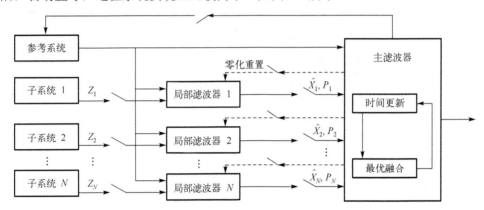

图 6.4   零复位模式联邦滤波器结构图

4. 变比例模式

取信息分配系数 $\beta_1 = \beta_2 = \cdots = \beta_N = \beta_m = 1/(N+1)$，与零复位模式类似，主滤波器与子滤波器平均分配信息，系统具有较好的性能，但由于主滤波器对子滤波器的反馈作用，容错能力下降，如图 6.5 所示。

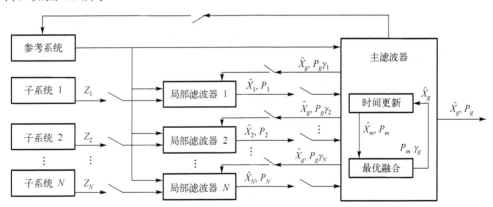

图 6.5   变比例模式联邦滤波器结构图

通过分析可见，将联邦滤波算法应用于实时分布系统具有很多优点：

(1)对于有反馈模式，估计精度可达到最优；对于无反馈模式，估计精度可达到近似最优，但系统具有多级故障检测/隔离的能力；

(2)由于各子滤波器并行工作，以及通过子滤波器的数据压缩可提高数据处理能力；主滤波器的融合周期可选定，从而可进一步增强数据处理能力；

(3)对于组合导航系统，联邦滤波既可应用于目前定制多传感器组成的组合导航系统，又可应用于未来的从整体角度出发设计的子滤波器组成的组合导航系统中，可以发掘未来组合导航系统高精度、高可靠性、高容错性的潜力。

6.3 基于联邦 Kalman 滤波的惯导系统姿态组合算法

惯导系统的完全自主性使其成为目前各种载体上广泛应用的一种导航设备，但是其导航定位误差随时间增长，难以长时间独立工作；GNSS 由于定位精度高、误差不随时间积累、使用简单方便,因此成为一种常用的辅助导航设备。随着测姿 GNSS 的出现与不断发展,GNSS 已经能够输出较高精度的姿态信息。将姿态信息作为观测量能够提高惯导系统的姿态精度，因此具有较强的工程意义。但是，由于测姿 GNSS 的姿态信息收敛速度相对较慢，在信号受到遮挡之后往往无法与速度和位置信息同步恢复，此时若使用集中滤波器将难以有效地对其信息进行处理。因此本例给出了基于联邦滤波器的姿态-速度-位置组合方案，该方案可以将测姿 GNSS 的多种观测信息进行有效融合，并且提高了系统的故障检测与隔离能力，从而有效地保证了系统的精度和可靠性。

6.3.1 基于姿态-位置-速度组合方式的联邦滤波器实现结构

本节将结合姿态-位置-速度组合方式分析和研究联邦滤波器的工程实现形式，实现的联邦滤波器结构如图 6.6 所示。可以看出，该联邦滤波器属于融合-反馈模式，将姿态信息与速度、位置信息隔离成两路观测信息，两个子滤波器之间相互独立工作，由各子滤波器进行实时递推计算，由主滤波器负责融合。通过残差检验法来检测各个传感器的观测量，判断传感器是否有故障，从而通过子系统级的故障检测与隔离来防止主滤波器的污染。这样就充分利用了联邦滤波器的隔离性和容错性好的特点，使组合惯导系统在任何一个观测信息丢失的情况下仍然能够正常工作，并且不会污染到其他子滤波器，可以充分提高组合惯导系统在工程应用中的可靠性。

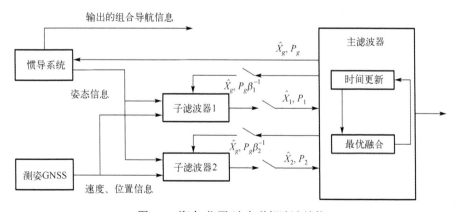

图 6.6 姿态-位置-速度联邦滤波结构

姿态-位置-速度联邦滤波算法的过程描述如下。

(1)确定起始时刻协方差阵 P_{g0}，并分配到各个子滤波器和主滤波器为

$$P_{i(k)}^{-1} = P_{g(k)}^{-1} \beta_i \tag{6.44}$$

$$\sum_{i=1}^{n} \beta_i = 1 \tag{6.45}$$

(2) 公共系统噪声和状态值分配为

$$Q_{i(k)}^{-1} = Q_{g(k)}^{-1} \beta_i \tag{6.46}$$

$$\hat{X}_{i(k)} = \hat{X}_{g(k)} \tag{6.47}$$

(3) 各子滤波器、主滤波器同时间修正为

$$P_{k+\frac{1}{k}} = \Phi_{k+\frac{1}{k}} P_{i(k)} \Phi_{k+\frac{1}{k}}^{\mathrm{T}} + \Gamma_{k+\frac{1}{k}} Q_{i(k)} \Gamma_{k+\frac{1}{k}}^{\mathrm{T}} \tag{6.48}$$

$$\hat{X}_{i(k+1)} = \Phi_{k+\frac{1}{k}} \hat{X}_{i(k)} \tag{6.49}$$

(4) 观测量修正各子滤波器单独处理观测量 $Z_{i(k+1)}$，即

$$P_{i\left(k+\frac{1}{k}+1\right)}^{-1} = P_{i\left(k+\frac{1}{k}\right)}^{-1} + H_{i(k+1)} R_{i(k+1)}^{-1} H_{i(k+1)}^{\mathrm{T}} \tag{6.50}$$

$$\hat{X}_{i\left(k+\frac{1}{k}+1\right)} = \hat{X}_{i\left(k+\frac{1}{k}\right)} + P_{i\left(k+\frac{1}{k}\right)} H^{\mathrm{T}} (H_i P_{\left(k+\frac{1}{k}\right)} H_i^{\mathrm{T}})^{-1} (Z_{k+1} - H_i \hat{X}_{i\left(k+\frac{1}{k}\right)}) \tag{6.51}$$

(5) 主滤波器的信息融合为

$$P_{g(k+1)}^{-1} = \sum_{i=1}^{n} P_{i(k+1)}^{-1} \tag{6.52}$$

$$\hat{X}_{g(k+1)} = P_{g(k+1)} \sum_{i=1}^{n} P_{i(k+1)}^{-1} \hat{X}_{i(k+1)} \tag{6.53}$$

式中，X_k 为 k 时刻的状态向量；Z_k 为 k 时刻的观测向量；P_k 为 k 时刻的估计误差阵；$\Phi_{k+\frac{1}{k}}$ 为系统状态转移矩阵；H_k 为 k 时刻的观测矩阵；Q_k 为 k 时刻的系统噪声矩阵；R_k 为 k 时刻的观测噪声阵；β_i 为分配系数；下标 i 代表子滤波器的状态参量，其上限值根据子滤波器的个数而定；下标 g 代表主滤波器的状态参量。

当主滤波器完成信息融合后，估计出来的状态误差就可以用来修正惯导系统了。

6.3.2 姿态组合观测方程

速度和位置组合是一种浅组合方式，具有简单、易于工程实现的特点，常常被应用到各种场合。因此，这里对两个子滤波器的状态方程以及子滤波器 1 的观测方程的具体形式不再赘述，将详细推导姿态组合模式的惯导系统观测矩阵形式。

目前，不少文献在讨论测姿 GNSS 的观测方程时，直接将测姿 GNSS 的姿态角体现在平台误差角方程中，将姿态观测矩阵简单地表示为单位阵。由于测姿 GNSS 提供的是载体的姿态角，其定义在载体坐标系下；组合系统状态方程中的误差角为平台误差角，它描述了平台-地理坐标系之间的关系，而姿态误差角则描述了载体-地理坐标系之间的关系，因此两者本质上还应该存在一种转换关系，其表达式为

$$C_p^b = C_t^b C_p^t \tag{6.54}$$

式中，p 为平台坐标系；b 为机体坐标系；t 为地理坐标系。这里所用的地理坐标系为北东地坐标系。在该坐标系下，有

$$C_t^b = \begin{bmatrix} \cos\gamma\cos\psi + \sin\gamma\sin\theta\sin\psi & -\cos\gamma\sin\psi + \sin\gamma\sin\theta\cos\psi & -\sin\gamma\cos\theta \\ \cos\theta\sin\psi & \cos\theta\cos\psi & \sin\theta \\ \sin\gamma\cos\psi - \cos\gamma\sin\theta\sin\psi & -\sin\gamma\sin\psi - \cos\gamma\sin\theta\cos\psi & \cos\gamma\cos\theta \end{bmatrix} \quad (6.55)$$

$$C_p^b = \begin{bmatrix} \cos\psi'\cos\theta' & \sin\psi'\cos\theta' & -\sin\theta' \\ \cos\psi'\sin\theta'\sin\gamma' - \sin\psi'\cos\gamma' & \cos\psi'\sin\theta'\sin\gamma' - \sin\psi'\cos\gamma' & \cos\psi'\sin\theta'\sin\gamma' - \sin\psi'\cos\gamma' \\ \cos\psi'\sin\theta'\cos\gamma' + \sin\psi'\sin\gamma' & \cos\psi'\sin\theta'\sin\gamma' - \sin\psi'\cos\gamma' & \cos\psi'\sin\theta'\sin\gamma' - \sin\psi'\cos\gamma' \end{bmatrix} \quad (6.56)$$

式中，γ、θ、ψ 分别为载体在理想情况下的横滚角、俯仰角和航向角；γ'、θ'、ψ' 分别为载体在实际情况下的横滚角、俯仰角和航向角，它们之间的关系为

$$\begin{cases} \gamma' = \gamma + \delta\gamma \\ \theta' = \theta + \delta\theta \\ \psi' = \psi + \delta\psi \end{cases} \quad (6.57)$$

式中，$\delta\gamma$、$\delta\theta$、$\delta\psi$ 分别为载体的横滚误差角、俯仰误差角和航向误差角；设 ϕ_x、ϕ_y、ϕ_z 为平台误差角，平台坐标系与地理坐标系之间的方向余弦矩阵可以表示为

$$C_p^t = \begin{bmatrix} 1 & -\phi_z & \phi_y \\ \phi_z & 1 & -\phi_x \\ -\phi_y & \phi_x & 1 \end{bmatrix} \quad (6.58)$$

将式 (6.57) 代入式 (6.56)，并与式 (6.55) 和式 (6.58) 一起代入式 (6.54)，在展开过程中略去 $\delta\gamma$、$\delta\theta$、$\delta\psi$ 的二阶小量，并将等式 (6.54) 左右两端矩阵元素一一对应，可以得到

$$\begin{cases} \delta\gamma = -\dfrac{1}{\cos\theta}(\phi_x\cos\psi + \phi_y\sin\psi) \\ \delta\theta = \phi_x\sin\psi - \phi_y\cos\psi \\ \delta\psi = -\dfrac{1}{\cos\theta}(\phi_x\cos\psi\sin\theta + \phi_y\sin\psi\sin\theta + \phi_z\cos\theta) \end{cases} \quad (6.59)$$

因此，联邦滤波器中进行姿态组合的子滤波器的观测矩阵为

$$H_1 = -\frac{1}{\cos\theta}\begin{bmatrix} \cos\psi & \sin\psi & 0 \\ -\sin\psi\cos\theta & \cos\psi\cos\theta & 0 \\ \cos\psi\sin\theta & \sin\psi\sin\theta & \cos\theta \end{bmatrix} \quad (6.60)$$

这样，通过量测矩阵，姿态误差角作为量测值就进入了滤波器的观测方程，从而达到修正组合导航系统姿态精度的目的。

6.3.3　仿真实验与结果分析

设定惯导系统中的陀螺等效精度为 0.1(°)/h，加速度计精度为 $10^{-4}g$。导航初始误差中，水平姿态误差为 900″，方位误差为 1800″，位置误差为 50m，速度误差为 0.5m/s。测姿 GNSS 的速度误差为 0.5m/s，位置误差为 30m，姿态误差均为 20″。

飞行航迹为起飞、爬升，然后进入平飞状态。初始航向角为 45°，平飞速度为 280m/s，

仿真时间为 1800s。分别采用位置-速度集中滤波、姿态-位置-速度联邦滤波两种方式进行仿真，仿真结果如图 6.7 所示，这里仅列出了两种不同组合方式下的姿态误差对比曲线。

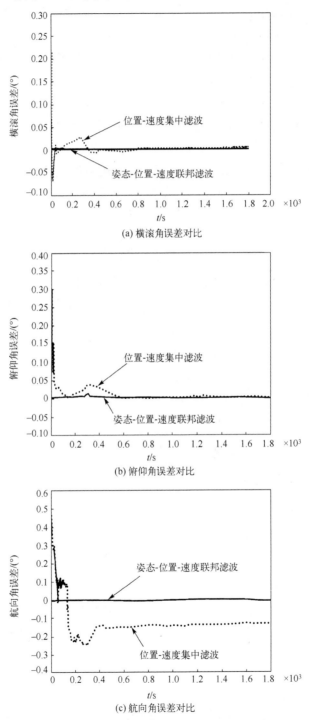

(a) 横滚角误差对比

(b) 俯仰角误差对比

(c) 航向角误差对比

图 6.7   两种不同方式的姿态误差对比

由图 6.7 可以看出，与位置-速度集中滤波相比，由于姿态-位置-速度联邦滤波器中融入了测姿 GNSS 的姿态信息，系统姿态角的可观性增强，尤其是航向角的可观性明显增强，因此惯导系统的姿态精度得到明显改善，方位误差角的改善非常明显，同时姿态误差的估计速度也得到了明显提高，误差曲线能够快速收敛。由于姿态信息的引入，惯导运算中的姿态转换矩阵的精度得到了提高，组合系统的位置和速度精度也会有不同程度的改善。

为了进一步说明姿态组合对惯导系统辅助的工程应用效果，使用实际采集的激光陀螺惯导系统的原始静态数据以及静态的 GNSS 数据进行半物理仿真。该激光陀螺精度为 0.1(°)/h，加速度计精度为 $3 \times 10^{-4}g$，仿真产生姿态信息，其精度为 $20''$，即数据时间长度为 3000s，分别使用常规位置-速度集中滤波、姿态-位置-速度联邦滤波两种方式进行半实物仿真，实际姿态曲线对比结果如图 6.8 所示。

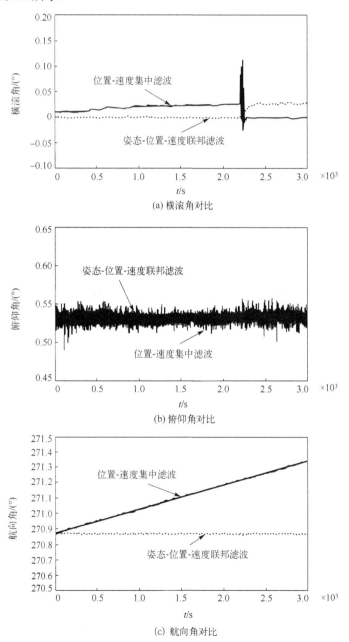

(a) 横滚角对比

(b) 俯仰角对比

(c) 航向角对比

图 6.8　基于实际激光陀螺数据的姿态角对比

　　需要说明的是，在实际采集静态激光惯导系统数据的时候，由于在 2250s 附近受到了外界环境干扰，横滚角产生了较小的变化，并在横滚角曲线的尖峰值上反映了出来。从图 6.8 中可以看出，加入姿态量测信息之后，使用姿态-位置-速度联邦滤波能够明显提高激光惯导系统的姿态精度，对静态下的航向角漂移有明显的抑制效果，这些特点是位置-速度集中滤波所不具备的。

　　综上，基于姿态-位置-速度联邦滤波的姿态组合算法能够明显提高惯导系统的姿态精度，特别是对方位角的改善尤为明显。由于算法中使用了姿态-位置-速度联邦滤波模型，其好的容错性使得子滤波器之间不会互相污染，从而保证了组合惯导系统的精度与可靠性，具有一定的工程应用价值。

6.4　基于联邦 Kalman 滤波的自主无人系统多源融合导航算法

　　21 世纪以来，人工智能 (Artificial Intelligence, AI) 和自主无人系统 (Autonomous Unmanned System, AUS) 技术发展日新月异，受到世界各军事强国的高度重视。以无人车 (Unmanned Ground Vehicle, UGV) 和无人机 (Unmanned Aerial Vehicle, UAV) 等为代表的自主无人系统具有机动灵活、低成本和适应性强等特点，凭借其自身具有的环境感知、导航定位、决策规划和运动控制等功能，可替代人类完成无人驾驶、应急救援和军事作战等任务，拓展人类活动空间，促进军事变革、经济发展和社会进步。

　　高精度导航定位是自主无人系统应用中的一项核心技术，是赋予自主无人系统感知、决策和行为能力的关键。目前，导航定位信息的来源不仅局限在惯导系统 (INS) 和全球导航卫星系统，还包括地磁、视觉、激光雷达 (LiDAR)、Wi-Fi、超宽带 (UWB) 等。如图 6.9 所示，根据定位方式的不同，可以将导航方法分为以下三类：航迹推算方法，如惯导系统、里程计等；基于信号的定位方法，如 GNSS、超宽带技术等；环境特征匹配方法，如视觉导航 (Visual Navigation, VN)、激光雷达等。

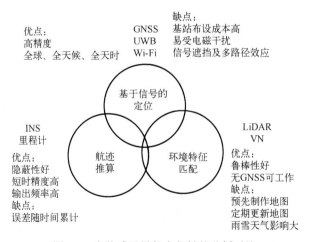

图 6.9　多传感器导航定位性能分析对比

　　当前，低成本惯导误差发散快、卫星导航信号易受干扰或欺骗、地形崎岖颠簸、天气恶劣等问题仍是自主无人系统应用创新途中无法避免又亟待解决的技术难题。与此同时，以无人车、无人机为代表的自主无人系统对导航系统可靠性、鲁棒性和定位精度提出了更高的要求。因此，为了保证复杂环境下自主无人系统优越的导航性能，根据惯导系统、卫星导航系统以及其他导航系统的工作特性，综合运用信息估计和融合方法，将多种导航方式结合起来，取长补短、优势互补，构建多源融合导航系统（Multi-Sensor Fusion Navigation System）。

6.4.1　自主无人系统多源融合导航联邦 Kalman 滤波器结构

本节将设计一种适于自主无人系统高精度导航定位的自适应联邦 Kalman 滤波算法。如图 6.10 所示，通过在线评估各传感器的工作状态，在运动过程中自适应地改变各个传感器的融合权重，从而应对传感器故障或失效问题，提高多源融合导航的精度和可靠性。

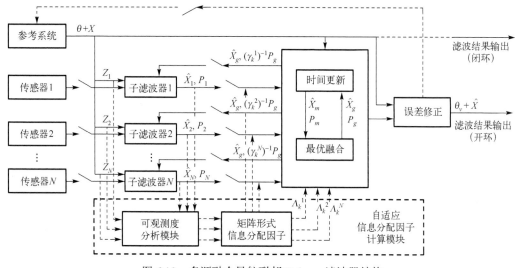

图 6.10　多源融合导航联邦 Kalman 滤波器结构

联邦 Kalman 滤波器可以对各传感器的数据并行处理，具有运行速度快、容错性强等优点，能够有效地处理多传感器信息。本节选用的联邦 Kalman 滤波器的结构为融合-反馈模式结构。传统的联邦 Kalman 滤波器的信息分配系数是固定的，因此，当某个传感器失效时，由于不能自适应地调整信息分配系数，联邦 Kalman 滤波器导航解算的精度将大大降低，并且融合后的估计值会反馈到各子滤波器中，对工作状态良好的子滤波器也造成影响。此外，由于传统的信息分配因子是以标量的形式作用于各个子滤波器的，因此其无法全面地反映每个状态变量的估计程度的好坏。

如图 6.10 所示，各个传感器的观测向量为 $Z_1, Z_2, \cdots, Z_N$，各子滤波器的状态变量最优估计值为 $\hat{X}_1, \hat{X}_2, \cdots, \hat{X}_N$，且误差协方差阵 $P_1, P_2, \cdots, P_N$ 被送入可观测度分析模块中，计算得出各个子滤波器状态变量的可观测度。其中，自适应信息分配因子的计算和分配过程分为前馈和反馈两个部分。利用基于可估计程度的可观测度判据计算系统前馈部分的可观测度；利用基于误差协方差阵的可观测度判据计算反馈部分的可观测度。经过信息分配模块归一化处理后，得到矩阵形式的自适应信息分配因子 Λ_k^{ς} 以及 γ_k^{ς}，从而分别调节前馈和反馈部分的各传感器融合权重，起到自适应调节的作用。

6.4.2　自适应信息分配算法

1. 前馈信息分配算法

在前馈信息分配算法中，利用基于可估计程度的可观测度计算准则，计算出每个子滤波器的各个状态变量的可观测度，并以对角矩阵的形式表示：

$$d_k^{\zeta} = \begin{bmatrix} d_{1,k}^{\zeta} & & & \\ & d_{2,k}^{\zeta} & & \\ & & \ddots & \\ & & & d_{n,k}^{\zeta} \end{bmatrix} = \mathrm{diag}\left\{ d_{1,k}^{\zeta}, d_{2,k}^{\zeta}, \cdots, d_{n,k}^{\zeta} \right\} \tag{6.61}$$

式中，d_k^{ζ} 表示 k 时刻第 ζ 个子滤波器的矩阵形式的可观测度；$d_{n,k}^{\zeta}$ 表示 k 时刻第 ζ 个子滤波器第 n 个状态变量的可观测度。

由式 (6.61) 得到了对于每个状态变量 $x_{\zeta i}(\zeta=1,2,\cdots,N; i=1,2,\cdots,n)$ 的可观测度 $d_{n,k}^{\zeta}$，并对各个子滤波器相同状态变量的可观测度进行归一化处理，从而得到自适应信息分配因子 $\Lambda_{\zeta i}$：

$$\Lambda_{\zeta i} = \frac{d_{i,k}^{\zeta}}{d_{i,k}^{1} + d_{i,k}^{2} + \cdots + d_{i,k}^{N}} \tag{6.62}$$

式中，$\Lambda_{\zeta i}$ 表示第 ζ 个子滤波器中的第 i 个公共状态变量的自适应信息分配因子，即权重系数。

因此，对于第 ζ 个子滤波器，其公共状态变量的矩阵形式的自适应信息分配因子为

$$\Lambda_k^{\zeta} = \begin{bmatrix} \Lambda_{1,k}^{\zeta} & & & \\ & \Lambda_{2,k}^{\zeta} & & \\ & & \ddots & \\ & & & \Lambda_{n,k}^{\zeta} \end{bmatrix} = \mathrm{diag}\left\{ \Lambda_{1,k}^{\zeta}, \Lambda_{2,k}^{\zeta}, \cdots, \Lambda_{n,k}^{\zeta} \right\} \tag{6.63}$$

并且，Λ_k^{ζ} 满足信息守恒原则：

$$\sum_{\zeta=1}^{N} \Lambda_k^{\zeta} = I \tag{6.64}$$

最后，利用自适应信息分配因子对来自各个子滤波器的导航信息进行融合，从而得到状态变量的全局最优估计值以及误差协方差阵：

$$P_{k+1}^{g} = \sum_{\zeta=1}^{N} \Lambda_k^{\zeta} P_k^{\zeta} \tag{6.65}$$

$$\hat{X}_{k+1}^{g} = \sum_{\zeta=1}^{N} \Lambda_k^{\zeta} \hat{X}_k^{\zeta} \tag{6.66}$$

因此，自适应信息分配算法的前馈部分可表示为图 6.11。

综上，当联邦滤波器中某个子滤波器发生故障时，前馈信息分配算法可以自动检测到失

效的传感器，自适应地调节信息分配的比
重，降低失效滤波器对全局信息融合的影
响，从而提高滤波器的容错性和导航精度。

　　2. 反馈信息分配算法

　　在传统的反馈融合结构的联邦滤波器
中，当主滤波器完成数据融合之后，会依照
固定的信息分配系数，对各子滤波器进行反
馈重置和信息分配。这里，信息分配系数决
定了下一次融合时，各个子滤波器数据信息

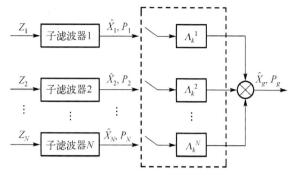

图 6.11　自适应信息分配算法前馈部分

所占的比重。因此，可以通过计算各子滤波器状态变量的可观测度，分析各滤波器的工作状
态，并以此为依据，动态地调整信息分配系数，增强联邦滤波器的容错性和导航精度。

　　在联邦滤波器中，对第 ζ 个子滤波器的误差协方差阵进行标准化处理后，可以得到每个
状态变量对应的特征值，并以对角矩阵的形式表示为

$$
\rho_k^{\zeta} = \begin{bmatrix} \rho_{1,k}^{\zeta} & & & \\ & \rho_{2,k}^{\zeta} & & \\ & & \ddots & \\ & & & \rho_{n,k}^{\zeta} \end{bmatrix} = \mathrm{diag}\left\{ \rho_{1,k}^{\zeta}, \rho_{2,k}^{\zeta}, \cdots, \rho_{n,k}^{\zeta} \right\} \tag{6.67}
$$

式中，ρ_k^{ζ} 表示 k 时刻第 ζ 个子滤波器的矩阵形式的特征值；$\rho_{n,k}^{\zeta}$ 表示 k 时刻第 ζ 个子滤波器
第 n 个状态变量的特征值。

　　根据可观测度与特征值的关系，对各个子滤波器求出的特征值进行归一化处理，并得到
自适应信息分配因子：

$$
\gamma_{\zeta i} = \frac{1/\rho_{i,k}^{\zeta}}{1/\rho_{i,k}^{1} + 1/\rho_{i,k}^{2} + \cdots + 1/\rho_{i,k}^{N}} \tag{6.68}
$$

式中，$\gamma_{\zeta i}$ 表示第 ζ 个子滤波器中的第 i 个公共状态变量的自适应信息分配因子，即权重
系数。

　　因此，对于第 ζ 个子滤波器，其公共状态变量的矩阵形式的自适应信息分配因子为

$$
\gamma_k^{\zeta} = \begin{bmatrix} \gamma_{1,k}^{\zeta} & & & \\ & \gamma_{2,k}^{\zeta} & & \\ & & \ddots & \\ & & & \gamma_{n,k}^{\zeta} \end{bmatrix} = \mathrm{diag}\left\{ \gamma_{1,k}^{\zeta}, \gamma_{2,k}^{\zeta}, \cdots, \gamma_{n,k}^{\zeta} \right\} \tag{6.69}
$$

并且，γ_k^{ζ} 满足信息守恒原则

$$
\sum_{\zeta=1}^{N} \gamma_k^{\zeta} = I \tag{6.70}
$$

　　最后，利用自适应信息分配因子，对各个子滤波器的滤波参数进行反馈重置，从而改变
下一次信息融合时各子滤波器的融合权值：

$$Q_k^\zeta = (\gamma_k^\zeta)^{-1} Q_k^g \tag{6.71}$$

$$P_k^\zeta = (\gamma_k^\zeta)^{-1} P_k^g \tag{6.72}$$

$$\hat{x}_k^\zeta = \hat{x}_k^g \tag{6.73}$$

因此，自适应信息分配算法的反馈部分可表示为图 6.12。

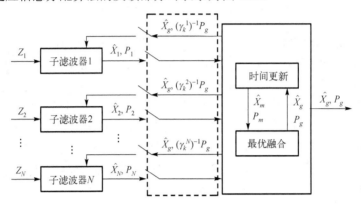

图 6.12   自适应信息分配算法反馈部分

综上，当联邦滤波器中某个子滤波器失效时，反馈信息分配算法可以在滤波后自动检测到失效的传感器，自适应地调节信息分配的比重，并在下一次滤波时降低失效滤波器对全局信息融合的影响，从而提高滤波器的容错性和导航精度。

6.4.3   自适应联邦 Kalman 滤波算法跑车实验验证

为了验证自适应联邦 Kalman 滤波算法的有效性，分析其导航精度和误差特性，利用实际跑车数据开展验证实验。跑车实验的起点位于北京理工大学自动化学院 6 号楼，途经西三环北路辅路，终点位于魏公村路。实验选取的路段为城市道路，两旁有较多的树木和高楼，并且途经高架桥下，行驶环境复杂多变。当自主无人系统行驶至北京理工大学西侧的西三环北路辅路时，由于道路两旁为高架桥及高楼树木的影响，GNSS 信号受遮挡情况较为严重。GNSS 失效路段全长约为 500m。

GNSS/SINS 组合导航误差如图 6.13 所示。当 GNSS 信号丢失时，由于惯导系统工作正常，所以 GNSS/SINS 组合导航系统可以在一段时间内为自主无人系统提供较为准确的导航信息，但是由于没有量测信息的校正，捷联惯导系统的误差随时间累积而发散，导航定位精度迅速下降，因此在自主无人系统继续行驶约 300m 后，导航定位信息失效。当自主无人系统行驶到魏公村路时，道路状况良好，GNSS 重新正常工作，因此 GNSS/SINS 组合导航系统工作状态良好，输出的导航定位信息精度较高。

当 GNSS 失效时，由于捷联惯导系统不能长时间自主导航，误差迅速积累，因此 GNSS/SINS 组合导航系统输出的导航信息误差很大，北向和东向误差最大可分别达到约 190m 和 40m，此时导航定位信息不可使用。当 GNSS 信号恢复正常后，该系统又处于正常工作状态。因此，对于传统的 GNSS/SINS 组合导航系统，当 GNSS 正常工作时，系统输出的导航定位信息精度较高，能够为自主无人系统提供有效的位置信息。而当 GNSS 受到周围环境影响而长时间失效时，系统无法输出有效的导航信息。

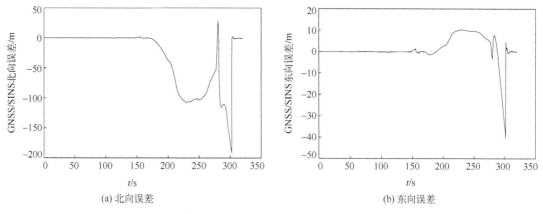

图 6.13　GNSS/SINS 组合导航误差

　　OD/SINS 组合导航误差如图 6.14 所示。在大约前 50s 内，OD/SINS 组合导航系统的精度较高。当 GNSS 失效时，随着时间的推移，导航系统误差逐渐变大，北向误差和东向误差最大分别能达到约 7m 和 22m。虽然里程计工作稳定，可靠性强，但是与惯导系统组合后，导航精度不高，难以长时间为自主无人系统提供精确的定位信息。

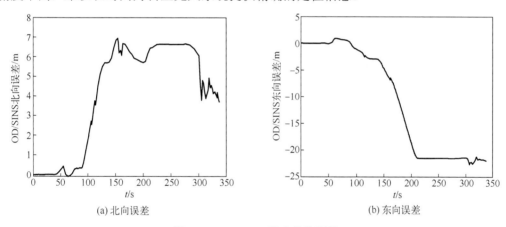

图 6.14　OD/SINS 组合导航误差

基于联邦 Kalman 滤波的多源融合导航误差如图 6.15 所示。

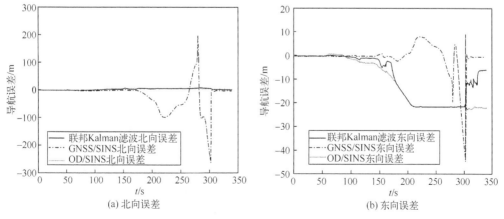

图 6.15　多源融合导航误差

如图 6.15 所示，GNSS/SINS 的北向和东向误差在初始一段时间内收敛，几乎为零；当 GNSS 失效后，误差发散；传感器正常工作后，误差又重新收敛。OD/SINS 的误差在整个过程中都是收敛的，但是相比于正常工作状态下的 GNSS/SINS，误差较大。而基于联邦 Kalman 滤波的多源融合导航算法的误差始终是收敛的，当 GNSS/SINS 子系统工作正常时，误差与其相近；当 GNSS/SINS 子系统失效时，新算法误差没有发散，而是与正常工作的 OD/SINS 相近。

思 考 题

1. 联邦 Kalman 滤波相对于集中式 Kalman 滤波有哪些优势？对于实时分布系统有哪些优点？

2. 在联邦 Kalman 滤波算法中，不同的信息分配系数将导致不同的滤波器结构和系统性能，试改变 6.3 节中的信息分配原则来提高系统的精度。

3. 如何利用联邦 Kalman 滤波实现 GNSS、INS 及其他传感器的跨场景多源融合导航？

第7章　基于小波变换的多尺度 Kalman 滤波

在自然界和工程实践中，许多现象或过程都具有多尺度特征或多尺度效应，如地形地貌、许多物理过程(如湍流)等；人们对现象或过程的观察及测量往往也是在不同尺度(分辨级)上进行的，例如，对同一场景拍摄的多幅图像往往具有不同的分辨率。小波变换给出了信号的一种时间尺度分解，这种分解为研究对象的多尺度分析提供了可能。当有多个传感器对同一目标进行观测时，不同传感器的观测常常是在不同尺度上得到的。理论分析表明，无论现象或过程是否具有多尺度特性，观测信号是否在不同尺度或分辨级上得到，利用多尺度算法同具有先验信息的动态系统的估计、辨识理论相结合，都能获取更多信息，从而降低问题的不确定性或复杂性。为了在不同尺度上提取观测信息，获得目标状态的最优估计，需要将传统的随时间递推的 Kalman 滤波方法进行适当的推广，这就是多尺度 Kalman 滤波方法。

在不同尺度上对某一现象或过程进行研究的理论称为多尺度系统理论。利用多尺度系统理论充分提取观测信息以获得目标状态最优估计的过程称为多尺度估计理论。与传统的 Kalman 滤波方法不同，多尺度 Kalman 滤波除了传统意义上的时间变量，又增加了尺度的概念。为便于系统地理解多尺度 Kalman 滤波，本章将从多尺度系统理论、多尺度估计理论出发，逐步推出多尺度 Kalman 滤波，在本章的最后，将介绍动态系统的多尺度 Kalman 滤波在导航系统中的应用。

7.1　小波变换基础

7.1.1　小波变换概述

小波变换的提出最初是作为 Fourier 变换的改进，用于对信号的局部性质进行刻画，作为分析函数在局部某一区间的时频分析工具而诞生的，以满足人们研究信号时，在高频部分窗口开窄一些，在低频部分窗口开宽一些的要求。它具有"自适应性"和"数学显微镜"的性质，为信号的多尺度分析提供了可能。

定义 7.1(连续小波变换)　设 $X(t) \in L^2(\mathbf{R})$，$\Psi(t) \in L^2(\mathbf{R})$ 为在实轴上平方可积的函数，且 $\Psi(t)$ 满足容许性条件：

$$C_\Psi = \int_{-\infty}^{\infty} \frac{\left|\hat{\Psi}(\omega)\right|^2}{|\omega|} \mathrm{d}\omega < \infty \tag{7.1}$$

则连续小波变换定义为

$$\mathrm{WT}_x(a,b) = \int_{-\infty}^{\infty} X(t)\overline{\Psi}\left(\frac{t-b}{a}\right)\mathrm{d}t, \quad a \neq 0 \tag{7.2}$$

式中，$\overline{\Psi}(\cdot)$ 表示 $\Psi(\cdot)$ 的共轭函数式(7.2)用内积形式记作：

$$\mathrm{WT}_x(a,b) = \langle X, \varPsi_{a,b} \rangle \tag{7.3}$$

其中

$$\varPsi_{a,b}(t) = \frac{1}{\sqrt{|a|}} \varPsi\left(\frac{t-a}{b}\right) \tag{7.4}$$

式中，参数 a 为尺度参数；参数 b 为平移参数。通常称满足容许性条件 (7.1) 的可积函数 $\varPsi(t)$ 为基本小波或母小波，$\varPsi_{a,b}(t)$ 是由母小波生成的小波。

小波变换的重构公式为

$$X(t) = C_{\varPsi}^{-1} \int_{-\infty}^{\infty} \int_{-\infty}^{\infty} \mathrm{WT}_x(a,b) \overline{\varPsi}_{a,b}(t) \frac{\mathrm{d}a}{|a|^2} \mathrm{d}b \tag{7.5}$$

其中

$$C_{\varPsi} = \int_{-\infty}^{\infty} \frac{\left|\hat{\varPsi}(a)\right|^2}{|a|} \mathrm{d}a \tag{7.6}$$

欲实现上述完全重构，必须要求 $C_{\varPsi} < \infty$，即

$$\int_{-\infty}^{\infty} \frac{\left|\hat{\varPsi}(\omega)\right|^2}{|\omega|} \mathrm{d}\omega < \infty \tag{7.7}$$

这就是从信号完全重构的角度对基本小波 $\psi(t)$ 提出的约束条件，常简称为完全重构条件。

对于母小波函数 $\varPsi(t)$，根据条件 (7.1) 必有

$$\hat{\varPsi}(0) = \int_{-\infty}^{\infty} \varPsi(t)\mathrm{d}t = 0 \tag{7.8}$$

这就是说，$\varPsi(t)$ 与整个横轴所围面积的代数和为零，因此 $\varPsi(t)$ 的图形应是在横轴上下波动的"小波"，故称其为小波。

连续小波具有以下重要性质。

性质 7.1（线性性）　一个多分量信号的小波变换等于各个分量的小波变换之和。

性质 7.2（平移不变性）　若 $X(t) \leftrightarrow \mathrm{WT}_x(a,b)$，则

$$X(t-\tau) \leftrightarrow \mathrm{WT}_x(a, b-\tau) \tag{7.9}$$

其中，$X(t) \leftrightarrow \mathrm{WT}_x(a,b)$ 表示 $\mathrm{WT}_x(a,b)$ 为 $X(t)$ 的小波变换。该性质表明，信号平移的小波变换等于小波变换后再做相应的平移变换。

性质 7.3（伸缩共变性）　若 $X(t) \leftrightarrow \mathrm{WT}_x(a,b)$，则

$$X(ct) \leftrightarrow \frac{1}{\sqrt{c}} \mathrm{WT}_x(ca, cb), \quad c > 0 \tag{7.10}$$

性质 7.4（自相似性）　对应于不同尺度参数 a 和不同平移参数 b 的连续小波变换之间是自相似的。

性质 7.5（冗余性）　连续小波变换中存在信息表述的冗余度。

离散小波变换是通过对连续小波变换的离散化来定义的。

定义 7.2（离散小波变换）　令 $a = a_0^j$，$b = k a_0^j b_0$，则对应于式 (7.4) 的离散小波为

$$\Psi_{j,k}(t) = a_0^{-j/2}\Psi(a_0^{-j}t - kb_0) \tag{7.11}$$

离散化小波系数可表示为

$$c_{j,k} = \int_{-\infty}^{\infty} X(t)\bar{\Psi}_{j,k}(t)\mathrm{d}t = \langle X, \Psi_{j,k} \rangle \tag{7.12}$$

将式 (7.11) 和式 (7.12) 代入式 (7.5)，得到实际数值计算时使用的重构公式为

$$X(t) = c\sum_{j=-\infty}^{\infty}\sum_{k=-\infty}^{\infty} c_{j,k}\Psi_{j,k}(t) \tag{7.13}$$

式中，c 是一个与信号无关的常数。参数 a_0 和 b_0 的改变，使小波具有"变焦距"的功能，其选择一般要满足完全重构条件。特别地，取 $a_0 = 2$，$b_0 = 1$，则式 (7.11) 可写为

$$\Psi_{j,k}(t) = 2^{-j/2}\Psi(2^{-j}t - k) \tag{7.14}$$

这就是被广泛应用的二进制小波。

7.1.2　多尺度分析

一般情况下，研究者所研究的函数都是能量有限的，即属于 $L^2(\mathbf{R})$ 空间。如果小波 $\Psi_{j,k}(t)$ 能够构成该空间的一组基，则研究该空间的函数问题就变得容易了。多尺度分析正是研究函数在 $L^2(\mathbf{R})$ 空间如何利用小波基进行描述和表示的问题。也就是说，多尺度分析是在 $L^2(\mathbf{R})$ 函数空间内，将函数 $X(t)$ 描述为一列近似函数的极限。每一个近似都是函数 $X(t)$ 的平滑逼近，而且具有越来越细的近似函数。这些近似是在不同尺度上得到的，这就是多尺度分析名称的由来。如果用严格的数学语言来叙述，则有多尺度分析的下列数学定义。

定义 7.3（多尺度分析）　空间 $L^2(\mathbf{R})$ 内的多尺度分析是指构造 $L^2(\mathbf{R})$ 空间内的一个子空间列 $\{V_j, j \in \mathbf{Z}, \mathbf{Z}$ 表示整数集$\}$，使它具备以下性质。

(1) 单调性（包容性）：

$$\cdots \subset V_{-2} \subset V_{-1} \subset V_0 \subset V_1 \subset V_2 \subset \cdots$$

或简写为

$$V_j \subset V_{j+1}, \forall j \in \mathbf{Z}$$

(2) 逼近性：

$$\mathrm{close}\left\{\bigcup_{j=-\infty}^{\infty} V_j\right\} = L^2(\mathbf{R}), \quad \bigcap_{j=-\infty}^{\infty} V_j = \{0\}$$

式中，close 表示集合的闭包。

(3) 伸缩性：

$$\Phi(t) \in V_j \Leftrightarrow \Phi(2t) \in V_{j+1}$$

(4) 平移不变性：

$$\Phi(t) \in V_j \Leftrightarrow \Phi(t - 2^j k) \in V_j, \quad \forall k \in \mathbf{Z}$$

(5) Riesz 基存在性：

存在 $\Phi(t) \in V_0$，使得 $\{\Phi(t - 2^j k), k \in \mathbf{Z}\}$ 构成 V_j 的 Riesz 基。

若令 A_j 是用分辨率 2^j 逼近信号 $\Psi(t)$ 的算子，则在分辨率 2^j 的所有逼近函数 $G(t)$ 中，$A_j X(t)$ 是最类似于 $X(t)$ 的函数，即

$$\|G(t) - X(t)\| \geqslant \|A_j X(t) - X(t)\|, \quad \forall G(t) \in V_j \tag{7.15}$$

也就是说，逼近算子 A_j 是在向量空间 V_j 上的正交投影（投影定理），这一性质称为多尺度分析的类似性。

由于逼近算子 A_j 是在向量空间 V_j 上的正交投影，所以为了能够在数值上具体表征这一算子，必须事先求出 V_j 的正交基。下面的定理表明，这类正交基可以通过一个唯一的函数 $\Phi(t)$ 的伸缩和平移来定义。

定理 7.1　设 $V_j\ (j \in \mathbf{Z})$ 是空间 $L^2(\mathbf{R})$ 的一个多尺度逼近，则存在一个唯一的函数 $\Phi(t) \in L^2(\mathbf{R})$，使得

$$\Phi_{j,k}(t) = 2^{j/2} \Phi(2^j t - k), \quad k \in \mathbf{Z} \tag{7.16}$$

必定是 V_j 的一个标准正交基，其中 $\Phi(t)$ 称为尺度函数。

由上述定理可知，任何 V_j 的正交基都可以通过式 (7.16) 构造。或者说，先将尺度函数用 2^j 作伸缩，然后在一网格（其间隔与 2^j 成正比）内将伸缩后的结果平移，这样就可以构造任何 V_j 空间的正交基。式中，$2^{j/2}$ 是为了使正交基的 L_2 范数等于 1，从而得到标准正交基。

下面讨论定理中子空间 V_j 的正交基的建立问题。事实上，建立这个正交基的最终目标是构造正交小波基。因此，除了由尺度函数 $\Phi(2^j t)$ 生成的尺度子空间 V_j 外，自然还应该引入由小波函数 $\Psi(2^j t)$ 生成的小波子空间，把它定义为 $W_j = \text{close}\{\Psi_{j,k} : k \in \mathbf{Z}\}$，$j \in \mathbf{Z}$。由 V_j 子空间的包容关系 $V_j \subset V_{j+1}$ 可知，在正交小波基的构造中，至少应该保证

$$V_{j+1} = V_j \oplus W_j, \quad W_j \perp V_j, \quad \forall j \in \mathbf{Z} \tag{7.17}$$

对所有的 $j \in \mathbf{Z}$ 恒成立。符号 $\oplus$ 表示"直和"，即 W_j 是 V_j 在 V_{j+1} 上的正交补。特别地，若 $j = 0$，则式 (7.17) 直接给出尺度函数 $\Phi(t)$ 与小波函数 $\Psi(t)$ 之间的正交性，即 $\langle \Phi(t-l), \Psi(t-k) \rangle = \delta_{kl}$。

反复使用式 (7.17) 可得

$$L^2(\mathbf{R}) = \bigoplus_{j \in \mathbf{Z}} W_j = \cdots \oplus W_{-1} \oplus W_0 \oplus W_1 \oplus \cdots \tag{7.18}$$

根据这一结果可知：分辨率为 $2^0 = 1$ 的多尺度分析子空间 V_0 可以用有限多个子空间来逼近，即

$$V_0 = V_{-1} \oplus W_{-1} = V_{-2} \oplus W_{-2} \oplus W_{-1} = \cdots = V_{-N} \oplus W_{-N} \oplus W_{-(N-1)} \oplus \cdots \oplus W_{-2} \oplus W_{-1} \tag{7.19}$$

若令 $X_j \in V_j$ 代表函数 $X \in L^2(\mathbf{R})$ 的分辨率为 2^j 的逼近（即函数 X 的"粗糙像"或"模糊像"），而 $D_j \in V_j$ 代表逼近的误差（称为 X 的"细节"），则式 (7.19) 意味着

$$X_0 = X_{-1} + D_{-1} = X_{-2} + D_{-2} + D_{-1} = \cdots = X_{-N} + D_{-N} + D_{-N+1} + \cdots + D_{-2} + D_{-1}$$

注意到 $X \approx X_0$，所以上式可简写为

$$X \approx X_0 = X_{-N} + \sum_{i=1}^{N} D_{-i} \tag{7.20}$$

这表明，任何函数 $X \in L^2(\mathbf{R})$ 都可以根据分辨率为 2^{-N} 时的粗糙像和分辨率为 $2^{-j}(1 \leqslant j \leqslant N)$ 的细节"完全重构"。

由 $V_0 \subset V_1$ 可得尺度函数 $\Phi(t)$ 的一个极为有用的性质。注意到 $\Phi_0(t) \in V_0 \subset V_1$，所以 $\Phi(t) = \Phi_0(t)$ 可以由 V_1 子空间的基函数 $\Phi_{1,k}(t) = 2^{1/2}\Phi(2t-k)$ 展开，即

$$\Phi(t) = \sqrt{2} \sum_{k=-\infty}^{\infty} h_k \Phi(2t-k) \tag{7.21}$$

这就是尺度函数的双尺度方程。

另外，由于 $V_1 = V_0 \oplus W_0$，故 $\Psi(t) = \Psi_0(t) \in W_0 \subset V_1$，这意味着小波基函数 $\Psi(t)$ 也可以由 V_1 子空间的正交基 $\Phi_{1,k}(t) = 2^{1/2}\Phi(2t-k)$ 展开，即

$$\Psi(t) = \sqrt{2} \sum_{k=-\infty}^{\infty} g_k \Phi(2t-k) \tag{7.22}$$

此即小波函数的双尺度方程。

双尺度方程式(7.21)和式(7.22)表明，小波 $\Psi_{j,k}(t)$ 可由尺度函数 $\Phi(t)$ 的平移和伸缩的线性组合获得，其构造归结为 h_k 和 g_k 滤波器的设计问题。

综合以上分析，为了使 $\Phi_{j,k}(t) = 2^{j/2}\Phi(2^j t - k)$ 构成 V_j 子空间的正交基，尺度函数，即生成元 $\Phi(t)$ 需满足下列基本性质。

(1)尺度函数容许性条件：$\int_{-\infty}^{\infty} \Phi(t)\mathrm{d}t = 1$。

(2)能量归一化条件：$\|\Phi\|_2^2 = 1$。

(3)尺度函数 $\Phi(t)$ 本身应该满足正交性，即 $\langle \Phi(t-l), \Phi(t-k) \rangle = \delta_{kl}, \forall k, l \in \mathbf{Z}$。

(4)尺度函数 $\Phi(t)$ 与基本小波函数 $\Psi(t)$ 正交，即 $\langle \Phi(t), \Psi(t) \rangle = 0$。

(5)跨尺度的尺度函数 $\Phi(t)$ 和 $\Phi(2t)$ 满足双尺度方程(7.21)。

(6)基小波 $\Psi(t)$ 与尺度函数 $\Phi(t)$ 相关，即满足小波函数的双尺度方程(7.22)。

将尺度函数的容许条件 $\int_{-\infty}^{\infty} \Phi(t)\mathrm{d}t = 1$ 与小波的容许条件 $\int_{-\infty}^{\infty} \Psi(t)\mathrm{d}t = 0$ 作比较可知，尺度函数的 Fourier 变换 $\hat{\Phi}(\omega)$ 具有低通滤波特性，而小波函数的 Fourier 变换 $\hat{\Psi}(\omega)$ 则具有高通滤波特性。

利用尺度函数和小波函数的双尺度方程还可以得到几个很有用的定理。这里不加证明地给出，有兴趣的读者可参考相关文献。

定理 7.2（标准正交小波函数的构造）

(1){$\Phi(t-n)$} 是标准正交系的充要条件是

$$|H(\omega)|^2 + |H(\omega+\pi)|^2 = 1 \tag{7.23}$$

(2){$\Psi(t-n)$} 是标准正交系的充要条件是

$$|G(\omega)|^2 + |G(\omega+\pi)|^2 = 1 \tag{7.24}$$

(3)尺度函数 $\Phi(t)$ 和小波基函数 $\Psi(t)$ 正交的充要条件为

$$H(\omega)\overline{G}(\omega) + H(\omega+\pi)\overline{G}(\omega+\pi) = 1 \tag{7.25}$$

其中

$$H(\omega) = \sum_{k=-\infty}^{\infty} \frac{h_k}{\sqrt{2}} e^{-j\omega k} \tag{7.26}$$

和

$$\bar{G}(\omega) = \sum_{k=-\infty}^{\infty} \frac{g_k}{\sqrt{2}} e^{-j\omega k} \tag{7.27}$$

分别为低通和高通滤波器，且 G 是 H 的镜像滤波器。G 和 H 也常称为二次镜像滤波器组。而 h_k 和 g_k 分别称为尺度系数和小波系数，并且有

$$G(\omega) = e^{-j\omega} H^*(\omega + \pi) \tag{7.28}$$

或

$$g_k = (-1)^{1-k} h_{1-k}, \quad \forall k \in \mathbf{Z} \tag{7.29}$$

定理 7.3　设 $V_j (j \in \mathbf{Z})$ 是一多尺度向量空间列，$\Phi(t)$ 是尺度函数，并且 $H(\omega)$ 是式 (7.26) 定义的滤波器。若令 $\Psi(t)$ 的 Fourier 变换 $\hat{\Psi}(\omega)$ 为

$$\hat{\Psi}(\omega) = G\left(\frac{\omega}{2}\right) \hat{\Phi}\left(\frac{\omega}{2}\right) \tag{7.30}$$

其中，滤波器 $G(\omega)$ 由式 (7.27) 给定，则函数 $\Psi(t)$ 是 (标准) 正交小波。

由上述定理，正交小波 $\Psi(t)$ 可由式 (7.31) 计算：

$$
\begin{aligned}
\Psi(t) &= \frac{1}{2\pi} \int_{-\infty}^{\infty} \hat{\Psi}(\omega) e^{j\omega t} d\omega \\
&= \frac{1}{2\pi} \int_{-\infty}^{\infty} G\left(\frac{\omega}{2}\right) \hat{\Phi}\left(\frac{\omega}{2}\right) e^{j\omega t} d\omega
\end{aligned}
\tag{7.31}
$$

它取决于尺度函数 $\Phi(t)$ 的 Fourier 变换 $\hat{\Phi}(t)$ 和滤波器 G 的频率传递函数 $G(\omega)$，而滤波器 G 可通过式 (7.28) 或式 (7.29) 由滤波器 H 直接计算得到。因此，正交小波的计算归结为尺度函数 $\Phi(t)$ 和滤波器冲激响应，即尺度系数 h_k 的决定。

定理 7.4　设 $\sum\limits_{n=-\infty}^{\infty} h_n = 1$，则尺度系数和小波系数满足：

$$\sum_{n=-\infty}^{\infty} h_n h_{n-2k} = \frac{1}{2} \delta_{k0} \tag{7.32}$$

$$\sum_{n=-\infty}^{\infty} g_n g_{n-2k} = \frac{1}{2} \delta_{k0} \tag{7.33}$$

$$\sum_{n=-\infty}^{\infty} h_n g_{n-2k} = 0 \tag{7.34}$$

$$\sum_{n=-\infty}^{\infty} g_n h_{n-2k} = 0 \tag{7.35}$$

7.1.3　Mallat 算法

前面的讨论揭示了一个显而易见的事实：如果设计多组具有不同频率响应的滤波器 H 和 G，便可得到多个不同的正交小波，它们具有不同的信号分辨能力。因此，信号的多尺度分析便转换成了滤波器组的设计和分析问题。定理 7.2～定理 7.4 是关于滤波器组设计时要考虑的问题。下面，分析滤波器组是如何具体实现信号的多尺度分析的。

非平稳信号的频率是随时间变化的，这种变化可分为缓变和快变两部分。缓变部分对应信号的低频部分，代表信号的主体轮廓；而快变部分对应信号的高频部分，表示信号的细节。由上述多尺度分析的定义，$L^2(\mathbf{R})$ 空间可以由某一个空间 V_j 来近似，这样 $X \in L^2(\mathbf{R})$ 可以近似写为 $X \in V_j$，此时也称 X 为尺度 j 上的信号。V_j 可以分解为 $V_j = V_{j-1} \oplus W_{j-1}$，相应地，通过投影，$X \in V_j$ 也可以分解为两个信号 $X = X_{j-1,v} + X_{j-1,w}$，属于 V_{j-1} 空间的信号 $X_{j-1,v}$ 称为 X 在尺度 $j-1$ 上的平滑信号，而属于空间 W_{j-1} 的信号 $X_{j-1,w}$ 称为 X 在尺度 $j-1$ 上投影得到的细节信号。而尺度 $j-1$ 上的信号 $X_{j-1,v}$ 可以重复上述过程，继续分解。这就是塔式分解算法。上述过程是可逆的，称为"重构"。利用尺度系数和小波系数在不同的尺度空间上研究信号 X 的算法就是 Mallat 算法。

下面仅就一维信号来说明这一问题。

令 $\varPhi(t)$ 和 $\varPsi(t)$ 分别是函数 $X(t)$ 在 2^j 分辨率逼近下的尺度函数和小波函数。对于 $c^j = (c_k^j) \in l^2(\mathbf{Z})$，令

$$X(t) = \sum_k c_k^j \varPhi_{j,k}(t) \tag{7.36}$$

式中，$l^2(\mathbf{Z})$ 表示下标集为整数的平方可和空间；$\varPhi_{j,k} = 2^{j/2}\varPhi(2^j t - k)$，$k \in \mathbf{Z}$。

则 $X(t)$ 是 V_j 中的元素。对 $X(t)$ 可以用多尺度分析工具计算它的近似信息和细节信息。由于 $V_j = V_{j-1} \oplus W_{j-1}$，$X(t)$ 可以分解为 A_{j-1} 和 D_{j-1} 中的元素：

$$X(t) = A_{j-1}X(t) + D_{j-1}X(t) \tag{7.37}$$

它们可以用规范正交基展开：

$$A_{j-1}X(t) = \sum_k c_k^{j-1}\varPhi_{j-1,k}(t) \tag{7.38}$$

$$D_{j-1}X(t) = \sum_k d_k^{j-1}\varPsi_{j-1,k}(t) \tag{7.39}$$

式中，$\varPsi_{j,k}(t) = 2^{j/2}\varPsi(2^j t - k)$，$k \in \mathbf{Z}$。序列 $c^{j-1} = \{c_k^{j-1}\}$ 代表了原始数据 c^j 的近似，$d^{j-1} = \{d_k^{j-1}\}$ 代表了 c^j 和 c^{j-1} 之间的信息差。

由于 $\varPhi_{j-1,k}(t)$ 是 V_{j-1} 的标准正交基，所以

$$
\begin{aligned}
c_k^{j-1} &= \langle \varPhi_{j-1,k}, A_{j-1}X \rangle = \langle \varPhi_{j-1,k}, X - D_{j-1}X \rangle = \langle \varPhi_{j-1,k}, X \rangle \\
&= \sum_n c_n^j \langle \varPhi_{j-1,k}, \varPhi_{j,n} \rangle = \sum_n h_{n-2k} c_n^j
\end{aligned} \tag{7.40}
$$

其中

$$h_{n-2k} = \left\langle \Phi_{j-1,k}, \Phi_{j,n} \right\rangle \tag{7.41}$$

由尺度函数的双尺度方程式(7.21)得到。

类似地，由于 $\Psi_{j-1,k}(t)$ 是 W_{j-1} 的标准正交基，利用 $\Psi_{j-1,k}(t)$ 对式(7.39)两边做内积，可得

$$d_k^{j-1} = \sum_n g_{n-2k} c_n^j \tag{7.42}$$

式中，g_n 由小波函数的双尺度方程(7.22)得到

$$g_{n-2k} = \left\langle \Psi_{j-1,k}, \Phi_{j,n} \right\rangle \tag{7.43}$$

d^{j-1} 和 c^{j-1} 作为 c^j 的函数，c^{j-1} 是 c^j 的平滑信息，d^{j-1} 代表两者的差别信息，h_n、g_n 由给定的多尺度分析确定。

如果定义 $l^2(\mathbf{Z})$ 到 $l^2(\mathbf{Z})$ 的算子 H 和 G：

$$(Ha)_k = \sum_n h_{n-2k} a_n \tag{7.44}$$

$$(Ga)_k = \sum_n g_{n-2k} a_n \tag{7.45}$$

则式(7.40)和式(7.42)可分别写为

$$c^{j-1} = Hc^j \tag{7.46}$$

$$d^{j-1} = Gc^j \tag{7.47}$$

这就是 Mallat 算法的分解公式。

下面讨论小波重构问题，即已知 c^{j-1} 和 d^{j-1}，求 c^j 的过程。由于 $V_j = V_{j-1} \oplus W_{j-1}$，因此

$$A_j X(t) = A_{j-1} X(t) + D_{j-1} X(t) = \sum_k c_k^{j-1} \Phi_{j-1,k}(t) + \sum_k d_k^{j-1} \Psi_{j-1,k}(t) \tag{7.48}$$

式(7.48)两边和 $\Phi_{j,n}(t)$ 做内积，可得

$$\begin{aligned} c_n^j = \left\langle \phi_{j,n}, A_j X \right\rangle &= \sum_k c_k^{j-1} \left\langle \Phi_{j,n}, \Phi_{j-1,k} \right\rangle + \sum_k d_k^{j-1} \left\langle \Phi_{j,n}, \Psi_{j-1,k} \right\rangle \\ &= \sum_k \bar{h}_{n-2k} c_k^{j-1} + \sum_k \bar{g}_{n-2k} d_k^{j-1} \end{aligned} \tag{7.49}$$

式(7.49)也可写为

$$c^j = H^* c^{j-1} + G^* d^{j-1} \tag{7.50}$$

式中，H^* 和 G^* 分别是 H 和 G 的对偶算子。这就是 Mallat 算法的重构公式。

需要说明的是：上述分解过程可以重复进行，即由 c^j 分解可得 c^{j-1} 和 d^{j-1}，而 c^{j-1} 又可以分解为 c^{j-2} 和 d^{j-2}，c^{j-2} 还可以再分……重构时采用分层重构的方式。例如，由 c^{j-2}、d^{j-2} 和 d^{j-1} 重构 c^j 的过程是：首先由 c^{j-2} 和 d^{j-2} 重构到 $j-1$ 尺度得到 c^{j-1}，然后由 c^{j-1} 和 d^{j-1} 重构可得 c^j。图 7.1 给出了利用 Mallat 算法进行两级分解和重构的过程，其中，图 7.1(a)和(b)分别为 Mallat 算法的分解过程和重构过程。

Mallat 算法分解与重构信号的基本思想是：将待处理的信号用正交变换在不同尺度进行分

解，分解到粗尺度上的信号称为平滑信号；在细尺度上存在，而在粗尺度上消失的信号称为细节信号。因此，假设在尺度 i 上，对给定的信号序列 $X_{i,n} \in V_i \subset l^2(\mathbf{Z})$，$k \in \mathbf{Z}$ 是平方可和的，通过一个脉冲响应是 h_n 的低通滤波器可以获得粗尺度上的平滑信号 $X_{(i-1)V,n} \in V_{i-1}$（尺度为 $i-1$）：

$$X_{(i-1)V,n} = \sum_k h_{k-2n} X_{i,k} \tag{7.51}$$

通过脉冲响应是 g_n 的高通滤波器可获得相应的细节信号 $X_{(i-1)D,n} \in W_{i-1}$：

$$X_{(i-1)D,n} = \sum_n g_{k-2n} X_{i,k} \tag{7.52}$$

原始信号 $X_{i,n}$ 可由 $X_{(i-1)V,k}$ 和 $X_{(i-1)D,k}$ 完全重构。重构式为

$$X_{i,n} = \sum_k h_{n-2k} X_{(i-1)V,k} + \sum_k g_{n-2k} X_{(i-1)D,k} \tag{7.53}$$

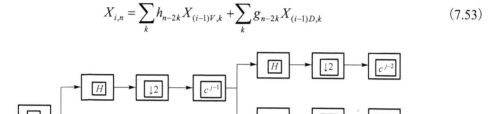

(a) 小波分解示意图

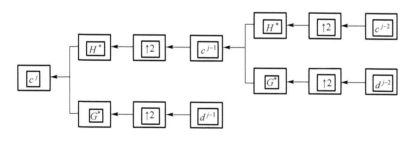

(b) 小波重构示意图

图 7.1　小波分解与重构示意图

7.2　多尺度系统理论

多尺度系统理论（Multiscale System Theory，MST）的研究主要是基于 q 阶同态树进行的。一个 q 阶的同态树是一个无限、非循环、无方向、相互连接的节点组成的图表，它的每个节点与 $q+1$ 个节点相连接，具有很强的几何性质，图 7.2 为 $q=2$ 时所对应的二阶同态树，也叫同态二叉树，这是所有 q 阶同态树中最简单、最基本的情况。

取同态二叉树上任一点为根节点，提取根节点，则同态二叉树就由图 7.2 变成图 7.3 的形式。在图 7.3 中，位于同一水平层的节点为同一尺度，位于上面的节点较少的尺度称为粗尺度，而节点数目较多的尺度称为较细尺度。和每一节点相连的上一尺度(较粗尺度)的节点

为其父节点，与之相连的下一尺度(较细尺度)的节点为其子节点。如图 7.3 所示，设 s 为任一节点，则 $u=s\delta$ 和 s 位于同一尺度，并与之相邻称为 s 的相邻节点，$s\gamma$ 为其父节点，$s\alpha_i(i=1,2)$ 为其子节点，并称 δ、γ、$\alpha_i(i=1,2)$ 分别为平移(移位)算子、向上移位算子和向下移位算子。

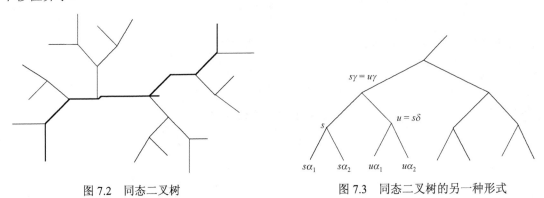

图 7.2　同态二叉树　　　　　　　　　图 7.3　同态二叉树的另一种形式

将时间序列和一维信号处理中的相关概念推广到 q 阶同态树上，Willsky 等定义了系统平移算子、传递函数、可实现性、平稳随机过程等概念，并推导出系统可实现是否为平稳过程的充要条件，定义了可达性、可观性、可控性和可重构性等概念，进而建立了多尺度系统理论的基本框架。

以 $m(s)$ 表示节点 s 所在的尺度，根节点 0 为最粗尺度 $m(0)=0$，同时，叶节点构成最细尺度 M。一个零均值的多尺度自回归(Multiscale Autoregressive, MAR)过程 $X(\cdot)$ 可由下列尺度之间的动态方程确定：

$$X_s = A_s X_{s\gamma} + B_s W_s \tag{7.54}$$

式中，W_s 为零均值单位方差白噪声，与 X_0 不相关，可称式(7.54)为状态方程。在节点 s 上的量测为

$$Y_s = C_s X_s + V_s \tag{7.55}$$

式中，V_s 为零均值白噪声，假设与 X_s 互不相关。

上述方程最初用于求随机过程的协方差。利用先验知识获得 A_s 和 B_s 之后，再加上根节点的状态 X_0 的方差 P_0，就可以确定整个过程的协方差。式(7.54)和式(7.55)虽然最初是为了求随机过程的协方差而建立的，但是它们在形式上的整齐性，以及小波分析的多尺度性质，却为多速率系统的多尺度估计提供了基础。

状态 X_s 的方差满足下列 Lyapunov 方程：

$$P_s = A_s P_{s\gamma} A_s^{\mathrm{T}} + B_s B_s^{\mathrm{T}} \tag{7.56}$$

利用式(7.56)可计算出任意一个状态的方差。

任意两个节点 X_{s_1} 和 X_{s_2} 之间的状态转移矩阵为

$$\Phi_{s_1,s_2} = \begin{cases} I, & s_1 = s_2 \\ A_{s_1} \Phi_{s_1\gamma,s_2}, & m_{s_1} > m_{s_2} \\ \Phi_{s_1,s_2\gamma} A_{s_1}^{\mathrm{T}}, & m_{s_1} < m_{s_2} \end{cases} \tag{7.57}$$

则任意两个节点 X_{s_1} 和 X_{s_2} 之间的协方差为

$$P_{s_1,s_2} = E[X_{s_1} X_{s_2}^{\mathrm{T}}] = \boldsymbol{\varPhi}_{s_1, s_1 \wedge s_2} P_{s_1 \wedge s_2} \boldsymbol{\varPhi}_{s_2, s_1 \wedge s_2}^{\mathrm{T}} \tag{7.58}$$

式中，$s_1 \wedge s_2$ 表示 s_1 和 s_2 的公共父节点。例如，图 7.3 中，s 和 u 的公共父节点为 $s \wedge u = s\gamma = u\gamma$。

通过式 (7.57) 和式 (7.58) 可以得到任意两个状态之间的互协方差。

7.3　动态系统的多尺度 Kalman 滤波

一类单传感器单模型动态系统为

$$X_{N,k+1} = A_{N,k} X_{N,k} + W_{N,k} \tag{7.59}$$

$$Z_{N,k} = C_{N,k} X_{N,k} + V_{N,k} \tag{7.60}$$

式中，$X_{N,k} \in \mathbf{R}^{n \times 1}$ 是尺度 N 上 k 时刻的 n 维状态向量；$A_{N,k} \in \mathbf{R}^{n \times n}$ 是系统矩阵，系统建模噪声是一零均值随机序列 $W_{N,k} \in \mathbf{R}^{n \times 1}$，方差为 $Q_{N,k}$。由一个传感器对系统进行观测，其值是 $Z_{N,k}$，$C_{N,j} \in \mathbf{R}^{p \times n}$ ($p \le n$) 是观测矩阵，观测噪声 $V_{N,k} \in \mathbf{R}^{m \times 1}$ 为零均值高斯白噪声，方差为 $R_{N,k}$。初始状态 $X_{N,0}$ 的均值为 X_0，方差为 P_0，并假设 $X_{N,0}$、$W_{N,k}$、$V_{N,k}$ 互不相关。下面用多尺度 Kalman 滤波方法给出状态 $X_{N,k}$ 的最优估计。

将状态向量和测量向量分割成长度为 $M = 2^{N-1}$ 的数据块：

$$\bar{X}_{N,m} = [X_{N,mM+1}^{\mathrm{T}} \quad X_{N,mM+2}^{\mathrm{T}} \quad \cdots \quad X_{N,mM+M}^{\mathrm{T}}]^{\mathrm{T}} \tag{7.61}$$

$$\bar{Z}_{N,m} = [Z_{N,mM+1}^{\mathrm{T}} \quad Z_{N,mM+2}^{\mathrm{T}} \quad \cdots \quad Z_{N,mM+M}^{\mathrm{T}}]^{\mathrm{T}} \tag{7.62}$$

则根据式 (7.59) 和式 (7.60)，有

$$\bar{X}_{N,m+1} = \bar{A}_{N,m} \bar{X}_{N,m} + \bar{B}_{N,m} \bar{W}_{N,m} \tag{7.63}$$

$$\bar{Z}_{N,m} = \bar{C}_{N,m} \bar{X}_{N,m} + \bar{V}_{N,m} \tag{7.64}$$

其中

$$\bar{A}_{N,m} = \begin{bmatrix} \dfrac{1}{M}\displaystyle\prod_{r=M}^{1} A_{N,mM+r} & \dfrac{1}{M}\displaystyle\prod_{r=M}^{2} A_{N,mM+r} & \cdots & \dfrac{1}{M}\displaystyle\prod_{r=M}^{M-1} A_{N,mM+r} & \dfrac{1}{M}\displaystyle\prod_{r=M}^{M} A_{N,mM+r} \\[2.5em] 0 & \dfrac{1}{M-1}\displaystyle\prod_{r=M+1}^{2} A_{N,mM+r} & \cdots & \dfrac{1}{M-1}\displaystyle\prod_{r=M+1}^{M-1} A_{N,mM+r} & \dfrac{1}{M-1}\displaystyle\prod_{r=M+1}^{M} A_{N,mM+r} \\[2em] \vdots & \vdots & & \vdots & \vdots \\[1em] 0 & 0 & \cdots & \dfrac{1}{2}\displaystyle\prod_{r=2M-2}^{M-1} A_{N,mM+r} & \dfrac{1}{2}\displaystyle\prod_{r=2M-2}^{M} A_{N,mM+r} \\[2.5em] 0 & 0 & \cdots & 0 & \displaystyle\prod_{r=2M-1}^{M} A_{N,mM+r} \end{bmatrix}$$

$$\tag{7.65}$$

$$\overline{B}_{N,m} = \begin{bmatrix} \dfrac{1}{M}\displaystyle\prod_{r=M}^{2}A_{N,mM+r} & \dfrac{1}{M}\displaystyle\prod_{r=M}^{3}A_{N,mM+r} & \cdots & I & \cdots & 0 \\[6pt] 0 & \dfrac{1}{M-1}\displaystyle\prod_{r=M+1}^{2}A_{N,mM+r} & \cdots & \dfrac{M-2}{M-1}A_{mM+M-1} & \cdots & 0 \\[6pt] \vdots & \vdots & & \vdots & & \vdots \\[6pt] 0 & 0 & 0 & \displaystyle\prod_{r=2M-2}^{M-2}A_{N,mM+r} & \cdots & A_{N,mM+2m-2} \\[6pt] 0 & 0 & 0 & \displaystyle\prod_{r=2M-1}^{M-1}A_{N,mM+r} & \cdots & I \end{bmatrix} \tag{7.66}$$

噪声 $\overline{W}_{N,m} = \begin{bmatrix} W_{N,mM+1}^{\mathrm{T}} & W_{N,mM+2}^{\mathrm{T}} & \cdots & W_{N,mM+2M-1}^{\mathrm{T}} \end{bmatrix}^{\mathrm{T}}$ 的方差为

$$\overline{Q}_{N,m} = \mathrm{diag}\{Q_{N,mM+1}, Q_{N,mM+2}, \cdots, Q_{N,mM+2M-1}\}$$

观测矩阵为

$$\overline{C}_{N,m} = \mathrm{diag}\{C_{N,mM+1}, C_{N,mM+2}, \cdots, C_{N,mM+M}\}$$

观测噪声为

$$\overline{V}_{N,m} = [V_{N,mM+1}^{\mathrm{T}} \quad V_{N,mM+2}^{\mathrm{T}} \cdots V_{N,mM+M}^{\mathrm{T}}]^{\mathrm{T}}$$

其均值为零，方差为 $\overline{R}_{N,m} = \mathrm{diag}\{R_{N,mM+1}, R_{N,mM+2}, \cdots, R_{N,mM+M}\}$。

尺度 N 上的信号 $\overline{X}_{N,m}$ 向各个粗尺度 i 分解，生成各个尺度上的平滑信号 $\overline{X}_{iV,m}$（$1 \leqslant i \leqslant N-1$）和相应的细节信号 $\overline{X}_{lD,m}$（$i \leqslant l \leqslant N-1$）：

$$\overline{X}_{iV,m} = \prod_{r=i}^{N-1}\overline{H}_r\overline{X}_{N,m} \tag{7.67}$$

$$\overline{X}_{lD,m} = \overline{G}_l\prod_{r=l+1}^{N-1}\overline{H}_l\overline{X}_{N,m} \tag{7.68}$$

其中

$$\overline{H}_r = L_r^{\mathrm{T}}\mathrm{diag}\{H_r, H_r, \cdots, H_r\}L_{r+1} \tag{7.69}$$

$$\overline{G}_r = L_r^{\mathrm{T}}\mathrm{diag}\{G_r, G_r, \cdots, G_r\}L_{r+1} \tag{7.70}$$

H_{i-1} 和 G_{i-1} 是相应的尺度算子与小波算子。$L_r \in \mathbf{R}^{nM_r \times nM_N}$ 是将数据块 $\overline{X}_{N,m}$ 变换成适应于小波变换形式的线性算子，例如，$X = [(x_{11}, x_{12}) \ (x_{21}, x_{22})]^{\mathrm{T}}$，其线性变换可以写成

$$\begin{bmatrix} x_{11} \\ x_{21} \\ x_{12} \\ x_{22} \end{bmatrix} = L_r X = \begin{bmatrix} 1 & 0 & 0 & 0 \\ 0 & 0 & 1 & 0 \\ 0 & 1 & 0 & 0 \\ 0 & 0 & 0 & 1 \end{bmatrix} X \tag{7.71}$$

由 7.1 节可知：

$$\bar{H}_r^{\mathrm{T}}\bar{H}_r + \bar{G}_r^{\mathrm{T}}\bar{G}_r = I$$

$$\begin{bmatrix} \bar{H}_r\bar{H}_r^{\mathrm{T}} & \bar{H}_r\bar{G}_r^{\mathrm{T}} \\ \bar{G}_r\bar{H}_r^{\mathrm{T}} & \bar{G}_r\bar{G}_r^{\mathrm{T}} \end{bmatrix} = \begin{bmatrix} I & 0 \\ 0 & I \end{bmatrix} \tag{7.72}$$

由式(7.67)和式(7.68)可得

$$\bar{\bar{X}}_{N,m+1} = \bar{\bar{A}}_{N,m}\bar{\bar{X}}_{N,m} + \bar{\bar{W}}_{N,m} \tag{7.73}$$

其中

$$\bar{\bar{X}}_{N,m} = \bar{T}_i\bar{X}_{N,m} = \begin{bmatrix} \bar{X}_{iV,m} \\ \bar{X}_{iD,m} \\ \bar{X}_{(i+1)D,m} \\ \vdots \\ \bar{X}_{(N-1)D,m} \end{bmatrix} \tag{7.74}$$

$$\bar{\bar{A}}_{N,m} = \bar{T}_i\bar{A}_{N,m}\bar{T}_i^{\mathrm{T}} \tag{7.75}$$

$$\bar{T}_i = \begin{bmatrix} \displaystyle\prod_{r=i}^{N-1}\bar{H}_r \\ \bar{G}_i\displaystyle\prod_{r=i+1}^{N-1}\bar{H}_r \\ \vdots \\ \bar{G}_{N-2}\bar{H}_{N-1} \\ \bar{G}_{N-1} \end{bmatrix} \tag{7.76}$$

$$\bar{\bar{W}}_{N,m} = \bar{T}_i\bar{W}_{N,m} \tag{7.77}$$

且有

$$E\left[\bar{\bar{W}}_{N,m}\right] = 0 \tag{7.78}$$

$$E\left[\bar{\bar{W}}_{N,m}\bar{\bar{W}}_{N,m}^{\mathrm{T}}\right] = \bar{\bar{Q}}_{N,m} = \bar{T}_i\bar{Q}_{N,m}\bar{T}_i^{\mathrm{T}} \tag{7.79}$$

由式(7.72)和式(7.76)可得

$$\bar{T}_i^{\mathrm{T}}\bar{T}_i = I \tag{7.80}$$

根据式(7.74)，式(7.64)可改写为

$$\bar{Z}_{N,m} = \bar{\bar{C}}_{N,m}\bar{\bar{X}}_{N,m} + \bar{V}_{N,m} \tag{7.81}$$

其中

$$\bar{\bar{C}}_{N,m} = \bar{C}_{N,m}\bar{T}_i \tag{7.82}$$

对系统模型(7.73)和观测模型(7.81)组成的系统进行 Kalman 滤波，可得

$$\hat{\bar{\bar{X}}}_{N,(m+1,m+1)} = \hat{\bar{\bar{X}}}_{N,(m+1,m)} + \bar{\bar{K}}_{N,m+1}\left[\bar{Z}_{N,m+1} - \bar{\bar{C}}_{N,m+1}\hat{\bar{\bar{X}}}_{N,(m+1,m)}\right] \tag{7.83}$$

$$\bar{\bar{P}}_{N,(m+1,m+1)} = \left(I - \bar{\bar{K}}_{N,m+1}\bar{\bar{C}}_{N,m+1}\right)\bar{\bar{P}}_{N,(m+1,m)} \tag{7.84}$$

其中

$$\hat{\bar{\bar{X}}}_{N,(m+1,m)} = \bar{\bar{A}}_{N,m}\hat{\bar{\bar{X}}}_{N,(m,m)} \tag{7.85}$$

$$\bar{\bar{P}}_{N,(m+1,m)} = \bar{\bar{A}}_{N,m}\bar{\bar{P}}_{N,(m,m)}\bar{\bar{A}}_{N,m}^{\mathrm{T}} + \bar{\bar{Q}}_{N,m} \tag{7.86}$$

$$\bar{\bar{K}}_{N,m+1} = \bar{\bar{P}}_{N,(m+1,m)}\bar{\bar{C}}_{N,m+1}^{\mathrm{T}}\left[\bar{\bar{C}}_{N,m+1}\bar{\bar{P}}_{N,(m+1,m)}\bar{\bar{C}}_{N,m+1}^{\mathrm{T}} + \bar{\bar{Q}}_{N,m+1}\right]^{-1} \tag{7.87}$$

因此，得到 $\hat{\bar{\bar{X}}}_{N,(m,m)}$，$m = 0,1,2,\cdots$。根据小波变换的综合形式，可以得到状态在不同尺度上的估计：

$$\hat{\bar{X}}_{l+1,(m,m)} = \bar{H}_l^{\mathrm{T}}\hat{\bar{\bar{X}}}_{lV,(m,m)} + \bar{G}_l^{\mathrm{T}}\hat{\bar{\bar{X}}}_{lD,(m,m)}, \quad l = i, i+1, N-1 \tag{7.88}$$

那么，最细尺度 N 上数据的多尺度估计由式 (7.89) 给出：

$$\hat{\bar{X}}_{N,(m,m)} = T_i^{\mathrm{T}}\begin{bmatrix} \hat{\bar{\bar{X}}}_{iV,(m,m)} \\ \hat{\bar{\bar{X}}}_{iD,(m,m)} \\ \hat{\bar{\bar{X}}}_{(i+1)D,(m,m)} \\ \vdots \\ \hat{\bar{\bar{X}}}_{(N-1)D,(m,m)} \end{bmatrix} \tag{7.89}$$

7.4   多尺度 Kalman 滤波在导航系统中的应用

随着科技的进步，特别是现代战争的需求，单一的导航系统已不能满足现实要求。导航系统从单一传感器系统发展到组合导航系统，将多种类型的传感器进行优化配置，性能互补，从而使系统的精度和可靠性都有了很大的提高。

不同类型导航系统常常存在采样率不同、观测不同步、采样不均匀等情况，因此，开展异步、多速率、非均匀采样情况下的组合导航算法研究十分必要。

本节以 Daubechies 小波为例，说明多尺度估计理论在导航系统中的应用。

7.4.1   系统描述

设有多个导航系统以不同采样率对同一目标进行观测，其动态模型可描述为

$$X_{N,k+1} = A_N X_{N,k} + \Gamma_N W_{N,k} \tag{7.90}$$

$$Z_{i,k} = C_i X_{i,k} + V_{i,k}, \quad i = N, N-1,\cdots, L+1, L \tag{7.91}$$

式中，$X_{N,k} \in \mathbf{R}^{n\times 1}$ 是 n 维状态变量；$A_N \in \mathbf{R}^{n\times n}$ 是系统矩阵；$\Gamma_N \in \mathbf{R}^{n\times p}$ 是系统干扰输入矩阵。系统过程噪声是零均值方差为 Q_N 的高斯白噪声。不同导航系统的观测在不同尺度上得到，$Z_{i,k} \in \mathbf{R}^{q_i\times 1}$ 为第 i 个导航系统在 k 时刻的观测，其观测速率为 S_i。假设观测噪声 $V_{i,k} \in \mathbf{R}^{q_i\times 1}$ 也是零均值白噪声序列，其方差为 R_i。状态变量初始值 $X_{N,0}$ 的均值和方差分别为 X_0 和 P_0，假

设 $X_{N,0}$、$W_{N,k}$、$V_{i,k}$ 统计独立，不同传感器的采样率满足 $S_i = S_{i+1}/2$。本节的任务是融合各传感器的观测以获得状态 $X_{N,k}$ 的最优估计。

7.4.2　多尺度模型的建立

利用多尺度估计理论对状态 $X_{N,k}$ 进行估计的基本思路是：首先，针对各传感器，在不同尺度分别建立系统方程，即建立多尺度系统方程；然后，在不同尺度上，利用 Kalman 滤波获得状态的最优估计值；最后，将上述估计利用小波综合的形式进行信息融合，最终获得状态 $X_{N,k}$ 的最优融合估计。

为此，首先需要建立多尺度模型。

定理 7.5（线性系统的多尺度分解）　设 A_N 的所有特征值都位于单位圆内，则每一尺度 $i-1$ $(L < i \leqslant N)$ 上的动态系统表示为

$$X_{i-1,k+1} = A_{i-1}X_{i-1,k} + \Gamma_{i-1}W_{i-1,k} \tag{7.92}$$

$$Z_{i-1,k} = C_{i-1}X_{i-1,k} + V_{i-1,k} \tag{7.93}$$

式中，$A_{i-1} = A_i^2$，$\Gamma_{i-1} = I + A_i$，状态 $X_{i-1,k}$ 由式（7.94）归纳定义：

$$X_{i-1,k} = h_0 X_{i,2k} + h_1 X_{i,2k-1} + h_2 X_{i,2k-2} + h_3 X_{i,2k-3} \tag{7.94}$$

噪声 $W_{i-1,k}$ 和 $V_{i-1,k}$ 为互不相关的高斯白噪声，方差分别为 Q_{i-1} 和 R_{i-1}，并有

$$\begin{aligned}
Q_{i-1} = \Gamma_{i-1}^{-1}[&h_3^2 A_i \Gamma_i Q_i \Gamma_i^{\mathrm{T}} A_i^{\mathrm{T}} + (h_3 I + h_2 A_i)\Gamma_i Q_i \Gamma_i^{\mathrm{T}}(h_3 I + h_2 A_i^{\mathrm{T}}) \\
&+ (h_2 I + h_1 A_i)\Gamma_i Q_i \Gamma_i^{\mathrm{T}}(h_2 I + h_1 A_i^{\mathrm{T}}) \\
&+ (h_1 I + h_0 A_i)\Gamma_i Q_i \Gamma_i^{\mathrm{T}}(h_1 I + h_0 A_i^{\mathrm{T}}) + h_0^2 \Gamma_i Q_i \Gamma_i^{\mathrm{T}}](\Gamma_{i-1}^{-1})^{\mathrm{T}}
\end{aligned} \tag{7.95}$$

式中，$i = N, N-1, \cdots, L+1$。

证明：用归纳法证明。首先，尺度 N 上的动态系统由式（7.90）和式（7.91）给出，定理成立。然后，假设已知尺度 i $(i = N, \cdots, L+1)$ 上的离散动态系统：

$$X_{i,k+1} = A_i X_{i,k} + \Gamma_i W_{i,k} \tag{7.96}$$

$$Z_{i,k} = C_i X_{i,k} + V_{i,k} \tag{7.97}$$

下面推导 $i-1$ 尺度的状态方程。

若记长度为 4 的尺度滤波器为

$$H = \{h_0, h_1, h_2, h_3\} \tag{7.98}$$

同时，定义信号的尺度滤波器为

$$X_{i-1,k} = h_0 X_{i,2k} + h_1 X_{i,2k-1} + h_2 X_{i,2k-2} + h_3 X_{i,2k-3} \tag{7.99}$$

则有

$$\begin{aligned}
X_{i-1,k+1} &= h_0 X_{i,2k+2} + h_1 X_{i,2k+1} + h_2 X_{i,2k} + h_3 X_{i,2k-1} \\
&= h_0(A_i X_{i,2k+1} + \Gamma_i W_{i,2k+1}) + h_1(A_i X_{i,2k} + \Gamma_i W_{i,2k}) \\
&\quad + h_2(A_i X_{i,2k-1} + \Gamma_i W_{i,2k-1}) + h_3(A_i X_{i,2k-2} + \Gamma_i W_{i,2k-2}) \\
&= A_i^2(h_0 X_{i,2k} + h_1 X_{i,2k-1} + h_2 X_{i,2k-2} + h_3 X_{i,2k-3}) + h_3 A_i \Gamma_i W_{i,2k-3} \\
&\quad + (h_3 I + h_2 A_i)\Gamma_i W_{i,2k-2} + (h_2 I + h_1 A_i)\Gamma_i W_{i,2k-1} + (h_1 I + h_0 A_i)\Gamma_i W_{i,2k} + h_0 \Gamma_i W_{i,2k+1}
\end{aligned} \tag{7.100}$$

即

$$X_{i-1,k+1} = A_{i-1}X_{i-1,k} + \Gamma_{i-1}W_{i-1,k} \tag{7.101}$$

其中

$$A_{i-1} = A_i^2 \tag{7.102}$$

$$\Gamma_{i-1} = I + A_i \tag{7.103}$$

$$\begin{aligned}
W_{i-1,k} = \Gamma_{i-1}^{-1}[&h_3 A_i \Gamma_i W_{i,2k-3} + (h_3 I + h_2 A_i)\Gamma_i W_{i,2k-2} \\
&+ (h_2 I + h_1 A_i)\Gamma_i W_{i,2k-1} + (h_1 I + h_0 A_i)\Gamma_i W_{i,2k} + h_0 \Gamma_i W_{i,2k+1}]
\end{aligned} \tag{7.104}$$

对式 (7.104) 两边取期望，利用期望的线性性质可得

$$E[W_{i-1,k}] = 0 \tag{7.105}$$

且

$$\begin{aligned}
Q_{i-1} &= E[W_{i-1,k}W_{i-1,k}^{\mathrm{T}}] \\
&= \Gamma_{i-1}^{\mathrm{T}}\{h_3^2 A_i \Gamma_i Q_i \Gamma_i^{\mathrm{T}} A_i^{\mathrm{T}} + (h_3 I + h_2 A_i)\Gamma_i Q_i \Gamma_i^{\mathrm{T}}(h_3 I + h_2 A_i^{\mathrm{T}}) \\
&\quad + (h_2 I + h_1 A_i)\Gamma_i Q_i \Gamma_i^{\mathrm{T}}(h_2 I + h_1 A_i^{\mathrm{T}}) + (h_1 I + h_0 A_i)\Gamma_i Q_i \Gamma_i^{\mathrm{T}}(h_1 I + h_0 A_i^{\mathrm{T}}) \\
&\quad + h_0^2 \Gamma_i Q_i \Gamma_i^{\mathrm{T}}\}(\Gamma_{i-1}^{-1})^{\mathrm{T}}
\end{aligned} \tag{7.106}$$

利用 $W_{N,k}$ 与 $V_{i,k}$ 的统计无关性，由式 (7.104) 可递推得到 $W_{i-1,k}$ 与 $V_{j,k}$ 统计无关。

注意到式 (7.104) 右边系统误差的系数之和为

$$\begin{aligned}
&(I + A_i)^{-1}[h_3 A_i + (h_3 I + h_2 A_i) + (h_2 I + h_1 A_i) + (h_1 I + h_0 A_i) + h_0 I] \\
&= (I + A_i)^{-1}[(h_3 + h_2 + h_1 + h_0)A_i + (h_3 + h_2 + h_1 + h_0)I] \\
&= (I + A_i)^{-1}(I + A_i) \\
&= I
\end{aligned} \tag{7.107}$$

因此，对噪声项的平均处理相当于利用对 H 进行修正后的滤波器 $\bar{H}$ 进行滤波，其中

$$\bar{H} = (I + A_i)^{-1}\{h_3 A_i, (h_3 I + h_2 A_i), (h_2 I + h_1 A_i), (h_1 I + h_0 A_i), h_0 I\} \tag{7.108}$$

从而在尺度 $i-1$ 上得到相应的动态关系 (7.96)，其中，状态是经滤波器 H 得到的，而过程噪声则是经滤波器 $\bar{H}$ 得到的。

上述方法可用于任一尺度的任何线性系统。

下面继续讨论多尺度线性模型 (7.96)，它是连接不同尺度间状态的桥梁。

定理 7.6（线性系统的多尺度重构）　设 A 的所有特征值都位于单位圆内，且已知 $X_{i-1,k}$，则 $X_{i,k}$ 由下式确定：

$$X_{i,2k-1} = (h_1 I + h_0 A_i)^{-1}(X_{i-1,k} - h_2 X_{i,2k-2} - h_3 X_{i,2k-3}) - (h_1 I + h_0 A_i)^{-1}h_0 \Gamma_i W_{i,2k-1} \tag{7.109}$$

$$X_{i,2k} = (h_1 I + h_0 A_i)^{-1}(A_i X_{i-1,k} - h_2 A_i X_{i,2k-2} - h_3 A_i X_{i,2k-3}) + (h_1 I + h_0 A_i)^{-1}h_1 \Gamma_i W_{i,2k-1} \tag{7.110}$$

证明：由于

$$X_{i-1,k} = h_0 X_{i,2k} + h_1 X_{i,2k-1} + h_2 X_{i,2k-2} + h_3 X_{i,2k-3}$$
$$= h_0 (A_i X_{i,2k-1} + \Gamma_i W_{i,2k-1}) + h_1 X_{i,2k-1} + h_2 X_{i,2k-2} + h_3 X_{i,2k-3} \qquad (7.111)$$
$$= (h_1 I + h_0 A_i) X_{i,2k-1} + h_0 \Gamma_i W_{i,2k-1} + h_2 X_{i,2k-2} + h_3 X_{i,2k-3}$$

因此

$$X_{i,2k-1} = (h_1 I + h_0 A_i)^{-1}(X_{i-1,k} - h_2 X_{i,2k-2} - h_3 X_{i,2k-3}) - (h_1 I + h_0 A_i)^{-1} h_0 \Gamma_i W_{i,2k-1} \qquad (7.112)$$

由式 (7.111) 可得

$$A_i X_{i-1,k} = h_0 A_i X_{i,2k} + h_1 A_i X_{i,2k-1} + h_2 A_i X_{i,2k-2} + h_3 A_i X_{i,2k-3}$$
$$= h_0 A_i X_{i,2k} + h_1 (X_{i,2k} - \Gamma_i W_{i,2k-1}) + h_2 A_i X_{i,2k-2} + h_3 A_i X_{i,2k-3} \qquad (7.113)$$
$$= (h_1 I + h_0 A_i) X_{i,2k} - h_1 \Gamma_i W_{i,2k-1} + h_2 A_i X_{i,2k-2} + h_3 A_i X_{i,2k-3}$$

因此

$$X_{i,2k} = (h_1 I + h_0 A_i)^{-1}(A_i X_{i-1,k} - h_2 A_i X_{i,2k-2} - h_3 A_i X_{i,2k-3}) + (h_1 I + h_0 A_i)^{-1} h_1 \Gamma_i W_{i,2k-1} \qquad (7.114)$$

Daubechies 4 小波的系数为 $h(0) = \dfrac{1+\sqrt{3}}{4\sqrt{2}}$，$h(1) = \dfrac{3+\sqrt{3}}{4\sqrt{2}}$，$h(2) = \dfrac{3-\sqrt{3}}{4\sqrt{2}}$，$h(3) = \dfrac{1-\sqrt{3}}{4\sqrt{2}}$，将其

规范化并记 $h_i = \dfrac{h(i)}{h(0) + h(1) + h(2) + h(3)}$，$i = 0,1,2,3$，则 $h_0 = \dfrac{1+\sqrt{3}}{8}$，$h_1 = \dfrac{3+\sqrt{3}}{8}$，$h_2 = \dfrac{3-\sqrt{3}}{8}$，

$h_3 = \dfrac{1-\sqrt{3}}{8}$，故 $h_1 I + h_0 A^k = \dfrac{3+\sqrt{3}}{8}\left(I + \dfrac{1}{\sqrt{3}} A^k \right)$，因此，当 A 的特征值位于单位圆内时，对任

意 $k = 1,2,\cdots$，都有 $h_1 I + h_0 A^k$ 可逆。

7.4.3　状态的多尺度估计

由定理 7.5 可得最粗尺度 L 上的动态系统：

$$X_{L,k+1} = A_L X_{L,k} + W_{L,k} \qquad (7.115)$$

其中

$$A_L = A_{L+1}^2 \qquad (7.116)$$

系统噪声 $W_{L,k}$ 均值为零，且其协方差为

$$Q_L = \Gamma_L^{-1}\{ h_3^2 A_{L+1} \Gamma_{L+1} Q_{L+1} \Gamma_{L+1}^{\mathrm{T}} A_{L+1}^{\mathrm{T}} + (h_3 I + h_2 A_{L+1}) \Gamma_{L+1} Q_{L+1} \Gamma_{L+1}^{\mathrm{T}} (h_3 I + h_2 A_{L+1}^{\mathrm{T}})$$
$$+ (h_2 I + h_1 A_{L+1}) \Gamma_{L+1} Q_{L+1} \Gamma_{L+1}^{\mathrm{T}} (h_2 I + h_1 A_{L+1}^{\mathrm{T}}) \qquad (7.117)$$
$$+ (h_1 I + h_0 A_{L+1}) \Gamma_{L+1} Q_{L+1} \Gamma_{L+1}^{\mathrm{T}} (h_1 I + h_0 A_{L+1}^{\mathrm{T}}) + h_0^2 \Gamma_{L+1} Q_{L+1} \Gamma_{L+1}^{\mathrm{T}} \} \Gamma_L^{-\mathrm{T}}$$

在最粗尺度 L 上，有观测方程：

$$Z_{L,k} = C_L X_{L,k} + V_{L,k} \qquad (7.118)$$

式中，$V_{L,k}$ 是与 $W_{L,k}$ 互不相关的均值为零的高斯白噪声，其方差为 R_L。在尺度 L 上进行 Kalman
滤波可得

$$\hat{X}_{L,(k+1,k+1)} = \hat{X}_{L,(k+1,k)} + K_{L,k+1}[Z_{L,k+1} - C_L \hat{X}_{L,(k+1,k)}] \qquad (7.119)$$

其中

$$\hat{X}_{L,(k+1,k)} = A_L \hat{X}_{L,(k,k)} \tag{7.120}$$

$$P_{L,(k+1,k)} = A_L P_{L,(k,k)} A_L^{\mathrm{T}} + \Gamma_L Q_L \Gamma_L^{\mathrm{T}} \tag{7.121}$$

$$K_{L,k+1} = P_{L,(k+1,k)} C_L^{\mathrm{T}} [C_L P_{L,(k+1,k)} C_L^{\mathrm{T}} + R_L]^{-1} \tag{7.122}$$

$$P_{L,(k+1,k+1)} = (I - K_{L,k+1} C_L) P_{L,(k+1,k)} \tag{7.123}$$

现在，将从 $\hat{X}_{L,(k,k)}$、$P_{L,(k,k)}$ 开始利用已建立的多尺度模型(7.90)和(7.91)，综合不同尺度上的观测信息，对目标状态进行递归估计，在最细尺度 N 上得到目标状态基于全局信息的融合估计结果。

记

$$Z_{i,1}^k = [Z_{i,1}^{\mathrm{T}} \quad Z_{i,2}^{\mathrm{T}} \quad \cdots \quad Z_{i,k}^{\mathrm{T}}] \tag{7.124}$$

$$\hat{X}_{i,(k,k)} = E\left\{ X_{i,k} \mid Z_{i,1}^k, Z_{i-1,1}^{\left[\frac{k}{2}\right]}, \cdots, Z_{L+1,1}^{\left[\frac{k}{2^{i-1-L}}\right]}, Z_{L,1}^{\left[\frac{k}{2^{i-L}}\right]} \right\} \tag{7.125}$$

式中，$i = L, L+1, \cdots, N$ 表示尺度；$k = 1, 2, \cdots$ 表示时刻；$\left[\dfrac{k}{2}\right]$ 表示不超过 $\left[\dfrac{k}{2}\right]$ 的最大正整数。$Z_{j,1}^{\left[\frac{k}{2^{i-j}}\right]}$ 中，若 $\left[\dfrac{k}{2^{i-j}}\right] = 0$ 表示在对 $X_{i,k}$ 进行估计时，尚未获得第 j（$j = L, L+1, \cdots, i-1$）个传感器的信息，或者说它不参与融合算法。

定理 7.7 若得到尺度 $i-1$ 上目标状态 $X_{i-1,k}$ 基于尺度 j 上观测信息 $\left\{ Z_{j,1}^{\left[\frac{k}{2^{i-j}}\right]}, j = L, L+1, \cdots, i-1 \right\}$ 的估计值 $\hat{X}_{i-1,(k,k)}$ 和相应的估计误差协方差阵 $P_{i-1,(k,k)}$（$k = 1, 2, \cdots$），则当 $k = 2, 3, \cdots$ 时，有以下结论。

(1) 尺度 i 上状态 $X_{i,2k-1}$ 基于所有粗尺度 j 上的观测信息 $\left\{ Z_{j,1}^{\left[\frac{k}{2^{i-j}}\right]}, j = L, L+1, \cdots, i-1 \right\}$ 和本尺度上观测信息 $Z_{i,1}^{2k-1}$ 的无偏估计值和相应的估计误差协方差分别为

$$\hat{X}_{i,(2k-1,2k-1)} = \hat{X}_{i,(2k-1,*)} + K_{i,2k-1}[Z_{i,2k-1} - C_i \hat{X}_{i,(2k-1,*)}] \tag{7.126}$$

$$P_{i,(2k-1,2k-1)} = [I - K_{i,(2k-1,*)} C_i] P_{i,(2k-1,*)} \tag{7.127}$$

(2) 尺度 i 上状态 $X_{i,2k}$ 基于所有粗尺度 j 的观测信息 $\left\{ Z_{j,1}^{\left[\frac{k}{2^{i-j}}\right]}, j = L, L+1, \cdots, i-1 \right\}$ 和本尺度上观测信息 $Z_{i,1}^{2k}$ 的无偏估计值和相应的估计误差协方差分别为

$$\hat{X}_{i,(2k,2k)} = \hat{X}_{i,(2k,*)} + K_{i,(2k,*)}[Z_{i,2k} - C_i \hat{X}_{i,(2k,*)}] \tag{7.128}$$

$$P_{i,(2k,2k)} = [I - K_{i,(2k,*)} C_i] P_{i,(2k,*)} \tag{7.129}$$

其中

$$\hat{X}_{i,(2k-1,*)} = (h_1 I + h_0 A_i)^{-1} [\hat{X}_{i-1,(k,k)} - h_2 \hat{X}_{i,(2k-2,2k-2)} - h_3 \hat{X}_{i,(2k-3,2k-3)}] \tag{7.130}$$

$$P_{i,(2k-1,*)} = (h_1 I + h_0 A_i)^{-1} [P_{i-1,(k,k)} + h_2^2 P_{i,(2k-2,2k-2)} + h_3^2 P_{i,(2k-3,2k-3)} + h_0^2 \Gamma_i Q_i \Gamma_i^{\mathrm{T}}](h_1 I + h_0 A_i)^{-1} \tag{7.131}$$

$$K_{i,(2k-1,\bullet)} = P_{i,(2k-1,\bullet)}C_i^{\mathrm{T}}[C_iP_{i,(2k-1,\bullet)}C_i^{\mathrm{T}} + R_i]^{-1} \tag{7.132}$$

而

$$\hat{X}_{i,(2k,\bullet)} = (h_1I + h_0A_i)^{-1}[A_i\hat{X}_{i-1,(k,k)} - h_2A_iX_{i,(2k-2,2k-2)} - h_3A_iX_{i,(2k-3,2k-3)}] \tag{7.133}$$

$$\begin{aligned} P_{i,(2k,\bullet)} &= (h_1I + h_0A_i)^{-1}\{A_i[P_{i-1,(k,k)} + h_2^2P_{i,(2k-2,2k-2)} + h_3^2P_{i,(2k-3,2k-3)}] \\ &\quad \cdot A_i^{\mathrm{T}} + h_1^2\Gamma_iQ_i\Gamma_i^{\mathrm{T}}\}(h_1I + h_0A_i)^{-1} \end{aligned} \tag{7.134}$$

$$K_{i,(2k,\bullet)} = P_{i,(2k,\bullet)}C_i^{\mathrm{T}}[C_iP_{i,(2k,\bullet)}C_i^{\mathrm{T}} + R_i]^{-1} \tag{7.135}$$

证明： 由于最粗尺度 L 上的状态估计事实上是由尺度 L 上的动态系统直接采用 Kalman 滤波得到的，因此获得的估计值 $\hat{X}_{L,(k,k)}$ 是线性无偏估计，且在方差阵最小意义下是最优的。现在设估计值 $\hat{X}_{i-1,(k,k)}$ 是最优线性无偏估计（$k = 1,2,\cdots$），则由式 (7.109) 可得

$$\begin{aligned} \tilde{X}_{i,(2k-1,\bullet)} &= X_{i,2k-1} - \hat{X}_{i,(2k-1,\bullet)} \\ &= (h_1I + h_0A_i)^{-1}[\tilde{X}_{i-1,(k,k)} - h_2\tilde{X}_{i,(2k-2,2k-2)} - h_3\tilde{X}_{i,(2k-3,2k-3)}] \\ &\quad - (h_1I + h_0A_i)^{-1}h_0\Gamma_iW_{i,2k-1} \end{aligned} \tag{7.136}$$

因此

$$\begin{aligned} P_{i,(2k-1,\bullet)} &= E[\tilde{X}_{i,(2k-1,\bullet)}\tilde{X}_{i,(2k-1,\bullet)}^{\mathrm{T}}] \\ &= (h_1I + h_0A_i)^{-1}[P_{i-1,(k,k)} + h_2^2P_{i,(2k-2,2k-2)} \\ &\quad + h_3^2P_{i,(2k-3,2k-3)} + h_0^2\Gamma_iQ_i\Gamma_i^{\mathrm{T}}](h_1I + h_0A_i)^{-1} \end{aligned} \tag{7.137}$$

下面利用正交定理来确定最优增益矩阵。由式 (7.92) 和式 (7.126) 可知：

$$\begin{aligned} \tilde{X}_{i,(2k-1,2k-1)} &= X_{i,2k-1} - \hat{X}_{i,(2k-1,2k-1)} \\ &= X_{i,2k-1} - \hat{X}_{i,(2k-1,\bullet)} - K_{i,(2k-1,\bullet)}[Z_{i,2k-1} - C_i\hat{X}_{i,(2k-1,\bullet)}] \\ &= X_{i,2k-1} - \hat{X}_{i,(2k-1,\bullet)} - K_{i,(2k-1,\bullet)}[C_iX_{i,2k-1} + V_{i,2k-1} - C_i\hat{X}_{i,(2k-1,\bullet)}] \\ &= \tilde{X}_{i,(2k-1,\bullet)} - K_{i,(2k-1,\bullet)}C_i\tilde{X}_{i,(2k-1,\bullet)} - K_{i,(2k-1,\bullet)}V_{i,2k-1} \end{aligned} \tag{7.138}$$

由正交定理得

$$E[\tilde{X}_{i,(2k-1,2k-1)}Z_{i,2k-1}^{\mathrm{T}}] = 0 \tag{7.139}$$

将式 (7.138) 及式 (7.93) 代入式 (7.139)，并利用 $\tilde{X}_{i,2k-1}$、$\hat{X}_{i,2k-1}$、$V_{i,2k-1}$ 相互正交可得

$$\begin{aligned} &E[\tilde{X}_{i,(2k-1,2k-1)}Z_{i,2k-1}^{\mathrm{T}}] \\ &= E\{[\tilde{X}_{i,(2k-1,\bullet)} - K_{i,2k-1}C_i\tilde{X}_{i,(2k-1,\bullet)} - K_{i,2k-1}V_{i,2k-1}][C_i\hat{X}_{i,(2k-1,\bullet)} + C_i\tilde{X}_{i,(2k-1,\bullet)} + V_{i,2k-1}]^{\mathrm{T}}\} \\ &= P_{i,(2k-1,\bullet)}C_i^{\mathrm{T}} - K_{i,2k-1}C_iP_{i,(2k-1,\bullet)}C_i^{\mathrm{T}} - K_{i,2k-1}R_i \\ &= 0 \end{aligned} \tag{7.140}$$

移项整理得

$$K_{i,2k-1} = P_{i,(2k-1,\bullet)}C_i^{\mathrm{T}}[C_iP_{i,(2k-1,\bullet)}C_i^{\mathrm{T}} + R_i]^{-1} \tag{7.141}$$

下面确定估计误差协方差阵。由式 (7.138) 可得

$$P_{i,(2k-1,2k-1)} = E[\tilde{X}_{i,(2k-1,2k-1)}\tilde{X}_{i,(2k-1,2k-1)}^{\mathrm{T}}]$$
$$= E\{[\tilde{X}_{i,(2k-1,*)} - K_{i,(2k-1,*)}C_i\tilde{X}_{i,(2k-1,*)} - K_{i,(2k-1,*)}V_{i,2k-1}]$$
$$\cdot [\tilde{X}_{i,(2k-1,*)} - K_{i,(2k-1,*)}C_i\tilde{X}_{i,(2k-1,*)} - K_{i,(2k-1,*)}V_{i,2k-1}]^{\mathrm{T}}\}$$
$$= P_{i,(2k-1,*)} - P_{i,(2k-1,*)}C_i^{\mathrm{T}}K_{i,(2k-1,*)}^{\mathrm{T}} - K_{i,(2k-1,*)}C_iP_{i,(2k-1,*)} \qquad (7.142)$$
$$+ K_{i,(2k-1,*)}C_iP_{i,(2k-1,*)}C_i^{\mathrm{T}}K_{i,(2k-1,*)}^{\mathrm{T}} + K_{i,(2k-1,*)}R_iK_{i,(2k-1,*)}^{\mathrm{T}}$$
$$= P_{i,(2k-1,*)} - K_{i,(2k-1,*)}C_iP_{i,(2k-1,*)} - P_{i,(2k-1,*)}C_i^{\mathrm{T}}K_{i,(2k-1,*)}^{\mathrm{T}}$$
$$+ K_{i,(2k-1,*)}[C_iP_{i,(2k-1,*)}C_i^{\mathrm{T}} + R_i]K_{i,(2k-1,*)}^{\mathrm{T}}$$

将式(7.141)代入式(7.142)倒数第二个 $K_{i,(2k-1,*)}$，化简得

$$P_{i,(2k-1,2k-1)} = (I - K_{i,2k-1}C_i)P_{i,(2k-1,*)} \qquad (7.143)$$

同时，对式(7.138)两边取期望，并结合式(7.136)可得

$$E[\tilde{X}_{i,(2k-1,2k-1)}] = 0 \qquad (7.144)$$

此式表明 $\hat{X}_{i,(2k-1,2k-1)}$ 是 $X_{i,2k-1}$ 的无偏估计。

偶数点状态 $X_{i,2k}$ 的估计方程式的证明与奇数点的情况完全类似，不再赘述。

当 $k=1$ 时，边界上第一个点的估计值由下式确定：

$$\hat{X}_{i,(2k-1,2k-1)} = \hat{X}_{i,(2k-1,*)} + K_{i,(2k-1,*)}[Z_{i,2k-1} - C_i\hat{X}_{i,(2k-1,*)}] \qquad (7.145)$$

其中

$$\hat{X}_{i,(2k-1,*)} = (h_1I + h_0A_i)^{-1}\hat{X}_{i-1,(k,k)} \qquad (7.146)$$

$$P_{i,(2k-1,*)} = (h_1I + h_0A_i)^{-1}[P_{i-1,(k,k)} + h_0\varGamma_iQ\varGamma_i^{\mathrm{T}}](h_1I + h_0A_i)^{-\mathrm{T}} \qquad (7.147)$$

$$K_{i,(2k-1,*)} = P_{i,(2k-1,*)}C_i^{\mathrm{T}}[C_iP_{i,(2k-1,*)}C_i^{\mathrm{T}} + R_i]^{-1} \qquad (7.148)$$

$$P_{i,(2k-1,2k-1)} = [I - K_{i,(2k-1,*)}C_i]P_{i,(2k-1,*)} \qquad (7.149)$$

第二个点的估计值由下式确定：

$$\hat{X}_{i,(2k,2k)} = \hat{X}_{i,(2k,*)} + K_{i,(2k,*)}[Z_{i,2k} - C_i\hat{X}_{i,(2k,*)}] \qquad (7.150)$$

其中

$$\hat{X}_{i,(2k,*)} = A_i\hat{X}_{i,(2k-1,2k-1)} \qquad (7.151)$$

$$P_{i,(2k,*)} = A_iP_{i,(2k-1,2k-1)}A_i^{\mathrm{T}} + \varGamma_iQ_i\varGamma_i^{\mathrm{T}} \qquad (7.152)$$

$$K_{i,(2k,*)} = P_{i,(2k,*)}C_i^{\mathrm{T}}[C_iP_{i,(2k,*)}C_i^{\mathrm{T}} + R_i]^{-1} \qquad (7.153)$$

$$P_{i,(2k,2k)} = [I - K_{i,(2k,*)}C_i]P_{i,(2k,*)} \qquad (7.154)$$

7.4.4　组合导航系统的多尺度 Kalman 滤波仿真实验

本节以景象匹配辅助 SINS/GPS 组合导航系统为例，说明本章算法的可行性和有效性。在北东地坐标系中，组合导航系统的状态可取为

$$X = [X_E \quad v_E \quad a_E \quad X_N \quad v_N \quad a_N \quad X_U \quad v_U \quad a_U]^T$$

式中，X_E、v_E、a_E、X_N、v_N、a_N、X_U、v_U、a_U 分别表示东向位置、东向速度、东向加速度、北向位置、北向速度、北向加速度、天向位置、天向速度和天向加速度。

景象匹配导航定位系统的数学描述如图 7.4 所示，设 S 和 B 分别表示输入图像（实时图）和参考图像（基准图），其大小分别为 $m_1 \times n_1$ 和 $m_2 \times n_2$（$m_1 \le m_2$，$n_1 \le n_2$），则景象匹配的目的是寻找 B 的一个子图与 S 相匹配，并给出匹配定位位置。常用某相似性度量 R 来衡量 B 的子图 $B^{i,j}$ 与 S 的相似程度，一般地，使相似性度量达到极值的点对应的位置，即为所求的匹配位置。景象匹配传感器实时拍摄地面图像，通过搜索实时图在基准图中的位置可以给出载体的东、北向位置数据，即 $\hat{X}_E$ 和 $\hat{X}_N$。

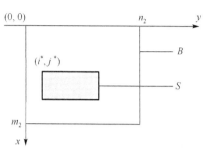

图 7.4　景象匹配示意图

捷联惯导系统(SINS)可以给出载体在各个方向的位置、速度和加速度，全球定位系统(GPS)可以给出东、北、天向的位置和速度。

从上述分析可知，为了确定载体的状态，利用捷联惯导系统、全球定位系统和景象匹配(SM)导航定位系统分别对目标进行观测的组合导航系统可用式(7.90)和式(7.91)进行数学描述，其中，$N = 3$，$L = 1$。取 $\varGamma_N = I$。$Z_{i,k} \in \mathbf{R}^{q_i}$（$q_i \le n$）表示 SINS($i = 1$)、GPS($i = 2$)和 SM($i = 3$)第 k 次的观测值。观测矩阵 $C_i \in \mathbf{R}^{q_i \times n}$ 为

$$C_1 = I_9 \tag{7.155}$$

$$C_2 = \begin{bmatrix} 1 & 0 & 0 & 0 & 0 & 0 & 0 & 0 & 0 \\ 0 & 1 & 0 & 0 & 0 & 0 & 0 & 0 & 0 \\ 0 & 0 & 0 & 1 & 0 & 0 & 0 & 0 & 0 \\ 0 & 0 & 0 & 0 & 1 & 0 & 0 & 0 & 0 \\ 0 & 0 & 0 & 0 & 0 & 0 & 1 & 0 & 0 \\ 0 & 0 & 0 & 0 & 0 & 0 & 0 & 1 & 0 \end{bmatrix} \tag{7.156}$$

$$C_3 = \begin{bmatrix} 1 & 0 & 0 & 0 & 0 & 0 & 0 & 0 & 0 \\ 0 & 0 & 0 & 1 & 0 & 0 & 0 & 0 & 0 \end{bmatrix} \tag{7.157}$$

式中，I_9 表示 9 阶单位矩阵。

设某飞机在某固定高度以近似匀加速飞行，系统矩阵和系统噪声方差分别为

$$A_N = \begin{bmatrix} 1 & T & T^2/2 & 0 & 0 & 0 & 0 & 0 & 0 \\ 0 & 1 & T & 0 & 0 & 0 & 0 & 0 & 0 \\ 0 & 0 & 1 & 0 & 0 & 0 & 0 & 0 & 0 \\ 0 & 0 & 0 & 1 & T & T^2/2 & 0 & 0 & 0 \\ 0 & 0 & 0 & 0 & 1 & T & 0 & 0 & 0 \\ 0 & 0 & 0 & 0 & 0 & 1 & 0 & 0 & 0 \\ 0 & 0 & 0 & 0 & 0 & 0 & 1 & T & T^2/2 \\ 0 & 0 & 0 & 0 & 0 & 0 & 0 & 1 & T \\ 0 & 0 & 0 & 0 & 0 & 0 & 0 & 0 & 1 \end{bmatrix} \tag{7.158}$$

和

$$Q_N = \begin{bmatrix} 1 & T & T^2/2 & 0 & 0 & 0 & 0 & 0 & 0 \\ 0 & 1 & T & 0 & 0 & 0 & 0 & 0 & 0 \\ 0 & 0 & 1 & 0 & 0 & 0 & 0 & 0 & 0 \\ 0 & 0 & 0 & 1 & T & T^2/2 & 0 & 0 & 0 \\ 0 & 0 & 0 & 0 & 1 & T & 0 & 0 & 0 \\ 0 & 0 & 0 & 0 & 0 & 1 & 0 & 0 & 0 \\ 0 & 0 & 0 & 0 & 0 & 0 & 1 & T & T^2/2 \\ 0 & 0 & 0 & 0 & 0 & 0 & 0 & 1 & T \\ 0 & 0 & 0 & 0 & 0 & 0 & 0 & 0 & 1 \end{bmatrix}^2 \cdot \sigma_w^2 \qquad (7.159)$$

式中，$\sigma_w^2 = 5$；$T = 1$。

设初始值和观测误差方差分别为

$$X_0 = [20000 \quad 0 \quad 0 \quad 20000 \quad 300 \quad 0 \quad 800 \quad 0 \quad 0]^{\mathrm{T}} \qquad (7.160)$$

$$P_0 = \mathrm{diag}\{100, 16, 1, 100, 16, 1, 100, 16, 1\} \qquad (7.161)$$

和

$$R_1 = \mathrm{diag}\{9 \times 10^4, 10^{-2}, 10^{-8}, 9 \times 10^4, 10^{-2}, 10^{-8}, 9 \times 10^4, 10^{-2}, 10^{-8}\} \qquad (7.162)$$

$$R_2 = \mathrm{diag}\{2500, 10^{-2}, 2500, 10^{-2}, 2500, 10^{-2}\} \qquad (7.163)$$

$$R_3 = \mathrm{diag}\{100, 100\} \qquad (7.164)$$

假设 SINS、GPS 和 SM 的采样率之比为 4:2:1。

100 次蒙特卡罗（Monte-Carlo）仿真结果如表 7.1、图 7.5 和图 7.6 所示。其中，表 7.1 列出的是估计误差绝对值的统计平均值。图 7.5 和图 7.6 分别是东向和北向的位置估计误差曲线。

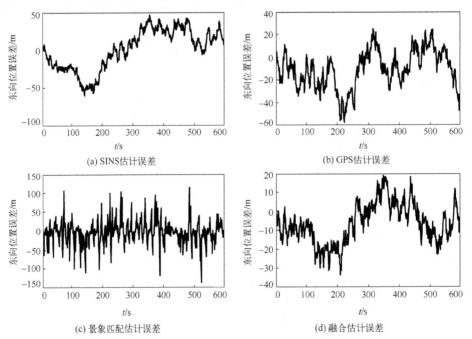

(a) SINS估计误差

(b) GPS估计误差

(c) 景象匹配估计误差

(d) 融合估计误差

图 7.5　东向位置估计误差

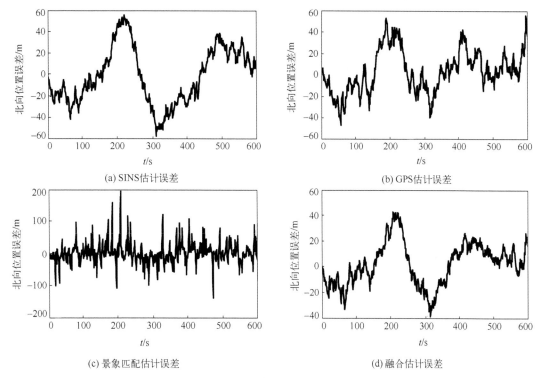

图 7.6　北向位置估计误差

表 7.1　估计误差绝对值均值

导航方式	东向位置 误差/m	北向位置 误差/m	东向速度 误差/(m/s)	北向速度 误差/(m/s)
SINS	22.6446	22.6857	0.0765	0.0796
GPS	16.0221	16.1926	4.7300	4.9690
SM	21.1592	21.3293	—	—
SINS/GPS/SM	10.2212	13.8836	0.0531	0.0150

从表 7.1 可以看出，从估计误差绝对值均值上来看，SINS/GPS/SM 组合导航是有效的，其估计误差绝对值均值最小。从图 7.5 和图 7.6 可以看出，组合导航的估计误差最小。仿真实验结果表明，基于小波变换的多尺度 Kalman 滤波方法在应用方面是可行的、有效的。

思　考　题

1. 小波变换是在什么样的背景下产生的？在数学的发展史上起到什么作用？它和短时 Fourier 变换的主要区别在哪里？为什么说小波变换具有"数学显微镜"的性质？

2. 什么是多尺度分析？怎样利用多尺度分析构造正交小波？

3. 给定两个函数 $\Phi(2t)$ 和 $\Phi(2t-1)$，如图 7.7 所示，给定滤波器 h_k 和 g_k 为

$$h_k = \left\{\frac{1}{\sqrt{2}}, \frac{1}{\sqrt{2}}\right\}, \quad g_k = \left\{\frac{1}{\sqrt{2}}, -\frac{1}{\sqrt{2}}\right\}$$

试利用双尺度方程求尺度函数 $\Phi(t)$ 和母小波 $\Psi(t)$。

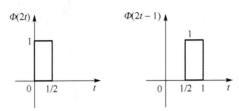

图 7.7　函数 $\Phi(2t)$ 和 $\Phi(2t-1)$

4．Mallat 算法和多尺度分析之间有什么关系？它在小波分析领域所起的作用是什么？

5．小波在多尺度估计领域所起的作用是什么？如何利用多尺度估计理论实现状态估计与导航？

第 8 章　扩展 Kalman 滤波

在工程实践中，实际系统总是存在不同程度的非线性，有些系统可以近似看成线性系统，但大多数系统难以用线性微分方程或线性差分方程描述。除了系统结构非线性这一特点，实际系统中通常还存在高斯或非高斯随机噪声干扰不确定性。因此，非线性随机动态系统广泛存在于工程实践中，如飞机和舰船的惯导系统、火箭的制导和控制系统、卫星轨道/姿态的估计系统、组合导航系统等都属于这类系统。如何有效甚至最优地进行状态估计就是非线性滤波问题，它是非常重要的问题。从工程应用及算法实现的角度，非线性滤波主要针对离散非线性、非高斯随机动态系统，研究如何找到有效的滤波方法，根据观测数据在线、实时地估计和预测出系统的状态和误差的统计量。

广义上讲，非线性最优滤波的一般方法可以由递推 Bayes 方法统一描述。递推 Bayes 估计的核心思想是基于所获得的量测求得非线性系统状态向量的概率密度函数，即系统状态估计完整描述的后验概率密度函数。对线性系统而言，最优滤波的闭合解就是著名的 Kalman 滤波；而对于非线性系统来说，要得到精确的最优滤波解是困难甚至不可能的，因为它需要处理无穷维积分运算，为此人们提出了大量次优的近似非线性滤波方法，这些近似非线性滤波方法可以归为三类：①解析近似（函数近似）的方法；②基于确定性采样的方法；③基于蒙特卡罗仿真的滤波方法。其中应用最为广泛的是扩展 Kalman 滤波（EKF），它是函数近似非线性滤波的典型代表。

本章主要介绍扩展 Kalman 滤波以及多模型扩展 Kalman 滤波。

8.1　普通扩展 Kalman 滤波

由于随机非线性系统的状态方程和观测方程的非线性映射特点，其 Kalman 滤波问题将会遇到本质上的困难，主要表现在：

（1）即使系统初始状态和噪声均为高斯分布，由于系统的非线性性质，其状态和输出一般也不再是高斯分布，因此，有关高斯分布估计的结论不再适用。

（2）由于非线性性质，任一时刻系统状态关于新息的条件均值和条件（协）方差阵，有可能依赖于新息的高阶矩，因而不能建立简单的递推关系式或用简单的微分方程表示。

（3）叠加原理不再成立，控制输入对状态估计将会产生十分重要的影响。因此，在非线性情况下，实时信息中将包括输入和输出数据。

对一般的非线性系统，在理论上难以找到严格的递推滤波公式，因此目前大都采用近似方法来研究。非线性系统的线性化滤波方法就是用近似方法来研究非线性滤波问题的重要途径之一。线性化主要有两种形式：线性化 Kalman 滤波和扩展 Kalman 滤波。为了实现非线性系统的 Kalman 滤波，必须做如下假设：

非线性方程的理论解一定存在，而且这个理论解与实际解之差能够用一个线性微分方程表示，此时可以说，理论解能够"充分地"对系统的实际特性给予描述。

这个基本假设在工程实践中一般是可以满足的，把理论解与实际解之差的线性微分方程称为"线性干扰方程"，或者称为"小偏差方程"或"摄动方程"。

8.1.1 随机非线性离散系统标称状态线性化滤波

考虑如下的非线性系统

$$X_k = f(X_{k-1}, k-1) + \Gamma(X_{k-1}, k-1)W_{k-1} \tag{8.1a}$$

$$Z_k = h(X_k, k) + V_k \tag{8.1b}$$

式中，W_k 和 V_k 为零均值白噪声序列，其统计特性如下：

$$\begin{cases} E[W_k] = 0, & E[W_k W_j^{\mathrm{T}}] = Q_k \delta_{kj} \\ E[V_k] = 0, & E[V_k V_j^{\mathrm{T}}] = R_k \delta_{kj} \\ E[W_k V_j^{\mathrm{T}}] = 0 \end{cases} \tag{8.2}$$

当噪声 W_{k-1} 和 V_k 恒为零时，非线性系统(8.1)的解称为非线性方程的理论解，又称"标称轨迹"或"标称状态"，而把噪声存在时非线性系统(8.1)的真实解称为"真轨迹"或"真状态"。

不考虑系统噪声，系统标称状态为

$$X_k^* = f(X_{k-1}^*, k-1), \quad X_0^* = E[X_0] \tag{8.3a}$$

$$Z_k^* = h(X_k^*, k) \tag{8.3b}$$

真实状态 X_k 与标称状态 X_k^* 之差为

$$\Delta X_k = X_k - X_k^* \tag{8.4a}$$

$$\Delta Z_k = Z_k - Z_k^* \tag{8.4b}$$

称为状态偏差。

如果这些偏差足够小，则可以围绕标称状态 X_k^* 把状态方程(8.1a)中的非线性函数 $f(\cdot)$ 进行泰勒级数展开，并取其一阶近似，有

$$X_k \approx f(X_{k-1}^*, k-1) + \frac{\partial f}{\partial X_{k-1}^*}(X_{k-1} - X_{k-1}^*) + \Gamma(X_{k-1}, k-1)W_{k-1}$$

将式(8.3a)代入上式，可得

$$X_k = X_k^* + \frac{\partial f}{\partial X_{k-1}^*}(X_{k-1} - X_{k-1}^*) + \Gamma(X_{k-1}, k-1)W_{k-1} \tag{8.5}$$

把式(8.5)中的 X_k^* 移至等号左边，并以 $\Gamma(X_{k-1}^*, k-1)$ 代替 $\Gamma(X_{k-1}, k-1)$，可得

$$X_k - X_k^* = \frac{\partial f}{\partial X_{k-1}^*}(X_{k-1} - X_{k-1}^*) + \Gamma(X_{k-1}^*, k-1)W_{k-1}$$

考虑到式(8.4a)，可得基于状态偏差的近似线性化方程：

$$\Delta X_k = \frac{\partial f}{\partial X_{k-1}^*}\Delta X_{k-1} + \Gamma(X_{k-1}^*, k-1)W_{k-1} \tag{8.6}$$

式中

$$\frac{\partial f}{\partial X_{k-1}^*} = \frac{\partial f(X_{k-1}, k-1)}{\partial X_{k-1}}\bigg|_{X_{k-1}=X_{k-1}^*} = \begin{bmatrix} \dfrac{\partial f^1}{\partial X_{k-1}^1} & \dfrac{\partial f^1}{\partial X_{k-1}^2} & \cdots & \dfrac{\partial f^1}{\partial X_{k-1}^n} \\ \dfrac{\partial f^2}{\partial X_{k-1}^1} & \dfrac{\partial f^2}{\partial X_{k-1}^2} & \cdots & \dfrac{\partial f^2}{\partial X_{k-1}^n} \\ \vdots & \vdots & & \vdots \\ \dfrac{\partial f^n}{\partial X_{k-1}^1} & \dfrac{\partial f^n}{\partial X_{k-1}^2} & \cdots & \dfrac{\partial f^n}{\partial X_{k-1}^n} \end{bmatrix}_{X_{k-1}=X_{k-1}^*} \tag{8.7}$$

为 $n \times n$ 矩阵，称为函数 $f(\cdot)$ 的雅可比矩阵。

同样，将观测方程的非线性函数 $h(\cdot)$ 围绕标称状态 X_k^* 展成泰勒级数，并取其一阶近似，有

$$Z_k = Z_k^* + \frac{\partial h}{\partial X_k^*}(X_k - X_k^*) + V_k \tag{8.8}$$

考虑式 (8.4)，可得观测方程的线性化方程为

$$\Delta Z_k = \frac{\partial h}{\partial X_k^*}\Delta X_k + V_k \tag{8.9}$$

式中

$$\frac{\partial h}{\partial X_k^*} = \frac{\partial h(X_k, k)}{\partial X_k}\bigg|_{X_k=X_k^*} = \begin{bmatrix} \dfrac{\partial h^1}{\partial X_k^1} & \dfrac{\partial h^1}{\partial X_k^2} & \cdots & \dfrac{\partial h^1}{\partial X_k^n} \\ \dfrac{\partial h^2}{\partial X_k^1} & \dfrac{\partial h^2}{\partial X_k^2} & \cdots & \dfrac{\partial h^2}{\partial X_k^n} \\ \vdots & \vdots & & \vdots \\ \dfrac{\partial h^m}{\partial X_k^1} & \dfrac{\partial h^m}{\partial X_k^2} & \cdots & \dfrac{\partial h^m}{\partial X_k^n} \end{bmatrix}_{X_k=X_k^*} \tag{8.10}$$

为 $m \times n$ 矩阵，称为函数 $h(\cdot)$ 的雅可比矩阵。

线性化方程式 (8.6)、式 (8.9) 已成为 Kalman 滤波所需的状态方程和观测方程形式，因此，根据第 2 章所推得的 Kalman 滤波基本方程，可得状态偏差的 Kalman 滤波递推方程如下：

$$\Delta \hat{X}_{k,k-1} = \frac{\partial f}{\partial X_{k-1}^*}\Delta \hat{X}_{k-1} \tag{8.11a}$$

$$\Delta \hat{X}_k = \Delta \hat{X}_{k,k-1} + K_k\left(\Delta Z_k - \frac{\partial h}{\partial X_k^*}\Delta \hat{X}_{k,k-1}\right) \tag{8.11b}$$

$$K_k = P_{k,k-1}\left(\frac{\partial h}{\partial X_k^*}\right)^{\mathrm{T}}\left[\frac{\partial h}{\partial X_k^*}P_{k,k-1}\left(\frac{\partial h}{\partial X_k^*}\right)^{\mathrm{T}} + R_k\right]^{-1} \tag{8.11c}$$

$$P_{k,k-1} = \frac{\partial f}{\partial X_{k-1}^*}P_{k-1}\left(\frac{\partial f}{\partial X_{k-1}^*}\right)^{\mathrm{T}} + \Gamma(X_{k-1}^*, k-1)Q_{k-1}\Gamma^{\mathrm{T}}(X_{k-1}^*, k-1) \tag{8.11d}$$

$$P_k = \left(I - K_k \frac{\partial h}{\partial X_k^*} \right) P_{k,k-1} \tag{8.11e}$$

式中，滤波初值和滤波误差方差阵的初值分别为

$$\Delta \hat{X}_0 = E[\Delta X_0], \quad P_0 = E[\Delta X_0 \Delta X_0^{\mathrm{T}}] \tag{8.11f}$$

系统状态的滤波值为

$$\hat{X}_k = X_k^* + \Delta \hat{X}_k \tag{8.12}$$

8.1.2　随机非线性离散系统扩展 Kalman 滤波

　　线性化滤波是围绕标称状态 X_k^* 将非线性函数 $f(\cdot)$ 和 $h(\cdot)$ 展成泰勒级数并略去二阶及以上项后，得到非线性系统的线性化模型，再推导 Kalman 滤波方程。但是，围绕标称状态线性化的缺点主要是真轨迹与标称轨迹之间的状态偏差 ΔX_k 不能保证足够小。为此，采用围绕滤波值 $\hat{X}_k$ 将非线性函数 $f(\cdot)$ 和 $h(\cdot)$ 展成泰勒级数，并略去二阶及以上项来进行线性化的方法得到非线性系统的线性化模型。这样围绕滤波值 $\hat{X}_k$ 进行线性化的滤波方法通常称为扩展 Kalman 滤波方法。

　　由系统状态方程(8.1a)，将非线性函数 $f(\cdot)$ 围绕滤波值 $\hat{X}_k$ 展成泰勒级数，并略去二阶及以上项，得

$$X_k \approx f(\hat{X}_{k-1}, k-1) + \frac{\partial f}{\partial \hat{X}_{k-1}}(X_{k-1} - \hat{X}_{k-1}) + \Gamma(\hat{X}_{k-1}, k-1)W_{k-1}$$

令

$$\frac{\partial f}{\partial \hat{X}_{k-1}} = \left. \frac{\partial f(\hat{X}_{k-1}, k-1)}{\partial X_{k-1}} \right|_{X_{k-1}=\hat{X}_{k-1}} = \Phi_{k,k-1}$$

$$f(\hat{X}_{k-1}, k-1) - \left. \frac{\partial f}{\partial X_{k-1}} \right|_{X_{k-1}=\hat{X}_{k-1}} \hat{X}_{k-1} = \varphi_{k-1}$$

则状态方程为

$$X_k = \Phi_{k,k-1}X_{k-1} + \Gamma(\hat{X}_{k-1}, k-1)W_{k-1} + \varphi_{k-1} \tag{8.13}$$

初始值为 $\hat{X}_0 = E[X_0]$。

　　同 Kalman 滤波基本方程相比，在已经求得前一步滤波值 $\hat{X}_{k-1}$ 的条件下，状态方程(8.13)增加了非随机的外作用项 φ_{k-1}。

　　由系统观测方程(8.1b)将非线性函数 $h(\cdot)$ 围绕滤波值 $\hat{X}_{k,k-1}$ 展成泰勒级数，并略去二阶以上项，得

$$Z_k = h(\hat{X}_{k,k-1}, k) + \left. \frac{\partial h}{\partial X_k} \right|_{\hat{X}_{k,k-1}} (X_k - \hat{X}_{k,k-1}) + V_k$$

令

$$\left.\frac{\partial h}{\partial X_k}\right|_{\hat{X}_{k,k-1}} = H_k$$

$$y_k = h(\hat{X}_{k,k-1},k) - \left.\frac{\partial h}{\partial X_k}\right|_{\hat{X}_{k,k-1}} \hat{X}_{k,k-1}$$

则观测方程为

$$Z_k = H_k X_k + y_k + V_k \tag{8.14}$$

应用第 2 章 Kalman 滤波基本方程，可得

$$\hat{X}_{k,k-1} = f(\hat{X}_{k-1},k-1) \tag{8.15a}$$

$$\hat{X}_k = \hat{X}_{k,k-1} + K_k[Z_k - h(\hat{X}_{k,k-1},k)] \tag{8.15b}$$

$$K_k = P_{k,k-1} H_k^{\mathrm{T}} (H_k P_{k,k-1} H_k^{\mathrm{T}} + R_k)^{-1} \tag{8.15c}$$

$$P_{k,k-1} = \Phi_{k,k-1} P_{k-1} \Phi_{k,k-1}^{\mathrm{T}} + \Gamma(\hat{X}_{k-1},k-1)Q_{k-1}\Gamma^{\mathrm{T}}(\hat{X}_{k-1},k-1) \tag{8.15d}$$

$$P_k = (I - K_k H_k)P_{k,k-1} \tag{8.15e}$$

式中，滤波初值和滤波误差方差阵的初值分别为

$$\hat{X}_0 = E[X_0], \quad P_0 = E[(X_0 - \hat{X}_0)(X_0 - \hat{X}_0)^{\mathrm{T}}] \tag{8.15f}$$

扩展 Kalman 滤波方法的优点是不必预先计算标称轨迹，但它只能在滤波误差 $\tilde{X}_k = X_k - \hat{X}_k$ 及一步预测误差 $\tilde{X}_{k,k-1} = X_k - \hat{X}_{k,k-1}$ 较小时才能适用。

例 8.1 标量非线性系统如下：

$$x_k = (2 + u_{k-1})x_{k-1} + w_{k-1}$$

$$z_k = x_k^2 + v_k$$

式中，w_k、v_k 为高斯白噪声序列，且 $w_k \sim N(0,q)$，$v_k \sim N(0,r)$，$x_0 \sim N(0,1)$，w_k、v_k 及 x_0 三者相互独立，求该非线性系统的扩展 Kalman 滤波方程。

解：假定在 $k-1$ 时刻已获得

$$\hat{x}_{k-1} = \hat{E}[x_{k-1}/z_1^{k-1}]$$

$$P_{k-1} = \mathrm{Cov}[x_{k-1},x_{k-1}/z_1^{k-1}]$$

根据扩展 Kalman 滤波方程式(8.15)，有

$$\hat{x}_{k,k-1} = (2 + u_{k-1})\hat{x}_{k-1}$$

$$P_{k,k-1} = (2 + u_{k-1})^2 P_{k-1} + q$$

$$\hat{z}_{k,k-1} = \hat{x}_{k,k-1}^2 = (2 + u_{k-1})^2 \hat{x}_{k-1}^2$$

$$\hat{x}_k = \frac{2(2+u_{k-1})\hat{x}_{k-1}[(2+u_{k-1})^2 P_{k-1} + q]}{4(2+u_{k-1})^2 \hat{x}_{k-1}[(2+u_{k-1})^2 P_{k-1} + q] + r}[z_k - (2+u_{k-1})^2 \hat{x}_{k-1}^2] + (2+u_{k-1})\hat{x}_{k-1}$$

$$P_k = \frac{r[(2+u_{k-1})^2 P_{k-1} + q]}{4(2+u_{k-1})^2 \hat{x}_{k-1}^2 [(2+u_{k-1})^2 P_{k-1} + q] + r}$$

$$K_k = \frac{2(2+u_{k-1})\hat{x}_{k-1}[(2+u_{k-1})^2 P_{k-1} + q]}{4(2+u_{k-1})^2 \hat{x}_{k-1}^2 [(2+u_{k-1})^2 P_{k-1} + q] + r}$$

8.1.3　扩展 Kalman 滤波在车辆 GPS/DR 组合定位系统中的应用

全球定位系统(GPS)和航位推算(Dead-Reckoning，DR)是车辆定位与导航系统最常用的两种定位技术。针对 GPS 和 DR 各自的特点，车辆定位系统常采用 GPS/DR 组合定位方案，采用信息融合技术来组合 GPS 和 DR 系统的信息，使得 GPS/DR 组合后系统的性能优于各个子系统的性能。当 GPS 接收机定位精度很差或无法定位时，则由 DR 系统获得定位信息。

本例主要介绍扩展 Kalman 滤波算法在车辆 GPS/DR 组合定位系统中的应用。

1. DR 系统定位原理

通常车辆的运动可以近似看作在地表平面上的二维运动，如果车辆的起始位置和所有时刻的位移已知，则通过在初始位置上累加位移矢量的方法就可计算出车辆的位置，这就是车辆 DR 定位原理。采用东北坐标系，则车辆的位置就可以由东向、北向位置坐标 (x, y) 来描述。如图 8.1 所示，在 t_0 时刻，车辆的初始位置为 (x_0, y_0)，则在 $t_n (n \geq 1)$ 时刻，车辆的位置 (x_n, y_n) 可按下列公式计算：

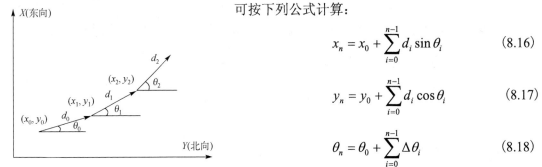

$$x_n = x_0 + \sum_{i=0}^{n-1} d_i \sin\theta_i \qquad (8.16)$$

$$y_n = y_0 + \sum_{i=0}^{n-1} d_i \cos\theta_i \qquad (8.17)$$

$$\theta_n = \theta_0 + \sum_{i=0}^{n-1} \Delta\theta_i \qquad (8.18)$$

图 8.1　航位推算原理示意图

式中，θ_i 是 t_i 时刻车辆的航向角(与北向的夹角)；d_i 是 t_i 到 t_{i+1} 时刻车辆行驶过的距离；$\Delta\theta_i$ 是 t_i 到 t_{i+1} 时刻车辆航向的变化量。当采样周期恒定时，式(8.16)～式(8.18)可写为

$$x_n = x_0 + \sum_{i=0}^{n-1} v_i T \sin\theta_i \qquad (8.19)$$

$$y_n = y_0 + \sum_{i=0}^{n-1} v_i T \cos\theta_i \qquad (8.20)$$

$$\theta_n = \theta_0 + \sum_{i=0}^{n-1} w_i T \qquad (8.21)$$

式中，v_i 是 t_i 时刻车辆的速度；w_i 是 t_i 时刻车辆的角速度。若采样周期 T 很短，则在每个采样周期内，可认为 v_i 和 w_i 是常量。

2. GPS/DR 组合系统状态方程的建立

建立系统状态方程的一个难点是如何描述车辆加速度变化。采用机动载体的"当前"统计模型来描述车辆加速度的统计分布。这种模型的意义在于，在每一种具体的战术场合，人们所关心的仅是机动加速度的"当前"概率密度，即目标机动的当前可能性，当目标现时正以某一加速度机动时，它在下一瞬时的加速度取值范围是有限的，而且只能在"当前"加速度的邻域内，即

$$a_1(t) = \bar{a}(t) + a(t) \tag{8.22}$$

$$\dot{a}(t) = -\frac{1}{\tau}a(t) + W(t) \tag{8.23}$$

式中，$a_1(t)$ 是机动加速度；$\bar{a}(t)$ 是机动加速度"当前"均值，在每一采样周期内为常数；$a(t)$ 是零均值的有色加速度噪声；τ 为机动加速度变化率的相关时间常数；$W(t)$ 是零均值的高斯白噪声。

由式（8.22）、式（8.23）可知：

$$
\begin{aligned}
\dot{a}_1(t) = \dot{a}(t) &= -\frac{1}{\tau}a(t) + w(t) \\
&= -\frac{1}{\tau}[a_1(t) - \bar{a}(t)] + w(t) = -\frac{1}{\tau}a_1(t) + \frac{1}{\tau}\bar{a}(t) + w(t)
\end{aligned}
\tag{8.24}
$$

令 $W_1(t) = \frac{1}{\tau}\bar{a}(t) + W(t)$，则

$$\dot{a}_1(t) = -\frac{1}{\tau}a_1(t) + W_1(t) \tag{8.25}$$

$W_1(t)$ 是均值为 $\frac{1}{\tau}\bar{a}(t)$ 的高斯白噪声。

取组合定位系统的状态变量为 $X = [x_e, v_e, a_e, x_n, v_n, a_n]^{\mathrm{T}}$，其中 x_e、x_n 分别为车辆东向和北向的位置分量；v_e、v_n 分别为车辆东向和北向的速度分量；a_e、a_n 分别为车辆东向和北向的加速度分量。则得到组合定位系统连续的状态方程为

$$\dot{X}(t) = AX(t) + U + W(t) \tag{8.26}$$

式中

$$
A = \begin{bmatrix} 0 & 1 & 0 & 0 & 0 & 0 \\ 0 & 0 & 1 & 0 & 0 & 0 \\ 0 & 0 & -1/\tau_{a_e} & 0 & 0 & 0 \\ 0 & 0 & 0 & 0 & 1 & 0 \\ 0 & 0 & 0 & 0 & 0 & 1 \\ 0 & 0 & 0 & 0 & 0 & -1/\tau_{a_n} \end{bmatrix}, \quad
U = \begin{bmatrix} 0 \\ 0 \\ \dfrac{1}{\tau_{a_e}}\bar{a}_e \\ 0 \\ 0 \\ \dfrac{1}{\tau_{a_n}}\bar{a}_n \end{bmatrix}, \quad
W(t) = \begin{bmatrix} 0 \\ 0 \\ w_{a_e} \\ 0 \\ 0 \\ w_{a_n} \end{bmatrix}
$$

式中，w_{a_e}、w_{a_n} 分别为 $(0, \sigma_{a_e}^2)$、$(0, \sigma_{a_n}^2)$ 的高斯白噪声；τ_{a_e}、τ_{a_n} 分别为车辆东向和北向机

动加速度变化率的相关时间常数；$\bar{a}_e$、$\bar{a}_n$ 分别为车辆东向和北向机动加速度分量的"当前"均值。

设采样周期为 T，将系统连续的状态方程离散化，得到系统离散的状态方程为

$$X_k = \Phi_{k,\,k-1}X_{k-1} + U_k + W_k \tag{8.27}$$

式中，$X_k = [x_{e(k)} \quad v_{e(k)} \quad a_{e(k)} \quad x_{n(k)} \quad v_{n(k)} \quad a_{n(k)}]^{\mathrm{T}}$；

$$\Phi_{k,k-1} = \mathrm{diag}\{\Phi_{e(k,\,k-1)}, \quad \Phi_{n(k,\,k-1)}\} \tag{8.28}$$

令 $\alpha_e = \dfrac{1}{\tau_{a_e}}$，$\alpha_n = \dfrac{1}{\tau_{a_n}}$，则 $\Phi_{e(k,\,k-1)}$、$\Phi_{n(k,\,k-1)}$ 分别为

$$
\begin{aligned}
\Phi_{e(k,\,k-1)} &=
\begin{bmatrix}
1 & T & \alpha_e^{-2}(-1 + \alpha_e T + \mathrm{e}^{-\alpha_e T}) \\
0 & 1 & (1 - \mathrm{e}^{-\alpha_e T})\alpha_e^{-1} \\
0 & 0 & \mathrm{e}^{-\alpha_e T}
\end{bmatrix} \\
\Phi_{n(k,\,k-1)} &=
\begin{bmatrix}
1 & T & \alpha_n^{-2}(-1 + \alpha_n T + \mathrm{e}^{-\alpha_n T}) \\
0 & 1 & (1 - \mathrm{e}^{-\alpha_n T})\alpha_n^{-1} \\
0 & 0 & \mathrm{e}^{-\alpha_n T}
\end{bmatrix}
\end{aligned} \tag{8.29}
$$

$$U_k = [u_1 \quad u_2 \quad u_3 \quad u_4 \quad u_5 \quad u_6]^{\mathrm{T}}$$

式中，$u_1 = [-T + 0.5\alpha_e T^2 + (1 - \mathrm{e}^{-\alpha_e T})\alpha_e^{-1}]\alpha_e^{-1}\bar{a}_e$，$u_2 = [T - (1 - \mathrm{e}^{-\alpha_e T})\alpha_e^{-1}]\bar{a}_e$，$u_3 = (1 - \mathrm{e}^{-\alpha_e T})\bar{a}_e$，$u_4 = [-T + 0.5\alpha_n T^2 + (1 - \mathrm{e}^{-\alpha_n T})\alpha_n^{-1}]\alpha_n^{-1}\bar{a}_n$，$u_5 = [T - (1 - \mathrm{e}^{-\alpha_n T})\alpha_n^{-1}]\bar{a}_n$，$u_6 = (1 - \mathrm{e}^{-\alpha_n T})\bar{a}_n$。

式 (8.27) 就是所建立的 GPS/DR 组合定位系统的状态方程。

3. GPS/DR 组合系统观测方程的建立

将 GPS 输出的东向位置信息 e_{obs}、北向位置信息 n_{obs}、角速率陀螺的输出 w 以及里程计在一个采样周期内输出的距离 s 作为观测量，里程计的刻度系数取为 $K = 1$。观测量和状态变量之间的关系如下：

$$e_{\mathrm{obs}} = x_e + v_e, \quad n_{\mathrm{obs}} = x_n + v_n \tag{8.30}$$

$$w = \frac{\mathrm{d}}{\mathrm{d}t}\left[\arctan\left(\frac{v_e}{v_n}\right)\right] + \varepsilon_w = \frac{v_n a_e - v_e a_n}{v_e^2 + v_n^2} + \varepsilon_w \tag{8.31}$$

$$s = K\sqrt{v_e^2 + v_n^2} + \varepsilon_s \tag{8.32}$$

于是系统连续的观测方程为

$$
Z =
\begin{bmatrix}
e_{\mathrm{obs}} \\
n_{\mathrm{obs}} \\
w \\
s
\end{bmatrix}
=
\begin{bmatrix}
x_e \\
x_n \\
\dfrac{v_n a_e - v_e a_n}{v_e^2 + v_n^2} \\
T\sqrt{v_e^2 + v_n^2}
\end{bmatrix}
+
\begin{bmatrix}
v_1 \\
v_2 \\
\varepsilon_w \\
\varepsilon_s
\end{bmatrix}
\tag{8.33}
$$

式中，v_1、v_2 分别是 GPS 接收机输出的东向位置和北向位置的观测噪声，可近似为 $(0, \sigma_e^2)$、$(0, \sigma_n^2)$ 的高斯白噪声；ε_w 为陀螺的漂移，近似为 $(0, \sigma_w^2)$ 的高斯白噪声；ε_s 为里程计的观测噪声，近似为 $(0, \sigma_s^2)$ 的高斯白噪声。

将观测方程离散化，得到系统离散的观测方程为

$$Z_k = h(X_k) + V_k \tag{8.34}$$

式中

$$Z_k = [e_{\text{obs}(k)} \quad n_{\text{obs}(k)} \quad w_k \quad s_k]^{\text{T}}$$

$$h(X_k) = \begin{bmatrix} x_{e(k)} \\ x_{n(k)} \\ \dfrac{v_{n(k)}a_{e(k)} - v_{e(k)}a_{n(k)}}{v_{e(k)}^2 + v_{n(k)}^2} \\ T\sqrt{v_{e(k)}^2 + v_{n(k)}^2} \end{bmatrix}, \quad V_k = \begin{bmatrix} v_{1(k)} \\ v_{2(k)} \\ \varepsilon_{w(k)} \\ \varepsilon_{s(k)} \end{bmatrix}$$

由式(8.34)可知，观测方程是非线性的。采用扩展 Kalman 滤波进行线性化，将 $h(X_k)$ 在预测值 $\hat{X}_{k,k-1}$ 处进行泰勒级数展开，并忽略二阶及以上项，得

$$Z_k = h(\hat{X}_{k,k-1}) + H_k(X_k - \hat{X}_{k,k-1}) + V_k \tag{8.35}$$

化简得

$$Z_k = H_k X_k + V_k + h(\hat{X}_{k,k-1}) - H_k \hat{X}_{k,k-1} \tag{8.36}$$

其中

$$H_k = \left. \frac{\partial h(X_k)}{\partial X_k} \right|_{X_k = \hat{X}_{k,k-1}} = \begin{bmatrix} 1 & 0 & 0 & 0 & 0 & 0 \\ 0 & 0 & 0 & 1 & 0 & 0 \\ 0 & h_1 & h_2 & 0 & h_3 & h_4 \\ 0 & h_5 & 0 & 0 & h_6 & 0 \end{bmatrix}$$

$$h_1 = \frac{\hat{a}_{n(k,k-1)}\hat{v}_{e(k,k-1)} - 2\hat{v}_{e(k,k-1)}\hat{v}_{n(k,k-1)}\hat{a}_{e(k,k-1)} - \hat{a}_{n(k,k-1)}\hat{v}_{n(k,k-1)}^2}{[\hat{v}_{n(k,k-1)}^2 + \hat{v}_{e(k,k-1)}^2]^2}$$

$$h_2 = \frac{\hat{v}_{n(k,k-1)}}{\hat{v}_{n(k,k-1)}^2 + \hat{v}_{e(k,k-1)}^2}, \quad h_3 = \frac{\hat{a}_{e(k,k-1)}\hat{v}_{e(k,k-1)} + 2\hat{v}_{e(k,k-1)}\hat{v}_{n(k,k-1)}\hat{a}_{n(k,k-1)} - \hat{a}_{e(k,k-1)}\hat{v}_{n(k,k-1)}^2}{[\hat{v}_{n(k,k-1)}^2 + \hat{v}_{e(k,k-1)}^2]^2}$$

$$h_4 = \frac{-\hat{v}_{e(k,k-1)}}{\hat{v}_{n(k,k-1)}^2 + \hat{v}_{e(k,k-1)}^2}, \quad h_5 = \frac{T\hat{v}_{e(k,k-1)}}{\sqrt{\hat{v}_{e(k,k-1)}^2 + \hat{v}_{n(k,k-1)}^2}}, \quad h_6 = \frac{T\hat{v}_{n(k,k-1)}}{\sqrt{\hat{v}_{e(k,k-1)}^2 + \hat{v}_{n(k,k-1)}^2}}$$

式(8.36)就是所建立的 GPS/DR 系统线性离散的观测方程。

根据扩展 Kalman 滤波递推方程和所建立的 GPS/DR 组合定位系统的状态方程式(8.27)和式(8.36)，可得系统的递推滤波方程如下：

$$\hat{X}_k = \hat{X}_{k,k-1} + K_k[Z_k - h(\hat{X}_{k,k-1})] \tag{8.37}$$

$$\hat{X}_{k,k-1} = \Phi_{k,k-1}\hat{X}_{k-1} + U_{k-1} \tag{8.38}$$

$$K_k = P_{k,k-1}H_k^{\text{T}}(H_k P_{k,k-1}H_k^{\text{T}} + R_k)^{-1} \tag{8.39}$$

$$P_{k,k-1} = \Phi_{k,k-1}P_{k-1}\Phi_{k,k-1}^{\text{T}} + Q_{k-1} \tag{8.40}$$

$$P_k = (I - K_k H_k)P_{k,k-1} \tag{8.41}$$

递推方程中的 $\Phi_{k,k-1}$、U_k 的表达式可从式(8.29)获得，H_k 可从式(8.36)获得，R_k 与系统观测噪声的协方差有关，Q_k 如下：

$$Q_k = E[W_k W_k^{\mathrm{T}}] = \mathrm{diag}\{2\sigma_{a_e}^2 \alpha_e Q_{e(k)}, \quad 2\sigma_{a_n}^2 \alpha_n Q_{n(k)}\} \tag{8.42}$$

式中

$$Q_{e(k)} = \begin{bmatrix} q_{e11} & q_{e12} & q_{e13} \\ q_{e21} & q_{e22} & q_{e23} \\ q_{e31} & q_{e32} & q_{e33} \end{bmatrix}, \quad Q_{n(k)} = \begin{bmatrix} q_{n11} & q_{n12} & q_{n13} \\ q_{n21} & q_{n22} & q_{n23} \\ q_{n31} & q_{n32} & q_{n33} \end{bmatrix}$$

其中

$$q_{e11} = 0.5\alpha_e^{-5}(1 - e^{-2\alpha_e T} + 2\alpha_e T + 2\alpha_e^3 T^3 3^{-1} - 2\alpha_e^2 T^2 - 4\alpha_e T e^{-\alpha_e T})$$

$$q_{e12} = q_{e21} = 0.5\alpha_e^{-4}(1 + e^{-2\alpha_e T} - 2e^{-\alpha_e T} + 2\alpha_e T e^{-\alpha_e T} - 2\alpha_e T + \alpha_e^2 T^2)$$

$$q_{e13} = q_{e31} = 0.5\alpha_e^{-3}(1 - e^{-2\alpha_e T} - 2\alpha_e T e^{-\alpha_e T})$$

$$q_{e23} = q_{e32} = 0.5\alpha_e^{-2}(1 + e^{-2\alpha_e T} - 2e^{-\alpha_e T})$$

$$q_{e22} = 0.5\alpha_e^{-3}(-3 - e^{-2\alpha_e T} + 4e^{-\alpha_e T} + 2\alpha_e T), \quad q_{e33} = 0.5\alpha_e^{-1}(1 - e^{-2\alpha_e T})$$

式中，$Q_{e(k)}$ 和 $Q_{n(k)}$ 都是对称矩阵，$Q_{n(k)}$ 中的元素表达式和 $Q_{e(k)}$ 中的元素表达式相似，将 $Q_{e(k)}$ 中的各元素表达式中的 α_e 用 α_n 来代替，即可相应地得到 $Q_{n(k)}$ 中的元素表达式。

若把加速度的一步预测看作"当前"加速度的均值，即

$$\overline{a}_{e(k)} = \hat{a}_{e(k,k-1)}, \quad \overline{a}_{n(k)} = \hat{a}_{n(k,k-1)} \tag{8.43}$$

则式(8.38)可简化为

$$\hat{X}_{k,k-1} = \Phi_{1(k,k-1)} X_{k-1} \tag{8.44}$$

$$\Phi_{1(k,k-1)} = \mathrm{diag}\{\Phi_{1e}(T), \quad \Phi_{1n}(T)\}$$

$$\Phi_{1e}(T) = \Phi_{1n}(T) = \begin{bmatrix} 1 & T & \dfrac{T^2}{2} \\ 0 & 1 & T \\ 0 & 0 & 1 \end{bmatrix} \tag{8.45}$$

4. 仿真实验

根据地面车辆实际行驶的情况，假定车辆以 $10\sqrt{2}$ m/s 的速度，沿 45° 航向角匀速直线运动，共行驶 300s。采样周期 $T=1$s，仿真条件和有关参数为

$$\sigma_1^2 = (15\mathrm{m})^2, \quad \sigma_2^2 = (16\mathrm{m})^2, \quad \sigma_w^2 = (0.005\mathrm{rad/s})^2, \quad \sigma_s^2 = (0.7\mathrm{m})^2, \quad \sigma_{a_e}^2 = \sigma_{a_n}^2 = (0.3\mathrm{m/s}^2)^2$$

$$X_0 = [0\ 10\ 0\ 0\ 10\ 0]^{\mathrm{T}}, \quad P_0 = \mathrm{diag}\{100, 1, 0.04, 100, 1, 0.04\}, \quad \alpha_e = \alpha_n = 1$$

图 8.2～图 8.4 分别给出了 GPS、DR 单独定位误差曲线以及基于扩展 Kalman 滤波的 GPS/DR 组合系统定位误差曲线，表 8.1 给出了定位误差的统计比较结果。在表 8.1 中，E_m 为东向位置误差均值(绝对值)，N_m 为北向位置误差均值，E_s 为东向位置误差标准差，N_s 为北向位置误差标准差。仿真结果表明，基于 Kalman 滤波的 GPS/DR 组合系统的定位精度要高于单独 GPS、DR 系统的定位精度。

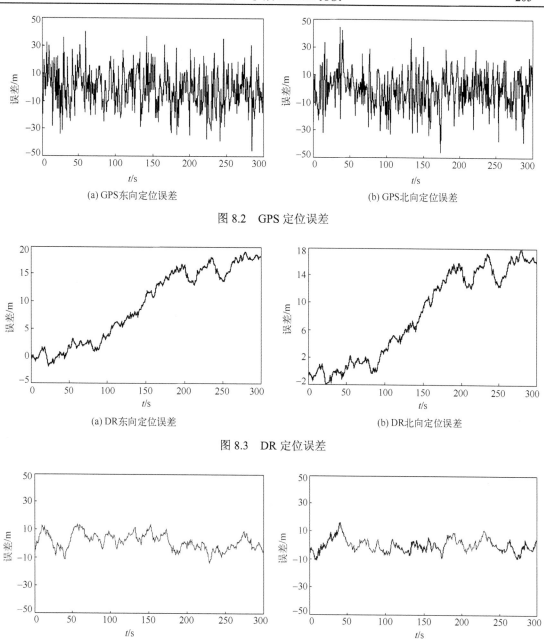

(a) GPS东向定位误差　　　　　　　　(b) GPS北向定位误差

图 8.2　GPS 定位误差

(a) DR东向定位误差　　　　　　　　(b) DR北向定位误差

图 8.3　DR 定位误差

(a) 组合滤波后东向定位误差　　　　　　(b) 组合滤波后北向定位误差

图 8.4　GPS/DR 组合滤波后定位误差

表 8.1　定位误差统计比较结果

导航方式	E_m/m	N_m/m	E_s/m	N_s/m
GPS	1.144	0.774	15.766	18.320
DR	9.209	8.258	6.777	6.535
GPS/DR	1.416	0.174	5.638	8.147

值得注意的是，在实际应用 Kalman 滤波理论时，为了建立系统精确的数学模型，必须

事先对系统所用到的 GPS 接收机的测量误差、陀螺漂移以及里程计的测量误差特性有深入的认识，这是一个很重要的过程。否则，如果建立的系统模型和实际系统相差很大，则可能导致 Kalman 滤波效果变差，组合后的系统性能反而变坏。

8.2　多模型扩展 Kalman 滤波

8.2.1　问题描述

考虑随机非线性系统

$$X_{k+1} = f(X_k) + W_k \tag{8.46}$$

$$Z_k = \gamma_k h(X_k) + V_k \tag{8.47}$$

式中，X_k 为 n 维状态向量；Z_k 为传感器的测量向量；$f(\cdot)$、$h(\cdot)$ 为非线性函数。假设系统噪声 W_k 与测量噪声 V_k 相互独立且均为零均值高斯白噪声，满足：

$$\begin{cases} E[W_k] = 0, & E[W_k W_j^{\mathrm{T}}] = Q_k \delta_{kj} \\ E[V_k] = 0, & E[V_k V_j^{\mathrm{T}}] = R_k \delta_{kj} \end{cases}$$

其中，Q_k 为系统噪声的协方差阵；R_k 为观测噪声的协方差阵。δ_{kj} 为 Kronecker δ 函数。初始状态向量 X_0 是均值为 $\bar{X}_0$、方差为 P_0 的随机向量，且假设 X_0、W_k 和 V_k 相互独立。随机变量 $\gamma_k \in \mathbf{R}$ 服从伯努利分布 (Bernoulli Distribution)，以一定概率取值为 0 或 1。它的期望 $\bar{\gamma}$ 用于描述每个传感器中发生数据的随机丢失或观测不可靠的程度。假设 γ_k 与 W_k、V_k 及 X_0 相互独立。

本节的目的是在已知测量序列 $Z^k = \{Z_1, Z_2, \cdots, Z_k\}$ 条件下找到系统状态 X_k 的最优估计。在最小均方误差条件下，X_k 的最优估计由条件均值 $E[X_k | Z^k]$ 和均方误差矩阵 $\mathrm{Cov}(X_k | Z^k)$ 决定。由于系统非线性，在大多数情况下只能找到它们的某种近似形式，所以设计滤波器的目标是找到 $E[X_k | Z^k]$ 和 $\mathrm{Cov}(X_k | Z^k)$ 的尽量好的近似结果。

8.2.2　概率模型集设计

在扩展 Kalman 滤波中，滤波计算的"最优"估计被选作扩展点，但是为什么该估计能选为扩展点？从决策过程的角度来看，这是一个硬决策过程，因为只有一个特定的点从状态空间选择。然而，尽管一个事件的可能性非常小，但并不意味着它将一直不发生。相应地，软决策过程可以考虑到更多的选择，甚至考虑到了选择中存在低概率事件的情况。受机动目标追踪的启发，基于多模型估计的软决策方法由于其优势而逐渐成为主流，软决策方法在选择扩展点中也有着较大优势。在软决策中，决策是所有可能的选择，即所有可能的概率质量函数 (Probability Mass Function，PMF) 都是决策的结果。而在硬决策中，决策只是所有可能的选项集合中的单个点。基于多模型估计的软决策可以实现获得全局最优结果的潜能的联合估计与决策。若每个选择的概率的 PMF 是可计算的，则该方法可以减小决策误差。同样地使用该方法可以找到更好的扩展点以缩小误差。

$E[X_k | Z^k]$ 和 $\mathrm{Cov}(X_k | Z^k)$ 分别为 X_k 的后验分布 $p(X_k | Z^k)$ 的前二阶矩。在非线性系统

中，给定随机模型的分布，可以假设后验 PDF 服从以下高斯分布：

$$p(X_{k-1} \mid Z^{k-1}) \approx \mathcal{N}(X_{k-1}; \hat{X}_{k-1}, P_{k-1}) \tag{8.48}$$

$$p(X_k \mid Z^k) \approx \mathcal{N}(X_k; \hat{X}_{k,k-1}, P_{k,k-1}) \tag{8.49}$$

简而言之，本节概率模型集设计的核心就是用离散分布近似连续分布的，即找到一个离散的 PMF 来近似这个连续的高斯分布。假设 $p(X_{k-1} \mid Z^{k-1})$ 和 $p(X_k \mid Z^k)$ 均能通过离散的 PMF 近似，可得

$$\Pr\{X_{k-1} = \hat{X}_{k-1}^i \mid Z^{k-1}\} = \hat{\omega}_{k-1}^i, \quad i = 1, 2, \cdots, M \tag{8.50}$$

$$\sum_{i=1}^{M} \hat{\omega}_{k-1}^i = 1, \quad \hat{\omega}_{k-1}^i \geqslant 0 \tag{8.51}$$

同理，有

$$\Pr\{X_k = \hat{X}_k^j \mid Z^k\} = \varpi_k^j, \quad j = 1, 2, \cdots, M \tag{8.52}$$

$$\sum_{j=1}^{M} \varpi_k^j = 1, \quad \varpi_k^j \geqslant 0 \tag{8.53}$$

式中，$\hat{X}_{k-1}^i$ 表示第 i 个模型在 $k-1$ 时刻的扩展点；$\hat{X}_k^j$ 表示第 j 个模型在 k 时刻的扩展点。

通过选择 M 个点作为扩展点，将得到 M 个线性化的状态方程模型和 M 个线性化的测量方程模型：

$$\mathcal{M}_{k-1}^i : X_k^i = f(\hat{X}_{k-1}^i) + F_{k-1}^i (X_{k-1} - \hat{X}_{k-1}^i) + W_{k-1} \tag{8.54}$$

$$\mathcal{M}_k^j : Z_k^j = h(\hat{X}_k^j) + H_k^j (X_k - \hat{X}_k^j) + V_k \tag{8.55}$$

其中

$$\Pr\{\mathcal{M}_{k-1}^i \mid Z^{k-1}\} = \hat{\omega}_{k-1}^i \tag{8.56}$$

$$F_{k-1}^i = \left. \frac{\partial f(X_{k-1})}{\partial X_{k-1}} \right|_{X_{k-1} = \hat{X}_{k-1}^i} \tag{8.57}$$

$$\Pr\{\mathcal{M}_k^j \mid Z^{k-1}\} = \varpi_k^j \tag{8.58}$$

$$H_k^j = \left. \frac{\partial h(X_k)}{\partial X_k} \right|_{X_k = \hat{X}_k^j} \tag{8.59}$$

模型集 $\{\mathcal{M}_{k-1}^i\}_{i=1}^M$ 表示从 $k-1$ 时刻到 k 时刻的状态转换，模型集 $\{\mathcal{M}_k^i\}_{i=1}^M$ 表示 k 时刻的测量模型。由上可知，原来的非线性滤波问题被转换为一个多模型估计问题。

关于以上非线性滤波问题的多模型估计讨论应注意以下两点。首先，不仅状态转换模型存在不确定性，观测模型也存在不确定性；其次，因为模型集随时间变化，因此多模型估计问题的实质是变结构多模型滤波问题。

本质上，本节模型集设计的目的就是如何通过离散分布来近似连续分布。为了使近似误差（连续分布和离散分布之间的误差）尽可能小，可以根据两个分布函数之间的误差建立优化

目标函数，然后将其最小化。

为了简化对后续多模型扩展卡尔曼滤波器框架的讨论，这里假设模型集 $\{\mathcal{M}_{k-1}^i\}_{i=1}^M$ 和 $\{\mathcal{M}_k^i\}_{i=1}^M$ 是已知的。前述的 X_{k-1}^i 和 X_k^i 可以通过以下方法获得。

假设研究对象为标量，对应的连续随机变量的累积分布函数（Cumulative Distribution Function，CDF）为 $F_c(x)$，对应的离散随机变量的 CDF 为 $F_d(x)$。

引理 8.1　对于任意给定的 $F_c(x)$，存在离散随机变量，其分布函数 $F_d(x)$ 可以通过在 K-S 距离（Kolmogorov-Smirnov Distance）最小意义下，任意逼近 $F_c(x)$。$F_c(x)$ 和 $F_d(x)$ 的 K-S 距离定义为

$$d(F_c, F_d) = \sup_{x \in \mathbf{R}} \left| F_c(x) - F_d(x) \right| \tag{8.60}$$

引理 8.2　给定一个误差 δ，对任意 x、$F_c(x)$ 和 $F_d(x)$ 施加下述约束：

$$\left| F_c(x) - F_d(x) \right| < \delta \tag{8.61}$$

则所需模型的最小数量为不小于 $1/2\delta$ 的最小整数 $M = [1/2\delta]$。

在某些情况下，模型的数量 M 是可以通过可用的资源预先确定的。使用引理 8.1 中的距离作为最小化的目标函数，可将原离散分布近似连续分布问题转化为以下函数优化问题

$$F_d^*(x) = \arg \inf_{F_d(x)} \sup_{x \in \mathbf{R}} \left| F_c(x) - F_d(x) \right| \tag{8.62}$$

在式（8.62）的约束下，$F_d(x)$ 的所需采样点数为 M。由于离散分布的采样点的位置和每个采样点的概率可以由给定的 M 确定。因此，上述的函数优化问题可转化为一个更简单的参数优化问题。上述最小-最大问题的最优 PMF 为

$$P(x = m_i) = \frac{1}{M} \tag{8.63}$$

$$m_i = \arg_{x \in \mathbf{R}} \left[F_c(x) = \frac{i - 1/2}{M} \right] \tag{8.64}$$

图 8.5 阐述了模型集设计思想。式（8.63）表示每个模型发生的概率均等。通过式（8.64）可求得每个采样点的位置 m_i。对于标量的连续非线性函数，可以使用上述准则来找到相应的 PMF。

目前，并没有关于 m_i 的解析形式，因此无法直接得到 m_i 的值。式（8.66）和式（8.67）介绍了能间接帮助获得 m_i 值的分位数函数。

已知标准正态分布具有以下 CDF：

$$F_c(x) = \int_{-\infty}^x \frac{1}{\sqrt{2\pi}} \mathrm{e}^{-\frac{t^2}{2}} \mathrm{d}x \tag{8.65}$$

如图 8.5 所示，如果 X 是一个分布函数为 F 的单变量随机变量，对于 $p \in (0,1)$，X 的 p 分位数为

$$F^{-1}(p) = \inf\{x \in \mathbf{R} : F(x) \geqslant p\} \tag{8.66}$$

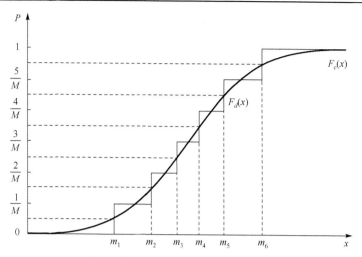

图 8.5　在给定误差下利用阶梯型离散 CDF 近似连续 CDF

也就是说，p 分位数是式 (8.67) 中的 x，即

$$P\{X < x\} = F(x) = p \tag{8.67}$$

使用 MATLAB 中的统计函数"norminv"，可以通过以下两步获得 m_i 的值。

步骤 1：使用 M 个质量点根据上述准则生成标量 PMF，以此近似标准正态分布；

步骤 2：令 $p_i = \dfrac{i-1/2}{M}, i = 1, 2, \cdots, M$，然后计算 norminv$(p_i)$，其结果即为 m_i。

除此之外，也可以在已知质量点的数量下，提前查标准正态分布分位数表。为了简化计算，当 $M = 3, 5, 7$ 时，服从标准正态分布的质量点的值如表 8.2 所示。

表 8.2　不同 M 下标准正态分布的质量点

质量点	m_1	m_2	m_3	m_4	m_5	m_6	m_7
$M = 3$	−0.9674	0	0.9674	—	—	—	—
$M = 5$	−1.2816	−0.5244	0	0.5244	1.2816	—	—
$M = 7$	−1.4652	−0.7916	−0.3661	0	0.3661	0.7916	1.4652

此处的质量点 $m_i (i = 1, 2, \cdots, M)$ 实际上是泰勒展开式的扩展点。获得 $\hat{x}_{k-1}^i$ 和 $\hat{x}_k^i$ 的方法实际上与获得图 8.5 中的 m_i 的方法相同。由于使用多个概率模型来构成阶梯型 CDF，因此多个概率模型的累加值 $\sum_{i=1}^{M} P(x = m_i) m_i$ 可以近似等同于原始 CDF。

对于状态 x 是多维的情况，首先，可以假定 x 服从具有均值为 $\bar{x}$ 和协方差阵为 Q_c 的高斯分布。给定一个 n 维的高斯分布 $p(x) \sim \mathcal{N}(x; \bar{x}, Q_c)$，其中 Q_c 是对称且正定的，其可做如下舒尔分解 (Schur Decomposition)，即

$$Q_c = U \Sigma U^{\mathrm{H}} \tag{8.68}$$

式中，U 是正交矩阵；Σ 是一个由对角线上的约旦块组成的上三角矩阵。

综上所述，可以联合所有 PMF 的质量点并通过线性变化 $L(y_i) = U \Sigma^{\frac{1}{2}}_{y_i + \bar{x}}$ 来一一变换所有

的 M 个质量点，得到离散的分布函数来近似 $\mathcal{N}(\overline{x}, Q_c)$。即使 $p(X_{k-1}|Z^{k-1})$ 和 $p(X_k|Z^k)$ 不再服从标准正态分布，依然能获得 $\hat{X}_{k-1}^i$ 和 $\hat{X}_k^i$ 的值。

8.2.3　多模型扩展 Kalman 滤波

基于式(8.54)～式(8.59)，多模型扩展 Kalman 滤波方程可总结如下。

时间更新：

$$\hat{X}_{k,k-1}^i = E(X_k|Z^{k-1}) \approx f(\hat{X}_{k-1}^i) + F_{k-1}^i(\hat{X}_{k-1} - X_{k-1}^i) \tag{8.69}$$

$$\tilde{X}_{k,k-1}^i = X_k - \hat{X}_{k,k-1}^i = F_{k-1}^i(X_{k-1} - \hat{X}_{k-1}) + W_{k-1} \tag{8.70}$$

$$P_{k,k-1}^i = E[\tilde{X}_{k,k-1}^i(\tilde{X}_{k,k-1}^i)^{\mathrm{T}}] = F_{k-1}^i P_{k-1}(F_{k-1}^i)^{\mathrm{T}} + Q_{k-1} \tag{8.71}$$

式中，$i = 1, 2, \cdots, M$。

通过概率加权计算联合的多模型预测：

$$\hat{X}_{k,k-1} = \sum_{i=1}^{M} \hat{\omega}_{k-1}^i \hat{X}_{k,k-1}^i \tag{8.72}$$

$$P_{k,k-1} = \sum_{i=1}^{M} \hat{\omega}_{k-1}^i \hat{P}_{k-1}^i + \sum_{i=1}^{M} \hat{\omega}_{k-1}^i (\hat{X}_{k,k-1}^i - \hat{X}_{k,k-1})(\hat{X}_{k,k-1}^i - \hat{X}_{k,k-1})^{\mathrm{T}} \tag{8.73}$$

测量更新：

$$\hat{Z}_{k,k-1}^j = E(Z_k|Z^{k-1}) \approx h(\hat{X}_k^j) + H_k^j(\hat{X}_{k,k-1} - X_k^j) \tag{8.74}$$

$$\tilde{Z}_{k,k-1}^j = Z_k - \hat{Z}_{k|k-1}^j = H_k^j(X_k - \hat{X}_{k|k-1}) + V_k \tag{8.75}$$

$$S_k^j = E[\tilde{Z}_{k,k-1}^j(\tilde{Z}_{k,k-1}^j)^{\mathrm{T}}] = H_k^j P_{k,k-1}(H_k^j)^{\mathrm{T}} + R_k \tag{8.76}$$

$$K_k^j = \mathrm{Cov}(\tilde{X}_{k,k-1}, \tilde{Z}_{k,k-1}^j)\mathrm{Var}^{-1}(\tilde{Z}_{k,k-1}^j) = P_{k,k-1}(H_k^j)^{\mathrm{T}}(S_k^j)^{-1} \tag{8.77}$$

$$\hat{X}_k^j = \hat{X}_{k,k-1} + K_k^j(Z_k - \hat{Z}_{k,k-1}^j) \tag{8.78}$$

$$\tilde{X}_k^j = X_k - \hat{X}_k^j = (I - K_k^j H_k^j)(X_k - \hat{X}_{k,k-1}) - K_k^j V_k \tag{8.79}$$

$$P_k^j = E[\tilde{X}_k^j(\tilde{X}_k^j)^{\mathrm{T}}] = (I - K_k^j H_k^j)P_{k,k-1} \tag{8.80}$$

式中，$j = 1, 2, \cdots, M$。

基于贝叶斯准则(Bayes Rule)的模型概率更新：

$$\phi_k^j \approx \mathcal{N}(\tilde{Z}_{k,k-1}^j; 0, S_k^j) \tag{8.81}$$

$$\hat{\omega}_k^j = \frac{\varpi_k^j \phi_k^j}{\displaystyle\sum_{j=1}^{M} \varpi_k^j \phi_k^j} \tag{8.82}$$

最后计算联合的多模型估计结果：

$$\hat{X}_k = \sum_{j=1}^{M} \hat{\omega}_k^j \hat{X}_k^j \tag{8.83}$$

$$P_k = \sum_{j=1}^{M} \hat{\omega}_k^j P_k^j + \sum_{j=1}^{M} \hat{\omega}_k^j (\hat{X}_k^j - \hat{X}_k)(\hat{X}_k^j - \hat{X}_k)^{\mathrm{T}} \tag{8.84}$$

多模型扩展卡尔曼滤波(Multi-Model Extended Kalman Filter，MMEKF)时间更新中的式 (8.69) 和测量更新中的式 (8.74) 比 EKF 多了附加项 $F_{k-1}^i (\hat{X}_{k-1} - X_{k-1}^i)$ 和 $H_k^j (\hat{X}_{k,k-1} - X_k^j)$，其可被视为 EKF 的修正项。此修正项是降低 MMEKF 的估计误差的关键因素。

整个 MMEKF 的过程如图 8.6 所示。

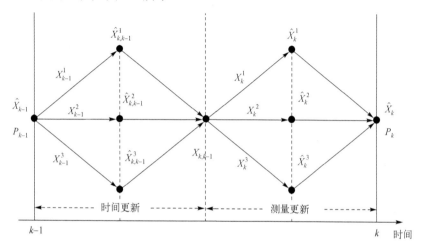

图 8.6　$M=3$ 时，MMEKF 算法框图

8.2.4　观测信息随机不可靠下的鲁棒多模型扩展 Kalman 滤波

当系统运行异常时，观测信息随机不可靠。在这种情况下，应通过基于残差构造统计特征来修改上述 MMEKF 算法。观测信息随机不可靠的问题可以类比为以下假设检验问题。

(H_0)：传感器在 k 时刻的观测是可靠的，即 $\gamma_k = 1$。

(H_1)：传感器在 k 时刻的观测是不可靠的，即 $\gamma_k = 0$。

基于传感器的观测值和滤波器的输出值可以得到残差 $\tilde{Z}_{k,k-1}$：

$$\tilde{Z}_{k,k-1} = Z_k - \hat{Z}_{k,k-1} = Z_k - \sum_{j=1}^{M} \varpi_k^j \hat{Z}_{k,k-1}^j \tag{8.85}$$

由 8.2.3 节中 MMEKF 算法可知，系统正常运行时，$\tilde{Z}_{k,k-1}$ 的协方差满足：

$$P_{\tilde{Z}_{k,k-1}} = \sum_{j=1}^{M} \varpi_{s,k}^j (\hat{Z}_{k,k-1}^j - \hat{Z}_{k,k-1})(\hat{Z}_{k,k-1}^j - \hat{Z}_{k,k-1})^{\mathrm{T}} + R_k \tag{8.86}$$

定义 ρ_k 为

$$\rho_k = (\tilde{Z}_{k,k-1})^{\mathrm{T}} (P_{\tilde{Z}_{k,k-1}})^{-1} \tilde{Z}_{k,k-1}, \quad \forall k \geqslant 1 \tag{8.87}$$

ρ_k 用于检测传感器的测量值 Z_k 的可靠性。

在正常情况下，ρ_k 服从自由度为 m 的 χ^2 分布，其均值和方差分别为 m_s 和 $2m$。m 是测量值 Z_k 的维度。

在此假设检验问题中，拒绝域为 $(\chi^2_\alpha(m),\infty)$，其中，$\chi^2_\alpha(m)$ 是可通过查询 χ^2 分布表获得的阈值。因此，得到以下判断准则：

$$(\mathrm{H}_0): |\rho_k| \leqslant \chi^2_\alpha(m) \tag{8.88}$$

$$(\mathrm{H}_1): |\rho_k| > \chi^2_\alpha(m) \tag{8.89}$$

在 H_0 假设下，传感器在 k 时刻的数据是可靠的。根据 MMEKF 算法，可以直接获得最优估计 $\hat{X}_k$ 和 P_k。而在 H_1 条件下，无法获得准确的估计值，因此使用多模型概率权重近似连续函数的方法将不再有效，但是，仍然可以获得状态的逐步预测值。随后可以考虑使用获取的预测值来代替最优估计值。在此条件下，相对准确的值可以帮助完成后续的滤波过程。因此，更新后的公式如下：

$$\hat{X}_k = \hat{X}_{k,k-1} \tag{8.90}$$

$$P_k = P_{k,k-1} \tag{8.91}$$

8.2.5 实验与结果分析

为了说明 8.2.4 节算法的有效性，考虑如下存在随机观测不可靠的非线性动态系统：

$$X_k = 0.5X_{k-1} + \frac{25X_{k-1}}{1+X^2_{k-1}} + 8\cos(1.2k) + W_{k-1} \tag{8.92}$$

$$Z_k = \frac{1}{20}\gamma_k X^2_k + V_k \tag{8.93}$$

其中

$$W_k \sim \mathcal{N}(0,Q)$$
$$V_k \sim \mathcal{N}(0,R)$$

系统噪声和测量噪声都是不相关的零均值高斯白噪声，$Q=1$；$R=1$；仿真时长 $T=100$；假设观测不可靠的概率是 0.1，也就是说，$P(\gamma_k \neq 1)=0.1$。系统的初始值设置为 $\bar{X}_0=0.1$，$P_0=1$。

为了评估滤波性能，引入均方根误差（Root Mean Square Error，RMSE）：

$$\mathrm{RMSE} = \sqrt{\frac{1}{L}\sum_{i=1}^{L}(X^i_k - \hat{X}^i_k)^2} \tag{8.94}$$

式中，X^i_k 和 $\hat{X}^i_k$ 分别表示第 i 轮仿真时所产生的原始信号和估计值。

执行 $L=200$ 次蒙特卡罗模拟，比较 EKF、MMEKF（$M=3,5,7$）和理想的 EKF（ideal Extented Kalman Filter，iEKF）的滤波性能。表 8.3 是不同算法下的 RMSE 时间平均值。

从表 8.3 可以看出，当质量点的数量 M 增大时，MMEKF 的平均 RMSE 减小，则所提的算法更有效。同时，增加 MMEKF 中质量点的数量是系统且容易实现的。

表 8.3　不同滤波算法的 RMSE 均值

算法	EKF	MMEKF($M=3$)	MMEKF($M=5$)	MMEKF($M=7$)	iEKF
RMSE 均值	36.8108	14.5365	11.5632	10.9082	2.5777

图 8.7～图 8.9 展示了当所有传感器的量测均正常时，不同滤波算法在单传感器的 RMSE 性能对比。其中，实线代表所提的 MMEKF 算法在不同 M 下的 RMSE 曲线。EKF 的 RMSE 曲线（虚线）与其他滤波的 RMSE 曲线相比偏差较大，这是因为本节仿真实例是一个强非线性系统，EKF 的滤波效果在强非线性系统中更具劣势。可以看出，与 EKF 相比，MMEKF 的估计精度得到显著提升。随着 M 的增大，MMEKF 逐渐趋于理想的状态。iEKF 的曲线是处于理想状态下的，它可以作为 MMEKF 的 RMSE 的下限，这表明一阶泰勒展开框架在选择更好的扩展点上极具应用前景。

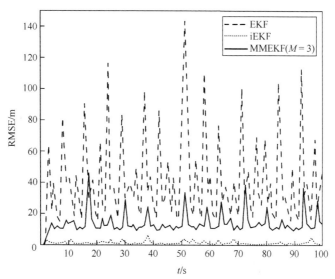

图 8.7　MMEKF($M=3$) 与不同滤波算法的 RMSE 对比图

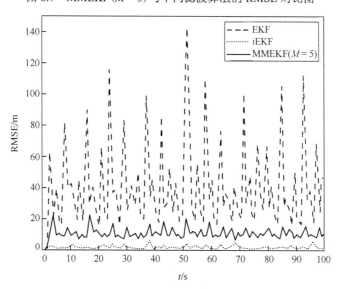

图 8.8　MMEKF($M=5$) 与不同滤波算法的 RMSE 对比图

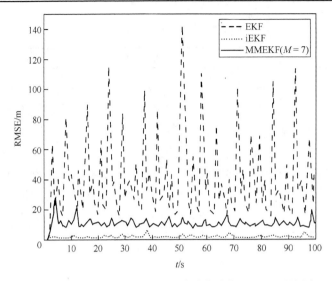

图 8.9　MMEKF($M=7$) 与不同滤波算法的 RMSE 对比图

　　图 8.10 展示了当系统观测随机不可靠时，若直接利用 MMEKF 算法使用不可靠的观测数据进行状态估计，显然会导致很大的估计误差，而经过修正后的 MMEKF 算法可以使估计误差得到明显改善。也就是说，当系统观测不可靠时，所提的修正后的 MMEKF 算法更具鲁棒性和普适性。通过查询 χ^2 分布表，将置信度设为 0.95，阈值为标准阈值的 95%，即允许 5% 的误差。随着 M 的增大，修正后的 MMEKF 将更具竞争力。

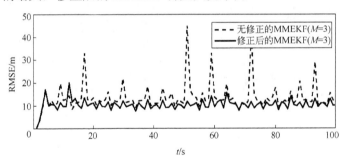

图 8.10　观测随机不可靠率为 10% 时 MMEKF 修正前后对比图

思　考　题

　　1. 扩展 Kalman 滤波的基本思想是什么？扩展 Kalman 滤波和经典 Kalman 滤波有什么区别和联系？

　　2. 多模型扩展 Kalman 滤波的基本思想是什么？它和基本扩展 Kalman 滤波相比有什么不同？

　　3. 简要阐述多模型扩展 Kalman 滤波的基本步骤。

　　4. 引起观测数据不可靠的原因有哪些？

　　5. 观测数据不可靠会对估计结果造成什么影响？

　　6. 如何有效地判定所获取的观测数据是否可靠？

第9章 无迹 Kalman 滤波

对 Kalman 滤波来说，其核心是高斯随机变量在系统中动态地传播。在 EKF 中，系统状态分布和所有的相关噪声密度由高斯随机变量近似，然后解析地通过一个非线性系统的一阶线性化方程传播。这样会给变换后的高斯随机变量的真实后验均值和方差带来大的误差，从而导致次优解甚至使滤波器发散。Sigma 点 Kalman 滤波(SPKF)利用一个确定性采样方式来解决这个问题。状态分布同样用高斯随机变量来近似，但是用一个精心挑选的加权采样点的最小集来表示。这些采样点完全获得了高斯随机变量的真实均值和方差，并且当通过真实的非线性系统传播时，获得的后验均值和方差的精度为非线性系统的二阶 Taylor 展开，而 EKF 仅仅达到一阶 Taylor 展开的精度。值得注意的是，SPKF 的计算复杂度与 EKF 同阶次，但 SPKF 的实现一般都比 EKF 简单，不需要解析的微分或函数行列式。已经证明，在非线性状态估计、参数估计(系统辨识)和双重估计(机器学习)等应用领域内 SPKF 方法比 EKF 估计方法要好得多。

最为人们所熟知的 SPKF 是基于无迹变换(Unscented Transformation, UT)的无迹 Kalman 滤波(UKF)。此外，还有基于中心微分变换的中心微分 Kalman 滤波(CDKF)、平方根 UKF(SR-UKF)和平方根 CDKF(SR-CDKF)等，下面将分别介绍这些滤波方法。

9.1 无迹变换与无迹 Kalman 滤波

为了改善非线性滤波的效果，Julier 等提出了基于无迹变换(简称 U 变换)的无迹 Kalman 滤波(UKF)方法。该方法在处理状态方程时，首先进行 U 变换，然后利用变换后的状态变量进行滤波估计，以减小估计误差。

定义 9.1 设 n 维随机向量 $X \sim N(\bar{X}, P)$，m 维随机向量 Z 为 X 的某一非线性函数，即

$$Z = f(X) \tag{9.1}$$

X 的统计特性满足 $(\bar{X}, P_X)$，通过非线性函数 $f(\cdot)$ 进行传播得到 Z 的统计特性 $(\bar{Z}, P_Z)$。U 变换就是根据 $(\bar{X}, P_X)$ 设计一系列的点 $\xi_i (i = 1, 2, \cdots, L)$，称其为 Sigma 点。对设定的 Sigma 点计算其经过 $f(\cdot)$ 传播所得的结果 $\chi_i (i = 1, 2, \cdots, L)$；然后基于 χ_i 计算 $(\bar{Z}, P_Z)$。通常 Sigma 点的数量取为 $2n+1$，即 $L = 2n+1$。在惯导系统的滤波算法中，通常取 $L = 2(n + p + q) + 1$ (n、p、q 分别为系统状态、过程噪声和观测噪声的维数)。

U 变换与线性化方法的比较可用图 9.1 表示。U 变换的具体过程可描述如下。

(1)计算 $2n+1$ 个 Sigma 点及其权系数：

$$\begin{cases} \xi_0 = \bar{X} \\ \xi_i = \bar{X} + \left(\sqrt{(n+\lambda)P_X}\right)_i, & i = 1, 2, \cdots, n \\ \xi_i = \bar{X} - \left(\sqrt{(n+\lambda)P_X}\right)_i, & i = n+1, n+2, \cdots, 2n \end{cases} \tag{9.2}$$

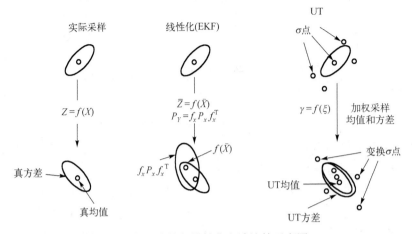

图 9.1   U 变换与线性化方法比较示意图

$$\begin{cases} \omega_0^{(m)} = \dfrac{\lambda}{n+\lambda} \\[3mm] \omega_0^{(c)} = \dfrac{\lambda}{n+\lambda} + (1-\alpha^2+\beta) \end{cases} \tag{9.3}$$

$$\omega_i^{(m)} = \omega_i^{(c)} = \dfrac{1}{2(n+\lambda)}, \quad i=1,2,\cdots,2n \tag{9.4}$$

$$\lambda = \alpha^2(n+\kappa) - n \tag{9.5}$$

式中，系数 α 决定 Sigma 点的散布程度，通常取一小的正值，如 0.01；κ 通常取为 0；β 用来描述 X 的分布信息(Gauss 噪声情况下，β 的最优值为 2)；$\left(\sqrt{(n+\lambda)P_X}\right)_i$ 表示矩阵平方根第 i 列；$\omega_i^{(m)}(i=0,1,\cdots,2n)$ 为求一阶统计特性时的权系数；$\omega_i^{(c)}(i=0,1,\cdots,2n)$ 为求二阶统计特性时的权系数。

(2)计算 Sigma 点经过非线性函数 $f(\cdot)$ 的传播结果：

$$\chi_i = f(\xi_i), \quad i=0,1,\cdots,2n \tag{9.6}$$

从而可得

$$\bar{Z} = \sum_{i=0}^{2n} \omega_i^{(m)} \chi_i \tag{9.7}$$

$$P_Z = \sum_{i=0}^{2n} \omega_i^{(c)} (\chi_i - \bar{Z})(\chi_i - \bar{Z})^{\mathrm{T}} \tag{9.8}$$

$$P_{XZ} = \sum_{i=0}^{2n} \omega_i^{(c)} (\xi_i - \bar{X})(\chi_i - \bar{Z})^{\mathrm{T}} \tag{9.9}$$

注意：U 变换与 Monte-Carlo 方法不同，它不是随机地从给定分布中进行采样，而只是取少数确定的 Sigma 点。另外，它不是通常意义下的加权方法，因而不能将其理解为采样统计。

定义 9.2 将扩展 Kalman 滤波中统计特性传播方式的线性化近似用 U 变换方法代替，即可得到无迹 Kalman 滤波。

考虑如下非线性系统：

$$X_{k+1} = f(X_k, u_k, W_k) \tag{9.10}$$

$$Z_k = h(X_k, V_k) \tag{9.11}$$

式中，$X_k \in \mathbf{R}^n$ 为系统状态；$f(\cdot)$ 为 n 维向量函数；$h(\cdot)$ 为 m 维向量函数；W_k 为 n 维系统过程噪声；V_k 为 m 维系统观测噪声。则 UKF 步骤如下。

（1）初始化。

$$\hat{X}_0 = E[X_0], \quad P_{X_0} = E[(X_0 - \hat{X}_0)(X_0 - \hat{X}_0)^{\mathrm{T}}]$$

$$\hat{X}_0^a = E[X_0^a] = [\hat{X}_0^{\mathrm{T}} \quad \overline{W}_0^{\mathrm{T}} \quad \overline{V}_0^{\mathrm{T}}]^{\mathrm{T}}$$

$$P_0^a = E[(X_0^a - \hat{X}_0^a)(X_0^a - \hat{X}_0^a)^{\mathrm{T}}] = \begin{bmatrix} P_{X_0} & 0 & 0 \\ 0 & R_w & 0 \\ 0 & 0 & R_v \end{bmatrix}$$

式中，$X^a = [X^{\mathrm{T}} \quad W^{\mathrm{T}} \quad V^{\mathrm{T}}]^{\mathrm{T}}$ 为系统的增广状态变量；R_w 和 R_v 为过程噪声和观测噪声协方差阵。

（2）对于给定的 $\hat{X}_{k-1}^a$、P_{k-1}^a，用 U 变换求状态的一步预测 $\hat{X}_{k,k-1}^a$ 和一步预测误差协方差阵 $P_{k,k-1}^a$，$k = 1, 2, \cdots, \infty$，执行如下步骤。

① 计算 Sigma 点 $\xi_{k-1}^{(i)}(i = 1, 2, \cdots, 2n)$，即

$$\begin{cases} \xi_{k-1}^{(0)} = \hat{X}_{k-1}^a \\ \xi_{k-1}^{(i)} = \hat{X}_{k-1}^a + (\sqrt{(n+\lambda)P_{k-1}^a})_i, & i = 1, 2, \cdots, n \\ \xi_{k-1}^{(i)} = \hat{X}_{k-1}^a - (\sqrt{(n+\lambda)P_{k-1}^a})_i, & i = n+1, n+2, \cdots, 2n \end{cases} \tag{9.12}$$

② 时间更新方程，通过状态方程的传播计算 Sigma 点 $\xi_k^{(i)}(i = 0, 1, \cdots, 2n)$：

$$\xi_k^{(i)} = f(\xi_{k-1}^{(i)}), \quad i = 0, 1, \cdots, 2n \tag{9.13}$$

$$\hat{X}_{k,k-1}^a = \sum_{i=0}^{2n} \omega_i^{(m)} \xi_k^{(i)} \tag{9.14}$$

$$P_{k,k-1}^a = \sum_{i=0}^{2n} \omega_i^{(c)} (\xi_k^{(i)} - \hat{X}_{k,k-1}^a)(\xi_k^{(i)} - \hat{X}_{k,k-1}^a)^{\mathrm{T}} + P_{k-1}^a \tag{9.15}$$

③ 量测更新方程：

$$\chi_{k,k-1} = h(\xi_{k,k-1}^a) \tag{9.16}$$

$$\hat{Z}_{k,k-1} = \sum_{i=0}^{2n} \omega_i^{(m)} \chi_{i,(k,k-1)} \tag{9.17}$$

$$P_{\tilde{Z}_k} = \sum_{i=0}^{2n} \omega_i^{(c)} (\chi_{i,(k,k-1)} - \hat{Z}_{k,k-1})(\chi_{i,(k,k-1)} - \hat{Z}_{k,k-1})^{\mathrm{T}} \tag{9.18}$$

$$P_{X_k Z_k} = \sum_{i=0}^{2n} \omega_i^{(c)} (\xi_{i,(k,k-1)} - \hat{X}_{k,k-1}^a)(\chi_{i,(k,k-1)} - \hat{Z}_{k,k-1})^{\mathrm{T}} \tag{9.19}$$

④滤波更新：

$$K_k = P_{X_k Z_k} P_{\tilde{Z}_k}^{-1} \tag{9.20}$$

$$\hat{X}_k^a = \hat{X}_{k,k-1}^a + K_k (Z_k - \hat{Z}_{k,k-1}) \tag{9.21}$$

$$P_k^a = P_{k,k-1}^a - K_k P_{\tilde{Z}_k} K_k^{\mathrm{T}} \tag{9.22}$$

(3)参数计算：

$$\gamma = \sqrt{n+\lambda} \tag{9.23}$$

$$\omega_0^{(m)} = \frac{\lambda}{n+\lambda} \tag{9.24}$$

$$\omega_0^{(c)} = \omega_0^{(m)} + (1 - \alpha^2 + \beta) \tag{9.25}$$

$$\omega_i^{(c)} = \omega_i^{(m)} = \frac{1}{2(n+\lambda)}, \quad i = 1,\cdots,2n \tag{9.26}$$

$$\lambda = \alpha^2(n+\kappa) - n \tag{9.27}$$

式中，n 为增广状态向量维数；λ 为一个复合刻度因数；α 为决定先验均值周围 Sigma 点分布广度的主要刻度因数，α 的典型范围为 $1\times10^{-3} < \alpha \leqslant 1$；$\beta$ 为用来强调后验协方差计算的零阶 Sigma 点权值第二刻度因数，可以根据已知时刻的先验随机变量来最小化特定的高阶误差项。对于高斯先验分布的情形，$\beta = 2$ 为最优；κ 为第三刻度因数，经常取为 $\kappa = 0$。一般地，这些刻度因数的最优值根据问题而变化，关于如何选择参数的更多细节请参见 Julier 和 Uhlmann 的相关著作。

9.2 中心微分 Kalman 滤波

中心微分 Kalman 滤波(CDKF)基于中心微分变换，利用先验分布构造 Sigma 点，用线性回归变换后的 Sigma 点表示状态的后验分布，这种统计近似技术充分考虑了高斯随机变量的统计特性，与截断泰勒级数的 EKF 方法相比，可以获得更小的线性化误差，而且避免了雅可比矩阵的计算。其具体实现过程如下。

1. 初始化

$$\hat{X}_0 = E[X_0] \tag{9.28}$$

$$P_{X_0} = E[(X_0 - \hat{X}_0)(X_0 - \hat{X}_0)^{\mathrm{T}}] \tag{9.29}$$

2. 对于 $k = 1,2,\cdots,\infty$

(1)计算时间更新的 Sigma 点：

$$\hat{X}_{k-1}^{a_w} = [\hat{X}_{k-1}^{\mathrm{T}} \quad w_{k-1}^{\mathrm{T}}]^{\mathrm{T}} \tag{9.30}$$

$$P_{k-1}^{a_w} = \begin{bmatrix} P_{X_{k-1}} & 0 \\ 0 & R_w \end{bmatrix} \tag{9.31}$$

$$\xi_{k-1}^{a_w} = [\hat{X}_{k-1}^{a_w} \quad \hat{X}_{k-1}^{a_w} + h\sqrt{P_{k-1}^{a_w}} \quad \hat{X}_{k-1}^{a_w} - h\sqrt{P_{k-1}^{a_w}}] \tag{9.32}$$

(2) 时间更新方程:

$$\xi_{k,k-1}^{X} = f(\xi_{k-1}^{X}, \xi_{k-1}^{w}, u_{k-1}) \tag{9.33}$$

$$\hat{X}_{k,k-1} = \sum_{i=0}^{2n} \omega_i^{(m)} \xi_{i,(k-1)}^{X} \tag{9.34}$$

$$P_{X_k}^- = \sum_{i=1}^{n} [\omega_i^{(c_1)}(\xi_{i,(k,k-1)}^{X} - \xi_{(n+i),(k,k-1)}^{X})^2 + \omega_i^{(c_2)}(\xi_{i,(k,k-1)}^{X} + \xi_{(n+i),(k,k-1)}^{X} - 2\xi_{0,(k,k-1)}^{X})^2] \tag{9.35}$$

(3) 量测更新的 Sigma 点计算:

$$\hat{X}_{k,k-1}^{a_v} = [\hat{X}_k^- \quad \bar{v}] \tag{9.36}$$

$$P_{k,k-1}^{a_v} = \begin{bmatrix} P_{X_k}^- & 0 \\ 0 & R_v \end{bmatrix} \tag{9.37}$$

$$\xi_{k,k-1}^{a_v} = [\hat{X}_{k-1}^{a_v} \quad \hat{X}_{k-1}^{a_v} + h\sqrt{P_{k,k-1}^{a_v}} \quad \hat{X}_{k-1}^{a_v} - h\sqrt{P_{k,k-1}^{a_v}}] \tag{9.38}$$

(4) 量测更新方程:

$$\chi_{k,k-1} = h(\xi_{k,k-1}^{X}, \xi_{k,k-1}^{v}) \tag{9.39}$$

$$\hat{Z}_k^- = \sum_{i=0}^{2n} \omega_i^{(m)} \chi_{i,(k,k-1)} \tag{9.40}$$

$$P_{\tilde{Z}_k} = \sum_{i=1}^{n} [\omega_i^{(c_1)}(\chi_{i,(k,k-1)} - \chi_{(n+i),(k,k-1)})^2 + \omega_i^{(c_2)}(\chi_{i,(k,k-1)} + \chi_{(n+i),(k,k-1)} - 2\chi_{0,(k,k-1)})^2] \tag{9.41}$$

$$P_{X_k Z_k} = \sqrt{\omega_1^{(c_1)} P_{X_k}^-}(\chi_{(1:n),(k,k-1)} - \chi_{(n+1:2n),(k,k-1)})^{\mathrm{T}} \tag{9.42}$$

$$K_k = P_{X_k Z_k} P_{\tilde{Z}_k}^{-1} \tag{9.43}$$

$$\hat{X}_k = \hat{X}_k^- + K_k(Z_k - \hat{Z}_k^-) \tag{9.44}$$

$$P_{X_k} = P_{X_k}^- - K_k P_{\tilde{Z}_k} K_k^{\mathrm{T}} \tag{9.45}$$

(5) 权值计算:

$$\omega_0^{(m)} = \frac{h^2 - L}{h^2} \tag{9.46}$$

$$\omega_i^{(m)} = \frac{1}{2h^2} \tag{9.47}$$

$$\omega_i^{(c_1)} = \frac{1}{4h^2} \tag{9.48}$$

$$\omega_i^{(c_2)} = \frac{h^2-1}{4h^4} \tag{9.49}$$

对于 $i=1,2,\cdots,2n$ ，刻度因子 $h \geq 1$ 为标量的中心微分间隔大小，其最优设置为先验随机变量的峰度(kurtosis)方根。对于高斯先验随机变量，最优值为 $h=\sqrt{3}$ 。h 在 CDKF 中的角色与 UKF 中的 α 一样，它可以决定先验均值周围 Sigma 点的分布。n 为增广后状态向量的维数。

与 UKF 一样，这里将系统过程噪声和观测噪声向量 $(W_k$ 和 $V_k)$ 增广进系统状态。对于 CDKF，在时间更新和量测更新时分离了这个增广状态，对于时间更新状态增广向量和增广协方差阵如下：

$$X_k^{a_w} = [X_k^{\mathrm{T}} \quad W_k^{\mathrm{T}}]^{\mathrm{T}}, \quad P_k^{a_w} = \begin{bmatrix} P_{X_k} & 0 \\ 0 & R_w \end{bmatrix} \tag{9.50}$$

对于量测更新，设

$$X_k^{a_v} = [X_k^{\mathrm{T}} \quad V_k^{\mathrm{T}}]^{\mathrm{T}}, \quad P_k^{a_v} = \begin{bmatrix} P_{X_k} & 0 \\ 0 & R_v \end{bmatrix} \tag{9.51}$$

相应地，Sigma 点向量为 $\xi^{a_w} = [(\xi^X)^{\mathrm{T}} \quad (\xi^w)^{\mathrm{T}}]^{\mathrm{T}}$ 和 $\xi^{a_v} = [(\xi^X)^{\mathrm{T}} \quad (\xi^v)^{\mathrm{T}}]^{\mathrm{T}}$ ，注意 $(\cdot)^2$ 为向量外积的缩写，如 $a^2 \stackrel{\mathrm{def}}{=} aa^{\mathrm{T}}$ 。

9.3 平方根无迹 Kalman 滤波

在 UKF 算法中，需要对每个采样点进行非线性变换，计算量大，且在数值计算中往往存在舍入误差，可能破坏系统估值协方差阵的非负性和对称性，影响滤波算法的收敛速度和稳定性。借鉴 Kalman 滤波中分解滤波的思想，在滤波过程中，采用协方差阵的平方根代替协方差阵参加递推运算，以提高滤波算法的计算效率和数值稳定性，即平方根无迹 Kalman 滤波(Square-Root UKF，SRUKF)。具体实现步骤如下。

1. 初始化

$$\hat{X}_0 = E[X_0] \tag{9.52}$$

$$S_{X_0} = \mathrm{sqrt}\{E[(X_0-\hat{X}_0)(X_0-\hat{X}_0)^{\mathrm{T}}]\} \tag{9.53}$$

$$\hat{X}_0^a = E[X^a] = [\hat{X}_0^{\mathrm{T}} \quad \overline{W}^{\mathrm{T}} \quad \overline{V}^{\mathrm{T}}]^{\mathrm{T}} \tag{9.54}$$

$$S_0^a = \mathrm{sqrt}\{E[(X_0^a-\hat{X}_0^a)(X_0^a-\hat{X}_0^a)^{\mathrm{T}}]\} = \begin{bmatrix} S_{X_0} & 0 & 0 \\ 0 & S_w & 0 \\ 0 & 0 & S_v \end{bmatrix} \tag{9.55}$$

2.　对于 $k = 1, 2, \cdots, \infty$

(1) 计算 Sigma 点:

$$\xi_{k-1}^a = [\hat{X}_{k-1}^a \quad \hat{X}_{k-1}^a + \gamma S_{X_{k-1}}^a \quad \hat{X}_{k-1}^a - \gamma S_{X_{k-1}}^a] \tag{9.56}$$

(2) 时间更新方程:

$$\xi_{k,k-1}^X = f(\xi_{k-1}^a, \xi_{k-1}^w, u_{k-1}) \tag{9.57}$$

$$\hat{X}_k^- = \sum_{i=0}^{2n} \omega_i^{(m)} \xi_{i,(k,k-1)}^X \tag{9.58}$$

$$S_{X_k}^- = \text{qr}\left\{ \left[\sqrt{\omega_1^{(c)}} (\xi_{(1:2n),(k,k-1)}^X - \hat{X}_k^-) \right] \right\} \tag{9.59}$$

$$S_{X_k}^- = \text{cholupdate}\{ S_{X_k}^-, \xi_{0,(k,k-1)}^X - \hat{X}_k^-, \omega_0^{(c)} \} \tag{9.60}$$

$$\chi_{k,k-1} = h(\xi_{i,(k,k-1)}^X, \xi_{k-1}^v) \tag{9.61}$$

$$\hat{Z}_k^- = \sum_{i=0}^{2n} \omega_i^{(m)} \chi_{i,(k,k-1)} \tag{9.62}$$

(3) 量测更新方程:

$$S_{\tilde{Z}_k} = \text{qr}\left\{ \left[\sqrt{\omega_1^{(c)}} (\chi_{(1:2n),(k,k-1)} - \hat{Z}_k^-) \right] \right\} \tag{9.63}$$

$$S_{\tilde{Z}_k} = \text{cholupdate}\{ S_{\tilde{Z}_k}, \chi_{0,(k,k-1)} - \hat{Z}_k^-, \omega_0^{(c)} \} \tag{9.64}$$

$$P_{X_k Z_k} = \sum_{i=0}^{2n} \omega_i^{(c)} (\xi_{i,(k,k-1)}^X - \hat{X}_k^-)(\chi_{i,(k,k-1)} - \hat{Z}_k^-)^{\text{T}} \tag{9.65}$$

$$K_k = (P_{X_k Z_k} / S_{\tilde{Z}_k}^{\text{T}}) / S_{\tilde{Z}_k} \tag{9.66}$$

$$\hat{X}_k = \hat{X}_k^- + K_k(Z_k - \hat{Z}_k^-) \tag{9.67}$$

$$U = K_k S_{\tilde{Z}_k} \tag{9.68}$$

$$S_{X_k} = \text{cholupdate}\{ S_{X_k}^-, U, -1 \} \tag{9.69}$$

(4) 权值和参数:

$$\gamma = \sqrt{n + \lambda} \tag{9.70}$$

$$\omega_0^{(m)} = \frac{\lambda}{n + \lambda} \tag{9.71}$$

$$\omega_0^{(c)} = \omega_0^{(m)} + (1 - \alpha^2 + \beta) \tag{9.72}$$

$$\omega_i^{(c)} = \omega_i^{(m)} = \frac{1}{2(n + \lambda)}, \quad i = 1, 2, \cdots, 2n \tag{9.73}$$

式中，$\lambda = \alpha^2(n+\kappa) - n$ 为复合刻度因数，n 为增广状态向量的维数，α 为决定先验均值周围 Sigma 点分布广度的主要刻度因数，其典型范围为 $1\times 10^{-3} < \alpha \leqslant 1$；$\beta$ 为用来强调后验协方差计算的零阶 Sigma 点权值第二刻度因数。β 可以根据已知时刻的先验随机向量来最小化特定的高阶误差项。对于高斯先验随机向量，$\beta = 2$ 为最优；κ 为第三刻度因数，经常被设为 $\kappa = 0$。一般地，这些刻度因数的最优值根据问题而变化。

值得注意的是，增广状态向量和 Sigma 点向量由 $X^a = [X^T\ \ W^T\ \ V^T]^T$，$\xi^a = [(\xi^X)^T\ \ (\xi^w)^T\ \ (\xi^v)^T]^T$ 给出。$S_w = \sqrt{R_w}$，$S_v = \sqrt{R_v}$，其中 R_w 和 R_v 为过程噪声和观测噪声协方差阵。

线性代数运算符 $\sqrt{\cdot}$ 表示利用下三角 Cholesky 分解得到的矩阵方根；$\mathrm{qr}(A)$ 表示对矩阵 A 进行 QR 分解得到下三角部分 R 阵；$\mathrm{cholupdate}\{R, U, \pm v\}$ 表示矩阵 $(R \pm VUU')$ 的 Cholesky 分解。"/" 表示通过旋转三角 QR 分解得到的有效最小二乘伪逆。

9.4　鲁棒无迹 Kalman 滤波

在线性高斯系统情况下，Kalman 滤波算法具有最优性和无偏性的特点，其因迭代运行简单、存储量小、实时性强而被广泛应用于航空航天、工业过程等实际工程问题中。但是，在许多领域中的非线性系统由于时常受到外界复杂噪声干扰，如随机干扰、混合高斯噪声、脉冲干扰等，滤波算法性能降低，甚至发散。为解决上述问题，大多数实际问题经常采用非线性状态空间模型来描述。在无迹 Kalman 滤波算法基础上，针对非线性量测方程的系统在非高斯噪声和异常值存在的问题，提出了一种基于胡贝尔函数的鲁棒衍生 UKF（Robust Derive Unscented Kalman Filter，RDUKF）算法。

9.4.1　鲁棒滤波算法代价函数的推导

假设非线性系统为

$$\begin{aligned} \dot{X}(t) &= \iota(t, X) + w(t), \quad X(t_0) = X_0 \\ Y(t) &= \varphi(t, X) + v(t) \end{aligned} \tag{9.74}$$

式中，$\iota \in \mathbf{R}^n$，$\mathbf{R}^n$ 包含原点；函数 $\varphi \in \mathbf{R}^m (m \leqslant n)$；$\iota$、$\varphi$ 为实数域上的连续函数，且系统具有完全可观测性；$w(t)$ 和 $v(t)$ 均为零均值高斯白噪声，对应的方差阵分别为 $Q(t)$ 和 $R(t)$。对于任意初始条件 X_0，系统有且只有唯一解，并且满足 $Y(t) = \varphi(X(t), t)$，则式 (9.74) 可以转换为带参数的线性微分方程形式，其中参数取决于系统状态：

$$\begin{aligned} \dot{X}(t) &= \Phi(t, X)X(t) + w(t), \quad X(0) = X_0 \\ Y(t) &= H(t, X)X(t) + v(t) \end{aligned} \tag{9.75}$$

式中，$\Phi(\cdot)$、$H(\cdot)$ 为连续函数，同样满足可观测性条件，即

$$\int_{t_0}^{t} \Phi^T(t, \tau) H^T(\tau) R^{-1} H(\tau) \Phi(t, \tau) \mathrm{d}\tau > 0 \tag{9.76}$$

则式 (9.74) 与式 (9.75) 等价。

对于系统状态估计来说，在函数 ι 的闭区间上任意取 $M-1$ 个分点，将区间分割为 M 个小闭区间 $[t_{j-1}, t_j](j = 1, 2, \cdots, M)$，在每一给定区间的时间内，如果系统具有可观测性，则系统在其中的某一时刻同样具有可观测性，则可在每一个小闭区间取合适的点 t_j，使矩阵 $\Phi^j(\cdot)$、

$H^{j^*}(\cdot)$ 在每个小区间均为常值矩阵。式 (9.75) 经过一系列变换及离散化过程，可以得到如下离散形式的系统方程

$$
\begin{aligned}
X(t_k) &= \Phi^{j^*}[X(t_{k-1})]X(t_{k-1}) + w(t_{k-1}) \\
Y(t_k) &= H^{j^*}[X(t_k)]X(t_k) + v(t_k)
\end{aligned}
\tag{9.77}
$$

为了书写简化，省略时间 t，可得随机系统模型描述如下：

$$
\begin{aligned}
X_k &= \Phi_{k,k-1}^{j^*} X_{k-1} + w_{k-1} \\
Y_k &= H_k^{j^*} X_k + v_k
\end{aligned}
\tag{9.78}
$$

式中，X_k 和 Y_k 分别代表状态向量和量测向量；$\Phi_{k,k-1}^{j^*}$ 和 $H_k^{j^*}$ 分别表示状态转移矩阵和量测矩阵；对于所有的 X、Φ^{j^*} 和 H^{j^*} 都满足逐点可控和逐点可测；w_{k-1} 和 v_k 均为零均值高斯白噪声，对应的方差阵分别为 Q_{k-1} 和 R_k。

从贝叶斯最大似然估计角度来看，后验均值估计为

$$
\hat{X}_k = \arg\min\left(\left\| X_k - \hat{X}_{k,k-1} \right\|_{P_{k,k-1}^{-1}}^2 + \left\| H_k^{j^*} X_k - Y_k \right\|_{R_k^{-1}}^2 \right)
\tag{9.79}
$$

式中，$\|X\|_A^2 = X^{\mathrm{T}} A X$ 表示关于 x 的二次型，矩阵 A 为非负正定矩阵；$\hat{X}_k$ 表示量测更新后的状态后验估计；$\hat{X}_{k,k-1}$ 表示量测更新前的先验状态估计；$P_{k,k-1}$ 表示预测值 $\hat{X}_{k,k-1}$ 的估计误差方差阵。

记 $e_k = \left(R_k^{\frac{1}{2}} \right)(H_k^{j^*} X_k - Y_k)$，为了增强滤波对模型误差的鲁棒性，将 KF 算法与胡贝尔函数相结合，代价函数 (9.79) 重新描述如下：

$$
\hat{X}_k = \arg\min\left(\left\| X_k - \hat{X}_{k,k-1} \right\|_{P_{k,k-1}^{-1}}^2 + \sum_{i=1}^{m} \rho(e_{k,i}) \right)
\tag{9.80}
$$

将式 (9.80) 对变量 x_k 进行求导，可得

$$
P_{k,k-1}^{-1}(X_k - \hat{X}_{k,k-1}) + \sum_{i=1}^{m} \phi(e_{k,i}) \frac{\partial e_{k,i}}{\partial X_k} = 0
\tag{9.81}
$$

式中，影响函数 $\phi(e_{k,i}) = \rho'(e_{k,i})$，权重函数 $\psi(e_{k,i}) = \phi(e_{k,i}) / e_{k,i}$，取矩阵

$$
\Psi = \mathrm{diag}\{\psi(e_{k,i})\}
\tag{9.82}
$$

将式 (9.82) 代入式 (9.81)，有

$$
P_{k,k-1}^{-1}(X_k - \hat{X}_{k,k-1}) + (H_k^{j^*})^{\mathrm{T}} \left(R_k^{\frac{1}{2}} \right)^{\mathrm{T}} \psi e_k = 0
\tag{9.83}
$$

再将表达式 e_k 代入式 (9.83)，可以得出

$$
P_{k,k-1}^{-1}(X_k - \hat{X}_{k,k-1}) + (H_k^{j^*})^{\mathrm{T}} \left(R_k^{\frac{1}{2}} \right)^{\mathrm{T}} \Psi \left(R_k^{\frac{1}{2}} \right)(H_k^{j^*} X_k - Y_k) = 0
\tag{9.84}
$$

定义 $\bar{R}_k = R_k^{\frac{1}{2}} \Psi^{-1} \left(R_k^{\frac{1}{2}} \right)^{\mathrm{T}}$，根据式 (9.79)，可得状态 X_k 的后验估计：

$$\hat{X}_k = \arg\min\left(\left\|X_k - \hat{X}_{k,k-1}\right\|^2_{P_{k,k-1}^{-1}} + \left\|H_k^{j^*} X_k - Y_k\right\|^2_{\overline{R}_k^{-1}}\right) \tag{9.85}$$

容易看出，式 (9.85) 与式 (9.79) 在形式和结构上类似，唯一的不同之处在于：式 (9.85) 中的观测噪声协方差阵利用胡贝尔函数进行了改进和优化。如果矩阵 Ψ 退化为单位矩阵，则基于胡贝尔函数的新滤波算法退化为传统意义上的线性 Kalman 滤波算法。如果模型 (9.74) 为线性系统，则 $\Phi_{k,k-1}^{j^*}$ 和 $H_k^{j^*}$ 可退化为常值矩阵 $\Phi_{k,k-1}$ 和 H_k。

从上述代价函数的推导过程可以看出，结合胡贝尔函数的系统代价函数具有优化观测噪声误差协方差的作用。下面将进一步利用 UT 变换获得观测向量的均值和误差方差，这样可以避免线性化带来的误差，进一步提高算法的估计性能。

9.4.2　RDUKF 算法流程

本节针对带有非线性观测方程的系统，提出了一种基于 UT 变换和胡贝尔函数的鲁棒衍生 UKF(RDUKF) 算法。

考虑离散非线性系统形式如下：

$$\begin{aligned} X_k &= \Phi_{k,k-1}X_{k-1} + w_{k-1} \\ Y_k &= h(X_k) + v_k \end{aligned} \tag{9.86}$$

式中，X_k 和 Y_k 分别表示 k 时刻的状态向量和观测向量；$\Phi_{k,k-1}$ 表示状态转移矩阵。映射函数 $h(\cdot)$ 为非线性连续函数。过程噪声 w_{k-1} 和观测噪声 v_k 为均值高斯白噪声，它们相应的噪声方差阵分别为 Q_{k-1} 和 R_k。

RDUKF 算法过程描述如下。

步骤 1：初始化。给定初始状态 $\hat{X}_0 = E(X_0)$ 及初始误差方差 $P_0 = E[X_0 X_0^{\mathrm{T}}]$。

步骤 2：预测。由于状态方程为线性，新算法的状态一步预测与 KF 算法相同：

$$\hat{X}_{k,k-1} = \Phi_{k,k-1}\hat{X}_{k-1} \tag{9.87}$$

$$P_{k,k-1} = \Phi_{k,k-1}P_{k-1}\Phi_{k,k-1}^{\mathrm{T}} + Q_{k-1} \tag{9.88}$$

步骤 3：选择 Sigma 点。选择一组 Sigma 点 $\chi_{k-1}^{(i)}$，本书采用对称形式的 $2n+1$ 个 Sigma 点，其具体形式描述如下：

$$\begin{cases} \chi_{k,k-1}^{(0)} = \hat{X}_{k,k-1}, \quad i = 0 \\ \chi_{k,k-1}^{(i)} = \hat{X}_{k,k-1} + \left(\sqrt{(n+\lambda)P_{k,k-1}}\right)_i, \quad i = 1,2,\cdots,n \\ \chi_{k,k-1}^{(i)} = \hat{X}_{k,k-1} - \left(\sqrt{(n+\lambda)P_{k,k-1}}\right)_i, \quad i = n+1, n+2, \cdots, 2n \end{cases} \tag{9.89}$$

相关权重参数设置如下：

$$\begin{aligned} \omega_m^{(0)} &= \frac{\lambda}{n+\lambda} \\ \omega_c^{(i)} &= \frac{\lambda}{n+\lambda} + (1 - \alpha^2 + \beta) \\ \omega_m^{(i)} &= \omega_c^{(i)} = \frac{1}{2(n+\lambda)} \end{aligned} \tag{9.90}$$

式中，参数 $\lambda = \alpha^2(n+\kappa) - n$ 为缩放比例因子，α 决定了 Sigma 点与状态预测值 $\hat{X}_{k,k-1}$ 的距离分布情况，范围通常为 $10^{-4} \leqslant \alpha \leqslant 1$。非负待选参数 β 可合并方程中的动差，将高阶项的影响包括在内，其取值可以由 x 的先验分布确定；当 x 服从高斯分布时，其最优值为 2。对于参数 κ 而言，当系统维数大于 3 时，参数 $\kappa = 0$；当系统维数 $n < 3$ 时，$\kappa = 3 - n$。半正定矩阵 $(\sqrt{(n+\lambda)P_{k,k-1}})_i$ 为矩阵 $(n+\lambda)P_{k,k-1}$ 平方根的第 i 列。$\omega_m^{(i)}$ 和 $\omega_c^{(i)}$ 分别表示信息传播过程中状态的均值与方差的加权因子。参数 α、β 能够有效提高 UT 变换的估计精度。

步骤 4：改进和优化观测噪声方差 R_k。根据式 (9.79)～式 (9.85)，利用胡贝尔函数的鲁棒性，对 UKF 算法的代价函数进行优化，可以得到设计后的量测误差方差阵 $\bar{R}_k = (R_k^{1/2})^{\mathrm{T}} \Psi^{-1} R_k^{1/2}$。

步骤 5：量测更新。具体过程如下：

$$\eta_{k,k-1}^{(i)} = h(\hat{\chi}_{k,k-1}^{(i)}) \tag{9.91}$$

$$\hat{Y}_{k,k-1} = \sum_{i=0}^{2n} \omega_m^{(i)} \eta_{k,k-1}^{(i)} \tag{9.92}$$

$$P_{XY} = \sum_{i=0}^{2n} \omega_c^{(i)} (\hat{\chi}_{k,k-1}^{(i)} - \hat{X}_k)(\eta_{k,k-1}^{(i)} - \hat{Y}_{k,k-1})^{\mathrm{T}} \tag{9.93}$$

$$P_{YY} = \sum_{i=0}^{2n} \omega_c^{(i)} (\eta_{k,k-1}^{(i)} - \hat{Y}_{k,k-1})(\eta_{k,k-1}^{(i)} - \hat{Y}_{k,k-1})^{\mathrm{T}} + \bar{R} \tag{9.94}$$

式中，$\{Y_{k-1}^{(i)} | i = 0, \cdots, 2n, k \geqslant 1\}$ 和 $\omega_m^{(i)}$ 分别为 Sigma 点集和权重。

滤波状态估计及其方差如下：

$$\hat{P}_k = P_{k,k-1} - K_k P_{yy} K_k^{\mathrm{T}} \tag{9.95}$$

$$K_k = P_{XY} P_{YY}^{-1} \tag{9.96}$$

$$\hat{X}_k = \hat{X}_{k,k-1} + K_k(Y_k - \hat{Y}_{k,k-1}) \tag{9.97}$$

步骤 6：重复步骤 1～步骤 5，直到满足给定的结束条件。

从上述 RDUKF 算法的设计过程可以看出，优化过程利用胡贝尔函数对观测噪声的方差阵进行优化，而算法中其他相关量仍采用原算法流程。对于量测信息出现非高斯噪声或异常值时，新滤波算法具有较好的鲁棒性。另外，当某些状态方程为弱非线性情况时，也可运用本章所提出的算法来解决。

9.4.3　RDUKF 算法估计误差的随机有界性分析

本节将对所提出的 RDUKF 算法估计误差的随机有界性进行分析和证明。首先定义状态估计误差、状态预测误差以及量测残差如下：

$$\tilde{X}_k = X_k - \hat{X}_k \tag{9.98}$$

$$\tilde{X}_{k,k-1} = X_k - \hat{X}_{k,k-1} \tag{9.99}$$

$$\tilde{Y}_k = Y_k - \hat{Y}_k \tag{9.100}$$

由式 (9.99) 与式 (9.87) 可推出：

$$\tilde{X}_{k,k-1} = \Phi_{k,k-1}\tilde{X}_{k,k-1} + w_k \tag{9.101}$$

定义未知对角矩阵 $\gamma_k = \mathrm{diag}\{\gamma_{1,k},\gamma_{2,k},\cdots,\gamma_{n,k}\}$ 使得式（9.102）成立：

$$\tilde{Y}_k = \gamma_k H_k \tilde{X}_{k,k-1} + v_k \tag{9.102}$$

式中，矩阵 $H_k = \dfrac{\partial h(X)}{\partial X}\bigg|_{x=\hat{x}_{k,k-1}}$ 。可得新的预测误差协方差阵与真实预测误差矩阵形式分别为

$$\hat{P}_{k,k-1} = \sum_{i=0}^{2L}\omega_i^c(\hat{\chi}_{k,k-1}^{(i)} - \hat{X}_{k,k-1})(\hat{\chi}_{k,k-1}^{(i)} - \hat{X}_{k,k-1})^{\mathrm{T}} + Q_k + \Delta Q_k \tag{9.103}$$

$$P_{k,k-1} = E[\tilde{X}_{k,k-1}\tilde{X}_{k,k-1}^{\mathrm{T}}] = \Phi_{k,k-1}\hat{P}_{k-1}\Phi_{k,k-1}^{\mathrm{T}} + \Delta P_{k,k-1} + Q_k \tag{9.104}$$

通过计算，预测误差协方差阵（9.103）可整理为

$$\begin{aligned}\hat{P}_{k,k-1} &= P_{k,k-1} + \delta P_{k,k-1} + \Delta Q_k \\ &= \Phi_{k,k-1}\hat{P}_{k-1}\Phi_{k,k-1}^{\mathrm{T}} + \hat{Q}_k\end{aligned} \tag{9.105}$$

设

$$\hat{Q}_k = \Delta Q_k + \Delta P_{k,k-1} + \delta P_{k,k-1} + Q_k \tag{9.106}$$

式中，ΔQ_k 为附加正定矩阵，其作用是使矩阵 Q_k 变大来增强滤波算法的稳定性。定义矩阵

$$\Delta P_{k,k-1} = \Phi_{k,k-1}\hat{P}_{k-1}\Phi_{k,k-1}^{\mathrm{T}} - E(\Phi_{k,k-1}\hat{P}_{k-1}\Phi_{k,k-1}^{\mathrm{T}}) \tag{9.107}$$

$$\delta P_{k,k-1} = P_{k,k-1} - \sum_{i=0}^{2L}\omega_i^c(\hat{\chi}_{k,k-1}^{(i)} - \hat{X}_{k,k-1})(\hat{\chi}_{k,k-1}^{(i)} - \hat{X}_{k,k-1})^{\mathrm{T}} + Q_k \tag{9.108}$$

在定理证明过程中需要用到的引理，现给出如下。

引理 9.1 假设 θ_k 为一随机过程，存在一个随机过程 $V(\theta_k)$，实数 $\underline{v}$，$\overline{v} > 0$，$\mu > 0$ 和 $\overline{\omega} \in (0,1]$，使得对任意 k 满足：

$$\underline{v}\|\theta_k\|^2 \leqslant V(\theta_k) \leqslant \overline{v}\|\theta_k\|^2 \tag{9.109}$$

$$E[V(\theta_k)|\theta_{k-1}] - V(\theta_{k-1}) \leqslant \mu - \overline{\omega}V(\theta_{k-1}) \tag{9.110}$$

因此，随机过程 $V(\theta_k)$ 满足均方有界特性，即

$$E\{\|\theta_k\|^2\} \leqslant \frac{\overline{v}}{\underline{v}}E\{\|\theta_0\|^2\}(1-\overline{\omega})^k + \frac{\mu}{\underline{v}} \tag{9.111}$$

引理 9.2 假设矩阵满足 $A \in \mathbf{R}^{m\times m}$，$B \in \mathbf{R}^{m\times n}$ 和 $C \in \mathbf{R}^{n\times n}$，$m$、$n$ 为矩阵维数，如果 A, $C > 0$，那么

$$A^{-1} > B(B^{\mathrm{T}}AB + C)^{-1}B^{\mathrm{T}} \tag{9.112}$$

定理 9.1 考虑随机非线性系统（9.86），假设如下条件成立。

对于任意 $k \geqslant 0$，存在实数 $\underline{\phi},\underline{h},\gamma,\overline{\phi},\overline{h},\overline{\gamma} \neq 0$ 使得如下各矩阵满足下列条件：

$$\underline{\phi}^2 I \leqslant \Phi_{k,k-1}\Phi_{k,k-1}^{\mathrm{T}} \leqslant \overline{\phi}^2 I \tag{9.113}$$

$$\underline{h}^2 I \leqslant H_k H_k^{\mathrm{T}} \leqslant \overline{h}^2 I \tag{9.114}$$

$$\underline{\gamma}^2 I \leqslant \gamma_k \gamma_k^{\mathrm{T}} \leqslant \overline{\gamma}^2 I \tag{9.115}$$

存在实数 $\overline{q}, \hat{q}_{\max}, \hat{q}_{\min}, \underline{r}, \underline{p}, \overline{p} \neq 0$ 使得下列等式成立：

$$Q_k \leqslant \overline{q} I \tag{9.116}$$

$$\hat{q}_{\min} I \leqslant \hat{Q}_k \leqslant \hat{q}_{\max} I \tag{9.117}$$

$$\underline{r} I \leqslant \overline{R}_k \tag{9.118}$$

$$\underline{p} I \leqslant \hat{P}_k \leqslant \overline{p} I \tag{9.119}$$

因此，$\tilde{X}_k$ 为均方误差有界。

证明：选择函数

$$V_k(\tilde{X}_k) = \tilde{X}_k \hat{P}_k^{-1} \tilde{X}_k^{\mathrm{T}} \tag{9.120}$$

利用不等式 (9.119) 可得

$$\frac{1}{\overline{p}} \left\| \tilde{X}_k \right\|^2 \leqslant V(\tilde{X}_k) \leqslant \frac{1}{\underline{p}} \left\| \tilde{X}_k \right\|^2 \tag{9.121}$$

根据引理 9.1，式 (9.110) 中 $E[V(\theta_k)\,|\,\theta_{k-1}] - V(\theta_{k-1})$ 需有上界。根据式 (9.101) 和式 (9.102)，将式 (9.93) 和式 (9.94) 代入式 (9.95)，可得

$$\hat{P}_k = \hat{P}_{k,k-1} - \hat{P}_{XY} \hat{P}_{YY}^{-1} \hat{P}_{XY}^{\mathrm{T}} = (I - K_k \gamma_k H_k) \hat{P}_{k,k-1} \tag{9.122}$$

或

$$\hat{P}_k^{-1} = \hat{P}_{k,k-1}^{-1} + (\gamma_k H_k)^{\mathrm{T}} R_k^{-1} (H_k \gamma_k) \tag{9.123}$$

式 (9.122) 中 K_k 可表示为

$$
\begin{aligned}
K_k &= \hat{P}_{k,k-1} (\gamma_k H_k)^{\mathrm{T}} [\gamma_k H_k \hat{P}_{k,k-1} (\gamma_k H_k)^{\mathrm{T}} + \overline{R}_k]^{-1} \\
&= (I - K_k \gamma_k H_k) \hat{P}_{k,k-1} (\gamma_k H_k)^{\mathrm{T}} \overline{R}_k^{-1} \\
&= \hat{P}_k (\gamma_k H_k)^{\mathrm{T}} \overline{R}_k^{-1}
\end{aligned}
\tag{9.124}
$$

根据式 (9.97)、式 (9.98)、式 (9.100) 和式 (9.124)，有

$$\tilde{X}_k = \tilde{X}_{k,k-1} - K_k \tilde{Y}_k \tag{9.125}$$

于是，根据等式 (9.120) 和式 (9.125)，可以得到

$$
\begin{aligned}
V_k(\tilde{X}_k) &= (\tilde{X}_{k,k-1} - K_k \tilde{Y}_k)^{\mathrm{T}} \hat{P}_k^{-1} (\tilde{X}_{k,k-1} - K_k \tilde{Y}_k) \\
&= \tilde{X}_{k,k-1}^{\mathrm{T}} \hat{P}_k^{-1} \tilde{X}_{k,k-1} - (\gamma_k H_k \tilde{X}_{k,k-1} + v_k)^{\mathrm{T}} K_k^{\mathrm{T}} \hat{P}_k^{-1} \tilde{X}_{k,k-1} \\
&\quad - \tilde{X}_{k,k-1}^{\mathrm{T}} \hat{P}_k^{-1} K_k (\gamma_k H_k \tilde{X}_{k,k-1} + v_k) + (\gamma_k H_k \tilde{X}_{k,k-1} \\
&\quad + v_k)^{\mathrm{T}} K_k^{\mathrm{T}} \hat{P}_k^{-1} K_k (\gamma_k H_k \tilde{X}_{k,k-1} + v_k)
\end{aligned}
\tag{9.126}
$$

将式 (9.102)、式 (9.123)、式 (9.124) 代入式 (9.126) 中，两边取条件期望，有

$$
\begin{aligned}
E[V_k(\tilde{X}_k)\,|\,\tilde{x}_{k-1}] = &E\{(\varPhi_{k,k-1}\tilde{X}_{k-1}+w_k)^{\mathrm{T}}\hat{P}_{k,k-1}^{-1}(\varPhi_{k,k-1}\tilde{X}_{k-1}+w_k)\\
&-[\gamma_k H_k(\varPhi_{k,k-1}\tilde{X}_{k-1}+w_k)]^{\mathrm{T}}(\bar{R}_k^{-1}-\bar{R}_k^{-1}\gamma_k H_k\hat{P}_k H_k^{\mathrm{T}}\gamma_k\bar{R}_k^{-1})\\
&\cdot[\gamma_k H_k(\varPhi_{k,k-1}\tilde{X}_{k-1}+w_k)^{\mathrm{T}}]+v_k^{\mathrm{T}}\bar{R}_k^{-1}\gamma_k H_k\hat{P}_k H_k^{\mathrm{T}}\gamma_k\bar{R}_k^{-1}v_k\,|\,\tilde{X}_{k-1}\}
\end{aligned}
\tag{9.127}
$$

因此，考虑式(9.127)等号右边的项 $\bar{R}_k^{-1}-\bar{R}_k^{-1}\gamma_k H_k\hat{P}_k H_k^{\mathrm{T}}\gamma_k\bar{R}_k^{-1}$，运用式(9.123)和式(9.125)可以推出：

$$
\begin{aligned}
&\bar{R}_k^{-1}-\bar{R}_k^{-1}\gamma_k H_k\hat{P}_k H_k^{\mathrm{T}}\gamma_k\bar{R}_k^{-1}\\
&=\bar{R}_k^{-1}[I-\gamma_k H_k\hat{P}_{k,k-1}H_k^{\mathrm{T}}\gamma_k(\gamma_k H_k\hat{P}_{k,k-1}H_k^{\mathrm{T}}\gamma_k+\bar{R}_k^{-1})^{-1}]\\
&=(\gamma_k H_k\hat{P}_{k,k-1}H_k^{\mathrm{T}}\gamma_k+\bar{R}_k)^{-1}>0
\end{aligned}
\tag{9.128}
$$

将式(9.105)与式(9.201)代入式(9.127)，式(9.127)可转化为

$$
\begin{aligned}
E[V_k(\tilde{X}_k)\,|\,\tilde{X}_{k-1}]\leqslant &E\{(\varPhi_{k,k-1}\tilde{X}_{k-1})^{\mathrm{T}}(\varPhi_{k,k-1}\hat{P}_{k-1}\varPhi_{k,k-1}^{\mathrm{T}})^{-1}(\varPhi_{k,k-1}\tilde{X}_{k-1})\\
&+w_k^{\mathrm{T}}(\varPhi_{k,k-1}\hat{P}_{k-1}\varPhi_{k,k-1}^{\mathrm{T}}+\hat{Q}_k)^{-1}w_k-(\gamma_k H_k\varPhi_{k,k-1}\tilde{X}_{k-1})^{\mathrm{T}}\\
&\times[\gamma_k H_k\gamma_k H_k(\varPhi_{k,k-1}\hat{P}_{k-1}\varPhi_{k,k-1}^{\mathrm{T}}+\hat{Q}_k)H_k^{\mathrm{T}}\gamma_k+\bar{R}_k]^{-1}\\
&\times(\gamma_k H_k\varPhi_{k,k-1}X)-(\gamma_k H_k w_k)^{\mathrm{T}}[\gamma_k H_k(\varPhi_{k,k-1}\hat{P}_{k-1}\varPhi_{k,k-1}^{\mathrm{T}}\\
&+\hat{Q}_k)H_k^{\mathrm{T}}\gamma_k+\bar{R}_k]^{-1}(\gamma_k H_k w_k)+v_k^{\mathrm{T}}\bar{R}_k^{-1}\gamma_k H_k\hat{P}_k H_k^{\mathrm{T}}\gamma_k v_k\,|\,\tilde{x}_{k-1}\}
\end{aligned}
\tag{9.129}
$$

从式(9.113)和式(9.115)可以看出，项 $(\varPhi_{k,k-1})^{-1}$ 存在，因此可以得到

$$
E\{(\varPhi_{k,k-1}\tilde{X}_{k-1})^{\mathrm{T}}(\varPhi_{k,k-1}\hat{P}_{k-1}\varPhi_{k,k-1}^{\mathrm{T}})^{-1}(\varPhi_{k,k-1}\tilde{X}_{k-1})\,|\,\tilde{X}_{k-1}\}=\tilde{X}_{k-1}^{\mathrm{T}}\hat{P}_{k-1}\tilde{X}_{k-1}^{\mathrm{T}}=V_{k-1}(\tilde{X}_{k-1})
\tag{9.130}
$$

从式(9.129)两边同时减去式(9.130)，得

$$
\begin{aligned}
E[V_k(\tilde{X}_k)\,|\,\tilde{X}_{k-1}]-V_{k-1}(\tilde{X}_{k-1})\leqslant &E\{w_k^{\mathrm{T}}(\varPhi_{k,k-1}\hat{P}_{k-1}\varPhi_{k,k-1}^{\mathrm{T}}+\hat{Q}_k)^{-1}w_k-(\gamma_k H_k\omega_k)^{\mathrm{T}}\\
&\times[\gamma_k H_k(\varPhi_{k,k-1}\hat{P}_{k-1}\varPhi_{k,k-1}^{\mathrm{T}}+\hat{Q}_k)H_k^{\mathrm{T}}\gamma_k+\bar{R}_k]^{-1}(\gamma_k H_k w_k)\\
&+v_k^{\mathrm{T}}\bar{R}_k^{-1}\gamma_k H_k\hat{P}_k H_k^{\mathrm{T}}\gamma_k\bar{R}_k^{-1}v_k\,|\,\tilde{X}_{k-1}\}-(\gamma_k H_k\varPhi_{k,k-1}\tilde{X}_{k-1})^{\mathrm{T}}\\
&\times[\gamma_k H_k(\varPhi_{k,k-1}\hat{P}_{k-1}\varPhi_{k,k-1}^{\mathrm{T}}+\hat{Q}_k)H_k^{\mathrm{T}}\gamma_k+\bar{R}_k]^{-1}(\gamma_k H_k\varPhi_{k,k-1}\tilde{x}_{k-1})
\end{aligned}
\tag{9.131}
$$

根据式(9.131)和引理9.2，可以得出

$$
\hat{P}_{k-1}^{-1}>(\gamma_k H_k\varPhi_{k,k-1})^{\mathrm{T}}[(\gamma_k H_k\varPhi_{k,k-1})\hat{P}_{k-1}(\gamma_k H_k\varPhi_{k,k-1})^{\mathrm{T}}+\gamma_k H_k\hat{Q}_k H_k^{\mathrm{T}}\gamma_k+\bar{R}_k]^{-1}(\gamma_k H_k\varPhi_{k,k-1})
\tag{9.132}
$$

对于所有的 $\tilde{X}_{k-1}\neq0$，使得式(9.133)满足：

$$
\begin{aligned}
V_{k-1}(\tilde{X}_{k-1})=&\tilde{X}_{k-1}^{\mathrm{T}}\hat{P}_{k-1}^{-1}\tilde{X}_{k-1}\\
&>(\gamma_k H_k\varPhi_{k,k-1}\tilde{X}_{k-1})^{\mathrm{T}}[(\gamma_k H_k\varPhi_{k,k-1})\hat{P}_{k-1}(\gamma_k H_k\varPhi_{k,k-1})^{\mathrm{T}}\\
&+\gamma_k H_k\hat{Q}_k H_k^{\mathrm{T}}\gamma_k+\bar{R}_k]^{-1}(\gamma_k H_k\varPhi_{k,k-1}\tilde{X}_{k-1})
\end{aligned}
\tag{9.133}
$$

假设

$$
\begin{aligned}
\bar{\omega}_k=&\{(\gamma_k H_k\varPhi_{k,k-1}\tilde{X}_{k-1})^{\mathrm{T}}[(\gamma_k H_k\varPhi_{k,k-1})\hat{P}_{k-1}(\gamma_k H_k\varPhi_{k,k-1})^{\mathrm{T}}\\
&+\gamma_k H_k\hat{Q}_k H_k^{\mathrm{T}}\gamma_k+\bar{R}_k]^{-1}(\gamma_k H_k\varPhi_{k,k-1}\tilde{X}_{k-1})\}/(\tilde{X}_{k-1}^{\mathrm{T}}\hat{P}_{k-1}^{-1}\tilde{X}_{k-1})
\end{aligned}
\tag{9.134}
$$

由式 (9.133) 能够推出不等式 $\overline{\omega}_k < 1$ 成立。再利用式 (9.113) ~ 式 (9.115) 和式 (9.107) ~ 式 (9.109)，可以求出不等式：

$$\overline{\omega}_k \geqslant \underline{p}(\gamma \underline{h}\underline{\phi})^2 [p(\gamma h\phi)^2 + \hat{q}_{\max} \overline{\gamma}^2 \overline{h}^2 + \overline{r}]^{-1} \stackrel{\text{def}}{=} \varpi_{\min} > 0 \tag{9.135}$$

从式 (9.133) 和式 (9.135) 容易得出

$$\begin{aligned}
& -(\gamma_k H_k \Phi_{k,k-1} \tilde{X}_{k-1})^{\mathrm{T}} [(\gamma_k H_k \Phi_{k,k-1}) \hat{P}_{k-1} (\gamma_k H_k \Phi_{k,k-1})^{\mathrm{T}} \\
& \quad + \gamma_k H_k \hat{Q}_k H_k^{\mathrm{T}} \gamma_k + \overline{R}_k]^{-1} (\gamma_k H_k \Phi_{k,k-1} \tilde{X}_{k-1}) \\
& \leqslant -\varpi_{\min} V_{k-1}(\tilde{X}_{k-1})
\end{aligned} \tag{9.136}$$

考虑式 (9.131) 中的其余项，记为

$$\begin{aligned}
\mu_k = E\{\omega_k^{\mathrm{T}} [(\Phi_{k,k-1} \hat{P}_{k-1} \Phi_{k,k-1}^{\mathrm{T}} + \hat{Q}_k)^{-1} - \gamma_k H_k^{\mathrm{T}} (\gamma_k H_k (\Phi_{k,k-1} \hat{P}_{k-1} \Phi_{k,k-1}^{\mathrm{T}} + \hat{Q}_k) H_k^{\mathrm{T}} \gamma_k \\
+ \overline{R}_k)^{-1} H_k \gamma_k (w_k w_k^{\mathrm{T}})] + \mathrm{tr}(\overline{R}_k^{-1} \gamma_k H_k \hat{P}_{k-1} H_k^{\mathrm{T}} \gamma_k \overline{R}_k^{-1} v_k v_k^{\mathrm{T}}) | \tilde{X}_{k-1}\}
\end{aligned} \tag{9.137}$$

可见式 (9.137) 为标量，对其求迹，并运用矩阵性质 $\mathrm{tr}(AB) = \mathrm{tr}(BA)$，其中 A 和 B 为矩阵，可得

$$\begin{aligned}
\mu_k &= E\{\mathrm{tr}[((\Phi_{k,k-1} \hat{P}_{k-1} \Phi_{k,k-1}^{\mathrm{T}} + \hat{Q}_k)^{-1} \gamma_k H_k^{\mathrm{T}} [\gamma_k H_k (\Phi_{k,k-1} \hat{P}_{k-1} \Phi_{k,k-1}^{\mathrm{T}} + \hat{Q}_k) H_k^{\mathrm{T}} \gamma_k \\
& \quad + \overline{R}_k]^{-1} H_k \gamma_k)(w_k w_k^{\mathrm{T}})] + \mathrm{tr}(\overline{R}_k^{-1} \gamma_k H_k \hat{P}_{k-1} H_k^{\mathrm{T}} \gamma_k \overline{R}_k^{-1} v_k v_k^{\mathrm{T}}) | \tilde{x}_{k-1}\} \\
&= E\{\mathrm{tr}[((\Phi_{k,k-1} \hat{P}_{k-1} \Phi_{k,k-1}^{\mathrm{T}} + \hat{Q}_k)^{-1} - \gamma_k H_k^{\mathrm{T}} [\gamma_k H_k (\Phi_{k,k-1} \hat{P}_{k-1} \Phi_{k,k-1}^{\mathrm{T}} \\
& \quad + \hat{Q}_k) H_k^{\mathrm{T}} \gamma_k + \overline{R}_k]^{-1} H_k \gamma_k) Q_k] + \mathrm{tr}(\overline{R}_k^{-1} \gamma_k H_k \hat{P}_{k-1}^{-1} H_k^{\mathrm{T}} \gamma_k)\}
\end{aligned} \tag{9.138}$$

应用引理 9.2，可以得出

$$(\Phi_{k,k-1} \hat{P}_{k-1} \Phi_{k,k-1}^{\mathrm{T}} + \hat{Q}_k)^{-1} - \gamma_k H_k^{\mathrm{T}} [\gamma_k H_k^{\mathrm{T}} (\Phi_{k,k-1} \hat{P}_{k-1} \Phi_{k,k-1}^{\mathrm{T}} + \hat{Q}_k) H_k^{\mathrm{T}} \gamma_k + \overline{R}_k]^{-1} H_k \gamma_k > 0 \tag{9.139}$$

该式意味着 $\mu_k > 0$。利用式 (9.115) ~ 式 (9.119) 可以推导出：

$$\begin{aligned}
\mu_k &\leqslant \mathrm{tr}[(\Phi_{k,k-1} \hat{P}_{k-1} \Phi_{k,k-1}^{\mathrm{T}} + \hat{Q}_k)^{-1} Q_k] + \mathrm{tr}(\overline{R}_k^{-1} \gamma_k H_k \hat{P}_k H_k^{\mathrm{T}} \gamma_k) \\
&\leqslant \frac{\hat{q}_{\max}}{\underline{\phi}^2 \underline{p} + \hat{q}_{\min}} L + \frac{\overline{\gamma}^2 \overline{h}^2 \overline{p}}{\underline{r}} M \stackrel{\text{def}}{=} \mu_{\max}
\end{aligned} \tag{9.140}$$

因此，结合式 (9.131)、式 (9.136)、式 (9.140) 和引理 9.1 可以得到如下不等式：

$$E[V_k(\tilde{x}_k)] - V_{k-1}(\tilde{x}_{k-1}) \leqslant \mu_{\max} - \varpi_{\min} V_{k-1}(\tilde{x}_{k-1}) \tag{9.141}$$

且误差变量 $\tilde{x}_k$ 满足：

$$E\{\|\tilde{x}_k\|^2\} \leqslant \frac{\overline{p}}{\underline{p}} E\{\|\tilde{x}_0\|^2\}(1-\varpi_{\min})^k + \frac{\mu_{\max}}{\underline{p}} \sum_{i=1}^{k-1}(1-\varpi_{\min})^i \tag{9.142}$$

9.4.4　实验与结果分析

以雷达目标跟踪系统为研究对象，将无迹 Kalman 滤波 (UKF)、衍生无迹 Kalman 滤波 (DUKF) 与本节提出的鲁棒衍生无迹 Kalman 滤波 (RDUKF) 进行了数字仿真比较，针对不同类型噪声干扰情况，对 RDUKF 算法的性能进行了验证。

雷达目标跟踪系统是实际中一个常用系统，它是滤波算法的经典验证方法。在二维笛卡儿坐标平面内，雷达常常通过距离测量来跟踪一个移动目标。状态向量定义为 $X_k = [x_k \ \dot{x}_k \ y_k \ \dot{y}_k]$，其中，分量 x_k 和 $\dot{x}_k$ 分别表示移动目标在 X 轴向上与量测站的距离和其自身的速度；y_k 和 $\dot{y}_k$ 表示移动目标在 Y 轴向上与量测站的距离和其自身的速度。为了估计移动目标的状态（包括位置和速度），状态方程描述如下：

$$X_k = \Phi X_{k-1} + \Gamma w_k \tag{9.143}$$

式中，w_k 为零均值高斯白噪声，其对应的方差为 $Q = 10^{-3}\,\mathrm{diag}\{[0.5,1]\}$；状态转移矩阵和噪声输入矩阵分别表述如下：

$$\Phi = \begin{bmatrix} 1 & T & 0 & 0 \\ 0 & 1 & 0 & 0 \\ 0 & 0 & 1 & T \\ 0 & 0 & 0 & 1 \end{bmatrix}, \quad \Gamma = \begin{bmatrix} T^2/2 & 0 \\ T & 0 \\ 0 & T^2/2 \\ 0 & T \end{bmatrix} \tag{9.144}$$

时间间隔 T 设定为 1s；量测方程为

$$Z_k = \sqrt{(x_k-x_0)^2+(y_k-y_0)^2} + v_k \tag{9.145}$$

式中，$(x_0,y_0)=(200,300)$ 为量测站位置，观测噪声 v_k 为零均值高斯白噪声，其方差为 $R=5$。

在仿真中，估计初始值为 $X_0 = [-100\mathrm{m} \ \ 2\mathrm{m/s} \ \ 200\mathrm{m} \ \ 20\mathrm{m/s}]^{\mathrm{T}}$，初始误差方差值为 $P_0 = \mathrm{diag}\{[0.1\mathrm{m}^2, 0.1\mathrm{m}^2, 10\mathrm{m}^2, 10\mathrm{m}^2]^{\mathrm{T}}\}$。仿真时间为 100s。为了验证所提算法的有效性和可行性，这里利用均方根误差（RMSE）评价滤波估计精度。定义 RMSE 如下：

$$\mathrm{RMSE}_i^x = \sqrt{\frac{1}{N}\sum_{i=1}^{N}(x_i-\hat{x}_i)^2} \tag{9.146}$$

式中，N 为蒙特卡罗仿真次数。下面分四种情况进行讨论。

1. 量测信号含散射噪声干扰情况

考虑系统观测噪声含如图 9.2 所示的散射噪声。此时，观测噪声表达式为 $v_k \sim N(0,5)$ 加散射噪声。图 9.2(b) 描述了在散射噪声作用下的 UKF、DUKF 以及 RDUKF 算法的位置跟踪结果。可以看到，RDUKF 算法估计效果的精度最高，其次为 DUKF 算法，UKF 算法效果最差，原因在于 RDUKF 算法由于运用胡贝尔函数优化代价函数而具有较强的鲁棒性。图 9.3(a) 显示了在散射噪声作用下三种滤波算法在 X 轴方向的位置估计误差结果。图 9.3(b) 中 RDUKF 算法的跟踪误差均方根明显小于 UKF 算法和 DUKF 算法的跟踪误差均方根，说明本章提出的算法误差的离散程度低，状态估计精度高。表 9.1 给出了各个算法在水平位置上的参数比较，三种滤波算法的平均误差分别为 0.1846m、0.1348m 和 0.010m，且 RDUKF 算法的标准差最小。综上可知，在散射噪声干扰时，所提出的 RDUKF 算法具有较高精度和较强鲁棒性。

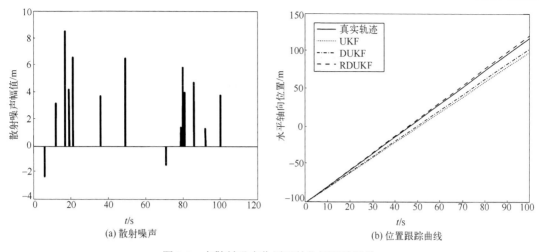

(a) 散射噪声　　　　　　　　　　　　　(b) 位置跟踪曲线

图 9.2　在散射噪声作用下的位置跟踪误差

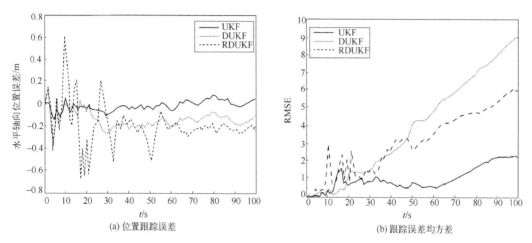

(a) 位置跟踪误差　　　　　　　　　　　(b) 跟踪误差均方差

图 9.3　位置跟踪误差和误差均方差

表 9.1　散射噪声时算法性能比较

滤波算法	平均误差/m	最大误差绝对值/m	标准差
UKF	0.1846	0.6464	0.1885
DUKF	0.1348	0.42	0.0791
RDUKF	0.010	0.12	0.046

2. 量测信号中含散射噪声和异常值情况

图 9.4(a)描述了散射噪声和异常值同时存在时三种滤波算法在 X 轴方向的位置跟踪误差。能够看到在第 20s、40s、60s 和 80s 时，UKF 算法均有较大误差，在 20s 时最大误差达 4.21m，在 20s 时 DUKF 算法误差为 0.96m，RDUKF 算法误差为 0.36m。结合图 9.4(a)中整体位置跟踪误差以及图 9.4(b)中跟踪误差均方根情况，表明 RDUKF 算法具有高精度和较强的鲁棒性。

进一步分析，由于 Kalman 滤波算法对于线性状态方程有最优解析解，而 DUKF 算法在状态预测中利用了 Kalman 滤波算法，精度优于 U 变换，因此该算法的位置估计误差和跟踪误差均方根小于 UKF 算法。从图 9.4 可以发现，UKF 算法和 DUKF 算法对于散射噪声和异常值比较敏感。本章所提出的 RDUKF 算法由于利用了胡贝尔函数对散射噪声和异常值不敏感的特性，仿真结果表明本算法具有较好的鲁棒性。表 9.2 中的数据表明，RDUKF 算法的估计效果和精度比 UKF 算法和 DUKF 算法均有明显提高。

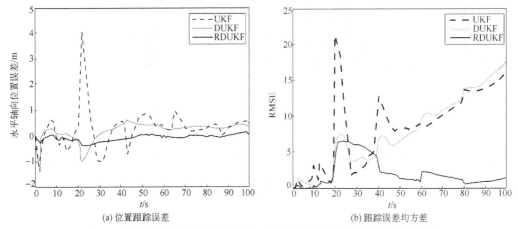

图 9.4　散射噪声和异常值同时存在时的位置跟踪误差和跟踪误差均方差

表 9.2　散射噪声和异常值算法性能比较

滤波算法	平均误差/m	最大误差/m	标准差
UKF	0.3537	4.21	0.7117
DUKF	0.2577	0.96	0.3356
RDUKF	0.0265	0.36	0.1344

3. 量测信号中含混合高斯噪声情况

图 9.5 给出了 X 轴向上位置跟踪误差和跟踪误差均方根，表 9.3 为跟踪误差的统计性能，其中，三种算法的平均误差分别为 0.105m、0.0955m 和 0.0632m。结合图 9.5 和表 9.3 的数据可以看出，RDUKF 算法跟踪误差最小，其跟踪效果有所提高。进一步可知，UKF 算法在 X 轴向上的位置跟踪误差波动最大。结合图 9.5 与表 9.3 可以得出 RDUKF 算法精度最高。

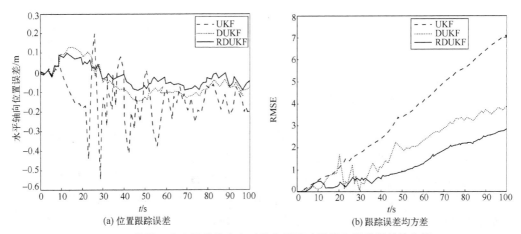

图 9.5　散射噪声和异常值存在时的位置跟踪误差和跟踪误差均方根

表 9.3　混合高斯噪声时的算法性能比较

滤波算法	平均误差/m	最大误差/m	标准差
UKF	0.1050	0.2950	0.1300
DUKF	0.0955	0.2810	0.0822
RDUKF	0.0632	0.2310	0.0653

综上所述，针对实际中存在的不同复杂噪声情况，RDUKF 算法比 UKF 算法和 DUKF 算法有较好的效果。需要指出的是，在状态估计出现异常值跳变情况时，会给实际工程带来不可预知的结果。对于出现的非高斯噪声和异常值的情况，RDUKF 算法可以很好地抑制其影响。

9.5　自适应鲁棒无迹 Kalman 滤波

本节基于最大相关熵准则和自适应因子设计了一种新的自适应鲁棒 UKF(Adaptive Robust Unscented Kalman Filter，ARUKF)算法，主要分析了状态和量测中都含有奇异值的状态估计问题，结合自适应因子和最大相关熵准则，设计了滤波算法的代价函数，建立了滤波方程，分析了算法的性能，并通过实验验证了提出的滤波算法的鲁棒性。

9.5.1　代价函数构建

假设非线性系统为

$$\dot{x}(t) = \iota(t,x) + w(t), \quad x(t_0) = x_0$$
$$y(t) = \varphi(t,x) + v(t) \tag{9.147}$$

式中，$\iota \in \mathbf{R}^n$，$\mathbf{R}^n$ 包含原点；函数 $\varphi \in \mathbf{R}^m (m \leq n)$；$\iota$、$\varphi$ 为实数域上的连续函数，且系统具有完全可观测性。对于任意初始条件 x_0，系统有且只有唯一解，并且满足 $y(t) = \varphi(x(t),t)$，则式 (9.147) 可以转换为带参数的线性微分方程形式。系统状态经过变换，可得如下随机系统方程：

$$x_k = \Phi_{k,k-1}^{j} x_{k-1} + w_{k-1}$$
$$y_k = H_k^{j} x_k + v_k \tag{9.148}$$

式中，k 表示离散时间；$x_k \in \mathbf{R}^n$ 表示在 k 时刻的系统状态；$\Phi_{k,k-1}$ 为状态转移矩阵；$y_k \in \mathbf{R}^m$ 为 k 时刻的量测值；H_k 为量测矩阵；w_{k-1} 表示方差 Q_{k-1} 的过程噪声；v_k 表示方差 R_k 的观测噪声，w_{k-1} 与 v_k 不相关。

针对状态方程和量测方程同时存在异常值的情况，本节基于贝叶斯最大似然估计方法设计包含两种准则的组合代价函数，根据 Kalman 滤波算法，其状态后验估计为

$$\hat{x}_k = \arg\min \left(\left\| x_k - \hat{x}_{k,k-1} \right\|_{P_{k,k-1}^{-1}}^2 + \left\| H_k^{j} x_k - y_k \right\|_{R_k^{-1}}^2 \right) \tag{9.149}$$

式中，$\|x\|_A^2 = x^{\mathrm{T}} A x$；$\hat{x}_k$ 为量测更新后的状态估计；$\hat{x}_{k,k-1}$ 为量测更新前的状态估计；$P_{k,k-1}$ 是 $\hat{x}_{k,k-1}$ 的估计误差方差。

变量 $\xi_k = R_k^{-1/2}(H_k^{j^*} x_k - y_k)$ 利用最大相关熵准则进行优化设计,可得滤波算法代价函数形式如下:

$$\hat{x}_k = \arg\min\left\{\left\|x_k - \hat{x}_{k,k-1}\right\|_{P_{k,k-1}^{-1}}^2 + \sum_{j=1}^{m}[k_G(0) - k_G(\xi_{k,j})]\right\} \tag{9.150}$$

为了进一步增强滤波算法的鲁棒性,将带有自适应因子的滤波算法与最大相关熵准则相结合。因此,式(9.150)的代价函数可重新整理成如下形式:

$$\hat{x}_k = \arg\min\left\{\left\|x_k - \hat{x}_{k,k-1}\right\|_{(\alpha_k P_{k,k-1})^{-1}}^2 + \sum_{j=1}^{m}[k_G(0) - k_G(\xi_{k,j})]\right\} \tag{9.151}$$

其中,参数 α_k 为自适应因子。高斯核函数 $k_G(\cdot)$ 的表达式为

$$\kappa_G(\xi) = \frac{1}{\sqrt{2\pi}\sigma}\exp\left(-\frac{\xi^2}{2\sigma^2}\right) \tag{9.152}$$

对式(9.151)中的变量 x_k 求导数,有

$$(\alpha_k P_{k,k-1})^{-1}(x_k - \hat{x}_{k,k-1}) + \sum_{i=1}^{n}\frac{\partial k_G(\xi_{k,i})}{\partial \xi_{k,i}}\frac{\partial \xi_{k,i}}{x_k} = 0 \tag{9.153}$$

将核函数代入式(9.153)可以得到

$$\frac{x_k - \hat{x}_{k,k-1}}{\alpha_k P_{k,k-1}} + \frac{1}{\sqrt{2\pi}\sigma^3}\sum_{i=1}^{m}\left(-\frac{\xi_{k,i}^2}{2\sigma^2}\right)\xi_{k,i}\frac{\partial \xi_{k,i}}{\partial x_k} = 0 \tag{9.154}$$

定义函数

$$\Psi_j = \frac{1}{\sqrt{2\pi}\sigma^3}\sum_{i=1}^{m}\left(-\frac{\xi_{k,i}^2}{2\sigma^2}\right) \tag{9.155}$$

定义矩阵

$$\Psi = \text{diag}\{\Psi_j, \quad j = 1, 2, \cdots, m\} \tag{9.156}$$

因此,式(9.154)可以重新描述如下:

$$(\alpha_k P_{k,k-1})^{-1}(x_k - \hat{x}_{k,k-1}) + (H_k^{j^*})^{\mathrm{T}}(R^{-1/2})^{\mathrm{T}}\Psi\xi_k = 0 \tag{9.157}$$

将式 $\xi_k = R_k^{-1/2}(H_k^{j^*} x_k - y_k)$ 代入式(9.157),可以推出

$$(\alpha_k P_{k,k-1})^{-1}(x_k - \hat{x}_{k,k-1}) + (H_k^{j^*})^{\mathrm{T}}(R^{-1/2})^{\mathrm{T}}\Psi(R_k^{-1/2})^{\mathrm{T}}(H_k^{j^*} x_k - y_k) = 0 \tag{9.158}$$

定义 $\bar{P}_{k,k-1} = \alpha_k P_{k,k-1}$, $\bar{R} = (R_k^{-1/2})^{\mathrm{T}}\Psi_k^{-1}R_k^{-1/2}$。根据式(9.149)可得状态 x_k 的后验估计值为

$$\hat{x}_k = \arg\min\left(\left\|x_k - \hat{x}_{k,k-1}\right\|_{\bar{P}_{k,k-1}^{-1}}^2 + \left\|H_k^{j^*} x_k - y_k\right\|_{\bar{R}_k^{-1}}^2\right) \tag{9.159}$$

比较式(9.159)和式(9.149),可以看出只有它们的过程噪声和观测噪声的对应方差阵有所改进,而其余相关参数和变量与优化之前相同。当系统(9.147)为线性系统时,$\Phi_{k,k-1}^{j^*}$ 退化为 $\Phi_{k,k-1}$,$H_k^{j^*}$ 退化为 H_k。根据 Kalman 滤波算法,式(9.159)的解等价于下列三个方程:

$$K_k = \overline{P}_{k,k-1} H_k^{\mathrm{T}} (H_k \overline{P}_{k,k-1} H_k^{\mathrm{T}} + \overline{R}_k)^{-1} \tag{9.160}$$

$$\hat{x}_k = \hat{x}_{k,k-1} + K_k(y_k - H_k \hat{x}_{k,k-1}) \tag{9.161}$$

$$\overline{P}_k = (I - K_k H_k)\overline{P}_{k,k-1} \tag{9.162}$$

方程 (9.153) 中的自适应因子 α_k 确保滤波器在存在状态误差方差的情况下实时调整两者的比例大小, 因此, 自适应因子能够使 Kalman 滤波算法保持较好的估计性能。为了提高新测量信息利用率, 在等式 (9.151) 中要求自适应因子 α_k 大于 1, 相应的, $\overline{P}_{k,k-1}$ 变大。因此, 得到 $\hat{x}_{k,k-1}$ 对 $\hat{x}_k$ 的贡献减少, 最终, 使得状态方程误差的影响变小。

下面分析式 (9.151) 中的自适应因子 α_k, 其理论基础为下列新息序列正交原则:

$$E[v_{k+j} v_k^{\mathrm{T}}] = 0, \quad j = 1, 2, \cdots \tag{9.163}$$

这里, $E[\cdot]$ 和 v_k 分别为期望值和新息序列。

引理 9.3　如果 $\|x_k - \hat{x}_k\|$ 远小于 $\|x_k\|$, 对于任意的 j, 满足:

$$C_{j,k} = E[v_{k+j}] = \Psi(k+j, \cdots, k, x_{k+j,k+j-1}, \cdots, \hat{x}_{k,k-1})(P_{x_k y_k} - K_k C_{0,k}) = 0 \tag{9.164}$$

式中, $P_{x_k y_k}$ 为状态和量测的误差协方差阵; K_k 为 Kalman 滤波增益, 参量 $C_{0,k} = E[v_k v_k^{\mathrm{T}}]$ 为估计残差矩阵。由正交原理, 当 $C_{j,k} = 0$ 时, 残差序列不相关, 此时滤波器增益为最优; 当 $C_{j,k} \neq 0$ 时, 模型参数和噪声方差之间存在误差, 但是, 如果适当选取矩阵 $C_{j,k}$ 中的项 $P_{x_k y_k} - K_k C_{0,k}$, 并令其始终保持为零, 此时, 增益 K_k 达到最优值。$\Psi(k+j, \cdots, k, x_{k+j,k+j-1}, \cdots, \hat{x}_{k,k-1})$ 可表示如下:

$$\Psi(k+j, \cdots, k, x_{k+j,k+j-1}, \cdots, \hat{x}_{k,k-1}) = H_{k+j} \prod_{l=k+1}^{k+j-1} \Phi_l (I - K_l H_l) \Phi_k \tag{9.165}$$

可以看出, 引理 9.3 对线性系统严格成立, 对非线性系统近似成立。给出如下充分条件:

$$P_{x_k y_k} - K_k C_{0,k} = 0 \tag{9.166}$$

根据 UKF 算法的迭代方程, 可得其滤波增益 $K_k = P_{x_k y_k} P_{y_k y_k}^{-1}$, 进一步有

$$P_{x_k y_k}(I - P_{y_k y_k}^{-1} C_{0,k}) = 0 \tag{9.167}$$

这里, $P_{y_k y_k}$ 是量测误差方差阵。式 (9.167) 成立的一个充要条件为

$$P_{y_k y_k} = C_{0,k} \tag{9.168}$$

根据 Kalman 滤波的迭代方程 $P_{y_k y_k} = H_k P_{k,k-1} H_k^{\mathrm{T}} + R_k$, 式 (9.168) 可以重写为

$$H_k P_{k,k-1} H_k^{\mathrm{T}} + R_k - C_{0,k} = 0 \tag{9.169}$$

如果自适应因子在式 (9.169) 中确实存在, 能够确保新息 v_{k+j} 和 v_k 趋于正交, 自适应因子表达式可表述如下:

$$H_k \alpha_0 P_{k,k-1} = C_{0,k} - R_k \tag{9.170}$$

由于 H_k、P_k、$C_{0,k}$ 和 R_k 都为满秩矩阵, 根据矩阵迹的性质, 可得

$$\mathrm{tr}[H_k \alpha_0 P_{k,k-1} H_k^{\mathrm{T}}] = \mathrm{tr}[C_{0,k} - R_k] \tag{9.171}$$

又因为 α_0 为一标量，所以式(9.171)可写为

$$\alpha_0 = \frac{\text{tr}(C_{0,k} - \overline{R}_k)}{\text{tr}(H_k P_{k,k-1} H_k^{\text{T}})} \tag{9.172}$$

如果状态空间模型是线性或线性化系统，且线性化项可以被其他非线性方法替代，如 EKF 算法、UKF 算法等，方程(9.172)中的 α_0 可以计算出来。在本节中，线性化项利用无迹变换来代替，因此，将自适应因子结合到 UKF 算法中。自适应因子 α_0 可以重新表示为

$$\alpha_0 = \frac{\text{tr}(C_{0,k} - \overline{R}_k)}{\text{tr}(P_{y_k y_k} - \overline{R}_k)} \tag{9.173}$$

其中，$C_{0,k}$ 可描述如下：

$$C_{0,k} = \begin{cases} v_k v_k^{\text{T}}, & k = 1 \\ \dfrac{\delta C_{0,k-1} + v_k v_k^{\text{T}}}{1 + \delta}, & k > 1 \end{cases} \tag{9.174}$$

这里遗忘因子 δ 可以增强所改进的滤波器的快速跟踪性能。其值越大，说明利用到的历史信息越少，当前信息作用越大，一般情况下，δ 的值选取为 0.95。

在本节提出的新算法中，由于状态维数为一维，因此，在新滤波算法设计过程中，自适应因子只采用一个单自适应因子。而在实际复杂的多变量系统中，常常需要调用多个自适应因子组成的矩阵 $\Lambda = \text{diag}\{\alpha_0, \alpha_1, \cdots, \alpha_n\}$ 来满足实际问题需求。

9.5.2　基于自适应因子和最大相关熵准则的 UKF 算法设计

针对在观测噪声中存在异常值问题，本节采用自适应因子和最大相关熵准则，提出了一种新的非线性自适应鲁棒无迹 Kalman 滤波算法。

假设非线性离散系统

$$\begin{aligned} x_k &= f(x_{k-1}) - w_{k-1} \\ y_k &= h(x_k) + v_k \end{aligned} \tag{9.175}$$

式中，x_k 为 k 时刻的状态向量，其误差方差为 P_k。类似地，其状态估计和相应的方差阵为

$$\hat{x}_{k-1} = E[x_{k-1}] \tag{9.176}$$

$$P_{k-1} = E[(x_{k-1} - \hat{x}_{k-1})(x_{k-1} - \hat{x}_{k-1})^{\text{T}}] \tag{9.177}$$

根据 9.5.1 节构建的代价函数和 UKF 算法基本流程，可得新提出的自适应鲁棒无迹 Kalman 滤波过程如下。

步骤 1：利用 UT 变换获得 $2n+1$ 个对称 Sigma 点，即

$$\begin{cases} \chi_{i,k-1} = \hat{x}_{k-1}, & i = 0 \\ \chi_{i,k-1} = \hat{x}_{k-1} + \sqrt{n+\lambda}\left(\sqrt{P_{k-1}}\right)_i, & i = 1, 2, \cdots, n \\ \chi_{i,k-1} = \hat{x}_{k-1} + \sqrt{n+\lambda}\left(\sqrt{P_{k-1}}\right)_i, & i = n+1, n+2, \cdots, 2n \end{cases} \tag{9.178}$$

式中，$\hat{x}_{k-1}$ 为状态 x_{k-1} 的估计，$\lambda = \alpha^2(n+\kappa) - n$，$\alpha \in (0,1]$，其作用是控制 Sigma 点的分布。$\kappa = 3 - n$，$\sqrt{P_{k-1}}$ 为 P_{k-1} 的 Cholesky 因子。

相关的权重如下：

$$\omega_0^m = \frac{\lambda}{n+\lambda}$$

$$\omega_0^c = \frac{\lambda}{n+\lambda} + (1-\alpha^2+\beta)$$

$$\omega_i^m = \omega_i^c = \frac{1}{2(n+\lambda)}, \quad i=1,2,\cdots,2n \tag{9.179}$$

对于高斯分布而言，参数 β 选取为 2。

步骤 2：时间更新

$$\chi_{i,(k,k-1)} = f(\chi_{i,k-1})$$

$$\hat{x}_{k,k-1} = \sum_{i=0}^{2n} \omega_i^m \chi_{i,(k,k-1)} \tag{9.180}$$

$$\eta_{i,(k,k-1)} = h(\chi_{i,k-1}), \quad \hat{y}_{k,k-1} = \sum_{i=0}^{2n} \omega_i^m \eta_{i,(k,k-1)} \tag{9.181}$$

$$\xi_k = R_k^{-1/2}(\hat{y}_{k,k-1} - y_k) \tag{9.182}$$

$$\Psi = \mathrm{diag}\{\psi_{k,j}(\xi_{k,j})\}, \quad j=1,2,\cdots,m \tag{9.183}$$

$$\bar{R}_k = (R_k^{1/2})^{\mathrm{T}} \Psi^{-1} R_k^{1/2} \tag{9.184}$$

步骤 3：自适应因子更新

$$v_k = y_k - \hat{y}_{k,k-1} \tag{9.185}$$

$$C_{0,k} = \begin{cases} v_k v_k^{\mathrm{T}}, & k=1 \\ \dfrac{\delta C_{0,k-1} + v_k v_k^{\mathrm{T}}}{1+\delta}, & k>1 \end{cases} \tag{9.186}$$

$$\alpha_k = \begin{cases} \alpha_0, & \alpha_0 > 1 \\ 1, & \alpha_0 \leqslant 1 \end{cases} \tag{9.187}$$

$$\alpha_0 = \frac{\mathrm{tr}[C_{0,k} - \bar{R}_k]}{\mathrm{tr}\left[\sum_{i=0}^{2n} \omega_i^c (\eta_{i,k} - \hat{y}_{k,k-1})(\eta_{i,k} - \hat{y}_{k,k-1})^{\mathrm{T}} \right]} \tag{9.188}$$

步骤 4：量测更新

$$P_{k,k-1} = \alpha_k \left[\sum_{i=0}^{2n} \omega_i^c (\chi_{i,(k,k-1)} - \hat{x}_{k,k-1})(\chi_{i,k,k-1} - \hat{x}_{k,k-1})^{\mathrm{T}} + Q_k \right] \tag{9.189}$$

$$P_{y_k y_k} = \alpha_k \sum_{i=0}^{2n} \omega_i^c (\eta_{i,(k,k-1)} - \hat{y}_{k,k-1})(\eta_{i,(k,k-1)} - \hat{y}_{k,k-1})^{\mathrm{T}} + \bar{R}_k \tag{9.190}$$

$$P_{x_k y_k} = \alpha_k \sum_{i=0}^{2n} \omega_i^c (\chi_{i,(k,k-1)} - \hat{x}_{k,k-1})(\eta_{i,(k,k-1)} - \hat{y}_{k,k-1})^{\mathrm{T}} \tag{9.191}$$

$$P_k = P_{k,k-1} - K_k P_{y_k y_k} K_k^{\mathrm{T}} \tag{9.192}$$

$$K_k = P_{x_k y_k} P_{y_k y_k}^{-1} \tag{9.193}$$

$$\hat{x}_k = \hat{x}_{k,k-1} + K_k(y_k - \hat{y}_{k,k-1}) \tag{9.194}$$

算法 9.1　ARUKF 算法流程

初始化　　　　　　　　　　x_0, P_0

迭代流程如下：

开始 $i = 0 : N - 1$

时间更新：　　　　　　　　$\chi_{i,(k,k-1)} = f(\chi_{i,k-1})$

$$\hat{x}_{k,k-1} = \sum_{i=0}^{2n} \omega_i^m \chi_{i,(k,k-1)}$$

$$\hat{x}_{i,(k,k-1)} = \left[\chi_{i,(k,k-1)} \ \chi_{i,(k,k-1)} + \mu\left(\sqrt{P_{i,(k,k-1)}}\right) \chi_{i,(k,k-1)} - \mu\left(\sqrt{P_{i,(k,k-1)}}\right) \right]$$

$$\eta_{i,(k,k-1)} = h(\hat{x}_{i,(k,k-1)})$$

$$\hat{y}_{k,k-1} = \sum_{i=0}^{2n} \omega_i^m \eta_{i,(k,k-1)}$$

自适应因子计算：　　　　　$v_k = y_k - \hat{y}_{k,k-1}$

$$C_{0,k} = \begin{cases} v_k v_k^{\mathrm{T}}, & k = 1 \\ \dfrac{\delta C_{0,k-1} + v_k v_k^{\mathrm{T}}}{1 + \delta}, & k > 1 \end{cases}$$

$$\alpha_0 = \frac{\mathrm{tr}[C_{0,k} - \bar{R}_k]}{\mathrm{tr}\left[\displaystyle\sum_{i=0}^{2n} \omega_i^c (\eta_{k,i} - \hat{y}_{k,k-1})(\eta_{k,i} - \hat{y}_{k,k-1})^{\mathrm{T}} \right]}$$

$$\alpha_k = \begin{cases} \alpha_0, & \alpha_0 > 1 \\ 1, & \alpha_0 \leqslant 1 \end{cases}$$

量测更新：

状态预测误差协方差　　　$P_{k,k-1} = \alpha_k \mathrm{tr}\left[\displaystyle\sum_{i=0}^{2n} \omega_i^c (E_i)(E_i)^{\mathrm{T}} + Q_k \right]$

信息方差阵　　　　　　　$P_{y_k y_k} = \alpha_k \displaystyle\sum_{i=0}^{2n} \omega_i^c (\eta_{i,(k,k-1)} - \hat{y}_{k,k-1})(\eta_{i,(k,k-1)} - \hat{y}_{k,k-1})^{\mathrm{T}} + \bar{R}_k$

状态预测误差协方差　　　$P_{x_k y_k} = \alpha_k \displaystyle\sum_{i=0}^{2n} \omega_i^c (\chi_{i,(k,k-1)} - \hat{x}_{k,k-1})(\eta_{i,(k,k-1)} - \hat{y}_{k,k-1})^{\mathrm{T}}$

滤波增益　　　　　　　　$K_k = P_{x_k y_k} P_{y_k y_k}^{-1}$

状态估计　　　　　　　　$\hat{x}_k = \hat{x}_{k,k-1} + K_k(y_k - \hat{y}_{k,k-1})$

状态估计误差方差　　　　$P_k = P_{k,k-1} - K_k P_{y_k y_k} K_k^{\mathrm{T}}$

结束

其中，相关参数如下：

$E_i = \chi_{i,(k,k-1)} - \hat{x}_{k,k-1}$，　$\mu = \sqrt{n + \lambda}$，　$\omega_0^m = \lambda / (n + \lambda)$，　$\omega_0^c = \dfrac{\lambda}{n + \lambda} + (1 - \alpha^2 + \beta)$，　$\omega_i^c = \omega_i^m = \dfrac{1}{2(n + \lambda)}$，

$i = 1, 2, \cdots, 2n$；参数 λ 的信息参阅相关文献

　　在带有高斯噪声的系统模型中，对于带有线性状态方程和非线性量测方程的非线性系统，

一般可利用 EKF 算法和 UKF 算法等进行处理, 这种情况下, 线性化过程会加大计算量, 较实用的方法是线性部分利用 Kalman 滤波算法, 非线性部分利用非线性滤波进行处理。当然, 还要考虑非线性的强度。然而, 当状态或量测量中出现异常值情况时, 基于最小均方误差准则的 EKF 算法和 UKF 算法的状态估计误差协方差会突然增大, 致使滤波器估计误差变大, 导致滤波性能迅速降低。最大相关熵准则属于非均方误差准则, 是一种局部相似度量, 对异常值具有鲁棒作用, 因此本节提出的基于最大相关熵准则的滤波器处理系统异常值具有较好的抑制效果。

9.5.3　实验与结果分析

为了说明 ARUKF 算法的实用性, 本节采用雷达目标跟踪系统来进行验证。使用单一量测站对移动目标进行跟踪, 它们之间的距离作为量测量。移动目标位于二维笛卡儿坐标系, 服从常速模型。状态向量包含水平方向和竖直方向上的位置向量和速度向量。根据移动目标二维平面移动的情况, 其系统模型及相关参数设置可参考 9.4.4 节的仿真与分析。

利用无迹 Kalman 滤波 (UKF) 算法和自适应胡贝尔无迹 Kalman 滤波 (AHUKF) 算法做对比, 通过对比跟踪机动目标的位置和速度, 验证新提出的滤波算法的有效性和可行性。给定初始机动目标的位置和速度分别为 [0m, 1400m] 和 [2m/s, -10m/s], 初始误差协方差为 diag{1, 1, 1, 1}, 仿真时长为 50s, 高斯核函数的参数 σ 选为 0.8。仿真主要考虑以下两种情况: ① 仅考虑量测中含有奇异值; ② 状态和量测同时含有异常值。

对于量测中含有异常值的情况, 假设在第 10s 和第 25s 的量测异常值分别为 $\hat{Y}_{10} = Y_{10} + 2$ 和 $\hat{Y}_{25} = Y_{25} - 1$。

同时注意到, AHUKF 算法对出现的异常值具有一定的抑制作用, 该算法的估计性能比 UKF 算法鲁棒性能强; 从图 9.6 中可看出, 相较于前两种算法, ARUKF 算法具有估计效果好、误差小及精度高的特点。同时, 在表 9.4 中给出了各个滤波算法的相关误差数据, 图 9.6 (a) 给出了三种滤波算法的位置跟踪效果。结合图和表可以得出结论: 在三种滤波算法中, ARUKF 算法精度最高, AHUKF 次之, 最后为 UKF 算法。同样, 在第 10s 和第 25s 出现异常值情况时, ARUKF 算法跟踪效果最好, 而 UKF 算法和 AHUKF 算法均出现较大位置误差。在图 9.6 (b) 中描述了三种滤波算法的速度误差, 结果与图 9.6 (a) 类似, 由此可以得出结论: 提出的 ARUKF 算法对于异常值有比较好的鲁棒性, 且具有较好的跟踪效果。

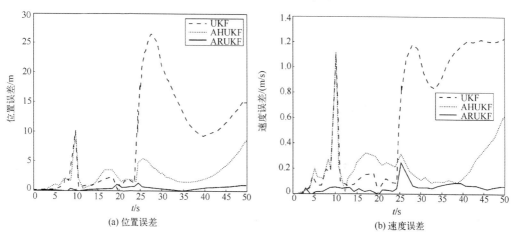

(a) 位置误差　　　　　　　　　　　　　　(b) 速度误差

图 9.6　量测中有异常值时的位置误差和速度误差

表 9.4　量测中有异常值情况下的位置估计

滤波算法	平均误差/m	最大误差/m	标准差
UKF	8.593	27.02	8.067
AHUKF	2.826	10.33	2.199
ARUKF	0.4442	1.246	0.3021

下面考虑状态和量测同时含有异常值情况下的状态估计，与量测中含有异常值情况类似，同样对位置误差和速度误差进行相关估计，这里假设状态异常值分别为 $\hat{X}_{10} = X_{10} + 0.01 \cdot [5\ 1\ 5\ 1]^{T}$，$\hat{X}_{25} = X_{25} - 0.02 \cdot [5\ 1\ 5\ 1]^{T}$，量测异常值分别设为 $\hat{Y}_{20} = Y_{20} + 2$ 和 $\hat{Y}_{35} = Y_{35} - 5$。

从表 9.5 的数据分析可知，三种算法的误差均值分别为 13.68m、1.908m 和 0.5186m，说明 ARUKF 算法能够很好地抑制异常值的影响，其估计效果和精度明显优于 UKF 算法和 AHUKF 算法；由于 AHUKF 算法是基于胡贝尔函数提出的，也有一定的鲁棒性，对异常值也有部分抑制作用，但还是没有 ARUKF 算法的鲁棒性强。

表 9.5　状态和量测异常值情况下位置估计统计表

滤波算法	平均误差/m	最大误差/m	标准差
UKF	13.68	48.05	15.78
AHUKF	1.908	12.25	2.65
ARUKF	0.5186	5.258	0.7492

从图 9.7 可看出三种滤波算法的位置和速度误差。本节所提出的 ARUKF 算法的跟踪误差比 AHUKF 算法的跟踪误差小。表 9.6 给出了各个状态 50 次蒙特卡罗仿真的均方根误差（RMSE），可以看出，本章所提出的 ARUKF 算法的均方根误差明显小于 UKF 算法和 AHUKF 算法。

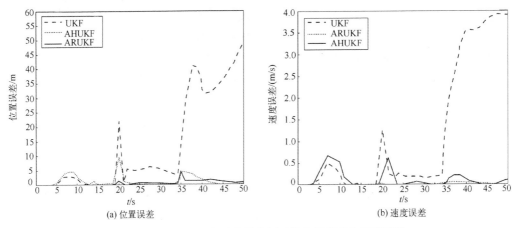

(a) 位置误差　　　　　　　　　　　　(b) 速度误差

图 9.7　状态和量测有异常值作用下的位置误差和速度误差

表 9.6　状态向量的均方根误差统计表

滤波算法	RMSE/ x(m)	RMSE/ $\dot{x}$(m)	RMSE/ y(m)	RMSE/ $\dot{y}$(m)
UKF	28.1	0.315	145	0.117
AHUKF	26.7	0.017	139	0.037
ARUKF	25.8	0.011	135	0.029

9.6　基于自适应鲁棒无迹 Kalman 滤波的重力匹配方法

惯导系统因为完全自主的特性，具有不受天气、地域等因素影响的优点并广泛应用于水下导航领域。但惯导系统的误差随时间发散，不能满足水下运载体长航时的导航要求，必须采取措施对发散的导航误差进行抑制。由于海洋重力测量的无源性和重力信息的稳定性等优点，随着重力测量技术的发展，重力辅助惯性导航成为水下自主导航的研究热点。其中，匹配定位算法通过综合分析惯导系统、重力实时测量系统和重力场背景图提供的信息，确定最佳匹配序列或匹配点，从而得到对载体导航信息的估计。典型的匹配方法包括基于相关分析技术的 TRECOM 算法和基于递推滤波技术的 SITAN 算法。一般 SITAN 算法采用 EKF 作为滤波方法，引入了线性化误差；同时由于水下运动环境的复杂性，观测信息容易受到污染，因此，提出一种基于自适应鲁棒无迹 Kalman 滤波的匹配重力算法，通过引入鲁棒函数来加强观测模型部分的鲁棒性，同时引入自适应因子来调节系统模型部分的鲁棒性，从而提高匹配算法的精度和鲁棒性。

9.6.1　重力匹配算法误差模型建立

1. 系统模型的建立

将惯导系统的误差模型作为重力匹配算法中滤波器的系统模型。重力场是与经纬度相关的随机场，利用重力异常只能对位置误差进行匹配估计，在这里如果采用惯导全误差状态量进行滤波，最终得到的结果精度可能更低，因此只选取经纬度误差和速度误差作为滤波器的状态。

$$X = [\delta\varphi \quad \delta\lambda \quad \delta V_N \quad \delta V_E] \tag{9.195}$$

建立误差模型如下：

$$\delta\dot{\varphi} = \frac{1}{R_M}\delta V_N \tag{9.196}$$

$$\delta\dot{\lambda} = \frac{\delta V_E}{R_N}\sec\varphi + \frac{V_E}{R_N}\tan\varphi\sec\varphi\delta\varphi \tag{9.197}$$

$$\delta\dot{V}_E = \left(2\omega_{ie}\sin\varphi + \frac{V_E}{R_N}\tan\varphi\right)\delta V_N + \left(2\omega_{ie}\cos\varphi V_N + \frac{V_E V_N}{R_N}\sec^2\varphi\right)\delta\varphi$$
$$+ f_N\phi_U - \phi_N g + \Delta A_E \tag{9.198}$$

$$\delta\dot{V}_N = -\left(2\omega_{ie}\sin\varphi + \frac{V_E}{R_N}\tan\varphi\right)\delta V_E - \left(2\omega_{ie}\cos\varphi + \frac{V_E^2}{R_N}\sec^2\varphi\right)\delta\varphi$$
$$+ \phi_E g - f_E\phi_U + \Delta A_N \tag{9.199}$$

　　由于上述速度误差方程是一个变系数微分方程，很难求得解析解，同时水下潜器航行一般为准匀速运动，可以近似认为其处于静基座条件下，因此可将速度误差方程化简为

$$\delta \dot{V}_E = 2\omega_{ie} \sin \varphi \delta V_N - \phi_N g + \Delta A_E \tag{9.200}$$

$$\delta \dot{V}_N = -2\omega_{ie} \sin \varphi \delta V_E + \phi_E g + \Delta A_N \tag{9.201}$$

因此可以建立系统状态方程：

$$\dot{X} = FX + W \tag{9.202}$$

式中

$$F = \begin{bmatrix} 0 & 0 & \dfrac{1}{R_M} & 0 \\ \dfrac{V_E \tan \varphi \sec \varphi}{R_N} & 0 & 0 & \dfrac{\sec \varphi}{R_N} \\ 0 & 0 & 0 & -2\omega_{ie} \sin \varphi \\ 0 & 0 & 2\omega_{ie} \sin \varphi & 0 \end{bmatrix} \tag{9.203}$$

W 为系统过程噪声，由白噪声、加速度计零偏及姿态误差引起的干扰组成。

2. 观测模型的建立

　　滤波器的观测模型是基于重力背景图建立的，传统的 SITAN 算法利用随机线性化技术对重力背景图进行线性化处理，得到位置与重力异常的线性关系，再利用 EKF 算法进行估计。与 EKF 算法不同，UKF 算法是在估计点附近运用无迹变换进行确定性采样的，用这些采样点来表示高斯密度近似状态下的概率密度函数。因此在进行观测的时候，UKF 算法不需要对非线性函数进行线性化处理，而是利用确定性采样的原理对每个采样点进行观测，提取出每个采样点的重力异常值来得到观测序列。

　　重力异常图能够清晰地反映出重力场特征的变化。由于重力异常图是高分辨率的网格图，因此将 INS 位置信息输入重力图中进行搜索的时候，提取的是与 INS 指示位置最近的网格点的重力异常值。将此重力异常值作为参考值与重力仪实测的重力异常值作差，以此作为观测量进行滤波。在这里选取了一段惯导轨迹和其对应的真实航迹，两条轨迹上的重力异常值变化如图 9.8 所示。可以发现，由于惯导轨迹会随时间推移逐渐偏离真实轨迹，故两条轨迹上的重力异常值会随时间的推移逐渐出现差值，可以反映出惯导随时间累积的位置误差，因此可以将该差值作为观测量。综上，观测方程可以表示为

$$Z = \Delta g_M(\varphi_{\text{INS}}, \lambda_{\text{INS}}) - \Delta g(\varphi_t, \lambda_t) \tag{9.204}$$

式中，$\Delta g_M(\varphi_{\text{INS}}, \lambda_{\text{INS}})$ 是将 INS 提供的经纬度信息输入到重力异常图中所提取出来的重力异常值；$\Delta g(\varphi_t, \lambda_t)$ 为将重力仪实测重力值经过一系列修正得到的真实重力异常值。

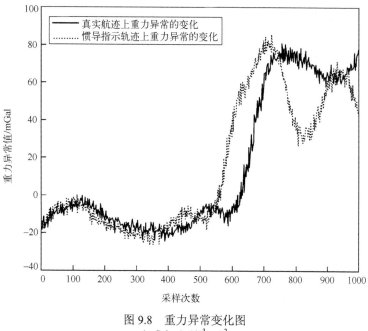

图 9.8　重力异常变化图

$1\text{mGal} = 1\times10^{-3}\text{cm/s}^2$

9.6.2　基于 ARUKF 的重力匹配算法

从贝叶斯最大似然估计的角度看，Kalman 滤波要解决的问题即如下的代价函数：

$$\hat{X}_k = \arg\min\left(\left\| X_k - \hat{X}_k \right\|^2_{P_{k,k-1}^{-1}} + \left\| H_k X_k - Z_k \right\|^2_{R_k^{-1}} \right) \tag{9.205}$$

式中，$\|X\|^2_A = X^{\mathrm{T}} A X$。因此式 (9.205) 可以这样表示：

$$\hat{X}_k = \arg\min\left[(X_k - \hat{X}_k)^{\mathrm{T}} P_{k,k-1}^{-1} (X_k - \hat{X}_k) + (H_k X_k - Z_k)^{\mathrm{T}} R_k^{-1} (H_k X_k - Z_k) \right] \tag{9.206}$$

通过观察式 (9.206) 可以发现，代价函数的第一部分代表系统模型部分的代价，第二部分代表系统观测部分的代价。为了提高滤波器的鲁棒性，将胡贝尔函数与自适应滤波结合在一起，利用自适应因子来增强系统模型部分的鲁棒性，利用鲁棒函数来增强观测部分的鲁棒性。

首先针对观测部分的鲁棒性进行提升，即式 (9.206) 中的第二部分，假设

$$\varepsilon_k^2 = \frac{(H_k X_k - Z_k)(H_k X_k - Z_k)^{\mathrm{T}}}{R_k} \tag{9.207}$$

在此引入鲁棒函数：

$$\rho(x) = \begin{cases} \dfrac{x^2}{2}, & |x| < \tau \\[2mm] \tau|x| - \dfrac{x^2}{2}, & |x| \geq \tau \end{cases} \tag{9.208}$$

式中，τ 为调优参数。

利用上述鲁棒函数对代价 ε_k^2 进行处理，可以得到鲁棒代价函数 $2\rho(\varepsilon_k)$，要使此代价函

数取得最小值，那么使其偏导数为零即可：

$$2\frac{\partial \rho(\varepsilon_k)}{\partial X_k} = 2\frac{\partial \rho(\varepsilon_k)}{\partial \varepsilon_k}\frac{\mathrm{d}\varepsilon_k}{\mathrm{d}X_k} = 2\frac{\partial \rho(\varepsilon_k)}{\varepsilon_k \partial \varepsilon_k}H_k R_k^{-\frac{1}{2}}\varepsilon_k = 0 \tag{9.209}$$

令

$$\psi = \frac{\partial \rho(\varepsilon_k)}{\varepsilon_k \partial \varepsilon_k} \tag{9.210}$$

即

$$\psi(\varepsilon_k) = \frac{\partial \rho(\varepsilon_k)}{\varepsilon_k \partial \varepsilon_k} = \begin{cases} 1, & |\varepsilon_k| < \tau \\ \mathrm{sgn}(\varepsilon_k)\tau / \varepsilon_k, & |\varepsilon_k| \geqslant \tau \end{cases} \tag{9.211}$$

原公式变为

$$2H_k R_k^{-\frac{1}{2}}\psi(\varepsilon_k)R_k^{-\frac{1}{2}}(H_k R_k - Z_k) = 0 \tag{9.212}$$

将 ε_k^2 对 X_k 求偏导，并令其偏导等于零：

$$2\varepsilon_k \frac{\partial \varepsilon_k}{X_k} = 2R_k^{-\frac{1}{2}}(H_k R_k - Z_k)H_k R_k^{-\frac{1}{2}} = 0 \tag{9.213}$$

可化简为

$$2H_k R_k^{-\frac{1}{2}}(H_k R_k - Z_k) = 0 \tag{9.214}$$

将式 (9.214) 和式 (9.212) 进行比较可以发现，两者的形式类似，令 $\overline{R}_k^{-1} = R_k^{-\frac{1}{2}}\psi(\varepsilon_k)R_k^{-\frac{1}{2}}$，则式 (9.212) 变为

$$2H_k \overline{R}_k(H_k R_k - Z_k) = 0 \tag{9.215}$$

定义系统的新息：

$$v_k = Z_k - \hat{Z}_k \tag{9.216}$$

显然式 (9.215) 是使得代价函数 $\varepsilon_k^2 = \frac{v_k v_k^{\mathrm{T}}}{R_k}$ 最小的解，因此将 UKF 算法中的 R_k 替换成 $\overline{R}_k$，通过对鲁棒函数参数的调节实现对系统鲁棒性的调节。

引入自适应因子提升鲁棒性能。向式 (9.206) 中的一步预测方差阵 $P_{k,k-1}$ 中加入自适应因子 α_k，则一步预测方差阵就变为

$$P_{k,k-1} = \alpha_k \left[\sum_{i=0}^{2n} \omega_i^c (\chi_{i,(k,k-1)} - \hat{x}_k)(\chi_{i,(k,k-1)} - \hat{x}_k)^{\mathrm{T}} + Q_k \right] \tag{9.217}$$

在观测一步预测误差较大的时候，α_k 的值可以自适应地增大，从而使状态预测协方差增大，减小状态预测的可信度，使系统更加相信观测值。下面对 α_k 的值进行推导。

自适应因子提出的基础是新息序列正交准则，即

$$E[v_{k+j}v_k^{\mathrm{T}}] = 0, \quad j = 1,2,\cdots \tag{9.218}$$

基于这个准则介绍一个引理。

引理 9.4 如果 $\left\| X_k - \hat{X}_k \right\|$ 远小于 $\left\| X_k \right\|$，那么 $\forall j$，使得

$$C_{j,k} = E[v_{k+j}v_k^\mathrm{T}] = \psi(k+j,\cdots,k,\hat{x}_{k+j},\cdots,\hat{x}_k)(P_{XZ_k} - K_k C_{0,k}) = 0 \tag{9.219}$$

式中，P_{XZ_k} 是系统状态观测协方差；$C_{0,k} = E[v_k v_k^\mathrm{T}]$，$\psi$ 可以表示为

$$\psi(k+j,\cdots,k,\hat{x}_{k+j},\cdots,\hat{x}_k) = H_{k+j}\left[\prod_{l=k+1}^{k+j-1} \Phi_l(I - K_l H_l)\right]\Phi_k \tag{9.220}$$

式中，$\psi(\cdot)$ 函数即式 (9.211) 所表示的函数，而

$$\Phi(x) = \begin{cases} x, & |x| < a \\ \mathrm{sgn}(x)a - x, & |x| \geqslant a \end{cases} \tag{9.221}$$

式中，$\mathrm{sgn}(\cdot)$ 表示符号函数；a 是阈值，通常设置为 1.345；$\Phi(x)$ 函数相当于 $\dfrac{\partial \rho(x)}{\partial x}$，即对式 (9.208) 求偏导。

要使得式 (9.219) 成立，那么必须使得下面的公式成立：

$$P_{XZ_k} - K_k C_{0,k} = 0 \tag{9.222}$$

将 $K_k = P_{XZ_k} P_{Z_k}^{-1}$ 代入式 (9.222) 中，可得

$$P_{XZ_k} - P_{XZ_k} P_{Z_k}^{-1} C_{0,k} = 0 \tag{9.223}$$

$$P_{XZ_k}(I - P_{Z_k}^{-1} C_{0,k}) = 0 \tag{9.224}$$

$$C_{0,k} = P_{Z_k} = \sum_{i=0}^{2n} \omega_i^c (Z_{i,k} - \hat{Z}_k)(Z_{i,k} - \hat{Z}_k)^\mathrm{T} + \bar{R}_k \tag{9.225}$$

根据 Kalman 滤波的原理，假如观测矩阵存在，那么

$$P_{Z_k} - \bar{R}_k = H_k P_k H_k \tag{9.226}$$

其中，$\bar{R}_k^{-1} = \bar{R}_k^{-\frac{1}{2}} \psi(\varepsilon_k) R_k^{-\frac{1}{2}}$，若自适应因子 α_k 存在，则式 (9.226) 变为

$$P_{Z_k} - \bar{R}_k = H_k \alpha_k P_k H_k \tag{9.227}$$

将式 (9.227) 代入式 (9.225) 中可得

$$C_{0,k} - \bar{R}_k = \alpha_k \sum_{i=0}^{2n} \omega_i^c (Z_{i,k} - \hat{Z}_k)(Z_{i,k} - \hat{Z}_k)^\mathrm{T} \tag{9.228}$$

因此可以求得自适应因子 α_k 为

$$\alpha_k = \frac{\mathrm{tr}(C_{0,k} - \bar{R}_k)}{\mathrm{tr}\left[\displaystyle\sum_{i=0}^{2n} \omega_i^c (Z_{i,k} - \hat{Z}_k)(Z_{i,k} - \hat{Z}_k)^\mathrm{T}\right]} \tag{9.229}$$

式中，$C_{0,k}$ 由式 (9.230) 决定：

$$C_{0,k} = \begin{cases} v_k v_k^T, & k=1 \\ \dfrac{\gamma C_{0,k-1} + v_k v_k^T}{1+\gamma}, & k>1 \end{cases} \tag{9.230}$$

式中，γ 为遗忘因子，通常设置为 0.95。

ARUKF 算法的流程如图 9.9 所示。

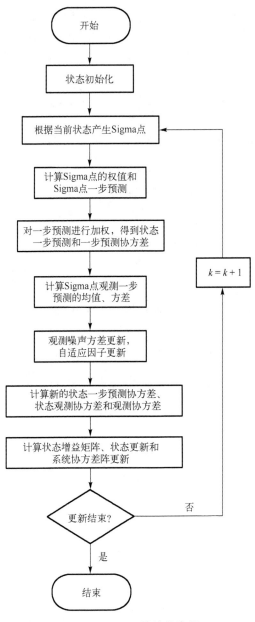

图 9.9　ARUKF 算法的流程

与 UKF 的算法流程相比，ARUKF 算法主要是多了一步观测噪声方差的更新、观测噪声方差的更新以及自适应因子的更新。

(1)状态参数初始化，对滤波器的状态和状态协方差阵进行初始化：

$$\hat{X}_0 = E[X_0] \tag{9.231}$$

$$P_0 = E[(X_0 - \hat{X}_0)(X_0 - \hat{X}_0)^{\mathrm{T}}] \tag{9.232}$$

（2）对当前状态进行 UT 变换，计算产生 $2n+1$ 个 Sigma 点和对应的权值：

$$\begin{cases} \chi_{0,k-1} = \hat{X}_{k-1} \\ \chi_{i,k-1} = \hat{X}_{k-1} + \sqrt{n+\lambda}(\sqrt{P_{k-1}})_i, & i = 1,2,\cdots,n \\ \chi_{i,k-1} = \hat{X}_{k-1} - \sqrt{n+\lambda}(\sqrt{P_{k-1}})_i, & i = n+1, n+2, \cdots, 2n \end{cases} \tag{9.233}$$

$$\begin{cases} \omega_0^m = \dfrac{\lambda}{n+\lambda} \\ \omega_0^c = \dfrac{\lambda}{n+\lambda} + (1 - \alpha^2 + \beta) \\ \omega_i^m = \omega_i^c = \dfrac{1}{2(n+\lambda)} \end{cases} \tag{9.234}$$

式中，$\lambda = \alpha^2(n+\kappa) - n$，$\alpha$ 决定了 Sigma 点的散布程度，取值范围一般为[0.0001, 1]；系数 β 用来描述 x 的分布信息，高斯噪声情况下 β 的最优值为 2；$\sqrt{n+\lambda}(\sqrt{P_{k-1}})_i$ 表示矩阵平方根的第 i 列；ω_i^m 是求取一阶统计特性时的权重系数；ω_i^c 是求取二阶统计特性时的权重系数。

（3）时间更新，计算 Sigma 点的状态一步预测，并对 Sigma 点状态一步预测进行加权计算，得到状态一步预测均值和协方差：

$$\chi_{i,(k,k-1)} = f(\chi_{i,k-1}) \tag{9.235}$$

$$\hat{x}_k = \sum_{i=0}^{2n} \omega_i^m \chi_{i,(k,k-1)} \tag{9.236}$$

（4）观测协方差更新，计算 Sigma 点量测一步预测，得到量测一步预测均值方差：

$$Z_{i,k} = h(\chi_{i,(k,k-1)}) \tag{9.237}$$

$$\hat{Z}_k = \sum_{i=0}^{2n} \omega_i^m Z_{i,k} \tag{9.238}$$

（5）观测噪声方差更新，自适应因子更新：

$$\varepsilon_k = \frac{\hat{Z}_k - Z_k}{\sqrt{R_k}} \tag{9.239}$$

$$\bar{R}_k^{-1} = R_k^{-\frac{1}{2}} \psi(\varepsilon_k) \left(R_k^{-\frac{1}{2}}\right)^{\mathrm{T}} \tag{9.240}$$

$$v_k = Z_k - \hat{Z}_k \tag{9.241}$$

$$C_{0,k} = \begin{cases} v_k v_k^{\mathrm{T}}, & k = 1 \\ \dfrac{\gamma C_{0,k-1} + v_k v_k^{\mathrm{T}}}{1+\gamma}, & k > 1 \end{cases} \tag{9.242}$$

$$\alpha_k = \begin{cases} \alpha_0, & \alpha_0 > 1 \\ 1, & \alpha_0 \leqslant 1 \end{cases} \tag{9.243}$$

$$\alpha_0 = \frac{\mathrm{tr}(C_{0,k} - \overline{R}_k)}{\mathrm{tr}\left[\sum_{i=0}^{2n} \omega_i^c (Z_{i,k} - \hat{Z}_k)(Z_{i,k} - \hat{Z}_k)^{\mathrm{T}} \right]} \tag{9.244}$$

(6) 状态和观测更新:

$$P_{k,k-1} = \alpha_k \left[\sum_{i=0}^{2n} \omega_i^c (\chi_{i,(k-1)} - \hat{x}_k)(\chi_{i,(k-1)} - \hat{x}_k)^{\mathrm{T}} + Q_k \right] \tag{9.245}$$

$$P_{Z_k} = \alpha_k \sum_{i=0}^{2n} \omega_i^c (Z_{i,k} - \hat{Z}_k)(Z_{i,k} - \hat{Z}_k)^{\mathrm{T}} + \overline{R}_k \tag{9.246}$$

$$P_{XZ_k} = \alpha_k \sum_{i=0}^{2n} \omega_i^c (\chi_{i,(k-1)} - \hat{x}_k)(Z_{i,k} - \hat{Z}_k)^{\mathrm{T}} \tag{9.247}$$

$$K_k = P_{XZ_k} P_{Z_k}^{-1} \tag{9.248}$$

$$\hat{X}_k = \hat{x}_k + K_k(Z_k - \hat{Z}_k) \tag{9.249}$$

$$P_k = P_{k,k-1} - K_k P_{Z_k} K_k^{\mathrm{T}} \tag{9.250}$$

上述即基于 ARUKF 算法的重力辅助惯性导航匹配算法的步骤, 其针对系统过程噪声的不确定性引入了自适应因子 α_k, 针对观测部分被污染等情况引入了鲁棒函数, 用经过鲁棒处理之后的 $\overline{R}_k^{-1} = R_k^{-\frac{1}{2}} \psi(\varepsilon_k) R_k^{-\frac{1}{2}}$ 代替原有的 R_k 来加强滤波器的鲁棒性。

9.6.3　算法仿真分析

为了验证所提算法的可行性, 进行仿真实验验证。仿真参数设置如表 9.7 所示。由于采用的重力背景图分辨率为 $1' \times 1'$, 因此仿真过程中只需要使得每两个采样点间的距离小于 $1'$ 即可。在这里总体仿真时间为 8h, 仿真过程中一共进行了 1000 次采样, 因此采样周期为 28.8s。本节提出的算法是针对系统过程噪声不确定性较强且观测噪声被污染的情况, 假设观测噪声的均值为 0, 方差为 R, 但方差 R 为均值为 5、方差为 1 的高斯随机变量。仿真结果如图 9.10～图 9.12 所示。

表 9.7　仿真参数设置

名称	数值	单位
初始位置误差	0.1	(′)
初始速度误差	0.01	m/s
陀螺常值漂移	0.01	(°)/h
陀螺随机漂移	0.01	(°)/h
加速度计零偏	100	μg
加速度计随机漂移	100	μg

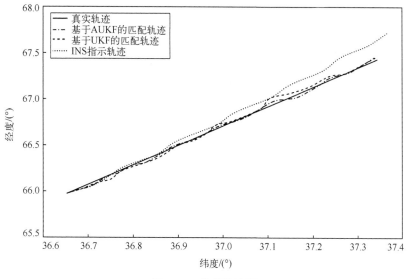

图 9.10　仿真轨迹图

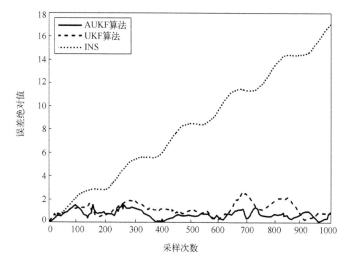

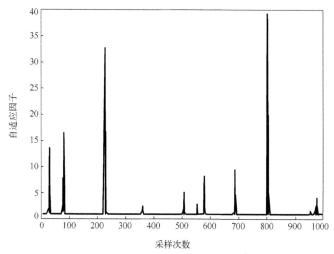

图 9.11　位置误差及自适应因子变化

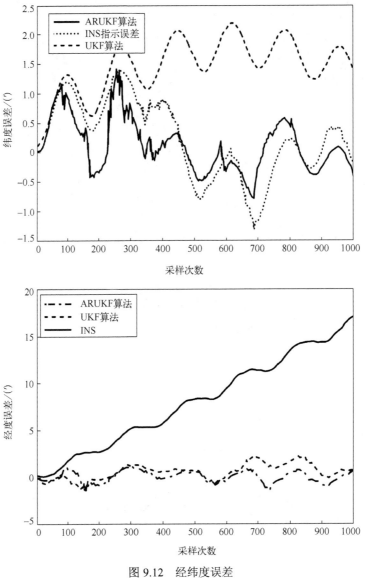

图 9.12　经纬度误差

　　根据图 9.10 可以看出，随着时间的推移，INS 曲线逐渐偏离了真实轨迹，而 UKF 和 ARUKF 算法的匹配轨迹都能很好地跟随真实轨迹。从图 9.11 中可以观察到两种算法的匹配误差，ARUKF 算法的位置匹配误差明显小于 UKF 算法。同时，自适应因子变化图也显示出，在采样次数为 32、81、229、579、688 和 803 处，自适应因子发生了显著变化（在这里显著变化指自适应因子数值超过 5）。在采样次数为 32 和 81 时，由于此时为滤波初始阶段，INS 的误差较小，同时一步预测的观测值和真实观测值的差也很小，因此这时候自适应因子起到的作用不大。在采样次数为 229 时，与图 9.8 对比可以发现，此时所处区域的重力异常特征较差，即采样点周围的重力异常值变化不明显，这就导致匹配算法在此处不能起到很好的作用，因此在这个采样点附近，误差不仅没有得到很好的抑制，反而有增长的趋势。在采样次数为 579 时，观察纬度误差曲线，可以发现在此点后纬度误差有减小的趋势，自适应因子起到了抑制误差增长的作用。在采样次数为 688 时，观察经度误差曲线，可以发现在此点后经度误差减小，自适应因子起到了抑制经度误差增长的作用。在采样次数为 803 时，经度误差基本为 0，纬度误差已经有了下降的趋势，因此在此处自适应因子只是加快了纬度误差的收敛速度。图 9.12 表示的是匹配结果的经纬度误差。两种算法匹配结果的位置和经纬度绝对误差的均值与标准差如表 9.8 所示。通过表格可以发现，UKF 算法的位置误差均值为 1.07′，ARUKF 算法的位置误差均值为 0.67′，与 UKF 相比，误差降低了 37%；UKF 算法的经度误差均值为 0.81′，ARUKF 算法经度误差均值为 0.50′，比 UKF 匹配误差降低了 38%；UKF 的纬度误差均值为 0.56′，ARUKF 算法纬度误差均值为 0.36′，精度比 UKF 提高了 35.7%。仿真结果表明，基于 ARUKF 的重力辅助惯性导航匹配算法在系统过程噪声不确定性较强和观测噪声被污染的情况下能有效降低匹配误差，取得比标准 UKF 算法更高的匹配精度。

表 9.8　误差均值和标准差

匹配算法	项目	INS	UKF	ARUKF
位置误差/(′)	均值	8.25	1.07	0.67
	标准差	4.81	0.53	0.32
经度误差/(′)	均值	7.91	0.81	0.50
	标准差	4.81	0.79	0.58
纬度误差/(′)	均值	1.45	0.56	0.36
	标准差	0.45	0.65	0.45

9.7　无迹 Kalman 滤波在 GNSS/INS 松组合导航系统中的应用

本例以无人机(UAV)基于 GNSS/INS 松组合的制导、导航和控制(GNC)系统滤波为例介绍无迹 Kalman 滤波在非线性系统滤波中的实际应用。GNC 系统硬件组成如图 9.13 所示，包括一个惯性测量单元 IMU、一块 GNSS 板，一个气压高度计和一个飞行计算机。

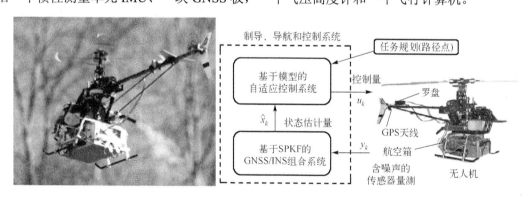

图 9.13　无人机的制导、导航与控制系统示意图

9.7.1　系统的状态方程

所建立的状态方程包括 INS 机械编排误差模型、惯性传感器误差模型，同时考虑到应用于航空电子系统的低成本 MEMS、IMU 具有较大的零偏和刻度因子误差，将这部分误差也作为状态向量。对这些误差部分的估计值将用于修正 IMU 原始的加速度计和速率陀螺的测量输

出。该系统的 16 维状态向量如下：

$$X^{\mathrm{T}} = [p^{\mathrm{T}} \quad v^{\mathrm{T}} \quad e^{\mathrm{T}} \quad a_b^{\mathrm{T}} \quad w_b^{\mathrm{T}}]^{\mathrm{T}} \tag{9.251}$$

式中，$p = [x \quad y \quad z]^{\mathrm{T}}$ 和 $v = [v_x \quad v_y \quad v_z]^{\mathrm{T}}$ 为载体在导航坐标系中的位置和速度向量；$e = [e_0 \quad e_1 \quad e_2 \quad e_3]^{\mathrm{T}}$ 为载体规范化姿态四元数；$a_b = [a_{xb} \quad a_{yb} \quad a_{zb}]^{\mathrm{T}}$ 为 IMU 的加速度计零偏向量；$w_b = [p_b \quad q_b \quad r_b]^{\mathrm{T}}$ 为 IMU 的速率陀螺零偏向量。一般地，在状态向量中除了零偏项，还可以包含分离的标度因数。实验中发现，将偏差和标度系数误差项综合作为单一的时变偏差项建模就足够了。

连续时间导航运动方程和 IMU 误差方程如下：

$$\dot{p} = v \tag{9.252}$$

$$\dot{v} = C_b^n (\bar{a} - a_{\tilde{r}_{\mathrm{IMU}}}) + [0 \quad 0 \quad 1]^{\mathrm{T}} g \tag{9.253}$$

$$\dot{e} = -\frac{1}{2} \tilde{\Omega}_{\tilde{\omega}} e \tag{9.254}$$

$$\dot{a}_b = w_{a_{b_k}} \tag{9.255}$$

$$\dot{\omega}_b = w_{\omega_{b_k}} \tag{9.256}$$

式中，$a_{\tilde{r}_{\mathrm{IMU}}}$ 为由于 IMU 没有位于载体重心而引起的杆臂效应耦合分量；C_b^n 为方向余弦矩阵，将向量由载体坐标系变换到导航坐标系。方向余弦矩阵是当前姿态四元数的非线性函数，有

$$C_b^n = (C_n^b)^{\mathrm{T}} = 2 \begin{bmatrix} 0.5 - e_2^2 - e_3^2 & e_1 e_2 - e_0 e_3 & e_1 e_3 + e_0 e_2 \\ e_1 e_2 + e_0 e_3 & 0.5 - e_1^2 - e_3^2 & e_2 e_3 - e_0 e_1 \\ e_1 e_3 - e_0 e_2 & e_2 e_3 + e_0 e_1 & 0.5 - e_1^2 - e_2^2 \end{bmatrix} \tag{9.257}$$

g 为重力加速度项；$\bar{a}$ 和 $\bar{\omega}$ 为 IMU 加速度计和陀螺速率测量输出修正掉零偏和噪声后的输出：

$$\bar{a} = \tilde{a} - a_b - n_a \tag{9.258}$$

$$\bar{\omega} = \tilde{\omega} - \omega_b - C_n^b \omega_c - n_\omega \tag{9.259}$$

在上述方程中，$\tilde{a}$ 和 $\tilde{\omega}$ 为 IMU 的原始测量输出，n_a 和 n_ω 为 IMU 加速度计和速率陀螺测量噪声项，ω_c 为在导航坐标系中测量的地球自转角速率（科氏效应）。对于小范围空间内运动的 AUV，假设导航坐标系相对于地球坐标系不变，即对于给定的在导航系中初始位置（经纬度）ω_c 为常数。$\tilde{\Omega}_{\tilde{\omega}}$ 为一个包含了修正 IMU 速率陀螺测量输出误差的 4×4 反对称矩阵：

$$\tilde{\Omega}_{\tilde{\omega}} = \begin{bmatrix} 0 & \bar{\omega}_p & \bar{\omega}_q & \tilde{\omega}_r \\ -\bar{\omega}_p & 0 & -\bar{\omega}_r & \tilde{\omega}_q \\ -\bar{\omega}_q & \bar{\omega}_r & 0 & -\tilde{\omega}_p \\ -\bar{\omega}_r & -\bar{\omega}_q & \bar{\omega}_p & 0 \end{bmatrix} \tag{9.260}$$

式（9.255）和式（9.256）对惯性传感器零偏误差项的时变特性进行建模。一般地，INS 中传感器误差用零均值的平稳一阶高斯-马尔可夫过程来建模。由于基于 MEMS 的低成本 IMU 传感器的零偏和刻度因子呈现出非零均值和非平稳特性，为了便于导航滤波器对这些时变误差

的跟踪，这些误差用随机游走来建模，这就要求这些误差的影响通过选择适当的量测模型来使得这些误差是可观测的。

位置和速度的时间更新利用如下简单的一阶欧拉公式来计算：

$$p_{k+1} = p_k + \dot{p}_k \cdot \mathrm{d}t \tag{9.261}$$

$$v_{k+1} = v_k + \dot{v}_k \cdot \mathrm{d}t \tag{9.262}$$

式中，$\dot{p}_k$ 和 $\dot{v}_k$ 用式 (9.252) 和式 (9.253) 计算，$\mathrm{d}t$ 为系统的组合时间步长 (由 IMU 的更新率来决定，如 $\mathrm{d}t = 10\mathrm{ms}$)。四元数更新方程可以通过对给出的反对称矩阵的指数解析计算进行离散化，其离散时间更新可写为

$$e_{k+1} = \exp\left(-\frac{1}{2}\tilde{\Omega} \cdot \mathrm{d}t\right)e_k \tag{9.263}$$

进一步定义

$$\Delta\phi = \bar{\omega}_p \cdot \mathrm{d}t \tag{9.264}$$

$$\Delta\theta = \bar{\omega}_q \cdot \mathrm{d}t \tag{9.265}$$

$$\Delta\psi = \bar{\omega}_r \cdot \mathrm{d}t \tag{9.266}$$

为在 $\mathrm{d}t$ 时间段载体绕载体坐标系横滚、俯仰和航向轴的实际旋转值，假设角速率 $\bar{\omega}_p$、$\bar{\omega}_q$ 和 $\bar{\omega}_r$ 在这个时间段内保持常量，可得 4×4 反对称矩阵：

$$\Phi_\Delta = \tilde{\Omega} \cdot \mathrm{d}t = \begin{bmatrix} 0 & \Delta\phi & \Delta\theta & \Delta\psi \\ -\Delta\phi & 0 & -\Delta\psi & \Delta\theta \\ -\Delta\theta & \Delta\psi & 0 & -\Delta\phi \\ -\Delta\psi & -\Delta\theta & \Delta\phi & 0 \end{bmatrix} \tag{9.267}$$

利用矩阵指数定义和 Φ_Δ 的反对称性，可以写出如下闭合形式的解：

$$\exp\left(-\frac{1}{2}\Phi_\Delta\right) = I\cos s - \frac{1}{2}\Phi_\Delta\frac{\sin s}{s} \tag{9.268}$$

式中

$$s = \frac{1}{2}\|[\Delta\phi \quad \Delta\theta \quad \Delta\psi]\| = \frac{1}{2}\sqrt{(\Delta\phi)^2 + (\Delta\theta)^2 + (\Delta\psi)^2} \tag{9.269}$$

式 (9.263) 和式 (9.268) 至少从理论上保证了更新四元数 e_{k+1} 有单位范数。可以增加一个 Lagrange 乘子到式 (9.268) 的第一个分量上，进一步保持结果四元数的数值稳定性和保持其为单位范数。最终四元数向量的时间更新如下：

$$e_{k+1} = \left[I[\cos s + \eta \cdot \mathrm{d}t \cdot \lambda] - \frac{1}{2}\Phi_\Delta\frac{\sin s}{s}\right]e_k \tag{9.270}$$

式中，$\lambda = 1 - \|e_k\|^2$ 为由数值积分误差导致的与归一化四元数误差的平方；η 为决定数值误差收敛速度的因子。这些因子可以当作上述 Lagrange 乘子来保证四元数的模依然近似于单位模。对于数值解稳定的收敛速度的约束为 $\eta \cdot \mathrm{d}t < 1$。

IMU 传感器误差的离散时间随机游走过程如下：

$$a_{b_{k+1}} = a_{b_k} + \mathrm{d}t \cdot w_{a_{b_k}} \tag{9.271}$$

$$\omega_{b_{k+1}} = \omega_{b_k} + \mathrm{d}t \cdot w_{\omega_{b_k}} \tag{9.272}$$

式中，$w_{a_{b_k}}$ 和 $w_{\omega_{b_k}}$ 为零均值高斯随机变量。

9.7.2　系统的观测方程

系统采用两个独立的传感器来辅助 INS：一个 10Hz、50ms 延迟的 GNSS 和一个气压高度计，用来根据周围的气压测量绝对高度。这些传感器的观测模型为高度非线性的，具体模型分析如下。

1. GNSS

GNSS 天线由于没有安装在载体坐标系中与 IMU 相同的位置，因此它不仅观测了载体在导航系中的位置和速度，而且还包括由于杆臂效应产生的载体相对于导航坐标系的姿态。GNSS 观测模型如下：

$$p_k^{\mathrm{GNSS}} = p_{k-N} + C_b^n \tilde{r}_{\mathrm{GNSS}} + n_{p_k} \tag{9.273}$$

$$v_k^{\mathrm{GNSS}} = v_{k-N} + C_b^n \omega_{k-N} \times \tilde{r}_{\mathrm{GNSS}} + n_{v_k} \tag{9.274}$$

式中，p_{k-N} 和 v_{k-N} 为导航坐标系下，具有时间延迟(由于传感器延迟了 N 个采样点)的三维载体位置和速度向量；$\tilde{r}_{\mathrm{GNSS}}$ 为载体坐标系下 GNSS 天线相对于 IMU 的位置；ω_{k-N} 是载体在 $k{-}N$ 时刻的实际转动角速率；n_{p_k} 和 n_{v_k} 为随机测量噪声。这里噪声是依赖于时间的，因为对于松组合 GNSS，其观测量的精度是随当前的 PDOP 值的变化并随时间变化的。由于在式 (9.273) 和式 (9.274) 中，方向余弦矩阵 C_b^n 是姿态四元数的函数，GNSS 测量不仅提供了载体的位置和速度信息，还提供了它的姿态信息，因此这样就不需要如磁罗盘或倾角传感器等绝对姿态传感器。然而，这也使 IMU 传感器误差在 GNSS 长时间失锁时不可观测，从而带来较大的 INS 漂移。

GNSS 模型方程中的时间延迟(N 个采样点)是由所有松组合 GNSS 方案中内在的 GNSS 处理时延造成的，这说明最近的 GNSS 测量与载体状态有关。若 GNSS 的时延小(大部分情况下如此)，则可以忽略。若时延较大，则在 Kalman 滤波的量测更新中要考虑该时延的影响，将时延信息融合于当前载体估计。

2. 气压高度计

周围环境气压提供了一个准确的海拔信息。重要的误差源包括传感器量化误差和测量噪声。采用具有 0.6m 分辨率的高精度气压高度计。假设测量噪声为零均值高斯白噪声。考虑这些影响的观测模型为

$$z_k^{\mathrm{alt}} = -\frac{1}{\varphi} \ln \left[\frac{\rho_0^q \left\lfloor (\rho_0 \exp(\varphi \cdot z_k) + n_{za}) / \rho_0^q \right\rfloor}{\rho_0} \right] \tag{9.275}$$

式中，z_k^{alt} 为向下取整函数；ρ_0 为海平面名义气压值；$\varphi = 1.16603 \times 10^{-4}\,\mathrm{psi/m}$ 为气压下降率常数，$1.16603 \times 10^{-4}\,\mathrm{psi/m}$ 为在导航坐标系下载体当前 z 轴的位置；z_k 为气压高度计的气压量

化分辨率（ρ_0^q），该模型不仅是状态的非线性函数，而且测量噪声也通过一个非加性方式影响了输出高度测量。在该模型上应用无迹 Kalman 滤波相比 EKF 不仅允许一个更简化的实现（不需要计算解析的微分），而且会得到更精确的估计结果。

9.7.3　基于无迹 Kalman 滤波的传感器时延补偿

为松组合 GNSS/INS 系统建立状态估计的一个大问题是处理 GNSS 的内在测量时延。如前所述，GNSS 存在一个有限的处理时延。这代表了当前 GNSS 读数实际上对应于过去某点载体的位置和速度状态。对于低成本、低精度 GNSS 系统，这个时延可能达到数秒，从而当这些测量在 Kalman 滤波中与当前载体状态预报融合时会带来严重的问题。如果完全忽略这个时延问题，之前的方法或者存储了在时延中所有的状态估计和观测，然后当时延的观测量最终到达时，重新运行完整的滤波，或者基于系统的线性化近似对状态估计应用累加修正项。第一种方法由于需要大量的计算来保证精度，从而难以应用于实时系统；而第二种方法，如果系统处理和测量方程的非线性极为严重则会非常不精确。

基于无迹 Kalman 滤波（UKF）的导航滤波，可以用一种新的基于精确的保持不同时间相关交叉协方差阵的方式来处理时延问题。需要建立一个改进的 Kalman 增益阵，该增益阵被用来融合状态的当前预报和与先验（时滞的）系统状态有关的观测。系统处理模型通过不同时间保持的先验系统状态进行增广。观测模型同样适于联系当前 GNSS 观测与滞后的（而不是保持的）状态。修正增益项也在无迹 Kalman 滤波中被自动计算。UKF 允许这样的简单解是由于当计算相关后验统计时不需要线性化系统方程。

9.7.4　实验与结果分析

本部分通过仿真实验和实际自主飞行实验对比 UKF 与 EKF 在 GNSS / INS 中的应用系统与同样系统的 EKF 实现。第一部分实验全部通过仿真实验基于高真实度的 UAV 仿真平台进行仿真。所有相关传感器（如 IMU、GNSS、高度计等）以及所有的执行机构均被精确地建模，包括 GNSS 时延、IMU 零偏和漂移误差。仿真实验的目的是在一个真实状态信息已知的可控的（可重复的）环境中对比新的 UKF 方法与现有的 EKF 方法。这样可以得到客观的估计精度对比。

飞行实验是通过对实际自主飞行的 UAV 自动测量记录并利用真实的飞行数据来进行的。在该实验中，尽管真实信息不是已知的，不能判断绝对精度，但仍然能得到基于 UKF 与 EKF 直接的性能对比，同时对实际中出现的 GNSS 信号失锁现象也进行了研究。

1. 仿真实验

第一个仿真实验提供了 EKF、无时延补偿的 UKF 和带有时延补偿的 UKF 的定量对比。UAV 在仿真中沿着一条复杂轨迹飞行，图 9.14 显示了该飞行计划轨迹的三维表示，UAV 的真实姿态重叠于特定的时间段。仿真飞行包括各种复杂的演习，如快速拉升盘旋、8 字形、分裂 S 形等。对于该实验，没有使飞行控制系统闭环。也就是说，控制系统使用了真实已知的载体状态来在线计算控制规律。UKF 或 EKF 估计的状态没有反馈给控制系统。这是为了保证在进行不同估计器性能对比时，UAV 严格按照相同的飞行方式。

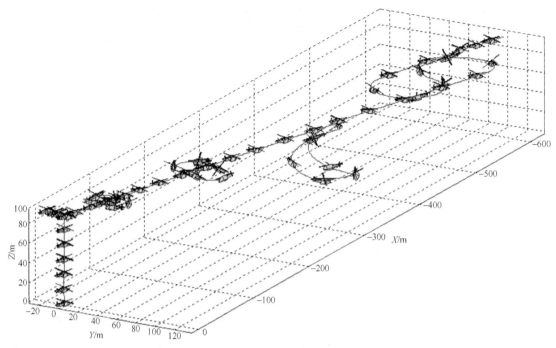

图 9.14　状态估计实验中的 UAV 轨迹仿真

　　表 9.9 对比了三种不同状态估计的平均均方根估计误差。相比于 EKF，其余两种算法的括号中给出了两个 UKF 估计的相对误差减少百分比。无时延补偿的 UKF 能够减少三维位置和速度估计误差约 10%，减少横滚角、俯仰角估计误差约 20%。

表 9.9　UAV 状态估计结果

算法	平均 RMS 误差				
	位置/m	速度/(m/s)	姿态角/(°)		
			横滚	俯仰	航向
EKF	2.1	0.57	0.25	0.32	2.29
UKF（无时延补偿）	1.9(10%)	0.52(9%)	0.20(20%)	0.26(19%)	1.03(55%)
UKF（有时延补偿）	1.4(33%)	0.38(33%)	0.17(32%)	0.21(34%)	0.80(65%)

　　表 9.9 中显示了图 9.14 模拟飞行中 EKF、无时延补偿的 UKF 以及有时延补偿的 UKF 的平均（对于完整的飞行轨迹）均方根（RMS）估计误差。所有滤波相对于 EKF 的估计误差的减小百分比如表 9.9 括号中所示。

　　相比 EKF，无时延补偿的 UKF 对于航向角的估计改进最大（为 55%）。有时延补偿的 UKF 更是减少了约 33% 的位置、速度、横滚、俯仰角误差，减小最多的也是航向角误差，为 65%。利用不同的初始条件、观测噪声以及不同的飞行轨迹多次重复该实验，所有的结果都一致表明了不同估计器与该实验同样的相对性能。

　　图 9.15 中上面两幅图显示了位置和速度估计误差，下面三幅图显示了欧拉角估计误差。和前面一样，UKF 对航向角估计误差的改进最大，明显好于 EKF。图 9.15 表明 EKF 在开始飞行的 80s 有一个较大的航向估计误差。这是因为 IMU 偏差估计有较大的初始误差。尽管

EKF 和 UKF 利用同样的初始状态估计来进行初始化，UKF 能够更快更准确地收敛到 IMU 真实测量偏差。这个结果已由 Shin 利用飞行中的 IMU 对准实验独立地确认了。这会使欧拉角估计更加精确。尽管对于 UKF 在整个轨迹中均航向角估计误差的改进为 65%，该数值并没有精确地反映期望的在偏差收敛后的 UKF 的稳态性能。在该时段，偏差收敛后($t>80$s)的平均误差改进为 43%。UKF 对于 EKF 的横滚角、俯仰角和航向角估计稳态误差改进分别为 32%、34%和 43%。

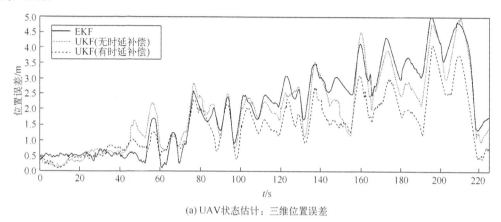

(a) UAV状态估计：三维位置误差

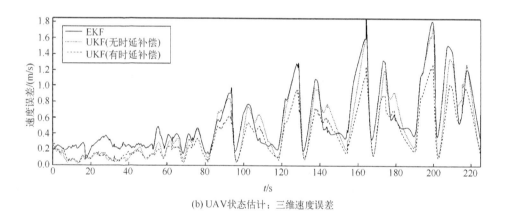

(b) UAV状态估计：三维速度误差

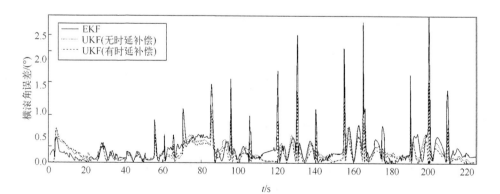

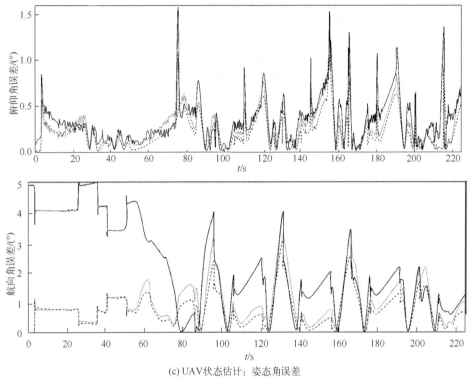

(c) UAV状态估计：姿态角误差

图 9.15   状态估计结果

从图 9.15(c) 中的欧拉角估计能够注意到的另一个性能特点是：EKF 估计误差图中经常有高的尖峰。这与进攻性演习(倾斜、转弯、快速爬升等)相符，因为在这些情况下载体会出现非线性响应。EKF 的线性化误差会因此在这些时刻变得更加剧烈而导致较差的估计性能和增长的估计误差，然而 UKF 能够有效处理这种增长的非线性。

在第二部分的仿真实验中，通过反馈估计状态到 SDRE 控制系统使 GNC 系统达到闭环。换言之，载体控制命令将不是通过 EKF 或 UKF 产生的估计函数，并且不是真实的载体状态。这在仿真中模拟了真实的估计与控制系统的互相依赖，而在真实的完全自主飞行中的硬件也会发生这种情况。UAV 被命令做一个进攻性的高速机头向里的转弯。该演习需要 UAV 沿着虚构的圆形轨迹飞行，同时使它的机头一直精确地指向圆心。这需要精确的位置、速度特别是航向角估计值以使载体以给定的姿态按照给定的计划飞行。

图 9.16 显示了该实验中 EKF 和 UKF 的结果。期望的飞行轨迹用实线标示，真实轨迹为 ·+·，估计轨迹为 ·o·。UAV 的真实姿态通过载体自身沿着飞行轨迹来表现。显然对于 UKF，估计轨迹不仅接近真实轨迹(有小的估计误差)，而且真实轨迹也接近给定轨迹，从而表现出良好的控制性能。根据以上标准，EKF 的结果则表现出较差的性能。同样从图中可以看到，UKF 系统比 EKF 系统有更好的航向角跟踪性能。使用 EKF 的 UAV 表现为机头不是一直指向真实的给定圆心，UKF 系统则表现出更好的估计和航向姿态的修正。

2. 真实飞行数据实验

图 9.17 显示了基于 UKF 与 EKF 系统真实飞行自动测量记录的估计结果。UAV 在领航制

导下飞行到一个特定高度，在该点，系统转换为完全自主飞行。自主飞行的计划轨迹如下：UAV 抬升并按照一个复杂的 S 形扫过方式，直到盘旋高度大约为 50m。在该点它盘旋数秒后尝试按水平正方形轨迹飞行。在完成后，它又盘旋数秒，然后降落。因为此时没有真实信号来进行绝对误差比对，需要评估更多主观项的结果。出于该目的，一个从上到下(二维)的估计结果的投影是非常有帮助的，见图 9.18。

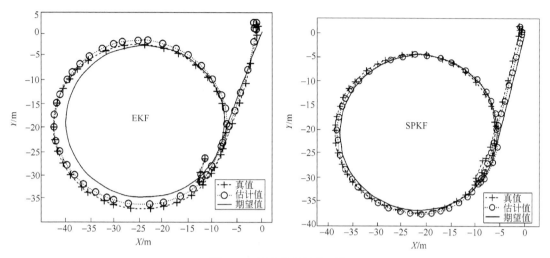

图 9.16　闭环控制性能对比

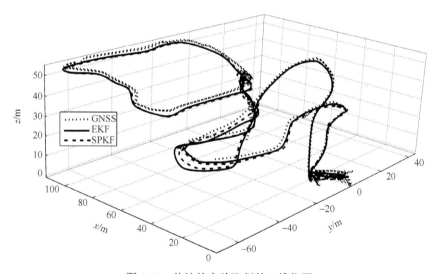

图 9.17　估计的实验飞行的三维位置

　　注意到在领航员制导上升到盘旋高度(S 形曲线)时，GNSS 有大量失锁点。显然在失锁时段，UKF 能够更加精确地跟踪假定的真实轨迹。EKF 产生的位置估计在 GNSS 估计可用之前有不稳定的跳变，见图 9.18 坐标(60，-40)处。该误差是由 INS 结果(由偏差补偿后 IMU 陀螺和加速度计数据给出)在 GNSS 停机时段产生漂移的内在本质决定的。因为在这些时段 UKF 比 EKF 有更加准确的时间更新，以及更准确的跟踪 IMU 偏差，UKF 的估计结果在 GNSS 失锁时更具有鲁棒性。

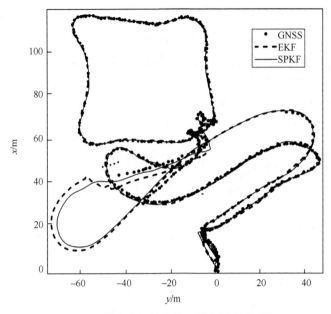

图 9.18　实验飞行的估计二维位置(顶视图)

思　考　题

1. UKF 的基本思想是什么？UKF 与 EKF 相比都有哪些优点？
2. 怎么利用 UKF 进行状态估计？
3. UKF 都有哪些应用？

第 10 章　粒 子 滤 波

　　EKF 和 UKF 都是递推滤波算法，其基本思想是通过采用参数化的解析形式对系统的非线性进行近似，而且都是基于高斯噪声假设。在实际情况中，非线性、非高斯随机系统估计问题更具普遍意义，解决这一问题的一种有效方法是以非参数化的 Monte-Carlo 模拟为特色的粒子滤波(PF)。粒子滤波是英国学者 Gordon、Salmond 等在 1993 年提出的，它是一种基于 Bayes 估计原理的序贯 Monte-Carlo 模拟方法，其核心是利用一些随机样本(粒子)来表示系统随机变量的后验概率密度，以得到基于物理模型的近似最优数值解，而不是对近似模型进行最优滤波，适用于强非线性、非高斯噪声系统模型的滤波。

　　Kalman 滤波是 Bayes 估计在线性条件下的实现形式，而粒子滤波是 Bayes 估计在非线性条件下的实现形式。Bayes 估计的主要问题是先验和后验概率密度不易获取，而粒子滤波采用样本形式而不是以函数形式对先验信息和后验信息进行描述。如何得到后验概率分布的样本是粒子滤波的关键，其基本思路是选取一个重要性概率密度来得到后验概率分布的带有相关权值的随机样本(粒子)，然后在测量的基础上，调节权值的大小和粒子的位置，当粒子数非常大时，概率估计将等同于后验概率密度，从而得到状态的估值。

　　与 EKF、UKF 等基于逼近方法的滤波器相比，粒子滤波的优点是它不依赖任何局部的线性化技术，也不使用任何非线性函数逼近方法。粒子滤波具有的这种灵活性是以牺牲一定的计算量为代价的。不过，随着计算机技术的发展，粒子滤波器进行随机模拟所需的计算能力已不再成为在工程实践中应用这种滤波方法的障碍，已有文献已经报告了粒子滤波器在化学工程、计算机视觉、计量经济学、目标跟踪、机器人学、导航等很多领域的成功应用。

10.1　经典粒子滤波

10.1.1　隐马氏模型与 Bayes 推断

　　考虑离散马氏过程 $\{X_n\}_{n\geqslant 1}$，其初始分布与条件概率转移分布满足：

$$X_1 \sim \mu(x_1), \quad X_n \mid (X_{n-1} = x_{n-1}) \sim f(x_n \mid x_{n-1}) \tag{10.1}$$

式中，$\mu(x_1)$ 表示 X_1 初始分布的密度函数；$f(x_n \mid x_{n-1})$ 表示 X_n 在 $X_{n-1} = x_{n-1}$ 时的条件概率分布密度函数。假设给定 $\{X_n\}_{n\geqslant 1}$ 时，观测 $\{Y_n\}_{n\geqslant 1}$ 关于过程 $\{X_n\}_{n\geqslant 1}$ 相互条件独立，其条件概率转移分布满足：

$$Y_n \mid (X_n = x_n) \sim g(y_n \mid x_n) \tag{10.2}$$

上述模型称为隐马氏模型(Hidden Markov Model，HMM)或广义状态空间模型(State Space Model，SSM)，在该模型中，只有序列 $\{Y_n\}_{n\geqslant 1}$ 可以观测，不能直接获得状态 X_n 的信息。人们希望通过观测的信息，在已知观测序列的条件下，能够对状态的统计特性或概率分布进行估计。以下列出几个简单的 HMM 的例子。

例 10.1 有限状态 HMM。该模型中，状态 X_i 取值于集合 $\{1,2,\cdots,k\}$，初始状态与状态转移满足：

$$\Pr(X_1 = k) = \mu(k), \quad \Pr(X_n = k \mid X_{n-1} = l) = f(k \mid l)$$

而状态 X_n 到观测 Y_n 的条件转移概率分布可任意给定。该类模型可在许多领域（如遗传学、生物统计、信号处理、计算机科学等）中找到实例。

例 10.2 线性高斯模型。状态和观测满足方程

$$X_n = AX_{n-1} + BV_n$$
$$Y_n = CX_{n-1} + DW_n$$

式中，$X_1 \sim N(0,\Sigma)$；$V_n \sim N(0, I_{n_v})$ 独立同分布；$W_n \sim N(0, I_{n_w})$ 独立同分布。在该模型中可推得 $\mu(x) = N(x;0,\Sigma)$，$f(x' \mid x) = N(x'; Ax, BB^{\mathrm{T}})$，$g(y \mid x) = N(y; Cx, DD^{\mathrm{T}})$。这里 $N(x;\mu,\Sigma)$ 代表自变量为 x、期望为 μ、方差阵为 Σ 的正态分布的概率密度函数。该模型广泛应用于目标跟踪、信号处理、导航、信息融合等领域中。

下面讨论 HMM 的 Bayes 推断。由式 (10.1) 可知，过程 $\{X_n\}_{n \geq 1}$ 的后验概率分布为

$$p(x_{1:n}) = \mu(x_1) \prod_{k=2}^{n} f(x_k \mid x_{k-1})$$

同时，式 (10.2) 定义了一个似然函数：

$$p(y_{1:n} \mid x_{1:n}) = \prod_{k=1}^{n} g(y_k \mid y_{k-1})$$

因此，给定观测 $Y_{1:n} = y_{1:n}$ 时，对 $X_{1:n}$ 进行 Bayes 推断，可得后验概率分布：

$$p(x_{1:n} \mid y_{1:n}) = \frac{p(x_{1:n}, y_{1:n})}{p(y_{1:n})} = \frac{p(x_{1:n}) p(y_{1:n} \mid x_{1:n})}{\int p(x_{1:n}, y_{1:n}) \mathrm{d}x_{1:n}}$$

其中

$$p(x_{1:n}, y_{1:n}) = p(x_{1:n}) p(y_{1:n} \mid x_{1:n})$$

$$p(y_{1:n}) = \int p(x_{1:n}, y_{1:n}) \mathrm{d}x_{1:n}$$

有了 $p(x_{1:n} \mid y_{1:n})$，在已知观测 $Y_{1:n} = y_{1:n}$ 时，自然就可以计算关于状态 X_n 的任何统计特性，如期望、方差等。

针对前面所举的典型例子，做一些简单讨论。对于例 10.1 的有限状态 HMM，$p(y_{1:n})$ 涉及的积分将可直接表示为有限和的形式，从而前述公式中涉及的所有（离散）概率分布都可以精确地计算出来。对于例 10.2 的线性高斯模型，由高斯正态分布的特性，计算可知 $p(x_{1:n} \mid y_{1:n})$ 也是一个高斯正态分布，其均值和方差恰恰可以由标准 Kalman 滤波给出。

对于一般的非线性、非高斯 HMM，通常不可能给出前述公式中各概率分布的解析形式，因而将不可避免地求助于数值计算方法。粒子滤波技术就是一类基于随机模拟的灵活而强有力的方法，它通过产生随机样本来近似后验条件概率分布 $p(x_{1:n} \mid y_{1:n})$ 和计算 $p(y_{1:n})$。这类方法在一定意义上可以认为是序贯 Monte-Carlo 算法的特例。"序贯"就是指：在第 1 步，希望逼近 $p(x_1 \mid y_1)$ 和 $p(y_1)$；第 2 步，在第 1 步基础上，希望逼近 $p(x_{1:2} \mid y_{1:2})$ 和 $p(y_{1:2})$；依次类推。

前面给出了(联合)后验条件概率分布 $p(x_{1:n}|y_{1:n})$ 的公式,下面讨论边缘后验条件概率分布 $p(x_n|y_{1:n})$。这类问题具有更明显的实际背景:从某种意义上讲,可以认为这类问题相当于"跟踪问题"——在获知有噪声干扰的观测基础上如何对系统当前"位置"(状态)保持跟踪。事实也恰恰如此,该类背景是粒子滤波技术得到应用最多的一个领域。

根据 HMM,可将联合后验概率分布 $p(x_{1:n},y_{1:n})$ 写成递推形式:

$$p(x_{1:n},y_{1:n}) = p(x_{1:n-1},y_{1:n-1})f(x_n|x_{n-1})g(y_n|x_n)$$

相应地,后验条件概率分布 $p(x_{1:n}|y_{1:n})$ 可表达成如下递推形式:

$$p(x_{1:n}|y_{1:n}) = p(x_{1:n-1}|y_{1:n-1}) \cdot \frac{f(x_n|x_{n-1})g(y_n|x_n)}{p(y_n|y_{1:n-1})}$$

其中

$$p(y_n|y_{1:n-1}) = \int p(x_{n-1}|y_{1:n-1})f(x_n|x_{n-1})g(y_n|x_n)\mathrm{d}x_{n-1:n}$$

因此,可得

$$p(x_{1:n}|y_{1:n}) = \frac{p(x_{1:n-1}|y_{1:n-1})f(x_n|x_{n-1})g(y_n|x_n)}{\int p(x_{1:n-1}|y_{1:n-1})f(x_n|x_{n-1})g(y_n|x_n)\mathrm{d}x_{n-1:n}}$$

然后,只要对 $p(x_{1:n}|y_{1:n})$ 关于 $x_{1:n-1}$ 求积分,可得

$$p(x_n|y_{1:n}) = \frac{p(x_n|y_{1:n-1})g(y_n|x_n)}{p(y_n|y_{1:n-1})} \tag{10.3}$$

其中

$$p(x_n|y_{1:n-1}) = \int f(x_n|x_{n-1})p(x_{n-1}|y_{1:n-1})\mathrm{d}x_{n-1} \tag{10.4}$$

综上,将式(10.4)代入式(10.3),可得递推关系:

$$p(x_n|y_{1:n}) = \frac{g(y_n|x_n)\int f(x_n|x_{n-1})p(x_{n-1}|y_{1:n-1})\mathrm{d}x_{n-1}}{\int p(x_{n-1}|y_{1:n-1})f(x_n|x_{n-1})g(y_n|x_n)\mathrm{d}x_{n-1:n}}$$

这就意味着边缘后验条件概率分布 $p(x_n|y_{1:n})$ 也可以"序贯"给出。这样,边缘似然函数 $p(y_{1:n})$ 就可以按下式给出:

$$p(y_{1:n}) = p(y_1)\prod_{k=2}^{n} p(y_k|y_{1:k-1})$$

10.1.2 重要性采样

为介绍序贯 Monte-Carlo 算法,先介绍重要性采样的基本思想,它可以用于估计前面公式中涉及的各个积分。假设随机变量 $\xi \sim p(x)$,$G(x)$ 为任意函数,那么期望 $E[G(\xi)]$ 可表达为积分形式:

$$E[G(\xi)] = \int G(x)p(x)\mathrm{d}x$$

为用随机模拟方法计算该积分,可以选取一个建议分布 $q(x)$(称为重要性密度函数),满足

$\int q(x)\mathrm{d}x = 1$ 且其支集包含 $p(x)$ 的支集，也就是说，若 $p(x) > 0$，则 $q(x) > 0$。令重要性权重 $w(x) = \dfrac{p(x)}{q(x)}$。根据分布 $q(x)$ 随机产生 N 个独立同分布的样本 $\{\xi^{(1)}, \xi^{(2)}, \cdots, \xi^{(N)}\}$，由大数定律可知

$$E[G(\xi)] = \int G(x)w(x)q(x)\mathrm{d}x \approx \frac{1}{N}\sum_{i=1}^{N}G(\xi^{(i)})w(\xi^{(i)})$$

这一结果还可理解为

$$E[G(\xi)] = \int G(x)p(x)\mathrm{d}x \approx \int G(x)\hat{p}_N(x)\mathrm{d}x \overset{\text{def}}{=} \hat{I}_N(G)$$

其中，分布 $p(x)$ 可用另一个分布 $\hat{p}_N(x)$ 来近似：

$$\hat{p}_N(x) = \sum_{i=1}^{N}W^{(i)}\delta(x - \xi^{(i)})$$

其中

$$W^{(i)} = \frac{w(\xi^{(i)})}{\displaystyle\sum_{j=1}^{N}w(\xi^{(j)})} \propto w(\xi^{(i)})$$

特别地，如果取 $q(x) = p(x)$，有 $W^{(i)} = \dfrac{1}{N}$，这时就得到最基本的 Monte-Carlo 模拟。通过适当选取 $q(x)$，可以使得估计 $\hat{I}_N(G)$ 的方差减小。可以证明，使得 $\hat{I}_N(G)$ 的方差最小的最优重要性密度函数是

$$q^{*}(x) = \frac{|G(x)|\,p(x)}{\int |G(x)|\,p(x)}$$

即对 $|G(x)|\,p(x)$ 进行归一化。

10.1.3　序列重要性采样

　　粒子滤波的基本思想是通过 Monte-Carlo 方法，利用随机采样和样本的权重近似状态的概率分布获得状态估计，达到滤波的目的。按照前面的介绍，概率密度函数可以通过抽取样本，并加权求和来近似，但现实中通常不可能直接根据后验概率密度函数 $p(x_k | y_{1:k})$ 抽取样本。序列重要性采样(Sequential Importance Sampling，SIS)算法是一种通过 Monte-Carlo 方法模拟实现递推 Bayes 滤波器的技术，其核心思想是利用系统随机样本的加权来表示所需的后验概率密度，并利用这些样本和权值得到状态的估计值。当样本数目足够大时，其统计特性与后验概率密度的函数表示等价，从而 SIS 滤波器接近最优的 Bayes 估计。

　　假设系统的状态转移是一个马尔可夫过程，观测值只依赖于当前的状态，即

$$p(x_{0:k}) = \prod_{i=1}^{k}p(x_i | x_{i-1})$$

$$p(y_{1:k} \mid x_{0:k}) = \prod_{i=1}^{k} p(y_i \mid x_i)$$

例如，考虑非线性系统模型：

$$\begin{cases} x_k = f(x_{k-1}, u_k, v_k) \\ y_k = h(x_k, n_k) \end{cases}$$

其中，该非线性系统状态的马尔可夫过程概率密度分布 $p(x_k \mid x_{k-1})$ 由 $f(\cdot)$ 和过程噪声分布 $p(v_k)$ 决定；观测向量的概率密度分布 $p(y_k \mid x_k)$ 由 $h(\cdot)$ 和过程噪声分布 $p(n_k)$ 决定。非线性系统的概率密度分布函数图解模型如图 10.1 所示。

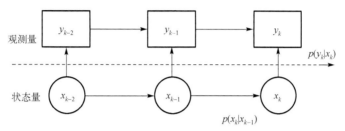

图 10.1　非线性系统的概率密度分布函数图解模型

SIS 算法的基本思想是用一组代表后验概率密度函数 $p(x_{0:k}^{(i)} \mid y_{1:k})$ 带有权重系数的粒子 $\{(w_k^{(i)}, x_k^{(i)}) : i = 1, 2, \cdots, N\}$ 来逼近分布 $p(x_{0:k} \mid y_{1:k})$：

$$p(x_{0:k} \mid y_{1:k}) \approx \sum_{i=1}^{N} w_k^{(i)} \delta(x_{0:k} - x_{0:k}^{(i)})$$

其中，权重系数 $w_k^{(i)}$ 是随机粒子 $x_k^{(i)}$ 相应的归一化权值，即 $\sum_{i=1}^{N} w_k^{(i)} = 1$。由于 $p(x_{0:k} \mid y_{1:k})$ 很难采样，所以用重要性函数 $q(x_{0:k} \mid y_{1:k})$ 采样。假设样本是从重要性密度函数 $q(x_{0:k} \mid y_{1:k})$ 上抽取，那么权值可以定义为

$$w_k^{(i)} \propto \frac{p(x_{0:k}^{(i)} \mid y_{1:k})}{q(x_{0:k}^{(i)} \mid y_{1:k})}$$

回到序列环境，在每一步迭代时，已经得到样本的近似 $p(x_{0:k-1} \mid y_{1:k-1})$，需要构造新的一组样本近似 $p(x_{0:k} \mid y_{1:k})$，如果选择的重要性函数可做如下分解：

$$q(x_{0:k} \mid y_{1:k}) = q(x_k \mid x_{0:k-1}, y_{1:k}) q(x_{0:k-1} \mid y_{1:k-1})$$

并且将 $p(x_{0:k} \mid y_{1:k})$ 分解为

$$p(x_{0:k} \mid y_{1:k}) = \frac{p(y_k \mid x_k) p(x_k \mid x_{k-1})}{p(y_k \mid y_{1:k-1})} p(x_{0:k-1} \mid y_{1:k-1})$$

$$\propto p(y_k \mid x_k) p(x_k \mid x_{k-1}) p(x_{0:k-1} \mid y_{1:k-1})$$

则可得权值更新公式：

$$w_k^{(i)} \approx w_{k-1}^{(i)} \frac{p(y_k \mid x_k^{(i)}) p(x_k^{(i)} \mid x_{k-1}^{(i)})}{q(x_k^{(i)} \mid x_{k-1}^{(i)}, y_k)}$$

从而，后验概率密度的加权近似为

$$p(x_k \mid y_{1:k}) \approx \sum_{i=1}^{N} w_k^{(i)} \delta(x_k - x_k^{(i)})$$

以上算法给出了递推计算重要性权值的方法。

　　重要性密度函数 $q(x_{0:k} \mid y_{1:k})$ 的选取是一个非常关键的问题，选取原则之一是使得重要性权值的方差最小。按方差最小原则，可推知最优的重要性密度函数是

$$q(x_{0:k} \mid y_{1:k}) = p(x_k \mid x_{0:k-1}, y_{1:k})$$

但这种选择方法在实际中往往难以实现。从实际应用角度来看，多采用

$$q(x_{0:k} \mid y_{1:k}) = p(x_k \mid x_{k-1})$$

这种方法，尽管它不是最优的，但较容易实现。这种用状态转移概率作为重要性函数的粒子滤波器也称为 bootstrap 滤波器。

　　由上所述，SIS 算法随着量测序列的逐步前进，由采样粒子和权值的递推传播组成。这一算法的一个伪码描述由算法 10.1 给出。

算法 10.1　SIS 粒子滤波 $[\{x_k^{(i)}, w_k^{(i)}\}_{i=1}^{N}] = \text{SIS}[\{x_{k-1}^{(i)}, w_{k-1}^{(i)}\}_{i=1}^{N}, y_k]$

For $i = 1, 2, \cdots, N$

　　抽取 $x_k^{(i)} \sim q(x_k^{(i)} \mid x_{k-1}^{(i)}, y_k)$;

　　更新粒子权值 $w_k^{(i)}$;

End For

10.1.4　重采样法

　　SIS 粒子滤波算法的一个最大问题是退化现象，即随着时间的增加，重要性权值有可能集中在少数粒子上。注意到

$$w_k^{(i)} \propto \frac{p(x_k \mid y_k)}{q(x_k \mid y_k)}$$

当用重要性函数代替后验概率分布作为采样函数时，理想情况是重要性函数非常接近后验概率分布，也就是说希望重要性函数的方差接近于 0，即

$$\text{Var}_{q(\cdot \mid y_k)}\left[\frac{p(x_k \mid y_k)}{q(x_k \mid y_k)}\right] = \text{Var}_{q(\cdot \mid y_k)}(w_k) = 0$$

　　但可以证明，重要性权值的方差随着时间递增而增大，因此重要性权重方差的增长给采样的准确性带来很大的影响，它经常使得粒子的权重聚集到少数粒子上，甚至在迭代若干步后，可能只有一个粒子有非零权值，结果使粒子集无法表达实际的后验概率分布，这就是粒子集的退化。这种退化就意味着大量的计算都用来更新粒子，而这些粒子对逼近 $p(x_{0:k} \mid y_{1:k})$ 的贡献几乎为零。

　　特别是针对最常用的 bootstrap 滤波器，由于它没有利用对系统状态的最新量测，粒子严重依赖于模型，故与实际后验分布产生的样本偏差较大。尤其量测数据出现在转移概率的尾

部或似然函数与转移概率相比过于集中(呈尖峰型)时，这种粒子滤波器有可能失效，这种情况在高精度的量测场合经常遇到。

退化问题在粒子滤波中是一个需要解决的问题，一种简单方法就是采用非常大的样本容量 N，而在许多情况下这是不现实的。因此，在应用粒子滤波方法解决退化问题时，正确的方法是引导粒子向高似然区域移动，基本思想如图 10.2 所示。先在此介绍最常用的重采样方法，之后介绍优选重要性密度函数法。

针对粒子退化问题，Gordon 等提出了重采样方法，正是因为这一方法的引入，解决了经典蒙特卡罗方法的粒子匮乏问题，使得粒子滤波算法获得新生。重采样算法的思想是通过对粒子和相应权值表示的概率密度函数重新采样，增加权值较大的粒子数，减少权值较小的粒子数。重采样过程是粒子滤波的一个重要环节，很多学者在这方面做了大量的工作，提出了各种重采样算法，包括多项式采样算法、残差采样算法、最小方差采样算法、遗传算法、进化算法等。

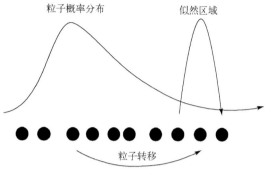

图 10.2　引导粒子向高似然区域移动

重采样算法虽然改善了粒子匮乏现象，但是也降低了粒子的多样性。因此重采样的使用要依据一些准则，目前常用的一个准则是有效样本容量，它定义为

$$N_{\text{eff}} = \frac{N}{1 + \text{Var}(\overline{w}_k^{(i)})} \tag{10.5}$$

式中，$\overline{w}_k^{(i)} = p(x_k^{(i)} \mid y_{1:k}) / p(x_k^{(i)} \mid x_{k-1}^{(i)}, y_k)$ 为"真权值"。这个有效样本容量不能严格地计算得到，但可以用式(10.6)估计：

$$\hat{N}_{\text{eff}} = \frac{1}{\sum_{i=1}^{N} (w_k^{(i)})^2} \tag{10.6}$$

式中，$w_k^{(i)}$ 是由权值更新公式定义的归一化权值。

注意 $\hat{N}_{\text{eff}} \leqslant N$，而很小的 $\hat{N}_{\text{eff}}$ 就意味着严重退化。因此，可以设定一个阈值 N_{th}，如果 $\hat{N}_{\text{eff}} < N_{\text{th}}$，就采用重采样算法，重采样后的所有粒子的权值被赋予相同的值。

下面介绍典型的重采样算法。该方法的主要思想是，在粒子集退化严重时，在重要性采样的基础上，加入重采样，以淘汰权值低的粒子，而集中于权值高的粒子，从而限制退化现象。重采样过程是对于给定的概率密度函数的近似离散表示：

$$p(x_k \mid y_{1:k}) \approx \sum_{i=1}^{N} w_k^{(i)} \delta(x_k - x_k^{(i)})$$

重采样方法对每个粒子 $x_k^{(i)}$ 按其权值生成 N_i 个副样本，并使得 $\sum N_i = N$，若有 $N_i = 0$，则该粒子被淘汰。通过重采样(包括重替换)产生一个新的样本集合 $\{x_k^{(i)}\}_{i=1}^{N}$，于是 $P(x_k^{(i)} = x_k^{(j)})$

$= w_k^{(j)}$。事实上，这样产生的一个样本是一个独立同分布的样本集，而且每个粒子的权值置为 $w_k^{(i)} = 1/N$。利用基于序统计的算法，对有序的均匀分布进行采样，按 $O(N)$ 的运算量实现这一算法是完全可能的。注意，其他有效的重采样方法，如分层重采样和残差重采样，可以作为这一算法的替换算法，下面给出具体的算法 10.2。对于每个采样粒子 $w_k^{(i)}$，这种重采样算法也要存储其父代指标，记为 $i^{(j)}$。

算法 10.2　重采样算法 $[\{x_k^{(j)}, w_k^{(j)}, i^{(j)}\}_{j=1}^N] = \text{Resample}[\{x_k^{(i)}, w_k^{(i)}\}_{i=1}^N]$

---

(1) 初始化。累积分布函数 cdf：$c_0 = 0$

(2) For　$i = 1, 2, 3, \cdots, N$

　　　　构造 cdf：$c_i = c_{i-1} + \lambda_k^{(i)}$

　　End For

(3) 由 cdf 的底部开始启动：$i = 1$

(4) 抽取起始点：$u_0 \sim U[0, 1/N]$

(5) For　$j = 1, 2, 3, \cdots, N$

(6)　　　沿 cdf 移动：$u_i = u_1 + (j-1)/N$

(7)　　　While　$u_j > c_j, i = i + 1$

　　　　　　End While

　　　设定样本值：$w_k^{(j)} = w_k^{(i)}$

　　　设定权值：$w_k^{(j)} = 1/N$

　　　设定父代：$i^{(j)} = i$

(8) End For

综上，可得到一种一般的粒子滤波算法，其伪码表示如下。

算法 10.3　一般的粒子滤波算法 $[\{x_k^{(j)}, w_k^{(i)}\}_{j=1}^N] = \text{PF}[\{x_{k-1}^{(i)}, w_{k-1}^{(i)}\}_{i=1}^N, y_k]$

---

(1) For　$i = 1, 2, 3, \cdots, N$

　　　　抽取粒子 $x_k^{(i)} \sim q(x_k \mid x_{k-1}^{(i)}, y_k)$

　　　　按粒子权重更新公式计算粒子权值 $w_k^{(i)}$

(2) End For

(3) 计算总权值：$\lambda = \text{SUM}(w_k^{(i)})_{i=1}^N$

(4) For　$j = 1, 2, 3, \cdots, N$

　　　$w_k^{(i)} \leftarrow w_k^{(i)}/\lambda$

(5) End For

(6) 按式 (10.6) 计算 $\hat{N}_{\text{eff}}$

(7) If　$\hat{N}_{\text{eff}} < N_{\text{th}}$

　　　按算法 10.2 重采样 $[\{x_k^{(j)}, w_k^{(j)}, i^{(j)}\}_{j=1}^N] = \text{RESAMPLE}[\{x_k^{(i)}, w_k^{(i)}\}_{i=1}^N]$

(8) End If

10.1.5　优选重要性密度函数法

优选重要性密度函数法就是选择重要性密度函数 $q(x_k | x_{k-1}^{(i)}, y_k)$，以达到最小化 $\mathrm{Var}(\overline{w_k}^{(i)})$，或者最大化 $\hat{N}_{\mathrm{eff}}$ 的目的。在以 $x_{k-1}^{(i)}$、y_k 为条件的前提下，能够使真权值 $\overline{w_k}^{(i)}$ 的方差最小化的最优重要性密度函数，可以证明为

$$q(x_k | x_{k-1}^{(i)}, y_k)_{\mathrm{opt}} = p(x_k | x_{k-1}^{(i)}, y_k) = \frac{p(y_k | x_k, x_{k-1}^{(i)}) p(y_k | x_{k-1}^{(i)})}{p(y_k | x_{k-1}^{(i)})} \tag{10.7}$$

因此

$$w_k^{(i)} \propto w_{k-1}^{(i)} p(y_k | x_{k-1}^{(i)}) = w_{k-1}^{(i)} \int p(y_k | x_k') p(x_k' | x_{k-1}^{(i)}) \mathrm{d}x_k' \tag{10.8}$$

因为对于给定的 $x_{k-1}^{(i)}$，无论根据 $q(x_k | x_{k-1}^{(i)}, y_k)_{\mathrm{opt}}$ 的采样如何，$w_k^{(i)}$ 都取相同的值，所以重要性密度函数的选择就是最优的。因此，以 $x_{k-1}^{(i)}$ 为条件，$\mathrm{Var}(w_k^{(i)}) = 0$ 即由不同样本 $x_k^{(i)}$ 产生不同 $w_k^{(i)}$ 造成的方差。

这种最优重要性密度函数主要存在两方面的缺陷：一是要求具有从 $p(x_k | x_{k-1}^{(i)}, y_k)$ 采样的能力，二是要对全部新状态求积分值。通常情况下，做到这两点都不容易，但有两种情况采用最优重要性密度函数方法是可行的。

第一种情况是 x_k 为有限状态集合的元，此时积分就变成对样本求和，因而变为可行。第二种情况是积分可以解析求解。

例如，考虑如下系统：

$$x_k = f_k(x_{k-1}) + w_{k-1}$$

$$y_k = H_k x_k + v_k$$

式中，$w_{k-1} \sim N(0, Q_{k-1})$ 是 Gauss 独立过程；$v_k \sim N(0, R_k)$ 是 Gauss 独立过程，w_k 与 v_k 相互独立。

采用与信息滤波相似的推导过程，类似地定义 $\Sigma_k^{-1} = Q_{k-1}^{-1} + H_k^{\mathrm{T}} R_k^{-1} H_k$，而令

$$\overline{x}_k = \Sigma_k [Q_{k-1}^{-1} f_{k-1}(x_{k-1}) + H_k^{\mathrm{T}} R_k^{-1} Z_k] \tag{10.9}$$

就得到

$$p(y_k | x_{k-1}) = N(y_k; H_k f_k(x_{k-1}), H_k Q_{k-1} H_k^{\mathrm{T}} + R_k)$$

$$p(x_k | x_{k-1}, y_k) = N(x_k; \overline{x}_k, \Sigma)$$

此处，$N(x; \overline{x}, \Sigma)$ 说明 x 是以 $\overline{x}$ 为均值，以 Σ 为协方差阵的 Gauss 分布的随机向量。

对于大多数其他模型而言，这样的解析计算是不可能的，但是，利用局部线性化等方法对最优重要性密度函数进行次优近似完全可能。例如：

(1) EKF 粒子滤波器 (EKPF) 利用局部线性化方法，将当前时刻的最新量测和状态的最新 Gauss 逼近组合在一起，依赖于似然函数以及转移概率的一阶 Taylor 展开式，对每个粒子用

类似 EKF 的方式产生 Gauss 分布，称为 EKF 粒子滤波器。

（2）UKF 粒子滤波器（UKPF）相较 EKPF 而言，由 UKPF 产生的建议分布与真实状态概率密度函数的支集重叠部分更大，估计精度更高。

（3）另外还包括其他基于 Gauss 混合 σ 点的粒子滤波器、浓缩粒子滤波器等。

最后，常用的重要性密度函数就是先验密度函数：

$$q(x_k \,|\, x_{k-1}^{(i)}, y_k) = p(x_k \,|\, x_{k-1}^{(i)}) \tag{10.10}$$

把式（10.10）代入式（10.8）有

$$w_k^{(i)} \propto w_{k-1}^{(i)} p(y_k \,|\, x_k^{(i)}) \tag{10.11}$$

根据似然函数，式（10.11）右边是可以计算得到的。虽然其他可用的密度函数还有很多，但这个重要性密度函数是最方便的选择，对于粒子滤波而言无疑是至关重要的。

10.2　基于皮尔森系数驱动的粒子滤波

10.2.1　皮尔森系数

皮尔森系数的原理是计算每一对样本 (x_i, y_i) 对应的 $(x_i - \bar{x})(y_i - \bar{y})$ 值，其中，$\bar{x}$、$\bar{y}$ 分别表示 x_i 和 y_i 的均值。若这个乘积值为正，则说明样本 x_i 和 y_i 相对于各自的均值变化趋势一致；若这个乘积值为负，则说明样本 x_i 和 y_i 相对于各自的均值变化趋势相反。而样本中所有这些乘积的和值反映了这两个时间序列样本的总体变化趋势的相似程度。皮尔森系数可以用来测量两组时间序列 $X = \{x_1, x_2, \cdots, x_n\}$ 和 $Y = \{y_1, y_2, \cdots, y_n\}$ 在变化趋势上的相似度。

两组变量 X 和 Y 的皮尔森系数定义为两个变量的协方差除以它们的标准差（作为归一化因子），则皮尔森系数 r_{xy} 表示为

$$r_{xy} = \frac{\sum(x_i - \bar{x}) \sum(y_i - \bar{y})}{\sqrt{\sum(x_i - \bar{x})^2} \sqrt{\sum(y_i - \bar{y})^2}} \tag{10.12}$$

式中，$\bar{x} = \dfrac{1}{n} \sum\limits_{i=1}^{N} x_i$ 为 x 的均值。$\bar{y} = \dfrac{1}{n} \sum\limits_{i=1}^{N} y_i$ 为 y 的均值。皮尔森系数 r_{xy} 表示两组随机量变化趋势相关性的强弱，取值范围为 $[-1, 1]$。若 r_{xy} 为正，则说明 X、Y 的变化趋势一致，即正相关；若 r_{xy} 为负，则说明 X、Y 的变化趋势相反，即负相关；若 r_{xy} 为零，则说明 X、Y 不相关。而 r_{xy} 的绝对值越接近 1，则表示 X 和 Y 的线性相关程度越强。

由于皮尔森系数描述了两组时间序列变化的相似性，可以利用这一特性来描述观测和状态的变化趋势。当观测噪声较小时，如果粒子的观测值路径靠近系统真实状态的观测值路径，则可以认为该粒子接近并能很好地跟踪系统的真实状态。为此将计算这两种观测值路径之间相似性的程度，用来判断粒子是否靠近系统的真实状态。当相似性系数接近 1 时，表示该粒子接近系统真实状态；反之，则表示该粒子远离系统的真实状态。可以利用皮尔森系数来挑选粒子，以期望获得更高的估计精度。

10.2.2　基于皮尔森系数驱动的粒子滤波设计

粒子滤波的估计精度取决于所采样的粒子是否覆盖了状态的所有特征。在多数的粒子滤波中，状态转移函数被用作重要性密度函数，并进行采样。这种方法在似然函数位于先验分布的尾部，或似然函数为峰态时，所采样的粒子大部分的权重值都很小，并且这种方法忽略了当前量测的影响，将造成计算浪费并使得滤波的精度失真。为了克服这一缺点，可以把粒子推向似然函数的区域，如图 10.3 所示，使粒子的权重增加从而提高滤波精度。利用皮尔森系数的特点把这一系数加到粒子滤波过程中，用来判断所选的粒子是否接近真实的状态，并决定是否应用这一粒子进行下一步的估计。

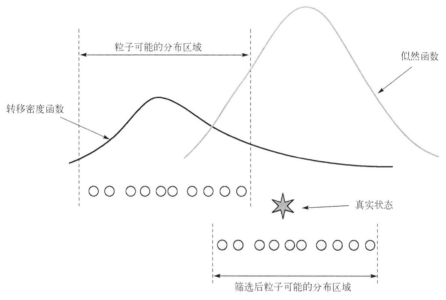

图 10.3　基于皮尔森系数驱动的粒子滤波

当皮尔森系数 $r_k^{i,m}$ 接近 1 时，说明粒子的观测路径与系统真实状态的观测值路径变化一致，即粒子能够很好地表示系统的真实状态。通过粒子路径和真实状态路径的皮尔森系数，可以判断粒子与真实状态的接近程度。当相 $r_k^{i,m}$ 接近 1 时，表示该粒子接近系统真实状态；反之，则表示该粒子远离系统真实状态。因此可以根据皮尔森系数来判断粒子的有效性，去掉远离真实状态的粒子，从而增加粒子有效性，减少重采样次数，提高滤波精度。

令 $x_k^{i,m}$ 表示在粒子 x_k^i 周围新采样的粒子，$y_k^{i,m}$ 表示这些新粒子相应的观测路径，y_k 表示真实状态的观测路径，则新选择的粒子路径与真实状态路径之间的皮尔森系数 $r_k^{i,m}$ 定义为

$$r_k^{i,m} = \frac{\sum_{k=1}^{n}(y_k^{i,m}-\overline{y}^{i,m})(y_k-\overline{y})}{\sqrt{\sum_{k=1}^{n}(y_k^{i,m}-\overline{y}^{i,m})^2 \sum_{k=1}^{n}(y_k-\overline{y})^2}} \tag{10.13}$$

选择与真实状态路径最相似的粒子 $x_k^{i,m}$ 作为选定的进行下一步预测的粒子 x_k^i。

算法 10.4　基于皮尔森系数驱动的粒子滤波

(1) 初始化，$x_0^i \sim \pi_0(\mathrm{d}x_0)$，$i=1,2,\cdots,N$；

(2) 将转移函数作为重要性密度函数采样粒子：

$$x_k^i \sim P(x_k \mid x_{k-1}^i), \quad i=1,2,\cdots,N$$

(3) 重新选取路径和真实状态接近的粒子：

采样 $x_k^{i,m} \sim x_k^i$，　$m=1,2,\cdots,M$；

计算 $r_k^{i,m}$；

赋值 $x_k^i = x_k^{i,m}$，其中 $x_k^{i,m}$ 的皮尔森系数 $r_k^{i,m}$ 最接近 1。

(4) 计算重要性函数：

$$\omega_k^i = P(y_k \mid x_k^i), \quad i=1,2,\cdots,N$$

归一化：

$$\omega_k^i = \omega_k^i / \sum_{j=1}^N \omega_k^j$$

(5) 计算

$$\hat{N}_{\mathrm{eff}} = \left[\sum_{i=1}^N (\omega_k^i)^2 \right]^{-1}$$

如果 $\hat{N}_{\mathrm{eff}} < N_{\mathrm{th}}$，则

$$[x_k^i, \omega_k^i] = 重采样[x_k^i, \omega_k^i]$$

$$\hat{x}_k = \sum_{i=1}^N \omega_k^i x_k^i$$

在基于皮尔森系数的粒子滤波中，仍然利用转移函数作为重要性密度函数。在每个粒子周围重新随机选择 M 个新的粒子，然后计算这 $N \times M$ 个粒子的皮尔森系数，从而选出最接近真实状态的 N 个粒子。

在基于皮尔森系数的粒子滤波中重新选择粒子的过程与粒子重采样的区别是：不是复制权重高的粒子，而是利用观测来选出更接近真实状态的粒子。

系数 M 的选择将影响计算复杂度和估计的精度。当用来重新选择粒子的方差选择适当时，可以用很小的 M 值找到接近真实状态的粒子。

10.2.3　仿真与对比分析

在这节中将利用 MATLAB 对基于皮尔森系数的粒子滤波和经典粒子滤波及 ER 粒子滤波进行对比。在仿真的过程中用均方根误差（RMSE）来衡量估计精度。

例 10.3　用一个经典的非稳定性模型作为分析的例子，其离散系统动力学方程可以表示为

$$x_{k+1} = \frac{x_k}{2} + \frac{25x_k}{1+x_k^2} + 8\cos(1.2k) + v_k \tag{10.14}$$

$$y_k = \frac{x_k^2}{20} + e_k \tag{10.15}$$

式中，$v_k \sim N(0,10)$；$e_k \sim N(0,1)$。初始值为 $x_0 = 10$，初始方差为 $P(0) = 1$，初始的粒子满足均匀分布，采样间隔为 $\Delta T = 1\mathrm{s}$，仿真总共的采样时间为 $T = 50\mathrm{s}$。选状态的转移密度函数作为重要性密度函数。

为了能清晰地表示出粒子的分布状态，在仿真中选 $N = 10$，$M = 3$，粒子的分布如图 10.4 所示。图中，实线表示粒子的状态曲线，∗表示粒子滤波所采样的粒子，◇表示基于皮尔森系数的粒子滤波的采样粒子。从图中可以看出，基于皮尔森系数的粒子滤波所采样的粒子更接近状态曲线。

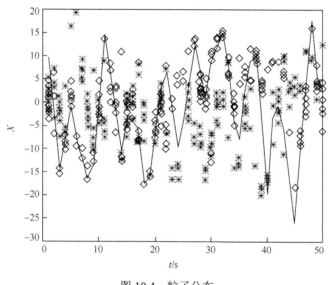

图 10.4　粒 子 分 布

用系统各状态向量的均方根误差作为性能指标来比较这三种方法的滤波精度。

将整个采样过程中的均方根误差定义为

$$\mathrm{RMSE} = \sqrt{\frac{1}{T}\sum_{k=1}^{T}(\hat{x}_k^n - x_k^n)^2} \tag{10.16}$$

式中，x_k^n 和 $\hat{x}_k^n$ 分别表示 k 时刻 n 次蒙特卡罗仿真中的真实的状态变量和状态变量的估计。

图 10.5 显示粒子滤波(PF)、基于皮尔森系数的粒子滤波(PPF)、ER 粒子滤波(ER-PF) 的均方根误差曲线。其中，选取的粒子数为 100，对于 PPF，选 $M = 5$。由图可以看出，在选取的粒子数相同的情况下，PPF 的滤波精度要高于 PF 和 ER-PF。

表 10.1 显示了 500 次独立的蒙特卡罗仿真过程的均方根误差的平均值、方差和运行时间。

表 10.1　估计的均方根误差的平均值、方差和运行时间

滤波器	平均值	方差	运行时间/s
PF($N = 100$)	3.374290	0.142336	0.046875
ER-PF($N = 100$)	2.866485	0.098238	1.062500
PPF($N = 100$, $M = 5$)	1.582924	0.033893	0.828125

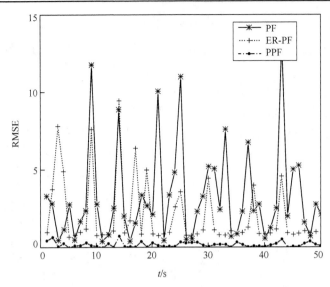

图 10.5　PF$(N=100)$，ER-PF$(N=100)$，PPF$(N=100, M=5)$的均方根误差曲线

　　图 10.6 显示了 PPF 和 PF 的比较结果。其中，PPF 选取 100 个粒子并令 $M=5$，PF 分别选取 500 个粒子和 1000 个粒子。图中显示，当粒子数由 500 增加到 1000 后，PF 滤波的精度明显提高，但是 PPF 选取 100 个粒子的精度仍然高于粒子数多的 PF。因此 PPF 可以利用较少的粒子达到较高的滤波精度。

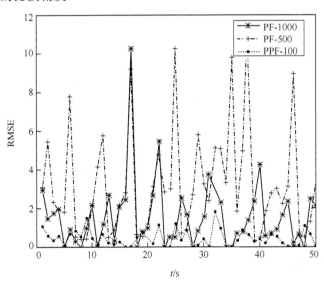

图 10.6　PF$(N=1000)$、PF$(N=500)$、PPF$(N=100, M=5)$的均方根误差曲线

　　表 10.2 显示两种滤波器在粒子数不相同的情况下的 500 次独立蒙特卡罗仿真的平均运行时间。可以看出，尽管在粒子数相同的情况下，PPF 所用的时间要长于 PF，但是其滤波精度要明显高于 PF。当 PPF 选取 100 个粒子而 PF 选取 1000 个粒子时，PPF 的运行时间长于 PF，但此时其精度仍然高于后者。由此可以得出，在要求达到同样精度的条件下，选取 PPF 的方法要好于 PF。

表 10.2 估计的均方根值误差的平均值、方差和运行时间

滤波器	平均值	方差	运行时间/s
PF ($N=1000$)	2.335544	0.126547	0.343751
PF ($N=500$)	3.125031	0.136481	0.203153
PPF ($N=100, M=5$)	1.582924	0.033893	0.828125

例 10.4 考虑二维空间的一个目标跟踪系统。假设传感器位于 X-Y 平面的原点处并且稳定。目标根据以下方程移动。

系统方程表示为

$$x_k = Fx_{k-1} + Gv_{k-1} \tag{10.17}$$

式中，$x_k = [x_k, \dot{x}_k, y_k, \dot{y}_k]^{\mathrm{T}}$；$v_{k-1} = [v_{xk}, v_{yk}]^{\mathrm{T}}$。

$$F = \begin{bmatrix} 1 & 1 & 0 & 0 \\ 0 & 1 & 0 & 0 \\ 0 & 0 & 1 & 1 \\ 0 & 0 & 0 & 1 \end{bmatrix}, \quad G = \begin{bmatrix} 0.5 & 0 \\ 0 & 0 \\ 0 & 0.5 \\ 0 & 1 \end{bmatrix} \tag{10.18}$$

式中，x_k 和 y_k 表示目标在 k 时刻的笛卡儿坐标；$\dot{x}_k$ 和 $\dot{y}_k$ 分别表示目标在 X 和 Y 方向上的速度。假设系统噪声 v_{k-1} 为高斯白噪声，即 $v_{k-1} \sim N(0, Q_{k-1})$，其中，$Q_{k-1} \overset{\text{def}}{=} \delta_v^2 I_2$ 为方差阵，I_2 为 2×2 单位矩阵。假设初始先验分布为高斯分布 $N(x_0; \bar{x}_0, P_0)$。

量测方程为

$$z_k = h(x_k + \omega_k) \tag{10.19}$$

量测向量 z_k 由位置向量和角向量两部分组成。其中，$h(x_k)$ 可以表示为

$$h(x_k) = \left[\sqrt{x_k^2 + y_k^2}\ \arctan(y_k / x_k) \right]^{\mathrm{T}} \tag{10.20}$$

ω_k 为两个高斯分布合成的量测噪声：

$$p(\omega_k) = (1-\varepsilon)N_1(\omega_k; 0, R_1) + \varepsilon N_2(\omega_k; 0, R_2) \tag{10.21}$$

式中，ε 为噪声合成的概率；R_1 和 R_2 分别表示背景噪声和闪烁噪声的协方差。

参数设为：$\sigma_v = 10\text{m/s}^2$，$\bar{x}_0 = [2000\text{m} \ -50\text{m/s} \ 2000\text{m} \ -10\text{m/s}]^{\mathrm{T}}$，$P_0 = \text{diag}\{(20\text{m})^2, (50\text{m/s})^2, (20\text{m})^2, (5\text{m/s})^2\}$，$\varepsilon = 0.1$，$R_2 = \text{diag}\{(10\text{m})^2, (9\text{mrad})^2\}$。背景噪声的方差为 $R_1 = \text{diag}\{(10\text{m})^2, (0.05\text{m/rad})^2\}$，其中，$0 < t \le 20$，$R_1 = \text{diag}\{(10\text{m})^2, (0.2\text{m/rad})^2\}$，其中，$20 < t \le 40$。粒子数选 $N=100$，运行 40 步。

图 10.7 和图 10.8 分别显示了目标在 X 和 Y 方向上的 RMSE 曲线。在噪声方差大，所选粒子数少的情况下，PPF 的滤波精度要高于 PF 和 ER-PF。当运行时间达到某临界点时(此系统时间点为 26)，PF 的 RMSE 曲线出现明显的发散现象，而 PPF 和 ER-PF 仍然收敛。由此可以看出，对于多维的非线性系统的估计问题，PPF 的估计精度要高于 PF。

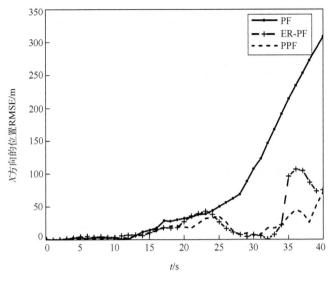

图 10.7　X 方向位置均方误差

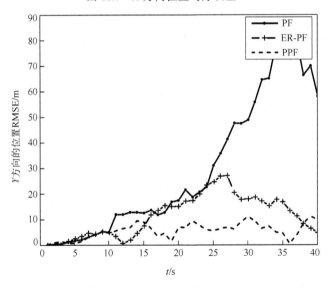

图 10.8　Y 方向位置均方误差

10.3　无迹粒子滤波

10.3.1　无迹粒子滤波算法

考虑如下非线性系统模型：

$$\begin{cases} x_k = f(x_{k-1}, u_k, v_k) \\ y_k = h(x_k, n_k) \end{cases} \tag{10.22}$$

其中，该非线性系统状态的马尔可夫过程概率密度分布 $p(x_k | x_{k-1})$ 由 $f(\cdot)$ 和过程噪声分布 $p(v_k)$ 决定；观测向量的概率密度分布 $p(y_k | x_k)$ 由 $h(\cdot)$ 和过程噪声分布 $p(n_k)$ 决定。

根据蒙特卡罗方法，在服从 $p(x)$ 分布的非线性系统 $f(x)$ 中采样一定数量的粒子 $x^{(i)}|_{i=1,2,\cdots,N}$（$N$ 为粒子数量）来表示概率密度函数，有

$$p(x) = \frac{1}{N}\sum_{i=1}^{N}\delta(x - x^{(i)}) \tag{10.23}$$

式中，$\delta(\cdot)$ 为狄拉克 δ（Dirac delta）函数；$\frac{1}{N}$ 是 $x^{(i)}$ 对应的权值，故 $f(x)$ 的均值为

$$E[f(x)] = \int f(x)p(x)\mathrm{d}x = \frac{1}{N}\sum_{i=1}^{N}f(x^{(i)}) \tag{10.24}$$

对形如式（10.22）的非线性系统，设 $x_k^{(i)}|_{i=1,2,\cdots,N}$ 与 $w_k^{(i)}$ 分别是系统状态变量在 k 时刻采样的 N 个粒子及其对应的权值，y_k 是系统在 k 时刻的观测值，记观测值序列为 $y_{1:k} = \{y_1, y_2, \cdots, y_k\}$，由式（10.23）和图 10.1 可知在 k 时刻系统的概率密度分布函数为 $p(x_k \mid y_{1:k})$，根据 Bayes 理论：

$$p(x_k \mid y_{1:k}) = p(y_k \mid x_k)p(x_k \mid y_{1:k-1}) / p(y_k \mid y_{1:k}) \tag{10.25}$$

$$p(x_k \mid y_{1:k-1}) = \int p(x_k \mid x_{k-1})p(x_{k-1} \mid y_{1:k-1})\mathrm{d}x_{k-1} \tag{10.26}$$

根据式（10.24），式（10.25）可写成：

$$p(x_k \mid y_{1:k}) \approx \sum_{i=1}^{N}w_k^{(i)}\delta(x_k - x_k^{(i)}) \tag{10.27}$$

根据大数定理：

$$\frac{1}{N}\sum_{i=1}^{N}f_t(x_{0:t}^{(i)}) \xrightarrow[N\to\infty]{\text{a.s}} \int f_t(x_{0:t})p(\mathrm{d}x_{0:t} \mid y_{1:t}) \tag{10.28}$$

式中，$\xrightarrow{\text{a.s}}$ 表示几乎处处收敛，$f_t:\mathbf{R}^{n_x}\to\mathbf{R}^{n_y}$，此定理保证了粒子采样的重要采样函数的收敛性，根据重要采样函数 $q(x_{0:k} \mid y_{1:k}) = q(x_0)\prod_{t=1}^{k}q(x_t \mid y_{1:t-1},x_{1:t-1})$，并且假设状态符合马尔可夫过程，在给定状态下，观测量之间条件独立，得到 k 时刻的粒子及其权值 $\{x_k^{(i)}|_{i=1,2,\cdots,N}\ w_k^{(i)}\}$，利用 k 时刻的观测值，修正粒子的权值：

$$w_k^{(i)} = w_{k-1}^{(i)}p(y_k \mid x_k^{(i)})p(x_k \mid x_{k-1}) / q(x_k^{(i)} \mid y_{1:k-1}^{(i)},x_{1:k}) \tag{10.29}$$

粒子滤波中，权值较小的粒子随着运算的进行而很快消失，权值大的粒子得以保留，这种"粒子衰竭"现象严重影响了粒子滤波的性能。采用"重采样"法可遏制粒子的衰竭，保持粒子数的平衡，重采样后，粒子 $\tilde{x}_k^{(i)}$ 对应的权值 $w_k^{(i)}$ 被重新定义为 $1/N$。对 $w_k^{(i)}$ 进行归一化有

$$\tilde{w}_k^{(i)} = w_k^{(i)}\left[\sum_{i=1}^{N}w_k^{(i)}\right]^{-1} \tag{10.30}$$

根据式（10.22）和式（10.30），可以得到 k 时刻系统状态最优估计值：

$$\hat{x}_k^{(i)} = \sum_{i=1}^{N}\tilde{w}_k^{(i)}\tilde{x}_k^{(i)} \tag{10.31}$$

对于粒子滤波算法，粒子数匮乏是其主要的缺陷。粒子数匮乏是指随着迭代次数增加，粒子丧失多样性的现象。Doucet 从理论上证明了粒子滤波算法出现粒子数匮乏现象的必然性，因此将粒子数移至高似然函数区域显得极为重要。为了解决这个问题，提出了无迹粒子滤波(UPF)技术，即对每个粒子进行 UKF 统计估计。

下面从理论上分析 UPF 的收敛性。令 $B(\mathbf{R}^n)$ 为 Borel 可测函数，而且 $\|f(x)\| = \sup_{x \in \mathbf{R}^n} |f(x)|$。

定理 10.1   如果对于任意 (x_{t-1}, y_t)，权值 $w_t \propto p(y_t \mid x_t) p(x_t \mid x_{t-1}) / q(x_t \mid y_{0:t-1}, x_{1:t})$ 是有上极限的，则存在独立于 N 的 c_t，使得对于任何 $f_t \in B(\mathbf{R}^{n \times (t+1)})$ 都满足如下不等式：

$$E\left\{ \left[\frac{1}{N} \sum_{i=0}^{N} f_t(x_{0:t}^{(i)}) - \int f_t(x_{0:t}) p(\mathrm{d}x_{0:t} \mid y_{1:t}) \right]^2 \right\} \leqslant c_t \frac{|f_t|^2}{N}$$

此定理表明，UPF 的收敛速度不依赖于状态空间的维数，其中唯一的假设是 w_t 有上限集，即重要采样函数 $q(x_t \mid y_{0:t-1}, x_{1:t})$ 远远大于 $p(y_t \mid x_t) p(x_t \mid x_{t-1})$，由此可知，UPF 具有比 EKF 更好的估计精度。

假设初始状态变量 $x_0 \sim p(x_0)$，对式(10.22)采用 UPF 滤波，算法如下。

(1)初始化：$k = 0$。

从初始的前验概率分布 $p(x_0)$ 中进行 N 个粒子 $x_0^{(i)}|_{i=1}^N$ 的采样，即 $x_0^{(i)} \sim p(x_0)$。

(2)加权粒子的预测、采样：$k = 1, 2, \cdots$。

利用 UKF 对粒子进行预测更新，计算 sigma 点 $x_k^{(i)} = [\bar{x}_k^{(i)} \quad \bar{x}_k^{(i)} \quad \pm \sqrt{(N + \lambda) P_k^{(i)}}]$。

时间更新：

$$\begin{cases} \xi_{k,k-1}^{(i)} = f(\xi_{k-1}^{(i)x}, \xi_{k-1}^{(i)v}) \\ \bar{x}_{k,k-1}^{(i)} = \sum_{j=0}^{2N} w_j^{(m)} \xi_{j,k-1}^{(i)x} \\ P_{k,k-1}^{(i)} = \sum_{j=0}^{2N} w_j^{(m)} [\xi_{j,(k-1)}^{(i)x} - \bar{x}_{k,k-1}^{(i)x}][\xi_{j,(k-1)}^{(i)x} - \bar{x}_{k,k-1}^{(i)x}]^{\mathrm{T}} \\ \chi_{k,k-1}^{(i)} = h(\xi_{k,k-1}^{(i)x}, \xi_{k-1}^{(i)n}) \\ \bar{y}_{k,k-1}^{(i)} = \sum_{j=0}^{2N} w_j^{(m)} \chi_{j,(k,k-1)}^{(i)} \end{cases}$$

量测更新：

$$\begin{cases} P_{yy} = \sum_{j=0}^{2N} w_j^{(c)} [\chi_{j,(k,k-1)}^{(i)} - \bar{y}_{k,k-1}^{(i)}][\chi_{j,(k,k-1)}^{(i)} - \bar{y}_{k,k-1}^{(i)}]^{\mathrm{T}} \\ P_{xy} = \sum_{j=0}^{2N} w_j^{(c)} [\xi_{j,(k,k-1)}^{(i)} - \bar{x}_{k,k-1}^{(i)}][\chi_{j,(k,k-1)}^{(i)} - \bar{y}_{k,k-1}^{(i)}]^{\mathrm{T}} \\ K_k = P_{xy} P_{yy}^{-1} \\ \bar{x}_k^{(i)} = \bar{x}_{k,k-1}^{(i)} + K_k (y_k - \bar{y}_{k,k-1}^{(i)}) \\ P_k^{(i)} = P_{k,k-1}^{(i)} - K_k P_{yy} K_k^{\mathrm{T}} \end{cases}$$

从重要采样函数 $q(x_k^{(i)} \mid x_{1:k-1}^{(i)}, y_{k-1})$ 中采样 N 个粒子 $\hat{x}_k^{(i)}$。

(3)粒子权值计算，根据式(10.29)对 N 个粒子进行相应权值计算，根据式(10.30)对 N 个粒子相应的权值进行归一化。

(4)通过重采样，计算重采样的粒子及其权值；令 $\hat{x}_{1:k}^{(i)} = (x_{1:k-1}^{(i)}, \tilde{x}_k^{(i)})$。

(5)据式(10.31)计算状态变量的最优估计及每个粒子对应的方差阵。

(6)将第(4)阶段重采样后的粒子 $\tilde{x}_k^{(i)}$ 及第(5)阶段计算的 $\tilde{P}_k^{(i)}$ 代入第(2)阶段进行迭代运算。

10.3.2　无迹粒子滤波在捷联惯导初始对准中的应用

初始对准是捷联惯导系统(SINS)中一项关键技术，对准精度与对准时间直接影响导航系统性能，滤波技术在初始对准中具有重要作用。初始对准的传统算法是采用 EKF，EKF 需要假设系统近似线性。实际上，当实际模型和噪声与假设偏差较大时，对准精度就会大大降低，甚至发散。因此需要引进新的滤波算法提高滤波精度。

本例提出一种基于序贯重要采样的粒子滤波方法 UPF。通过对粒子滤波的改进，用 UKF 获得后验概率目标分布；依据所建立的捷联惯导系统初始对准的非线性误差模型，针对大方位失准角情况，研究 UPF 在捷联惯导初始对准中的应用。计算机仿真和实验结果均表明，该方法的方位失准角估计精度和收敛速度明显优于传统的 EKF。

1. 捷联惯导系统初始对准的非线性误差模型建立

在许多文献中给出了惯导系统初始对准的各种实现方法，但是多数方法都是基于线性的 INS 误差方程，这是在假定失准角为小角度的条件下导出的，当方位失准角比较大时，需要考虑对准时的非线性因素，否则就会给滤波带来较大误差，甚至造成滤波发散，因此，需要建立更为精确的非线性误差方程。本例推导了采用欧拉角描述的捷联惯导系统的非线性误差方程，该方程适用于方位失准角为大角度、水平失准角为小角度的情况。

1)速度误差方程

SINS 速度微分方程在导航系统中的矩阵表示为

$$\dot{V}_t^n = C_b^n f^b - (2\omega_{ie}^n + \omega_{en}^n) \times V_t^n + g^n \tag{10.32}$$

实际上，SINS 用于解算的速度方程为

$$\dot{\hat{V}}_t^n = C_b^n \hat{f}^b - (2\hat{\omega}_{ie}^n + \hat{\omega}_{en}^n) \times \hat{V}_t^n + \hat{g}^n \tag{10.33}$$

式中，C_b^n 为方向余弦矩阵；g^n 为当地重力矢量；$\hat{\omega}_{ie}^n = \omega_{ie}^n + \delta\omega_{ie}^n$；$\hat{\omega}_{en}^n = \omega_{en}^n + \delta\omega_{en}^n$；$\hat{f}^b$ 为加速度计的测量值，$\hat{f}^b = f^b + \nabla^b$。

定义速度误差：

$$\delta V = \hat{V}_t^n - V_t^n \tag{10.34}$$

仅考虑姿态误差较大的情况，将式(10.32)和式(10.33)代入式(10.34)，且对式(10.34)求导，忽略二阶小量，可以得到如下速度误差方程：

$$\delta\dot{V} = (C_n^b - I)C_b^n f^b + C_b^n \nabla^b - (\delta\omega_{ie}^n + \delta\omega_{in}^n) \times V_t^n - (\omega_{ie}^n + \omega_{in}^n) \times \delta V + \delta g^n \tag{10.35}$$

式中，f^b 为比力在载体系上的投影；∇^b 为加速度计的测量偏差；δg^n 为重力矢量的计算误差。

2) 姿态误差方程

SINS 用于姿态更新的矩阵微分方程为

$$\dot{C}_b^n = C_b^n[\omega_{ib}^b\times] - [\omega_{in}^n\times]C_b^n \tag{10.36}$$

式中，$[\omega_{ib}^b\times]$ 表示由向量 ω_{ib}^b 构成的反对称阵。

由于陀螺仪测量误差和计算误差的存在，SINS 实际用来进行姿态更新的矩阵微分方程为

$$\dot{\hat{C}}_b^n = C_b^n[\hat{\omega}_{ib}^b\times] - [\hat{\omega}_{in}^n\times]\hat{C}_b^n \tag{10.37}$$

式中，$\hat{\omega}_{ib}^b = \omega_{ib}^b + \delta\omega_{ib}^b$ 为陀螺仪的测量值，$\delta\omega_{ib}^b$ 为测量误差(陀螺漂移)；$\hat{\omega}_{in}^n = \omega_{in}^n + \delta\omega_{in}^n$ 为 ω_{in}^n 的计算值，$\delta\omega_{in}^n$ 为计算误差。

定义姿态阵的计算误差为

$$\Delta C_b^n = \hat{C}_b^n - C_b^n \tag{10.38}$$

对式(10.38)进行微分，可得

$$\Delta\dot{C}_b^n = \hat{C}_b^n[\hat{\omega}_{ib}^b\times] - [\hat{\omega}_{in}^n\times]\hat{C}_b^n - C_b^n[\omega_{ib}^b\times] + [\omega_{in}^n\times]C_b^n \tag{10.39}$$

根据矩阵相似变换法则，将式(10.39)简化为

$$\dot{C}_b^n + [\delta\omega_{ib}^b\times]C_b^n - C_b^n[\hat{\omega}_{in}^n\times] + [\hat{\omega}_{in}^n\times]C_b^n = 0 \tag{10.40}$$

将矩阵微分方程 $\dot{C}_b^n = C_b^n[\omega_{nb}^b\times]$ 代入式(10.40)，并且左乘 C_n^b，可得

$$[\omega_{nb}^b] + [\delta\omega_{ib}^b\times]C_b^n - [\hat{\omega}_{in}^n\times] + [\hat{\omega}_{in}^n\times] = 0 \tag{10.41}$$

则 b 系相对于 n 系的角速度为

$$\omega_{nb}^b = (I - C_n^b)\omega_{in}^n + \delta\omega_{in}^n - C_n^b\omega_{ib}^b \tag{10.42}$$

欧拉角的变化率 $\dot{\phi}$ 的三个分量是在正交轴上的投影，$\dot{\phi}$ 与 ω_{nb}^b 的关系如下：

$$\omega_{nb}^b = C_n^b\begin{bmatrix}0\\0\\\dot{\phi}_z\end{bmatrix} + \begin{bmatrix}\cos\phi_y & 0 & -\sin\phi_y\\0 & 1 & 0\\\sin\phi_y & 0 & \cos\phi_y\end{bmatrix}\begin{bmatrix}0\\\dot{\phi}_y\\0\end{bmatrix} + \begin{bmatrix}\cos\phi_y & 0 & -\sin\phi_y\\0 & 1 & 0\\\sin\phi_y & 0 & \cos\phi_y\end{bmatrix}\begin{bmatrix}1 & 0 & 0\\0 & \cos\phi_x & \sin\phi_x\\0 & -\sin\phi_x & \cos\phi_x\end{bmatrix}\begin{bmatrix}\dot{\phi}_x\\0\\0\end{bmatrix} \tag{10.43}$$

将 C_n^b 代入式(10.43)得

$$\omega_{nb}^b = \begin{bmatrix}\dot{\phi}_x\cos\phi_y - \dot{\phi}_z\sin\phi_y\cos\phi_x\\\dot{\phi}_y + \dot{\phi}_z\sin\phi_x\\\dot{\phi}_x\sin\phi_y + \dot{\phi}_z\cos\phi_y\cos\phi_x\end{bmatrix} \tag{10.44}$$

在对准的过程中，若 ϕ_x、ϕ_y 为小角度，ϕ_z 为大角度，则式(10.44)近似为

$$\omega_{nb}^b \approx \dot{\phi} = \begin{bmatrix}\dot{\phi}_x\\\dot{\phi}_y\\\dot{\phi}_z\end{bmatrix} \tag{10.45}$$

再根据式(10.42)，SINS 的姿态误差方程可写成：

$$\dot{\phi} \approx \omega_{nb}^b = (I - C_n^b)\omega_{in}^n + \delta\omega_{in}^n - C_n^b \omega_{ib}^b \tag{10.46}$$

由姿态误差方程的推导可见，要想得到式(10.46)，必须假定水平误差角为小角度，因此所推导的方程仅适用于只有方位误差为大角度的情况。

2. 仿真及结果分析

捷联惯导系统初始对准误差非线性模型的系统方程如式(10.46)和式(10.35)所示，系统量测方程为

$$\begin{cases} y_1 = \delta V_x + n_x \\ y_2 = \delta V_y + n_y \end{cases}$$

式中，n_x、n_y 为假设独立高斯分布的量测噪声。量测量由惯导系统输出和外部 GPS 信息得到。系统状态 x 的估计初始值 $x(0)$ 均为 0，假设静基座惯导系统所处位置的地理纬度为 $45°$。初始失准角 $\phi_x = \phi_y = 0.5°$，$\phi_z = 10°$，陀螺常值漂移为 $0.01(°)/h$，加速度计的初始偏差为 $10^{-4}\,gm/s^2$，忽略惯性器件安装误差，速度测量误差为 $0.01m/s$，初始状态采样的粒子服从 $p(x(0)) \sim N(x(0), P_0)$，则 P_0 表示为

$$P_0 = \text{diag}\{(0.1m/s)^2, (0.1m/s)^2, (0.5°)^2, (0.5°)^2, (10°)^2,$$
$$(10^{-4}\,gm/s^2)^2, (10^{-4}\,gm/s^2)^2, (0.01(°)/h)^2, (0.01(°)/h)^2, (0.01(°)/h)^2\}$$

用 UPF 技术，令从重要采样函数采样的加权粒子数 $N = 100$，分别对动、静基座惯导系统初始对准进行蒙特卡罗仿真(方位初始失准角为大角度的情况)。仿真结果表明，相对于 EKF，此滤波方法对 ϕ_x、ϕ_y 估计的收敛时间和滤波精度基本一致，方位失准角 ϕ_z 估计的仿真结果如图 10.9 和图 10.10 所示，仿真时间为 500s。

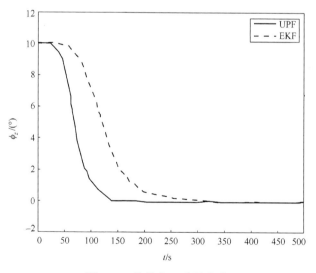

图 10.9 静基座 ϕ_z 估计曲线

1)静基座初始对准

在静基座情况下，由图 10.9 可得 EKF 方法对方位误差角 ϕ_z 估计的收敛时间约为 300s，稳态误差约为 15.87′，UPF 方法对 ϕ_z 估计的收敛时间约为 150s，稳态误差约为 10.26′。

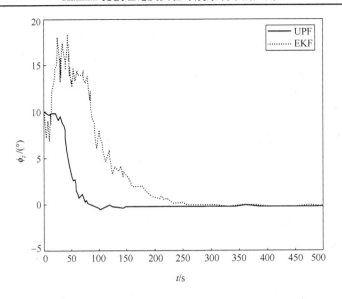

图 10.10　动基座 ϕ_z 估计曲线

2)动基座初始对准

在动基座情况下，基座以正弦形式进行三轴摇摆运动，其数学模型如下：

$$\begin{cases} \theta = \theta_m \sin(\omega_\theta t + \theta_0) \\ r = r_m \sin(\omega_r + r_0) \\ \varphi = \varphi_m \sin(\omega_\varphi t) + \varphi_0 \\ V_x = V_{x0} \\ V_y = V_{y0} \end{cases}$$

式中，θ、r、φ 分别为三个失准角；摇摆幅度 θ_m、r_m、φ_m 分别为 $0.5°$、$0.5°$ 和 $10°$；摇摆周期 ω_θ、ω_r、ω_φ 分别为 0.1Hz、0.1Hz 和 0.05Hz；初始相位角 θ_0、r_0、φ_0 选择为 $0°$、$0°$ 和 $45°$。$V_{x0} = V_{y0} = 5\text{m/s}$，考虑到干扰的周期性，对准时间选为摇摆周期的整数倍，这样可以大幅度降低干扰对对准误差的影响。

由可观测性分析可知，摇摆基座运动时，可观测性提高，因此，对 ϕ_z 的估计偏差小于静基座情况，同时滤波收敛速度更快。由图 10.10 可知，EKF 方法对 ϕ_z 估计的收敛时间约为 275s，稳态误差约为 110.18′；UPF 方法对 ϕ_z 估计的收敛时间约为 135s，稳态误差约为 3.16′。

3. 实验分析

1)静基座对准实验

实验中使用一个由三个光纤陀螺及三个石英加速度计组成的 SINS，在三轴转台上进行静基座对准的实验。

表 10.3 给出了该 SINS 中陀螺和加速度计的主要性能参数。实际中，光纤陀螺的测量误差受到多个因素影响，而且具有明显的时变特性，SINS 也需要通过标定来确定很多影响系统的误差因素。这里使用的数据是经过系统误差补偿后的数据。由于对准时间较短，因此可以认为陀螺测量误差是由常值漂移和白噪声构成的,加速度计测量误差也建模为零偏和白噪声。

表 10.3 陀螺和加速度计的主要性能参数

参数项	参数值	参数项	参数值
陀螺动态范围	$\pm200(°)/s$	加速度计动态范围	$\pm30g$
陀螺零漂稳定性	$0.005(°)/h$	加速度计零偏稳定性	$100\mu g$
陀螺随机游走	$\leqslant0.001(°)/\sqrt{h}$		

由于很难获得绝对的方位基准，因此在惯性测试台上进行 SINS 静态初始对准的重复性实验。将 SINS 放置在惯性测试台上，方位固定，使 SINS 连续进行三次初始对准，保持算法参数不变，分析对准结果的重复性。表 10.4 给出了进入稳态后航向估计的均值。从表 10.4 可以看出：当方位失准角较大时，UPF 估计精度明显高于 EKF，这与仿真中得到的结论一致。

表 10.4 静基座对准的三次实验航向估计值

初始对准	航向（UPF）	航向（EKF）
1	270.23168°	270.23999°
2	270.22799°	270.22027°
3	270.23039°	270.23900°
平均误差	0.00169°	0.00957°

2)动基座对准实验

为了进一步验证 UPF 算法对 SINS 动基座对准性能的影响，采用光纤陀螺 SINS/GPS 组合导航系统，进行了车载实验。其中，GPS 接收机选用美国 Ashtech 公司的 GG24 接收板，在实验过程中以 GPS 的定位信息为标准参考信息，车载实验路线如图 10.11 所示。基于同样的数据进行比较，实际中采用现场采集事后计算的方法。图 10.12 给出了使用同一组数据，采用非线性模型的 UPF 方法和 EKF 方法的方位误差角比较。

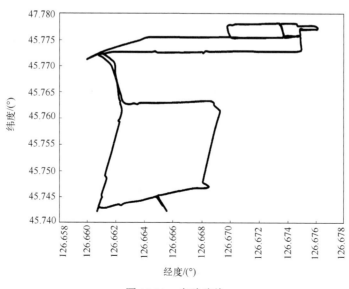

图 10.11 实验路线

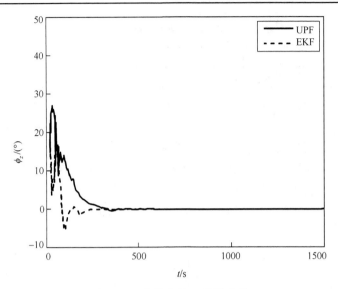

图 10.12　车载实验 ϕ_z 估计曲线

　　从图 10.12 可以看出，UPF 方法的收敛速度和滤波精度与 EKF 相当。这主要是由于在车载实验中没有出现长时间的巡航状态，因此非线性误差模型在长时间巡航状态中的优势没有完全体现出现来。

　　综上，从仿真结果可知，UPF 提高了方位对准的精度和收敛速度，转台实验和车载实验进一步证实了 UPF 应用在大方位失准角下捷联惯导系统初始对准更有实际意义。

思　考　题

　　1. 经典粒子滤波的基本思想是什么？它有哪些优势和不足？

　　2. 什么是序列重要性采样？序列重要性采样的主要问题是什么？

　　3. 什么是重采样？为什么要进行重采样？

　　4. 基于皮尔森系数驱动的粒子滤波的基本思想是什么？和经典粒子滤波相比，它有什么优势？

　　5. 无迹粒子滤波的基本思想是什么？和经典粒子滤波相比，它有什么优势？

　　6. 基于皮尔森系数驱动的粒子滤波与无迹粒子滤波相比，各有什么优劣？

参 考 文 献

毕军, 2003. 车辆 GPS/DR 定位系统、地图匹配及路径规划技术研究. 北京: 北京理工大学

柴霖, 袁建平, 罗建军, 等, 2005. 非线性估计理论的最新进展. 宇航学报, 26(3): 380-384

狄晨瑛, 2020. 基于 t 分布的多传感器融合估计算法研究. 北京: 北京理工大学

董绪荣, 张守信, 华仲春, 1998. GPS/INS 组合导航定位及其应用. 长沙: 国防科学技术大学出版社

冯波, 2014. 线性滤波估计算法研究及在惯性导航系统中的应用. 北京: 北京理工大学

冯纯伯, 田玉平, 忻欣, 1995. 鲁棒控制系统设计. 南京: 东南大学出版社

韩崇昭, 朱洪艳, 段战胜, 2006. 多源信息融合. 北京: 清华大学出版社

胡士强, 敬忠良, 2005. 粒子滤波算法综述. 控制与决策, 20(4): 361-365, 371

黄晓瑞, 崔平远, 崔祜涛, 2001. GPS/INS 组合导航系统自适应滤波算法与仿真研究. 飞行力学, 19(2): 69-72, 77

库索夫可夫, 1984. 控制系统的最优滤波和辨识方法. 章燕申, 译. 北京: 国防工业出版社

李振营, 沈毅, 胡恒章, 2000. 带未知时变噪声系统的卡尔曼滤波算法研究. 系统工程与电子技术, 22(1): 19-22

梁源, 2016. 惯性导航系统关键参数在线标校技术研究. 北京: 北京理工大学

刘胜, 1995. 最优估计. 哈尔滨: 哈尔滨工程大学出版社

MIX D F, OLEJNICZAK K J, 2006. 小波基础及应用教程. 杨志华, 杨力华, 译. 北京: 机械工业出版社

秦永元, 张洪钺, 汪叔华, 等, 1998. 卡尔曼滤波与组合导航原理. 西安: 西北工业大学出版社

曲从善, 许化龙, 谭营, 2008. 非线性贝叶斯滤波算法综述. 电光与控制, 15(8): 64-71

申铁龙, 1996. H^∞ 控制理论及应用. 北京: 清华大学出版社

石晓笛, 2020. 多模型滤波与融合估计算法研究. 北京: 北京理工大学

史忠科, 2001. 最优估计的计算方法. 北京: 科学出版社

宋福香, 左文辑, 2000. 近地卫星的 GPS 自主定轨算法研究. 空间科学学报, 20(1): 40-47

王丹力, 张洪钺, 1999. 几种可观性分析方法及在惯导中的应用. 北京航空航天大学学报, 25(3): 342-346

王跃鹏, 2006. 激光陀螺信号测试与处理技术研究. 北京: 北京理工大学

文成林, 2007. 多尺度动态建模理论及其应用. 北京: 科学出版社

文成林, 周东华, 2002. 多尺度估计理论及其应用. 北京: 清华大学出版社

殷利建, 2019. 鲁棒无迹卡尔曼滤波算法及其应用研究. 北京: 北京理工大学

张常云, 1998. 自适应滤波方法研究. 航空学报, 19(S1): 97-100

赵伟, 袁信, 林雪原, 2002. 采用 H^∞ 滤波器的 GPS/INS 全组合导航系统研究. 航空学报, 23(3): 265-267

周东华, 叶银忠, 2000. 现代故障诊断与容错控制. 北京: 清华大学出版社

周浩淼, 2016. 基于事件驱动的滤波算法研究. 北京: 北京理工大学

ANDERSON B D O, MOORE J B, 1979. Optimal Filtering. London: Prentice Hall

BAR-SHALOM Y, LI X R, 1993. Estimation and Tracking Principles, Techniques and Software. MA: Artech Norwood

BUCY R S, RENNE K D, 1971. Digital Synthesis of Nonlinear Filters. Automatica, 7(3): 287-289

CARLSON N A, 1990. Federated Square Filtering for Decentralized Parallel Processes. IEEE Transactions on Aerospace and Electronic System, 26(3): 517-525

DAN S, 2006. Optimal State Estimation—Kalman, H^∞ and Nonlinear Approaches. New York: John Wiley & Sons

DEOK J L, 2005. Nonlinear Bayesian filtering with applications to estimation and navigation. Texas: Texas A&M University

DEOK J L, KYLE T A, 2004. Adaptive sigma point filtering for state and parameter estimation. AIAA, 5101: 1-20

DJURIC P M, JOON H C, 2002. An MCMC sampling approach to estimation of nonstationary hidden Markov models. IEEE Transactions on Signal Processing, 50 (5): 1113-1123

DOLPH VAN DER M, ERIC A W, SIMON I J, 2004. Sigma-Point Kalman filters for nonlinear estimation and sensor fusion applications to integrated navigation. AIAA Guidance, 51(20): 1-30

DOUCET A, LOG O A, KRISHNAMURTHY V, 2000. Stochastic sampling algorithms for state estimation of jump Markov linear system. IEEE Transactions on Automatic Control, 45(2): 188-201

HENK A P B, EDWIN A B, 2004. Particle filtering for stochastic hybrid systems// Proceedings of the 43rd IEEE Conference on Decision and Control, 3: 3221-3226

HUE C, P L J, PEREZ P, 2002. Sequential Monte Carlo method for multitarget tracking and data fusion. IEEE Transactions on Signal Processing, 50 (2): 309-325

KALMAN R E, 1960. A New Approach to Linear filtering and Prediction Problems. Journal of Basic Engineering, 82D: 35-46

KALMAN R E, BUCY R S, 1961. New Results in Linear filtering and Prediction Theory. Journal of Basic Engineering, 83D: 95-108

LEONDES C T, PELLER J B, STEAR E B, 1970. Nonlinear Smoothing Theory. IEEE Trans. Systems Science and Cyernetics, 6(1): 63-71

LITMANOVICH Y A, LESYUCHEVSKY V M, GUSINSKY V Z, 2000. Two new classes of strapdown navigation algorithms. AIAA Journal of Guidance, Control and Dynamics, 23(1): 34-44

MA H B, YAN L P, XIA X Q, et al., 2020. Kalman Filtering and Information Fusion. Singapore: Springer

PETERSEN I R, SAVKIN A V, 1999. Robust Kalman Filtering for Signal and System with Large Uncertainties. Boston: Birkhauser

RADFORD M N, 2003. Probabilistic Inference using Markov Chain Monte Carlo Methods. Canada: Department of Computer Science University of Toronto

SAGE A P, HUSA G W. 1969. Adaptive Filtering With Unknown Prior Statistics. Journal of the American College of Cardiology, 769-774

SHAKED U, 1992. H^∞ optimal estimation: a tutorial// Proceedings of the 31st conference on decision and control, 2278-2286

SHELBY B, MARK E C, 2003. Square root sigma point filtering for real-time, nonlinear estimation. Journal of Guidance, 27(2): 314-317

SIMON H, 2001. Kalman Filtering and Neural Networks. New York: John Wiley & Sons

SORENSON H W, 1985. Kalman Filtering: Theory and Applications. New York: IEEE Press

STEVENS B, LEWIS F, 1992. Aircraft Control and Simulation. New York: John Wiley & Sons

TANIZAKI H, 1996. Nonlinear filters: estimation and applications. New York: Springer

TIERNEY I, MIRA A, 1999. Some adaptive Monte Carlo methods for Bayesian inference. Statistics in Medicine, 18(2): 2507-2515

VAN DER MERWE R, DOUCET A, DE FREITAS N, et. al, 2000. The unscented particle filter. Cambridge: Technical Report-University of Cambridge

VAN DER MERWE R, WAN E, JULIER S, 2004. Sigma-point Kalman filters for nonlinear estimation and sensor-fusion: applications to integrated navigation//Proceedings of the AIAA Guidance, Navigation, and Control Conference and Exhibit. Providence, Rhode Island. Reston, Virigina: 2004-5120

WELLS C, 1995. The Kalman filter in finance. Dordrecht: Kluwer Academic Publishers

WISHNER R P, TABAEZYNSKI J A, 1969. A Comparison of Three Nonlinear Filters. Automatica, 5: 457-496

XIONG K, ZHANG H Y, CHAN C W, 2006. Performance evaluation of UKF-based nonlinear filtering. Automatica, 42: 261-270

YAN L P, JIANG L, XIA X Q, 2021. Multisensor Fusion Estimation Theory and Application. New York: Springer